历史建筑保护技术

杨燕　李斌　罗蓓　等编著

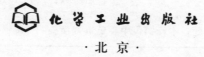

化学工业出版社

·北京·

内容简介

本书通过对木、砖、石以及土结构建筑（包括壁画）等的常见损坏类型及保护技术的系统介绍，旨在为不同类型古建筑常见损坏类型的科学识别以及对应保护技术的科学抉择提供理论指导，为后续"历史建筑修缮设计"等课程的学习奠定理论基础。

全书兼具理论性、资料性、指导性和实践性。本书可作为历史建筑保护工程专业的教材使用，亦可供高等院校和科研单位从事历史建筑保护的科技工作者、研究生参考。

图书在版编目（CIP）数据

历史建筑保护技术/杨燕等编著．—北京：化学工业出版社，2023.5

ISBN 978-7-122-43173-8

Ⅰ．①历…　Ⅱ．①杨…　Ⅲ．①古建筑-保护-研究-中国　Ⅳ．①TU-87

中国国家版本馆 CIP 数据核字（2023）第 052500 号

责任编辑：邢　涛　　　　　　　　文字编辑：王　硕
责任校对：宋　夏　　　　　　　　装帧设计：韩　飞

出版发行：化学工业出版社（北京市东城区青年湖南街 13 号　邮政编码 100011）
印　　装：北京七彩京通数码快印有限公司
787mm×1092mm　1/16　印张 22　字数 539 千字　2023 年 8 月北京第 1 版第 1 次印刷

购书咨询：010-64518888　　　　　　售后服务：010-64518899
网　　址：http://www.cip.com.cn
凡购买本书，如有缺损质量问题，本社销售中心负责调换。

定　　价：128.00 元　　　　　　　　　　　　　　　　版权所有　违者必究

前　言

　　《历史建筑保护技术》是开展"历史建筑修缮设计""历史建筑修缮施工"等课程学习和研究所必须掌握的基本知识。《历史建筑保护技术》分为保护技术理论篇和修缮设计实践篇，包括10章，即：中国古代建筑的基本情况与面临的威胁、古建筑的勘测工作与修缮方案的编制方法、木结构古建筑木材基本性质及生物损坏、木结构古建筑的损坏及保护技术、砖石砌体结构古建筑的损坏及保护技术、石质文物建筑的损坏及保护技术、生土建筑的损坏及保护技术、中国古代壁画的损坏及保护技术、建筑物基础沉降及倾斜矫正技术、南阳天妃庙古建筑修缮设计实例。本书以木、砖、石、土结构建筑以及壁画为体系，以其常见的损坏类型、损坏原因及保护技术为学习的重点，旨在为不同类型古建筑常见损坏类型的科学识别、各类损坏产生原因的科学剖析以及对应保护技术的科学抉择提供理论指导，为后续"历史建筑修缮设计"等课程的学习奠定理论基础、提供实践指导。

　　全书由杨燕负责全面统稿。其中，杨燕编写第1章、第2章、第4章、第6～9章；罗蓓编写第3章；李斌编写第5章；杨燕、赵莹、宋春歌、梁丽梅、陶明慧、王福群编写第10章。本书还得到谭征、王爱风、赵瑞、季海迪、王巍、贺一明、王付强的指导，在此表示衷心的感谢。

　　本书承蒙南阳理工学院2021年度课程思政建设项目、南阳理工学院第二批青年学术骨干项目、南阳理工学院博士科研启动项目"丹霞寺古建筑木构件材质状况及修缮研究"以及南阳理工学院交叉科学研究项目"基于细胞壁结构分析的丹霞寺古建筑木构件腐朽机制的研究"课题的资助，特此感谢！文中引用了国内外学者的文献，由于篇幅有限，没有一一列举，在此向所有相关学者表示诚挚的感谢。

　　限于编者的水平和时间有限，书中的不足之处在所难免，恳请读者批评指正。

杨　燕

2022年6月

目 录

第一篇 保护技术理论篇

第7章　生土建筑的损坏及保护技术 ————————— 222

第二篇　修缮设计实践篇

第一篇　保护技术理论篇

中国古代建筑的
基本情况与面临的威胁

  在世界建筑体系中，中国古代建筑是源远流长、独立发展起来的体系。这种体系在三千多年前的殷商时期已经形成，并根据自身条件逐步发展起来，直到二十世纪初，始终保持着自己的结构和布局原则，而且传播、影响到邻近国家。我国古建筑主要有木结构建筑、砖结构建筑、石结构建筑、石窟寺和土结构建筑等。这些古建筑对于我们国家乃至世界来说均具有很宝贵的历史价值、科学价值、艺术价值、文化价值以及社会价值。

  习近平总书记指出："我们一定要重视历史文化保护传承，保护好中华民族精神生生不息的根脉。"党的十八大以来，习近平总书记发表一系列重要论述、作出一系列重要指示批示，体现了以习近平同志为核心的党中央对历史文化遗产保护的高度重视，为历史文化遗产保护工作引航指路。

  2015 年 11 月，习近平总书记主持召开中央财经领导小组第十一次会议时指出："要增强城市宜居性，引导调控城市规模，优化城市空间布局，加强市政基础设施建设，保护历史文化遗产。"

  "文物承载灿烂文明，传承历史文化，维系民族精神，是老祖宗留给我们的宝贵遗产，是加强社会主义精神文明建设的深厚滋养。""保护文物功在当代、利在千秋。"2016 年 3 月 23 日，习近平总书记对文物工作作出重要指示，"各级党委和政府要增强对历史文物的敬畏之心，树立保护文物也是政绩的科学理念，统筹好文物保护与经济社会发展，全面贯彻'保护为主、抢救第一、合理利用、加强管理'的工作方针，切实加大文物保护力度，推进文物合理适度利用，使文物保护成果更多惠及人民群众。各级文物部门要不辱使命，守土尽责，提高素质能力和依法管理水平，广泛动员社会力量参与，努力走出一条符合国情的文物保护利用之路，为实现'两个一百年'奋斗目标、实现中华民族伟大复兴的中国梦作出更大贡献。"

1.1　中国古代建筑的基本情况

1.1.1　木结构建筑

以木构架为主体的古代建筑为木结构古建筑。木结构是中国古代建筑的主要结构类型和重要特征。如：北京的故宫［建于明成祖永乐四年（1406 年）］（图 1-1）、山西五台山南禅寺大殿［建于公元 782 年（唐代）］（图 1-2）和佛光寺大殿［建于公元 857 年（唐代）］（图 1-3）、山西应县木塔［建于公元 1056 年（辽代）］（图 1-4）、天津蓟县（今蓟州区）的独乐寺观音阁［始建于唐，后于辽统和二年（984 年）重建］（图 1-5）等，都是我国闻名世界的木结构古建筑。

太和殿(重檐庑殿顶建筑)

图 1-1　北京故宫

图 1-2　南禅寺大殿　　　　　　　　　图 1-3　佛光寺大殿

上古时期出现"巢"与"穴"两种原始的居住形式时，即产生了木结构的原始雏形。上古时期"构木为巢"的记述即是对木结构萌芽状态的描述。就穴居来说，袋状竖穴的穴口，也必然要采用树木的枝干和草木枝条编扎而成的支撑结构和覆盖结构，从而发展演变成建造在地面上的各类建筑，并形成了独特的中国建筑木结构体系。经考古发掘证实，早在新石器时期的母系氏族社会中，黄河流域、长江流域的广大地区已有相当规模的氏族聚落的建筑群，从陕西省西安市半坡村遗址和近年发掘出的浙江省余姚市河姆渡遗址中可以看出，当时木结构建筑已具有相当的规模和水平。河姆渡遗址中发现的建筑木构件，证实中国人的祖先很早就掌握了完善的榫卯连接技术，也说明木结构在此之前已经历了很长的使用和发展过程。

图1-4　应县木塔

图1-5　独乐寺观音阁

1.1.1.1　木结构建筑的类型

中国古代建筑的木结构大体上可分为抬梁式、穿斗式、井干式三种类型，其中，抬梁式结构应用较广，穿斗式次之，井干式结构多应用于产木材地区。

(1) 抬梁式木结构

抬梁式木结构［图1-6(a)］主要是沿建筑进深方向前后立柱，柱端架梁；梁上立瓜柱，瓜柱上再架梁；再立瓜柱、架梁，层层叠垛而成。梁的长度自下而上逐层缩短。在最上一梁的中部，立脊瓜柱。两梁间高度按照一定规律，自上而下逐层递减（即宋朝的举折）或自下而上递增（即清朝的举架），从而形成了古建筑屋面所具有的优美柔和的曲线。用这种方法组成的房架，每组称为一缝，在平行排列的两缝房架间每层梁的端头及脊瓜柱顶上架设檩木，连成一个整体，再于檩与檩之间铺设椽条、望板，以承托瓦面。两缝房架即四柱之间所组成的空间，就是古建筑的基本单元"间"。由平行排列的三缝房架，组成两间；四缝组成三间……一座古建筑一般由3、5、7、9等单数开间组成。

抬梁式房架因受木材长度、采运条件及受力性能的限制，进深不可能做得太大。为了满足更大空间的使用要求，在上述基本房架的基础上，用插金梁或勾连搭加大建筑物的进深。插金梁是在基本房架的前后柱以外，另立较短的柱子，上置插金梁，梁头放在外排柱头上，梁尾插入基本房架的柱身。插金梁也可层层叠起，以加大进深。勾连搭是把两组、三组以至更多组房架沿进深方向连接成为一缝房架，连接处两组房架共用一根立柱，因而称勾连搭。

抬梁式木结构中的梁承受由上层传递的集中荷载而形成受弯构件，荷载自脊部向下逐层递增，梁的截面也随荷载的增加而逐层加大。在早期实物中，梁截面常采用（2∶1）～（3∶2）的高宽比。唐朝建中三年（782年）建造的南禅寺，在上下梁端间加置斜撑杆，称托脚。它将上层梁端传来的部分垂直力化为水平分力，使下层梁产生一定的拉应力，减少了下层梁的弯曲应力，这是一种比较科学、合理的结构；但这种结构到明、清时已很少使用。

柱是承受垂直荷载的受压杆件。在早期实物中，多将一座建筑四周柱子的柱头略向中心倾斜，称侧脚；并沿外墙自中心向四角将柱子加高，称为升起。这两种措施使建筑结构重心向内微倾，使各个榫卯节点更加紧密牢固，从而提高了结构的整体稳定性。明朝以后侧脚渐渐减少，升起也很少见到。

斗栱是"斗"与"栱"的统称，多用于梁、柱、檩等构件汇集处，以及檩、枋之间，是中国古代建筑特有的木构件，其功能主要为：①通过斗栱扩大节点处构件的接触面，改善节点受力情况，缩短所承托构件的净跨；②通过斗栱的层层出挑，以支承建筑物的深远出檐。唐宋以来，斗栱已成为建筑物的基本度量单位，后来又把功能与艺术巧妙地融为一体，成为中国古代木结构的特点之一。明朝以后斗栱逐渐向纤巧发展，因而在功能上有一定的减弱，而突出了装饰方面的效果。

抬梁式木结构的建筑平面除布置成长方形外，还可根据用途和建筑艺术要求布置成正方、六角、八角、圆、十字形等多种平面形式。抬梁式建筑的屋顶重量是由檩传递给梁，由梁传递于立柱，通过立柱传递于基础。建筑物的墙体，仅起间隔或围护的作用，而不是承重结构，"墙倒屋不塌"正是这种结构优势凸显的写照。

（2）穿斗式木结构

穿斗式木结构［图1-6（b）］在中国南方各地的建筑中用得较多。它的基本组成构件是柱与穿枋。穿斗式木结构是沿建筑进深方向立柱，柱头直接承檩。它与抬梁式木结构的主要区别在于：①柱头直接承檩，无须通过梁传递荷载，故比抬梁式承载力高；②落地柱较多，柱距较密；③一缝房架中柱与柱之间由贯穿柱身的穿枋连成一个整体。

穿斗式木结构的立柱，沿进深方向自前后向脊部逐渐增高，以构成与抬梁式木结构相似的曲线形屋面。在穿斗式木结构中，由于立柱所承受的荷载远比抬梁式结构的立柱小，因而柱径也相应缩小，这就发挥了小直径木料的作用，不仅用料经济，而且体态也比较轻盈。但柱径的缩小加大了柱的长细比，所以沿柱身要设置层层穿枋，并借助平行于檩下的牵子和上面铺装的阁板，保证柱的轴向稳定。因穿枋主要是起连接的作用，所以本身尺寸都不大。穿斗式结构也是在两缝房架之间安设檩条组成间。它的不足之处是用料纤细，难于承受厚重屋面的荷载，因而在中国北方很少使用；更因落地柱较多，难于构成较大的完整空间。

（3）井干式木结构

井干式木结构［图1-6（c）］是不用立柱和大梁的房屋结构，这种结构以圆木或矩形、六角形木料平行向上层层叠置，在转角处木料端部交叉咬合，形成房屋四壁，因其所围成的空间似井而得名。这种结构比较原始、简单，现在除少数森林地区外已很少使用。这种结构形式不仅在中国有，在森林资源丰富的国家也可见到。在中国，早在距今三千多年的商朝墓葬中就发现有井干式木椁的使用，云南一带发现的汉代器物纹饰中也可见到这种结构形式。这说明井干式木结构在中国有不少于三千年的使用历史。据记载，汉武帝时在宫苑中建有高大的井干楼，有"襟井干而未半，目旋转而意迷"的描述。

1.1.1.2　木结构建筑的特点

（1）完整的木构架体系

中国古建筑以木材、砖、瓦为主要建筑材料，以木构架为主要的结构方式。此结构方式由立柱、横梁、顺檩等主要构件建造而成，各个构件之间的结点以榫卯（诸如整榫、半榫、单榫、双榫、搭角榫、管脚榫、银锭榫等）相吻合，构成富有弹性的框架，不仅妥善地实现

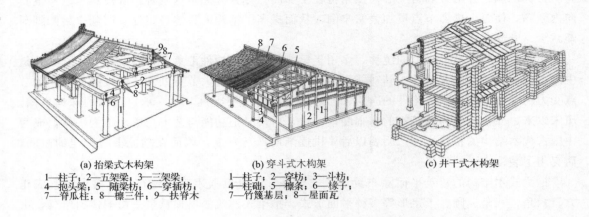

(a) 抬梁式木构架
　　1—柱子；2—五架梁；3—三架梁；
　　4—抱头梁；5—随梁枋；6—穿插枋；
　　7—脊瓜柱；8—檩三件；9—扶脊木

(b) 穿斗式木构架
　　1—柱子；2—穿枋；3—斗枋；
　　4—柱础；5—檩条；6—椽子；
　　7—竹篾基层；8—屋面瓦

(c) 井干式木构架

图 1-6　中国古代木构架常见的三种结构方式（刘敦桢，2020）

了各种构件的连接，保证结构节点的牢固，还使这种连接具有一定的弹性，对消能起到良好的作用。屋子的重量通过横梁集中到立柱上，墙体只起隔断作用，它不承担房屋的重量。

（2）多样化的群体布局

以木构架为主的中国建筑体系，平面布局的传统习惯是以间为单位构成单座建筑，再以单座建筑组成庭院，进而以庭院为单元，组成各种形式的组群。中国古代建筑的庭院与组群的布局，大都采用均衡对称的布局方式。庭院布局大体上分两种：一种是在纵轴线上先配置主要建筑，再在主要建筑的两侧和对面布置若干座次要建筑，组合为封闭性的空间，称为四合院 [图 1-7(a)]；另一种是在纵轴上建立主要建筑和次要建筑，再在院子的左右两侧用回廊将若干单座建筑联系起来，构成一个完整的格局，称为廊院 [图 1-7(b)]。

(a) 四合院　　　　　　　　　　　　(b) 廊院

图 1-7　中国古代木构架多样化的群体布局

（3）优越的防震、抗震性能

首先，承重与围护结构分工明确，屋顶重量由木构架来承担，外墙起遮挡阳光、隔热防寒的作用，内墙起分割室内空间的作用。由于墙壁不承重，这种结构赋予建筑物以极大的灵活性。其次，木构架的结构所用斗栱和榫卯又都有若干伸缩余地，因此在一定限度内可减少地震对这种构架造成的危害。"墙倒屋不塌"形象地表达了这种结构的特点。因此，古代木结构的宫殿、庙宇因榫卯连接完善、结构布局合理，对地震、大风等自然灾害具有较好的抵抗力。

（4）蕴含美丽动人的艺术形象

中国古代建筑造型优美，尤以屋顶造型最为突出。屋顶中直线和曲线巧妙地组合，形成向上微翘的飞檐，不但扩大了采光面、有利于排泄雨水，而且增添了建筑物飞动轻快的美感。

中国古代建筑的彩绘和雕饰丰富多彩。彩绘具有装饰、标志、保护、象征等多方面的作用。雕饰是中国古建筑艺术的重要组成部分，包括墙壁上的砖雕、台基石栏杆上的石雕、金银铜铁等建筑饰物。雕饰的题材内容十分丰富，有动植物花纹、人物形象、戏剧场面及历史传说故事等。

1.1.2　砖结构建筑

人们对砖用作建筑材料，往往以"秦砖汉瓦"来形容它的历史悠久。事实上早在周朝已有关于砖的记载；考古发掘中，已发现战国晚期的砖结构实物，但使用并不普遍。除地下砖墓室外，地面以上未发现有南北朝（5～6 世纪）以前的砖结构遗物；自南北朝开始，地上砖结构逐渐增多，唐、宋以后砖结构建筑物明显增加，除修建了大量砖塔外，在南方一些城市还用"甃城"一词来说明以砖修城。及至明朝，砖的生产和使用更为普遍，不仅用砖砌筑宫殿府第，民间宅院也有不少用砖建造。在明朝修建的长城的部分地段，也大量采用了砖城墙和砖砌筑的城关。

砖结构建筑有砖墓室、砖塔、砖城、砖拱桥、砖窑洞、砖砌无梁殿等。砖结构按结构形式分主要有板块式、拱券式、穹窿式、筒体式及砖城墙等。

（1）板块式砖结构

战国末期，在墓葬中开始出现砖结构的墓室，全部用大块空心砖块建造，顶部平置的空心砖板块支承于两侧竖置的空心砖板块上，构成单跨简支式板块砖结构。河南省汉墓中出土的空心砖板块实物，长约 1m、宽约 0.4m、厚约 0.1m，足见当时空心砖板块的制作已达到很高的工艺水平；也说明远在 2000 多年以前，中国已发明了烧制空心砖板块的技术。后来板块式空心砖墓室进一步发展，将顶部改为用三块空心砖板块，边上两块砖板块斜放，正中一块平放，使墓顶中部拱起。后又演变成两侧墓壁用小砖砌筑，墓顶由楔形砖砌筑成折线形。

（2）拱券式砖结构

自西汉末期到明、清的近两千年中，砖砌拱券结构形式被广泛用于地下和地上各类建筑中。战国末期出现砖结构墓室以后，到西汉末年，出现了半圆拱券式砖结构的砖墓室。砖拱券用泥浆作为胶结材料，砌筑方式有用立砖砌筑的单层拱券、双层拱券和多层拱券；又常常在每层拱券上加砌卧砖，称为伏；以后，这种券和伏交替的砌筑方法成了砖、石拱券结构普遍采用的砌筑方式。根据砖拱券跨度与荷载的大小，决定砌筑券和伏的层数，多者达五券五伏，个别工程中，也有用七券七伏的。砖拱券自地下转用到地上，经历了一个漫长的过程。最初只用在砖塔及某些建筑的门、窗、壁龛上，或作为塔层间的楼面承托结构，一般规模、跨度都不大。大跨度的砖拱券多出现在明朝以后，用在城门洞、桥涵以及建筑下部的承重结构中。无梁殿便是明朝首创的砖砌拱券建筑，其主体结构由砖拱券构成，室内空间为一大型砖拱，前后在垂直方向再砌出若干小砖拱券作为门或窗用，外部出檐、斗拱、檩枋等均以砖石仿照木构件式样制作，上面覆以瓦屋面。较早实物以明朝初期建造的江苏省南京市灵谷寺无梁殿为代表；北京市的皇史宬，也是很著名的无梁殿实例。

（3）穹窿式砖结构

在拱券式砖结构形成以后，又出现了穹窿式砖砌结构。这种结构最初用在墓室，最早的遗物见于河南省洛阳市及甘肃省武威市的汉墓之中。以后地上的砖砌穹窿式结构也相继出现，多见于伊斯兰教建筑，其中新疆维吾尔自治区喀什市阿巴伙加玛札主墓的砖砌穹窿顶，跨度在15m以上，穹窿壁厚50cm以上，轻巧简洁，是这一种结构形式的代表。

（4）筒体式砖结构

筒体式砖结构常用于历代砖塔建筑中，分为单层筒体和双层筒体（即筒中筒）两种类型。河南省登封市嵩岳寺塔（520年）（图1-8），是单层筒体砖结构，是我国最古老的砖塔，全高约40m，密檐式，平面呈十二边形，中空，下部壁厚约2.5m，塔身自下而上呈抛物线形的曲线，筒壁逐渐减薄以降低塔身的重心高度，提高抵抗风压及地震荷载的能力，构造坚固，结构合理；自建成至今，经历了1500多年和多次地震，仍巍然耸立。唐朝多建成方形砖塔，其中凡可登临的砖塔，仍采用单层筒体结构，层间楼板多用木材制作。到五代末年，出现了双层筒体砖结构，如建于五代末年至北宋初年（959—960年）的江苏省苏州市虎丘云岩寺塔，全高约47m，平面呈八角形，由内外两层筒体组成，因各层门、窗的设置，看上去又像由里外12个（中心4个，外围8个）巨大的砖墩组成。塔层之间的楼板，由内外壁间逐层挑出的砖块（称叠涩）渐渐收拢承托，并将内外筒体层层连接成整体，加强结构的整体性和刚度。

图1-8　河南省登封市嵩岳寺塔

图1-9　万里长城

（5）砖城墙

用砖砌筑的城墙中，中国的代表性杰作当推明长城（图1-9）。明朝以前的砖城墙实物留存极少。砖城墙由于墙体较厚，往往采用包砌的办法，即里外墙面用砖砌筑，中间部分为夯筑的土墙，仅在高大城楼的下面，才砌筑实体的砖台。

1.1.3　石结构建筑

石材是人类最早认识和利用的天然材料之一。殷商时期的建筑遗址中，已发现有石质柱础的应用，足见石材应用于中国建筑中已有悠久历史。秦汉以后石结构得到很大发展，现存实物有石墓室、石祠、石阙、石窟寺、石塔、石桥以及石经幢、石墓表、石牌坊等。石结构大体上可分为板式、梁柱式、拱券式、筒体式、隧洞式等。

（1）板式石结构

较具代表性的石板结构，是分布在今辽东半岛和山东半岛一带的巨石建筑。这种建筑全部由巨大的石板块组成，据考证，这种结构可能是坟墓的一种，外形很像一个巨大的石桌，所以也称石桌坟；平面呈矩形，下部由三块竖放的石板作为支承屋盖的构件，上部覆盖一块大石板，四周外伸作屋檐状悬挑。辽东海城一座巨石建筑，高约 3m，宽约 2.4m，长约 2.8m，顶部覆盖的石板长 6m 余、宽 5m 余、厚近 0.5m，重约 40t，造型粗犷雄壮，结构坚实稳定。

（2）梁柱式石结构

梁柱式石结构主要见于汉朝晚期的一些石墓和宋朝初期的石桥、石祠及石牌坊中。梁柱式石墓多在山东、江苏、辽宁等地，其中山东沂南汉画像石墓可作为代表。这座墓约建于东汉末期，全部用加工规整的石材砌成，总面积超过 50m^2，分前、后、中室及左、右侧室，内外墙体均由竖放的石板构成，墓正中立石柱一排，柱顶上置石斗栱，上部架设石梁，梁上再覆以石板。墙面、藻井及入口处都有十分精细的雕饰。福建沿海地区的石梁桥，由桥墩和石梁组成，漳州市江东桥（图 1-10）所用一根石梁长 23.7m，宽、厚 1.7～1.9m，重约 200t。泉州万安桥（图 1-11）亦很著名，桥建于宋嘉祐四年（1059 年），全长 834m，共 47 跨（孔），桥墩由规整条石砌筑而成。墩上密排石梁，石梁最长达 11m，截面一般宽、厚各 0.6～0.9m。

图 1-10　漳州市江东桥

图 1-11　泉州万安桥

（3）拱券式石结构

最常见的是石拱桥，其次是陵墓。河北赵县赵州桥（图 1-12）是中国现存最早的石拱桥，主拱的两端之上各建两个小拱，可以减少洪水期水流的阻力，也可减轻结构自重，同时使桥面平缓，便于通行。为了加强桥的整体性，除在并列的 28 条纵拱肋间嵌装银锭形铁榫外，还于拱券上加伏一层石板，横向埋入五根铸铁拉条，拱顶处桥宽略窄于拱脚，使并列的纵拱肋均向内稍倾，以防止外闪。这些构造措施都证明远在 1400 多年前，中国的造桥技术在结构方面和艺术方面，都已取得了巨大的成就。

图 1-12　河北赵县赵州桥

图 1-13　北京市的卢沟桥

石拱桥由于比较理想地发挥了石材性能，在相同跨度的结构中较梁柱式石结构能承受较大的荷载，用料也较小、较少。除单孔者外，也常有多孔石拱桥，如北京市的卢沟桥（图1-13）、江苏省苏州市的宝带桥（全长317m，由53个连续石拱券组成）。陵墓中采用拱券式石结构，已发现较早的实物是四川成都前蜀建造的永陵，总长23.50m，分前、中、后三个墓室，墓室结构由两侧壁柱间建起的石拱券构成，中室石拱券净跨近6m，室中设棺床，并饰以精美生动的雕刻。明、清两代帝王陵寝中的地下墓室，也采用拱券式石结构建筑，如北京市已发掘的明神宗（万历）墓——定陵，有地下宫殿之称，整座石墓规模宏伟，构建精良，在已发掘的拱券式石墓中具有一定的代表性。

（4）筒体式石结构

中国现存较早的大型石塔——山东省济南市历城区柳埠街道神通寺四门塔（图1-14），为筒体式石结构，该塔建于隋大业七年（611年），高约15m，平面呈正方形，每边长约7.4m；由大块青石砌筑的筒壁构成一个正方形筒体，壁厚约0.7m；每面正中开一个小型拱门（称为壶门）。塔内正中有方形石塔心柱，顶部用石板搭叠覆盖，逐层收进，构成四角攒尖式顶，檐口用五层叠涩出檐，除塔刹外，通身不加雕饰，十分朴素明快。

图1-14　济南市历城区神通寺四门塔

唐朝以后，石塔渐渐增多，塔的式样也随时代、地区不同而不断变化。多层筒体式石塔以福建泉州开元寺双塔为代表，现存双塔（图1-15）分别建于南宋嘉熙至淳祐年间。塔身五层，平面为八角形，高40m余；外圈用大石块砌筑成筒体，中间为石块砌筑的塔心柱；塔身外壁每层设置四个壶门，上下层错开布置，以更好地保证塔身的整体性；塔心柱与外筒壁逐层以条石拉结，以保证塔体的稳定性。

（5）隧洞式石结构

中国古代开凿的石隧洞主要用作崖墓和石窟寺。自东汉至南北朝时期，四川一带盛行崖墓葬。乐山地区的白崖汉墓，在长约1km的山崖上，开凿有大小不等的56座墓窟，其中较大者深达数十米，由亭堂、壁龛、前室、后室以及棺室、灶室等组成，凿有柱、阙、藻井等，并雕刻有精细的花纹。石窟寺是在佛教传入中国以后，盛行于南北朝时期的隧洞式宗教建筑；隋唐五代时期也不断开凿，到宋朝才逐渐减少。石窟在中国分布极广，甘肃敦煌莫高窟、山西大同云冈石窟、河南洛阳龙门石窟、甘肃天水麦积山石窟称中国四大石窟。四大石窟是以中国佛教文化为特色的巨型石窟艺术景观。石窟寺与崖墓都是依山开凿的隧洞，除用

图 1-15　福建泉州开元寺双塔

途不同外，结构上的不同在于崖墓一般开凿得深远狭长，而石窟寺一般开凿得比较浅近宽敞。

龙门石窟（图 1-16）位于河南省洛阳市区南面 12km 处，是一个风景秀丽的地方，这里有东、西两座青山对峙，伊水缓缓北流。远远望去，犹如一座天然门阙，所以古称"伊阙"。龙门石窟始开凿于北魏孝文帝迁都洛阳（公元 493 年）前后，迄今已有 1500 多年的历史。后来，历经东西魏、北齐、北周，到隋唐至宋等朝代又连续大规模营造达 400 余年之久。密布于伊水东西两山的峭壁上，南北长 1000 多米，现存石窟 1300 多个，佛洞、佛龛 2345 个，佛塔 50 多座，佛像 10 万多尊。其中最大的佛像高达 17.14m，最小的仅有 2cm。另有历代造像题记和碑刻 3600 多品，这些都体现出了中国古代劳动人民很高的艺术造诣。龙门石窟以宾阳中洞、奉先寺和古阳洞最具有代表性。

图 1-16　龙门石窟及奉先寺卢舍那大佛

莫高窟又名"千佛洞"（图 1-17），位于敦煌市东南 25km 处，大泉沟河床西岸，鸣沙山东麓的断崖上。中国石窟艺术源于印度，印度传统的石窟造像以石雕为主，而敦煌莫高窟因岩质不适合于雕刻，故造像以泥塑、壁画为主，并以精美的壁画和塑像闻名于世，展示了延续千年的佛教艺术，被誉为 20 世纪最有价值的文化发现。它始建于十六国的前秦时期，历经十六国、北朝、隋、唐、五代、西夏、元等历代的兴建，形成巨大的规模。莫高窟在唐时有窟千余洞，现存石窟 492 洞，其中魏窟 32 洞、隋窟 110 洞、唐窟 247 洞、五代窟 36 洞、宋窟 45 洞、元窟 8 洞，壁画约为 45000m^2，彩塑雕像 2415 尊，是世界上现存规模最大、内容最丰富的佛教艺术圣地。莫高窟是现存规模最庞大的"世界艺术宝库"。它的艺术特点表现于建筑、塑像和壁画三者的有机结合上。窟形建制分为禅窟、殿堂窟、塔庙窟、穹窿顶窟、影窟等多种形制，彩塑分圆塑、浮塑、影塑、善业塑等，壁画类别分尊像画、经变画、故事画、穹窿顶窟佛教史迹画、建筑画、山水画、供养画、动物画、装饰画等不同内容，系统反映了十六国、北魏、西魏、北周、隋、唐、五代、宋、西夏、元等十多个朝代及东西方文化交流的各个方面，成为人类稀有的文化宝藏。

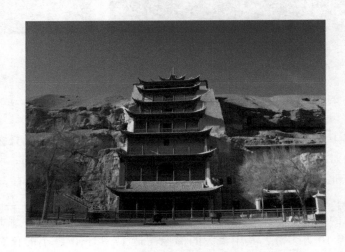

图 1-17　莫高窟九层楼

云冈石窟（图 1-18）位于中国北部山西省大同市以西 16km 处的武周山南麓。石窟依山而凿，东西绵亘约 1km，气势恢宏，内容丰富。现存主要洞窟 53 个，大小窟龛 252 个，石雕造像 51000 余躯，最大者高达 17m，最小者仅几厘米。石窟始凿于北魏兴安二年（公元 453 年），大部分完成于北魏迁都洛阳之前（公元 494 年），造像工程则一直延续到正光年间（公元 520—525 年）。整个石窟分为东、中、西三部分，石窟内的佛龛，像蜂窝密布，大、中、小窟疏密有致地嵌贴在云冈半腰。东部的石窟多以造塔为主，故又称塔洞；中部石窟每个都分前后两室，主佛居中，洞壁及洞顶布满浮雕；西部石窟以中小窟和补刻的小龛为最多，修建的时代略晚，大多是北魏迁都洛阳后的作品。整座石窟气魄宏大，外观庄严，雕工细腻，主题突出。石窟雕塑的各种宗教人物形象神态各异。在雕造技法上，继承和发展了我国秦汉时期艺术的优良传统，又吸收了犍陀罗艺术的有益成分，创建出云冈独特的艺术风格，对研究雕刻、建筑、音乐、宗教的人都是极为珍贵的资料。云冈石窟的造像气势宏伟，内容丰富多彩，堪称公元 5 世纪中国石刻艺术之冠，被誉为中国古代雕刻艺术的宝库。

麦积山石窟（图 1-19）地处甘肃省天水市东南方 50km 的麦积山乡南侧西秦岭山脉的一座孤峰上，因其形似麦垛而得名。麦积山石窟始建于公元 384 年，后来经过十多个朝代的不断开凿、重修，遂成为中国著名的大型石窟之一，也是闻名世界的艺术宝库。现存洞窟 194

图 1-18　云冈石窟

个，其中有从 4 世纪到 19 世纪的历代泥塑、石雕 7200 余件，壁画 1300 多平方米。由于麦积山山体为第三纪沙砾岩，石质结构松散，不易精雕细镂，故以精美的泥塑著称于世。如果说敦煌是一个大壁画馆的话，麦积山则是一座大雕塑馆。这里的雕像，大的高达 15m 多，小的仅略超过 20cm，体现了千余年来各个时代塑像的特点，系统地反映了我国泥塑艺术发展和演变过程。它与敦煌莫高窟、大同云冈石窟、洛阳龙门石窟一样，是珍贵的艺术宝藏。如果就艺术特色来分，敦煌石窟侧重于绚丽的壁画，云冈、龙门石窟著名于壮丽的石刻，而麦积山石窟则以精美的塑像闻名于世。

图 1-19　麦积山石窟

1.1.4　生土结构建筑

生土结构建筑主要是用未焙烧而仅做简单加工的原状土为材料营造主体结构的建筑。生土建筑始于人工凿穴，有悠久的历史。从古代留存的烽火台、墓葬和故城遗址等，可以看到古人用生土营造建筑物的情况。中国古代土结构主要分为掏挖式土结构、夯筑式土结构与砌筑式土结构三类。

（1）掏挖式土结构

由掏挖而成的各种洞穴，其形式主要有横穴与竖穴两种：

横穴（图 1-20）一般直接在土崖开挖，洞穴的上部挖成半圆拱形，拱上土重和其它荷载沿拱趾传递于基土。这种土窑洞适用于中国西北地区的黄土地带，现今在河南、山西、陕西、甘肃等省，土窑洞仍然是民居形式之一。其规模大小，主要取决于土质和使用要求，即拱的跨度大小随土的性质而不同。横穴后来发展为窑洞。

竖穴是由地面向下开挖而成，口小下大，也称袋状穴，穴边土的侧压力沿环状穴壁分布于周围土层。在使用中穴口覆以遮盖物，以防雨雪侵入。竖穴在使用中逐步演变成半穴，继而成浅穴，最后完全上升到地面，形成了各种地上建筑的原型。

掏挖式土结构简便易行、经济实用，并具有保温、节能、隔声等优点，所以具有很好的使用价值。

图 1-20　横穴（窑洞）

(2) 夯筑式土结构

使用夯杵，将土捣筑坚固，加大密实度，改善土的结构，以提高其承载能力，可作为房屋的承重结构，也可作为围护结构。夯筑式土结构，对中国古代建筑的发展具有重大意义。

夯筑有无模夯筑和版筑两种。原始夯土都是无模夯筑。从山东龙山文化遗址中所发现的夯土遗迹来看，可能是用石块、棍棒等夯筑的。氏族社会晚期至奴隶社会早期的夯土城垣，采用先将土分层夯筑，再将两侧面加以整削成型。版筑即在夯土墙的两侧及两端以木板或圆木为模，并将两端锁紧，然后填土夯实；根据夯筑体需要的长度，将模板水平移动；夯实一层后，再将模板提升，夯筑另一层；直至需要的夯筑高度为止。由无模夯土发展到版筑，是夯土结构的一个演变过程，不仅节约了工程量，加快了施工进度，同时也进一步提高了夯筑结构的强度。

(3) 砌筑式土结构

土砌体所用的砌块分为"土墼"和"土坯"两种。土墼是用最佳含水量的潮湿土，放入木模中经夯筑形成。土坯则是用水和好的湿泥，放入木模中经抹平形成；在制作中也往往加入草筋；它们经自然干燥后即可用来砌筑。墼或坯大约产生在龙山文化晚期，在商、周时期的建筑遗址中，都曾发现有墼或坯的砌体；敦煌、西安等地汉朝的土坯墙也多有发现；新疆发现有唐、五代时期用土坯砌筑的圆形穹窿结构，直径达 10m 以上；以上发现不仅说明中国古代砌筑式土结构的广泛使用，更可看出当时砌筑技术的水平。

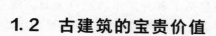

1.2　古建筑的宝贵价值

古建筑，即便它的表象已经残损且程度不一，但它们却具有宝贵的价值，成为全人类的宝贵财富。作为中华儿女，我们要透过它残损的表象深挖它最本质的宝贵价值，包括历史价值、科学价值、艺术价值、文化价值和社会价值等。

1.2.1　历史价值

历史价值是指文物古迹作为历史见证的价值。主要表现在以下方面：由于某种重要的历史原因而建造，并真实地反映了这种历史实际；在其中发生过重要事件或有重要人物曾经在其中活动，并能真实地显示出这些事件和人物活动的历史环境；体现了某一历史时期的物质生产方式、生活方式、思想观念、风俗习惯和社会风尚；可以证实、订正、补充文献记载的史实；在现有的历史遗存中，其年代和类型独特珍稀，或在同一类型中具有代表性；能够展现文物古迹自身的发展变化。

历史价值既有史学研究之功，又能起到纪念、教育、认同等情感作用。历史建筑被称为"历史的见证""实物的历史""石头的史书"等，它的价值就在于，它是一定历史时期和历史条件下的产物，是反映了不同历史阶段、不同国家和地区、不同民族特色等的实物例证。俄罗斯作家果戈理写道："建筑同时还是世界的年鉴，当歌曲和传说都已经缄默的时候，只有它还在说话哩。"

1.2.2　科学价值

科学价值指文物古迹作为人类的创造性和科学技术成果本身或创造过程的实物见证的价值。科学价值专指科学史和技术史方面的价值，主要表现在以下方面：规划和设计，包括选址布局、生态保护、灾害防御，以及造型、结构设计等；结构、材料和工艺，以及它们所代表的当时科学技术水平，或科学技术发展过程中的重要环节；本身是某种科学实验及生产、交通等的设施或场所；在其中记录和保存着重要的科学技术资料。

不同时期的古建筑反映了当时社会条件下社会生产力的发展水平、科技水平及人们的创造力，具有科学价值。可以说，优秀的古建筑把当时最先进的科学技术成果都用上了。许多古老的建筑，虽然已成为历史的遗物，被现代科技超越了，但其当年的高度成就仍然令人惊叹。

1.2.3　艺术价值

艺术价值是指文物古迹作为人类艺术创作、审美趣味、特定时代的典型风格的实物见证的价值。艺术价值主要表现在以下方面：建筑艺术，包括空间构成、造型、装饰和形式美；景观艺术，包括古建筑中的人文景观、城市景观、园林景观，以及特殊风貌的遗址景观等；附属于古建筑的造型艺术品，包括雕刻、壁画、塑像以及固定的装饰和陈设品等；年代、类型、题材、形式、工艺独特而不可移动的造型艺术品；上述各种艺术的创意构思和表现手法。

古建筑物被称为综合艺术的总体。除了建筑本身的布局与造型等艺术以外，还集雕塑、绘画、织绣、室内外装修、家具、陈设等于一身，甚至还包括了各种艺术珍藏（金石、陶瓷、书画等）。古建筑的艺术成了人们观摩、欣赏、创作借鉴、美的陶冶、学习的重要场所，是人类最为巨大、最为丰富的文化艺术遗产之一。

1.2.4 文化价值

文化价值是指古建筑与某一特定地方文化之间的联系或在这种文化的发展延续过程中所具有的作用，包含了文化多样性、文化传统的延续及非物质文化遗产要素等相关内容。主要表现在：①文物古迹因其体现民族文化、地区文化、宗教文化的多样性特征所具有的价值；②文物古迹的自然、景观、环境等要素因被赋予了文化内涵所具有的价值；③与文物古迹相关的非物质文化遗产所具有的价值。文化价值包含了文化多样性、文化传统的延续及非物质文化遗产要素等相关内容。文化景观、文化线路等文物古迹还可能涉及相关自然要素的价值。历史古建筑作为中华民族悠久历史发展变化的见证者和载体，对于传承和发扬中国传统文化有着不可替代的作用。

因李白、杜甫、范仲淹等人的诗文而名扬天下的岳阳楼，因王勃的《滕王阁序》而名声大振的滕王阁，因沾了诗仙的仙气而无人不知的黄鹤楼等，都蕴藏着丰富的文化价值。此外如著名的曲阜孔庙，蕴藏着浓厚的儒家思想。习近平总书记多次指出："我们一定要重视历史文化保护传承，保护好中华民族精神生生不息的根脉。"通过古建筑的保护和传承，使其更好地弘扬我们优秀的传统文化。

1.2.5 社会价值

社会价值是指文物古迹在知识的记录和传播、文化精神的传承、社会凝聚力的产生等方面所具有的社会效益和价值，包含了记忆、情感、教育等内容。它展现人类文明程度、传统人和物的精神风貌及对今人今事的影响。如：古建筑带动旅游业的发展；古建筑作为大众教育、学习的基地。

1.3 古建筑面临的威胁

古建筑面临的威胁主要有自然环境的影响和人为破坏两类。

1.3.1 自然灾害的破坏

自然灾害如地震、洪水等对古建筑的破坏近乎是毁灭性的。都江堰是世界文化遗产（2000年被联合国教科文组织列入"世界文化遗产"名录）、世界灌溉工程遗产、全国重点文物保护单位、国家级风景名胜区、国家AAAAA级旅游景区，但在2008年汶川地震中也损毁严重（图1-21）。位于四川省彭州市白鹿镇回水村的领报修院礼拜堂是一处法式天主教教堂，在2008年汶川地震中损毁严重，大部分已经坍塌（图1-22）。

2003年12月26日，伊朗巴姆古城东南部科尔曼省发生强烈地震，死亡四万多人。巴姆古城大多数建筑是土坯砌筑的，抗震性能较低，历史城区大部分被毁（图1-23）。

2004年贵州省黎平县地坪乡风雨桥［图1-24（a）］（全国重点文物保护单位）被一场突如其来的山洪冲毁［图1-24（b）］。

(a) 震前(一)   (b) 震后(一)

(c) 震前(二)   (d) 震后(二)

(e) 震前(三)   (f) 震后(三)

(g) 震前(四)   (h) 震后(四)

图1-21　都江堰在2008年汶川地震中损毁严重

1.3.2　火灾对古建筑的影响

　　火灾对古建筑的威胁也是致命的。武当山遇真宫［图1-25（a）］位于武当山镇东4km处，属武当山九宫之一。明代初期张三丰在此修炼，永乐年间皇帝命令在此地敕建遇真宫，于永乐十五年竣工，共建殿堂、斋房等97间。到嘉靖年间，遇真宫已经扩大到396间，院落宽敞，环境幽雅静穆。2003年1月19日，列入"世界文化遗产"的武当山古建筑群重要组成部分之一的遇真宫主殿突发大火，最有价值的主殿化为灰烬［图1-25（b）］。

　　闽东南廊桥百祥桥［图1-26（a）］，位于福建省屏南县棠口乡下坑尾村与寿山乡白洋村交界的白洋溪上，又称松柏桥和白洋桥。百祥桥最初由高朝阳建于南宋理宗至南宋度宗

(a) 震前 　　　　　　　　　　　　　　(b) 震后

图 1-22　领报修院礼拜堂于 2008 年汶川地震中损毁严重

(a) 巴姆古城的历史城区大部分被毁　　　(b) 中国派出救灾专家协助救灾

图 1-23　地震对巴姆古城的破坏

(a) 冲毁前 　　　　　　　　　　　　　(b) 冲毁后

图 1-24　山洪对风雨桥的破坏

（1240—1274）年间，后为张禄相、林祈灿重建，张旭传、张世灿再次重建。由于其位于崇山峻岭中，又单孔跨于地势险要的大峡谷之间，被誉为"江南第一险"木拱廊桥。在历史

(a) 火灾前　　　　　　　　　　　　　　(b) 火灾后

图 1-25　火灾对武当山遇真宫的破坏

上，百祥桥是屏南通往宁德、福安等地的必经之路，有"茶盐古道"之称。2006 年 6 月 27 日，一场无名的大火将百祥桥毁于一旦［图 1-26(b)］。

(a) 火灾前　　　　　　　　　　　　　　(b) 火灾后

图 1-26　闽东南廊桥——百祥桥火灾前后对比

　　韩国的崇礼门［图 1-27(a)］，俗称南大门，是李氏朝鲜时期京畿道汉城府（今首尔）四座城门之中规模最大的城门，始建于 1398 年，1962 年 12 月确定为韩国"一号国宝"，被誉为韩国的"国门"。城门下端为石造门洞，上端为双层木制城楼。崇礼门城楼是首尔历史最悠久的木结构建筑。2008 年 2 月，崇礼门木造二重楼阁遭到纵火焚毁，仅存石基，木结构城楼被焚毁，即崇礼门纵火事件［图 1-27(b)］。

　　2019 年 4 月 15 日下午 6 时 50 分左右，闻名世界的巴黎圣母院突发大火，有着 800 多年历史的建筑损毁严重，塔尖已经在大火中被摧毁（图 1-28）。

1.3.3　战争对古建筑的影响

　　1860 年 10 月 6 日，英法联军劫掠北京的"三山五园"，纵火烧毁了号称"万园之园"的圆明园（图 1-29）。

　　1940 年 11 月 14 日晚，德军实施"月光奏鸣曲"行动，出动空军轰炸，将英国千年古

(a) 火灾前　　　　　　　　　　　　　　(b) 火灾后

图 1-27　韩国首尔中区南大门 4 街——崇礼门

图 1-28　法国巴黎圣母院发生严重火灾

图 1-29　战争后的圆明园

城、近代重要的工业城市考文垂夷为平地（图 1-30）。

　　1945 年 2 月 13 日，盟军开展"雷击"行动，对德国古城德累斯顿实施地毯式轰炸，将圣母大教堂、塞姆佩尔美术馆、日本宫、大歌剧院等全部夷为平地（图 1-31）。

　　2001 年 3 月 2 日，阿富汗塔利班领导人奥马尔下令全国毁佛，炸毁了建于公元 3 世纪的巴米扬大佛（图 1-32）。2003 年，世界遗产委员会在阿富汗政府没有申请的情况下决定将巴米扬山谷的文化景观和考古遗址定为濒危世界遗产。

图 1-30　战争后的英国千年古城考文垂

图 1-31　战争后的德国德累斯顿古城

(a) 炸毁前

(b) 炸毁后（一）

(c) 炸毁后（二）

图 1-32　巴米扬山谷

　　1942 年盟军轰炸科隆，德国的科隆大教堂（图 1-33）受到特别保护，但也中了少量炸弹；1998 年列为世界文化遗产，2004 年已经列为濒危世界遗产，2007 年脱离《濒危世界遗产名录》。

　　始建于 9 世纪的柬埔寨吴哥古城（石结构）（图 1-34），1431 年因邻国入侵而被破坏，19 世纪被考古发现，1992 年列为濒危世界遗产。通过各国古迹修复专家的辛勤工作，吴哥古城于 2004 年成功地脱离了《濒危世界遗产名录》。

图 1-33　德国的科隆大教堂

图 1-34　柬埔寨吴哥古城

　　战争对古建筑的破坏是致命的，对人类的影响更是。现在的我们生在和平年代、长在和平年代，更应该珍惜现在来之不易的生活，更应该努力学习、积极探索知识，为我们国家的繁荣昌盛、为我们国家宝贵的古建筑保护贡献一份力量。

1.3.4　建筑的老化与材料的寿命

任何材料都是有使用寿命的，在一些外界因素的影响下，它们会慢慢地老化，最后影响到整体结构的强度（图1-35～图1-39），这是任何事物发展的自然规律。影响建筑材料老化的因素主要有来自物理的损害［光、湿度（水分）、温度、风等］、化学的损害（污染、变色等）、机械的损害（变形、疲劳、龟裂等）以及生物的损害等。

图1-35　河北省隆化县摩崖石刻（元代）遭风化严重

图1-36　云冈石窟的风化

图1-37　酸雨对德国雕像的腐蚀

图 1-38　粉尘对文物的破坏

图 1-39　苏丹金字塔饱受流沙侵蚀

1.3.5　破坏性修复对古建筑的影响

近年来，随着经济的发展，人民的生活普遍富裕，重修或翻修寺庙、家庙、古建筑的风气盛行，但过度的翻修往往事与愿违，对这些建筑造成不可挽回的破坏。如：修复齐长城时未使用原工艺和原材料，大量使用水泥材料，修复后的样貌瞬间变成了现代的山间小路（图1-40）；辽宁朝阳云接寺的壁画大面积受损，但修复完后像一幅年画（图1-41），这都属于"破坏性修复"。

图 1-40　修复齐长城时未使用原工艺和原材料

(a) 修复前

(b) 修复后

图 1-41　辽宁朝阳云接寺壁画修复前后

1.3.6 微生物和昆虫对古建筑的影响

生物损害是缓慢的，但危害的力度也是极大的。木材的微生物损害包括真菌和细菌的损害（图 1-42）。木材的昆虫损害包括白蚁、蠹虫等其它昆虫的损害（图 1-43）。

图 1-42 微生物损害　　　　　　　　　　　　　　图 1-43 木材的昆虫损害

1.3.7 旧城改造带来的影响

曾经许多人以为保留着古建筑就意味着落后，只有新建筑才代表先进、发达。因此，在房地产开发热潮中，在旧城改造中，许多文物建筑和近现代优秀建筑被拆毁（图 1-44），这就是我们常说的"建设性破坏"。

图 1-44 旧城改造中被拆毁的文物建筑和近现代优秀建筑

关于旧城改造和历史建筑保护二者的关系，习近平总书记多次做出指示：

2014 年 2 月 25 日，习近平总书记在北京考察时指出："历史文化是城市的灵魂，要像爱惜自己的生命一样保护好城市历史文化遗产。北京是世界著名古都，丰富的历史文化遗产是一张金名片，传承保护好这份宝贵的历史文化遗产是首都的职责，要本着对历史负责、对人民负责的精神，传承历史文脉，处理好城市改造开发和历史文化遗产保护利用的关系，切实做到在保护中发展、在发展中保护。"

2014 年 9 月，在一份关于中国建筑文化缺失的相关材料上，习近平总书记批示："要处理好传统与现代、继承与发展的关系，让我们的城市建筑更好地体现地域特征、民族特色和时代风貌。"

2018 年 10 月 24 日，习近平总书记在广东考察时指出："城市规划和建设要高度重视历史文化保护，不急功近利，不大拆大建。要突出地方特色，注重人居环境改善，更多采用微改造这种'绣花'功夫，注重文明传承、文化延续，让城市留下记忆，让人们记住乡愁。"

2019 年 1 月 17 日，习近平总书记在天津考察时指出："要爱惜城市历史文化遗产，在保护中发展，在发展中保护。"

2019 年 2 月 1 日，习近平总书记在北京考察时强调："一个城市的历史遗迹、文化古迹、人文底蕴，是城市生命的一部分。文化底蕴毁掉了，城市建得再新再好，也是缺乏生命力的。要把老城区改造提升同保护历史遗迹、保存历史文脉统一起来，既要改善人居环境，又要保护历史文化底蕴，让历史文化和现代生活融为一体。老北京的一个显著特色就是胡同，要注意保留胡同特色，让城市留住记忆，让人们记住乡愁。"

因此，如何合理地权衡城市发展和历史建筑的保护、利用二者的关系是需要思考的问题。

1.3.8　保护和利用的关系协调不到位

很多人不了解古建筑保护和利用的关系，以为古建筑保护就只能保留着，放在那里供人观看。其实古建筑保护是完全可以利用的，而且应该利用，只有利用才能更好地保护，只是利用的时候不能改变建筑的形状和结构。另外，部分民众文化素质有待提高，保护意识不强：对一些雕刻精美的古民居建筑构件任其破败而不加爱护，或者将其拆下来以便宜的价格卖给文物贩子。还有人为的盗窃所带来的威胁（图 1-45）。

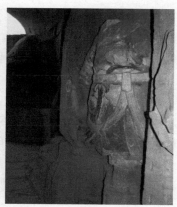

图 1-45　人为的盗窃

1.4　古建筑保护的意义

古建筑是我们中华民族数千年灿烂文化的代表，同时也是全人类的文化遗产。保护古建筑，对继承和发扬优秀传统文化，对研究国家政治、社会、经济、思想、文化、艺术、工程技术等方面的历史，均有重要意义。

(1)　古建筑是激发爱国热情和民族自信心的实物

通过对古建筑的保护，让这些建筑延年益寿。让我们的子孙后代也能看到这些宝贵的财富，同时让他们也看到先辈们曾经的聪明才智，从而激发后辈们的爱国热情。

(2)　古建筑是研究历史的实物例证

古建筑是社会不同发展阶段遗留下来的实物。不同时期的建筑，它们的布局、造型、材料、结构、施工等都在发生着变化，并且反映出不同社会的阶级性。有学者说，建筑本身就是一本石刻的书，是世界的年鉴。因此，可根据这些特点的不同，开展社会发展史、科学技术史、建筑发展史等历史的研究。

(3)　古建筑是新建筑设计和新艺术创作的重要借鉴

古建筑的建筑布局、材料、施工、艺术装饰传统风格等方面，至今仍然被广泛借鉴、应用（图 1-46）。

图 1-46　仿古建筑

(4)　古建筑是人们休闲娱乐的好场所，是开展旅游事业的重要物质基础

人们常常把一件文物、一座古建筑的毁坏称为"不可弥补的损失、不可挽回的损失"。如果毁坏了它们，就不可能再有。古建筑是我们中华民族悠久历史的见证，它们在悠久的岁月中磨炼着，有着成百上千年的历史，是我国劳动人民智慧的结晶，爱惜它就是爱我们的祖先，欣赏它就是欣赏前辈的智慧和创造，传承它就是延续我们中华民族的文化命脉。所以，保护我们的历史遗存，是每个人的责任，更是历史建筑保护工程专业人士的责任和义务。让我们携手共同保护这些宝贵财富，使中华文明叶茂根深，使艺术瑰宝代代传承！

《[第 2 章]》

古建筑的勘测工作
与修缮方案的编制方法

现状勘测是对建筑现状了解、认识的过程。通过现状勘测，了解古建筑当前问题所在，为保护维修方案的制定、修缮施工以及工程概预算等提供依据；同时，在现状勘察的过程中可以获得大量的历史、文化、艺术等信息，从而充实古建筑的档案资料；通过现状勘察，还可为古建筑价值评估和风险评估等提供依据。

古建筑的修缮保护方案的科学编制通常包括以下几个方面的内容：①古建筑修缮保护前的勘察工作；②古建筑勘察报告的编制；③修缮方案的编制。

2.1 古建筑修缮保护应遵循的基本原则

《文物保护管理暂行条例》第十一条中明确规定："一切核定为文物保护单位的纪念建筑物、古建筑、石窟寺，石刻、雕塑等（包括建筑物的附属物），在进行修缮、保养的时候，必须严格遵守恢复原状或者保存现状的原则，在保护范围内不得进行其他的建设工程。"

《中华人民共和国文物保护法》（2017 年修订）第二十一条规定："对不可移动文物进行修缮、保养、迁移，必须遵守不改变文物原状的原则。"

在进行文物建筑修缮时，具体应遵守以下原则：

（1）不改变文物原状原则

古建筑保护修缮的基本原则是"不改变原状原则"，这是修缮原则的总原则。

原状是指一座古建筑开始建造时（以现存主体结构的时代为准）的面貌，或经过后代修理后现存的健康面貌。古建筑的原状是特定历史时期建筑物艺术、文明和科学价值的直接体现，是建筑物原状的丰富内容和可读史料。

恢复原状指维修古建筑时，将历史上被改变和已经残缺的部分，在有充分科学依据的条件下予以恢复，再现古建筑在历史上的真实面貌。恢复原状时必须以古建筑现存主体结构的时代为依据。但被改变和残缺部分的恢复，一般只限于建筑结构部分。对于塑像、壁画、雕刻品等艺术品，一般应保存现状。

保存现状是指在原状已无考证或是一时还难以考证出原状的时候所采取的一种原则。保持现状可以留有继续进行研究和考证的条件，待到找出复原的根据并且经费和技术力量充实时再进行恢复也不晚；相反，如果没有考证清楚就去恢复，反而会造成破坏。

总的来讲，在修缮保护过程中应遵循"四保存"原则，即保存原来的建筑形制（包括原来建筑的平面布局、造型、法式特征和艺术风格等）、保存原来的建筑结构、保存原来的建筑材料、保存原来的建筑工艺技术。

（2）真实性原则与完整性原则

即保护文物建筑设计、原料与材料、应用与功能、位置与环境以及传统知识与技艺体系等信息来源的真实性和完整性，不应以追求"风格统一""形式完整"为目标。

（3）最小干预原则

《中国文物古迹保护准则》指出，最小干预原则或最低限度干预原则即：应当将材料、构件和彩绘表面的替换或更新降至合理的最小程度以便最大限度地保留历史原物。简单地说就是，在修缮过程中要将对古建筑的人为干预因素降到最低。

（4）可识别性原则

为了保持文物建筑的历史真实性，在修缮文物建筑时，替换或补缺上去的构件或材料在材质、工艺或形式上都要与原来保存下来的有所区别，避免"以假乱真"和"天衣无缝"的效果，要有一定的标识。要使人们能够识别哪些是修复的、当代的东西，哪些是过去的原迹，以保存文物建筑的历史可读性和历史艺术见证的真实性。最终应做到既能呈现整体和谐，又能明确区分新旧，换句话说，要求远看浑然一体，近看有所区别。

（5）可读性原则

可读性原则是指清楚显示建筑历次的修缮、增添和改动以及相关环境的变化，使建筑最大限度发挥其作为"史书"的作用。实践中常采用留痕的方法，即可在不明显处留下标识或记录。这一点古人的做法值得借鉴。如梁檩上的题跋、砖石上的题记等。这样的做法使大量信息得以留存，为后人留下了珍贵的史料证明。

（6）可逆性原则

可逆性原则是指新加的构件或修补均需容易拆除，同时确保在拆除时不损伤文物建筑的本身，以便以后可以采取更先进的技术和更新颖的材料来做更合理、更可靠的修缮保护工作。采用现代技术和材料进行修复时，尽量不使用水泥、改性化学药剂等不可逆材料，尽量不采用胶黏等不可逆的连接结构，不妨碍未来拆除增加的部分，采取更科学合理的修缮措施。

（7）安全为主的原则

古建筑都有百年以上的历史，即使是石活构件也不可能完整如初，必定有不同程度的风化或走闪，如果以完全恢复原状为原则，不但会花费大量的人力物力，还可能降低建筑的文物价值。因此，普查定案时应以建筑是否安全作为修缮的原则之一。安全通常包括两个方面：一是对人是否安全，二是主体结构是否安全。总之，制定修缮方案时应以安全为主，不应轻易以构件表面的新旧为修缮的主要依据。

（8）不破坏文物价值的原则

任何一座古建筑或任何一件历史文物，都反映着当时社会的生产和生活方式、当时的科学与技术、当时的工艺技巧、当时的艺术风格、当时的风俗习惯等，它们可贵之处就在于它们是历史的产物、是历史的物证。古建筑的文物价值表现在它具有一定的历史价值、科学价值、艺术价值、文化价值以及社会价值。文物建筑的构件本身就有文物价值，将原有构件任意改换新件，虽然会很"新"，但可能使很有价值的文物变成了假古董。只要能保证安全，不影响使用，残旧的建筑或许更有观赏价值。

（9）风格统一的原则

修缮古建筑时要尊重古建筑原有风格、手法，保持历史风貌，做到风格统一。添配的材料应与原有材料的材质相同、规格相同、色泽相仿。补配的纹样图案应尊重原有风格、手法，保持历史风貌。

以上修缮原则的选取不是绝对的，有的原则是必要的，如不改变文物原状原则、真实性和完整性原则、最小干预原则等；有的原则是可选的，如可读性原则、可识别性原则、可逆性原则等。在修缮的过程中可根据建筑本体的实际情况甄选，必要时还可就事论事，专门提炼或创新其它保护原则。

2.2　古建筑修缮保护前的勘察工作

古建筑修缮前的勘察工作是对建筑本体以及周边环境现状和所存在问题进行调查、分析、评价并编制工程勘察文件的工程活动，是保护、发掘、整理、利用古建筑的重要环节，是后续准确地描述其形制特征、残损现状以及价值评估的基础，也是科学地编制修缮设计方案进而实施古建筑保护工程的前提条件。通过勘察，我们能够充分了解我国古建筑丰富的艺术形式、多样的空间组合、独特的结构体系和严谨的设计思维。对古建筑的勘察是传承中华优秀历史文化的重要实践活动，意义深远。

古建筑调研方法主要包括文献调研法、实地调研法、问卷调研法与访谈调研法等。文献调研法是通过查阅古建筑相关文献以获得调研信息的调研方法，这种调研方法主旨是获取其规律性信息或其演变过程信息。实地调研法是指调研者亲临古建筑现场，了解并掌握第一手资料的调研方法，其优点是调研全面、直观，此法适用于各类古建筑保护项目。问卷调研法是指将所需要了解的古建筑的信息以问卷的形式发放出去，然后统计收回问卷中各问题所占的百分比来获取调研对象信息的方法，这种调研方法可以在短时间内获得大量相关调研信息，古建筑形制研究可采用此法进行调研。访谈调研法是指通过走访不同的专家、匠人及了解建筑情况的不同调研对象，以获取调研信息的方法，其优点是调研所获得的信息准确度高，有助于对问题的深入了解。

古建筑的勘察通常包括以下几个方面的内容：①古建筑的测绘工作；②古建筑环境因素的勘察；③古建筑法式的勘察；④古建筑历史信息的勘察；⑤古建筑残损情况的勘察等。

2.2.1　古建筑的测绘工作

古建筑的测绘工作是对其结构和构造深入了解的一个非常重要的环节。古建筑的测绘分传统手工测绘和仪器设备测绘两种方式。

传统手工测绘是业界进行建筑测绘的必备手段。借助简单的皮尺、卷尺、激光测距仪、垂线、水平尺等，并配合笔和纸张等工具现场完成测绘工作。

仪器设备测绘是利用各种仪器设备的特性，提高测绘精度和效率的过程。

2.2.1.1　传统手工测绘技术

传统手工测绘技术是从事古建筑保护研究和设计的人员的必备技术。相关内容主要包括现场手工测绘原则、基本流程等。

(1) 传统手工测绘应遵循的基本原则

① 先整后分原则。即先测量整体尺寸，再测分尺寸的原则。

② 顺序测量原则。无论是从上至下还是从下至上，应按照同一顺序逐一测量，避免数据标注混乱，造成数据之间不能自洽。

③ 测量同构原则。建筑测绘中涉及多个类似构件，测绘中应确保测绘同一构件。

④ 特征优先原则。每个建筑均具有其自身特点，针对法式特征、地域特色应优先关注，重点测绘。

(2) 传统手工测绘技术的基本流程

① 前期准备，包括背景资料查询、测绘工具准备等环节。背景资料查询包括与需测绘古建筑相关的文献资料、金石资料、地形地貌、气候天气、地质灾害、照片影像及法式特征等内容。测绘工具包括皮尺、卷尺、激光测距仪、水平尺等测绘工具以及笔、纸张等绘图工具（表 2-1）。

表 2-1　测绘工具表（田林，2020）

功能类型	工具名称	测量部位
测绘	盒尺、皮尺、测距仪、水平尺等	柱网、梁架、檩枋、斗栱、装修等
绘图	笔、纸、橡皮、夹子等	
探查	铁锹、橡皮锤等	地基、台明、墙体及木构件空鼓
辅助	梯子、脚手架等	高位构件

② 现场测绘阶段，包括勾画草图、现场测量、标注数据及校对数据等环节。其中，古建筑测绘图纸应包括区位图、总平面图、建筑单体的平面图、正立面图、背立面图、左立面图、右立面图、剖面图、大样图等。区位图比例一般为 1∶10000～1∶50000，保护范围总图比例为 1∶200～1∶10000，现状总平面图比例一般为 1∶500～1∶2000，平面图比例一般为 1∶50～1∶200，立面图比例一般为 1∶50～1∶100，剖面图比例一般为 1∶50～1∶100，大样图比例一般为 1∶5～1∶20。

③ 整理汇总阶段，包括整理文档资料与图纸整理等环节。

整理文档资料环节包括现场照片与影像等资料的梳理，对照片及影像资料按建筑及不同部位进行分类，标注部位名称；对与古建筑相关的金石资料进行梳理并摘录有用信息，保存拓片资料；梳理访谈资料、填写访谈调查表等；并对现场收集的文献资料进行整理建档。

图纸整理阶段主要任务是梳理测稿，将相同建筑或部位的测绘信息抄录在同一测稿上，必要时可重新抄绘测稿。

2.2.1.2　仪器设备测绘

使用仪器测绘是古建筑测绘的重要手段，其特点是数据精度高、信息量大。另外，其对高处等人工无法到达的区域具有显著优势。常用的测绘仪器设备有全站仪、三维激光扫描仪等。

（1）全站仪测绘

全站仪即全站电子测距仪（图 2-1），是一种集光、机、电为一体的高技术测量仪器，是集水平角、垂直角、距离、高差测量功能于一体的测绘仪器系统。可用于古建筑精密工程测量或变形监测。全站仪测绘具体步骤包括：①全站仪现场采集坐标、绘制草图；②将全站仪数据下载到电脑进行数据格式转换；③坐标数据展绘到成图软件；④根据草图绘制建筑实测图。

（2）三维激光扫描测绘

三维激光扫描仪分短程、中程和远程三种类型（图 2-2）。当测量古建筑范围较大时可选择中程或远程扫描仪，范围较小时选择短程扫描仪，有时可以多种仪器结合使用。

扫描密度的设定。一般根据古建筑的不同，设置不同的扫描密度。根据扫描点间距 d，将扫描仪分为 4 个密度等级：①稀疏密度，$d \geqslant 10\text{cm}$，用于地形测量；②适中密度，$1\text{cm} \leqslant d < 10\text{cm}$，用于古建筑结构测量或体积估算等宏观测量；③高密度，$0.1\text{cm} \leqslant d < 1\text{cm}$，用于古建筑细部结构或纹理测量；④超高密度，$d < 0.1\text{cm}$，用于古建筑精细结构纹理测量。在扫描仪中实际点密度由扫描距离和点间距两个因素确定，一般情况下，距离扫描站点中心越远则点密度越小。当扫描设定距离为仪器中心到扫描目标中心的距离时，扫描点间距为设定点间距。

扫描站点分布，关键在于扫描与控制的结合。控制方案是为扫描服务的，因此控制点的选择和扫描要结合起来考虑，同时现场布设也要将二者相互结合以方便数据的统一，提高数据精度。在扫描站点布设上，需要遵循以下几点：①多站点视角尽量覆盖全部目标，不留死角，单一站点尽量正对扫描部位；②相邻站点之间保证足够数据重叠度；③控制站点至少保证有 4 个以上控制条件才能与已知坐标系联测。

三维激光扫描仪测绘具体步骤如下：

① 布设扫描站点。一般分为地面扫描站点和构造扫描站点两部分，其中地面扫描站点又分为外部、内部扫描站点。

② 点云数据预处理。点云即通过扫描测来的海量空间三维点群，密度和精度很高。预处理则是过滤掉点云中与被测物无关的遮挡物体的数据以及一些离散点，从而获得准确的测量数据。

③ 正影投像与二维画图制作。三维激光点云数据通过专业软件或软件插件可以得到精度高、可量测的正影投像。

图 2-1　全站仪

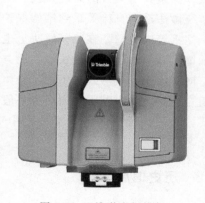

图 2-2　三维激光扫描仪

2.2.2　法式勘察

建筑法式是指一定的建筑设计规则，是形成建筑风格的依托。如官式建筑：宋代有《营造法式》，清代有《营造则例》。民间和地方建筑虽然没有成文的法式规则，但各地区的建筑都有自己的习惯做法。有时，同一时期不同地域的建筑，可能会同时有官式建筑形制和地方建筑特色。在一些较封闭、不发达的边远地区，清代建筑可能还保留有早期建筑形制的特点。

法式勘察是对古建筑的形制特征、构造特征、时代特征和地域特征等多方面的综合勘察，对于分析古建筑的形制特点、构造演变，价值判定及提供修缮建议具有重要意义。法式及传统做法勘察包括对古建筑各组成部分的原形制、原做法、原材料、原工艺进行的勘察，尤其是对那些能体现建筑物时代特征、结构特征、构造特征、地域特征的部分应予以详细记录，为后续的保护修复提供依据。在传统古建筑中，建筑风格有着不同时代和不同地域的特点。北方建筑的沉稳是由其粗壮的木柱框架与厚重的墙体、屋顶组合形成的，而南方建筑则相反。这些构造上的差异，与气候、习惯以及建筑取材等有很大的关系。而建筑形式和风格、官式建筑与民间建筑形制方面的等级差异等，则又是建筑文化内涵的体现。

法式勘察的目的就是要明确修缮中应特别注意保护的建筑形制特点和法式特征。一般勘察内容主要包括以下几个部分：建筑的整体形制，如建筑用材大小、用材比例、建筑的平面形式、柱网布置情况、柱径与柱高、开间比例等；建筑的地基基础，如台基形式、用材尺寸、石材用料、铺墁方式等；建筑的砌体结构，如墙面做法、砌筑方式等；建筑的大木构架，如梁架形式、举折情况、檐出比例、有无生起侧脚、斗栱特征及分布情况、柱头是否有卷杀、柱子是否为包镶柱等；建筑的木基层，如椽望铺装、连檐做法等；建筑的屋面及脊饰，如屋顶形式、屋面做法、瓦当纹饰等；建筑的装修形制、数量、窗棂心屉的式样等；建筑的油漆彩画的做法、材料构成配比，彩画的形式特征、时代特点、绘制手法等。

时代与地区特征可分别从纵向与横向两个维度进行对比研究。纵向维度是与宋代《营造法式》和清代《工程做法》等法式著作进行比较，或与历史上地方建筑以及历史上官式建筑进行比较，探索古建筑构造手法的发展与演变，挖掘其包含的共性与个性特征。横向维度是与当地同时期建筑进行比较，探索其地域构造特征、营造特点等个性特征；与官式同时期建筑比较，探索其所具有的共性特征。

传统做法勘察直接关系到维修保护材料和修复方法的确定。在传统建筑中，不仅从建筑形式上注重等级观念，在工艺做法上也有许多等级或习惯方面的讲究，如屋面做法、地面做法、油饰彩画做法、墙体做法等。北方官式做法的墙体砌筑分干摆、缝子、淌白、糙砌几个等级，同时由于砌筑形式的不同，墙体内部结构也不一样。在具体建筑上，砌筑方法又有一定的组合规矩，如下碱干摆做法中一般上身与缝子做法相配等。因此，维修前的做法勘察非常重要，否则，无法估量修复过程中对整个墙体的扰动情况，也可能维修后改变了原有做法。

2.2.3　历史信息勘察

由于古建筑年代久远，一座建筑上经常叠有不同历史时期建筑活动的痕迹，如不同时期的构件，不同时期的瓦件，不同时期的彩绘壁画、彩画、油饰，甚至各种类型的墨迹、题刻等。这些历史信息对于我们全面地认识该建筑的文物价值具有重要意义，同时也是判断建筑真实性和完整性的重要内容。因此，勘察时要特别注重历史信息方面的发现。^{14}C 和热释光方法可以测定木构件和砖瓦构件的距今年代，但是这些测定方法的精确度受年代跨度的影响，所以对建筑年代的考证还需要结合建筑历史沿革的调查，通过对建筑结构、形式、工艺做法、彩画等相应勘察，相互印证，确定现存建筑各个部分所具有的年代和价值。

通过对历史信息的勘察，还可以了解历史上的维修情况和改动情况等，判断其存在价值，确定其保存价值和修复的参考价值，这些都是修复工程中作为保护内容的重要依据。对于建筑历史信息方面的勘察是文物建筑勘察的特殊内容，如果在勘察中忽略建筑历史信息的存在和价值，很容易将文物建筑的修缮等同于一般建筑的修缮，失去保护工程的性质。

2.2.4　建筑环境因素勘察

文物的环境因素对文物本体的保存、使用具有重要影响。在收集每一类环境数据的同时，应做好与文物本体残损病害的联系与分析，为下一步的修缮设计提供科学的支撑数据。

为做好古建筑的保护工作，应掌握下列基础资料：古建筑所在区域的地震、雷击、洪水、风灾等史料；古建筑所在小区的地震基本烈度和场地类别；古建筑保护区的火灾隐患分布情况和消防条件；古建筑所在区域的环境污染源，如水污染、有害气体污染、放射性元素污染等；古建筑保护区内其它有害影响因素的有关资料。若有特殊需要，尚应进一步掌握下列资料：古建筑所在地的区域地质构造背景；古建筑场地的工程地质和水文地质资料；古建筑所在小区的近期气象资料；古建筑保护区的地下资源开采情况。古建筑的勘察应遵守下列规定：勘察使用的仪器应能满足规定的要求；对于长期观测的对象，尚应设置坚固的永久性观测基准点；禁止使用一切有损于古建筑及其附属文物的勘察和观测手段，如温度骤变、强光照射、强振动等；勘察结果，除应有勘察报告外，尚应附有该建筑物残损情况和尺寸的全套测绘图纸、照片和必要的文字说明材料；在勘察过程中，若发现险情或发现题记、文物，应立即保护现场并及时报告主管部门，勘察人员不得擅自处理。

（1）水文地质

水文地质包括古建筑所在地区的水文环境数据与地质特征信息。水文环境主要包括地下水水位、周边湖泊河流和人工水库的分布流向等；地质特征包括古建筑所在地区地震基本烈度、场地类别、地下资源开采情况、下层地质构造、地基承载数据等。水文地质情况会影响古建筑地基与木构架稳定。

（2）周围地坪

周围地坪包括地坪平整程度、高差范围等，可勘测周边地坪等高线图纸，来获取具体数据。地坪的平整与起伏状况会影响古建筑排水情况。

（3）周围建筑、设施及历史环境要素

周围建筑、设施及历史环境要素包括周边建筑情况、近期基础设施施工情况、城市轨道交通情况、人文环境及其它人类活动会对环境产生影响的因素。周边施工产生的震动、轨道交通产生的震动、周边建筑荷载变化等都会对古建筑的地基基础稳定产生影响。古建筑本体与其周边历史环境要素相互和谐共生，历史环境要素是文物保护对象的重要内容。应当了解历史环境要素的保存状况、破坏因素及变化趋势。

（4）植被分布

植被分布包括古建筑所在区域的林木品种、生长季节、分布情况等。植被影响古建筑周边气候环境和景观环境，进而会对古建筑产生影响。

（5）气象及大气环境

气象及大气环境包括古建筑所在区域的温度、湿度、冰冻期、降水量、雷暴天数等气象气候资料，自然灾害（风灾、火山、雷击和洪水等）的频发时期与程度，气体环境（腐蚀性气体、颗粒态污染物和微生物的沉降等）的现状数据等。气候条件中的温湿度、风沙等因素会对木结构、砖石砌体、彩画的保存造成影响，严重时会导致构件开裂、酥碱、风化等病害。

2.2.5　残损情况勘察

对残损情况勘察，主要是对建筑物的承重结构及其相关工程损坏、残缺程度与原因进行勘察。残损勘察可自上而下或自下而上进行，如：地基、台明、地面、墙体、柱网、梁架、斗栱、木基层、屋面、门窗装修、室内小木作等不同部位。并对残损的具体部位、残损形式、面积、深度、存在的安全隐患及其变化趋势等进行记录。

对承重木结构的勘察包括：对承重结构整体变位和支承情况的勘察、对承重结构木材材质状态的勘察、对承重构件受力状态的勘察、对主要连接部位工作状态的勘察、对历代维修加固措施的勘察等。台明、地面勘察记录涉及：阶条石、踏步、地面砖、柱础等。墙体勘察涉及：槛墙、前后檐墙、山墙、隔墙等。屋面勘察记录涉及：瓦件、苫背、脊饰等。装修部位勘察涉及：门窗、隔扇、雀替、挂落等。

（1）地基与基础残损勘察

地基与基础残损情况的勘察，主要包括检查、记录地表、院落地面有无沉降，基础有无变形、损伤等内容。结合古建筑所在地段的地质发育、地下水位及地质环境变化等因素对地基与基础进行勘察检测，必要时可采用地质雷达、钻孔勘探、开挖探沟等方式勘察古建筑地基与基础的形变，弄清是否存在上述问题，判断古建筑地基与基础的稳定性。

（2）砌体结构及构件残损勘察

砌体结构及构件残损情况的勘察，主要涉及墙体、地面、台明等部分的砖石砌体，其主要残损有残缺、酥碱、裂纹、凹陷、污染物附着、缺失等现象。

墙身砌体的残损主要表现在室外墙体，包括酥碱风化、裂缝、脱色、霉变、粉化、空鼓、歪闪、构件缺失和移位、基础沉降等情况。地面砌体的残损，又可分为室内、室外、院落等部分，其残损程度呈上升趋势。室内外地面的残损主要为残缺、酥碱、泛碱、裂纹、砖体凹陷、积垢、污染物附着、缺失；室外地面因建筑的整体沉降，可能产生部分区域地面砖隆起、移位、砖缝脱开等现象；院落地面砖则还会因植物根系生长、雨水侵蚀、地面沉降等原因产生地面砖起翘、碎裂等现象。台明的阶条石、须弥座、垂带、踏跺等部位的残损，主要为残缺、开裂、风化、积垢、污染物附着，阶条石与须弥座则易出现移位、下沉、歪闪等现象。

（3）大木结构及构件残损勘察

大木结构及构件残损情况的勘察中，首先从整体上观察判断其梁架、科架的大体情况，其次从各个构件细部进一步勘察。勘察内容包括对承重结构及其相关工程损坏、残缺程度与原因进行勘察。其中承重结构勘察包括结构、构件及其连接的尺寸，承重构件的受力和变形状态，主要节点、连接的工作状态，结构的整体变位和支承情况，历代维修加固措施的现存内容及其目前工作状态。

整体上，应观察梁架是否存在因台基和柱子沉陷而偏移的问题，有无部分构件存在弯垂和拔榫现象，有无因台基不均匀沉降、风雨侵蚀而产生的斗栱整体变形、错位等现象。

局部上，不同部位残损情况往往不同。柱子作为受压构件，应注意勘察其截面形状及尺寸、两端固定情况、柱身弯曲或劈裂情况、柱头位移、柱脚与柱础的错位、柱脚下陷等，其残损通常集中在墙内柱和檐柱，如开裂、糟朽、下沉等问题，个别金柱、瓜柱也会存在开裂情况。对于梁、檩、枋等受弯构件，应注意勘察其跨度或悬挑长度、截面形状及尺寸、受力方式及支座情况等，注意挠度变化、侧向变形（扭闪），注意檩条滚动情况、悬挑结构的梁头下垂和梁尾翘起情况，以及构件折断、劈裂或沿截面高度出现的受力皱褶和裂纹等情况。梁类构件的残损，通常集中在外檐部分的抱头梁、单步梁和双步梁，如开裂、糟朽和拔榫，内檐梁架残损会较少，但也会有三架梁、五架梁等存在开裂、下坠变形等情况。檩件的残损通常主要集中在开裂和下坠变形，部分也存在错位问题。枋类构件的残损，多集中在外檐部分的檐枋（额枋）和平板枋，如变形（扭转变形、下坠变形）和开裂，部分枋类构件存在开裂、糟朽问题；内檐部分的枋类构件的主要残损是不同程度的拔榫、开裂。板类构件的残损，多集中在走马板和檐垫板，如变形（扭转变形、下坠变形）和开裂。斗栱是由斗、栱、昂、枋等许多部件搭套安装而成，风雨侵蚀、台基不均匀沉陷和上部荷载的偏移会导致斗栱整体或构件连接等不同程度的残损情况。外檐部分斗栱的残损通常较为严重，多表现为开裂、糟朽、松动以及移位问题，个别翼角处的斗栱会出现下坠现象。

（4）木基层及构件残损勘察

木基层及构件残损情况的勘察中，从整体上看，应观察木基层部分有无因梁架变形等影响，而整体下沉或错位；从局部上看，观察构件有无因长期经受风雨侵蚀，而出现糟朽、开裂、水渍等残损情况。具体来说，多数构件残损主要集中在天花板以下檐口部位，天花板以上亦有局部损伤。椽望构件的残损，通常为水渍、开裂、糟朽等，或因构件受压而出现挠度变化和侧向变形，大小连檐易出现糟朽、水渍，瓦口易出现糟朽、变形，闸挡板易出现歪扭、松动、开裂，偶有个别构件缺失现象。

（5）屋面及脊饰残损勘察

屋面及脊饰残损情况的勘察中，从整体上看是否存在屋面变形、凹陷，是否有雨水渗漏、局部长草长树等问题；从局部上看瓦件、脊饰的构件残损情况，如瓦件的破损、开裂、釉面脱落、胎体风化等。屋面变形包括檐口部分屋面下沉、屋面瓦垄变形扭曲等残损现象，而雨水渗漏则是由其它方面残损（如灰背层残损、捉节灰脱落、筒瓦勾头缺失等）导致，从而失去屋架防护功能。瓦件残损一般有破损、开裂、残缺、脱落、龟裂、胎体风化、脱釉，也存在松动、尺寸大小不一、个别瓦件颜色用错、缺失等现象。脊饰除上述一般残损外，还有仙人、垂兽、戗兽局部缺失等现象。

（6）小木作（木装修）残损勘察

木装修残损情况的勘察中，从整体上观察内檐、外檐装修大体情况，如保存是否良好；从局部上勘察各部分构件的残损情况，重点勘察门、窗构件等是否存在后期改动和添加的痕迹。木装修的残损通常集中在前后檐、廊步架的天花板、门扇及窗扇等部位，主要表现为下坠变形、开裂、磨损、糟朽，部分门扇及槛框磨损、缺失。细部上应勘察门窗上的团花、花卡子、棂条、岔角、心屉等构件，检查其是否有破损、松动、积尘、污染或缺失现象。此外，还有探查绷纱糟朽、装修铁件锈蚀等残损情况。

（7）油漆彩画残损勘察

油漆彩画残损情况的勘察，主要有检查、记录地仗是否起甲、龟裂、脱落等，颜料层是否有裂缝、龟裂、空鼓、脱落、变色、积尘、污染物附着等。不同部位残损状况略有不同，彩画按其在古建筑上的位置及其受外界环境的影响不同，可分为内檐彩画、廊内彩画、外檐彩画，一般而言由里向外病害逐渐加重。内檐彩画因较少受到风雨、阳光的侵害，所以其残损主要为积尘、褪色，局部有龟裂、起甲现象；廊内及外檐彩画常年经受风雨、紫外线等外部环境影响，除常见的积尘、褪色外，还伴有龟裂、空鼓、污染物附着，严重的会有面层或地仗剥落现象。

2.2.6 建筑利用情况调查

在残损现状勘察的基础上，还要对其利用情况进行调查，针对古建筑的利用现状、强度及修缮后的使用功能进行调查，为后续保护利用的干预强度提供参考。

（1）古建筑利用现状

古建筑利用现状调查是指对每一座古建筑现存利用形式和使用功能状况进行全面调研、记录与分析；古建筑修缮后将对其使用功能进行调整的，应了解其调整后的具体使用形式及使用功能。针对居住、办公、展览、民宿、餐馆、手工作坊等不同使用功能，明确每座古建筑的具体功能分区与交通流线。

（2）古建筑利用强度分析

根据古建筑的具体使用功能，调查其空间格局是否发生过改变，分析室内拆改、增减等改造信息，包括结构性改造、穿墙打洞、增减隔墙、地面改造、门窗改造、增加吊顶、管网铺设、墙面粉刷、木构油漆等。通过对古建筑的利用强度进行分析，研判该古建筑利用的破坏程度或合理性。

2.3 古建筑勘察报告的编制方法

勘察报告的编制一般包括古建筑概况、环境调查资料、历史情况调查、建筑形制及法式研究、残损现状调查、价值评估、残损原因分析、相关勘察说明资料等。

2.3.1 古建筑的概况、周边环境及历史分析

（1）古建筑概况

古建筑概况是对项目基本情况的综合阐述，其内容在设计文本中是不可或缺的。概况部分一般可包括：项目背景、委托单位、设计单位、项目运作时间、文物保护单位区位、主要构成、年代、特征、级别等。

（2）周边环境资料分析

周边环境分自然环境和社会环境。自然环境包括：大气圈、水圈、生物圈、土圈和岩石圈等 5 个自然圈。社会环境是指人类在自然环境的基础上，为不断提高物质和精神生活水平，通过长期有计划、有目的的发展，逐步创造和建立起来的人工环境。古建筑修缮方案所涉及的环境既包括自然环境，也包括社会环境。自然环境包括地质、气象、气候等，社会环境主要强调人类活动对古建筑自然环境的影响。对周边环境资料的分析包括分析古建筑所在区域的地震、雷击、洪水、风灾等史料，环境污染情况，气象气候情况等。在资料收集阶段，应遵循全面、准确、详细、及时等原则，确保资料是最新、最完整的一手资料。

（3）建筑的历史沿革、历次维修情况

历史情况调查重点是围绕拟修缮古建筑本体展开，若所修缮古建筑是建筑群的一部分或单体建筑，当对建筑群整理历史沿革及维修状况时应当有所涉及，但不应作为重点。重点应当放在拟修缮的项目上。应当详细调查每座古建筑具体修建历史，包括：该古建筑的始建年代、历史上残毁与维修状况、现存建筑年代等。

通过历史维修记录可以获得与本次修缮内容相关的信息，包括是否进行过修缮、何时实施的修缮、修缮中存在的问题以及拨付经费等信息，进而判断实施本次工程的必要性、本次修缮范围的合理性以及预算的可行性。历史上存在许多任意改造、不当修缮的行为，针对不当修缮的行为，在编制修缮方案时应予以不同的处理：对轻度修缮性破坏可采取现状修整的措施，对严重修缮性破坏可采取重点修复的措施。因此，对古建筑的历史修缮情况进行评估是决定下一步修缮措施的前置条件之一，它决定了修缮的性质，进而决定了修缮的内容和方法的选择。

2.3.2　历史与价值分析

价值评估是我们认识文物价值的过程。古建筑的价值包括历史价值、艺术价值、科学价值、社会价值和文化价值。古建筑的价值评估除了历史价值、艺术价值、科学价值、社会价值和文化价值外，根据其特殊性，还可能包括军事价值、考古价值等其它特殊价值。进行古建筑价值分析时并非将上述价值全部列上分析，具有什么价值则分析什么价值即可。其中历史价值是其核心与灵魂，也是其它价值的基础。古建筑保护中的各个环节均是以价值评估为基础的，是基于价值评估体系的保护，明确每个古建筑的核心价值。修缮措施选择的主要标准是确保遗产的核心价值不降低或缺失，措施的选择应当有利于核心价值的提升。

（1）历史价值分析

收集历史价值要素：建造年代，建造原因，与之相关的重要人物及事件，历代修建记录，与之相关的碑刻、题记，与当时社会生活的关系等。对于历史价值具体可以从以下几个方面分析：①古建筑建造历史信息，包括建造年代、重要修缮年代、建筑整体和局部以及主要构件的年代特征分析；②与该古建筑直接相关的历史人物信息、与该古建筑直接相关的重大历史事件以及该古建筑或构件所承载的其它历史信息等；③历史时期的见证以及该古建筑自身承载的史料价值等。

（2）科学价值分析

收集科学价值要素：建筑选址、布局、结构、工艺、技术的独特性。对于科学价值具体可以从以下几个方面分析：①布局特征的合理性，涉及古建筑选址特征、整体布局特色等；②构造的合理性，包括古建筑本体构造特征、构件受力结构的合理性等；③材料的科学性，涉及材料选择、规格大小适度等；④建造工艺的合理性，涉及传统营造技艺及修缮技艺等；⑤体现的法式特征与地域特色，古建筑与法式进行比较和与相关地域遗产进行比较所体现的唯一性；⑥一定时期社会发展力的体现，包括建筑的规模、体量、材料尺度与稀缺性等。

（3）艺术价值分析

收集艺术价值要素：建造艺术、附属的艺术品、艺术图案的美学意义。对于艺术价值具体可从以下几个方面分析：①古建筑整体形式、内部构造特征、大木构件外观形式、斗栱类型、装修艺术形式；②具有艺术价值的柱础、雀替、小木作、瓦顶吻兽、脊饰等具体构件特点；③彩画、壁画、雕塑、各种纹饰线角等。

（4）文化价值分析

收集文化价值要素：与宗教文化、民族文化、地域文化、非物质文化传承之间的关系。对于文化价值具体可以从以下几个方面分析：①载体，如书籍、影像、曲艺等形式及物质载体；②人物及活动，如历史名人、文人墨客及其它与文化相关的人物的记载、事迹及活动等；③与古建筑相关的营造及技艺传承；④文化流派、文化思想等意识形态。

（5）社会价值分析

收集社会价值要素：所具有的教育、情感、社会（区）发展意义。对于社会价值具体可以从以下几个方面分析：①具有爱国主义、优良传统、民族精神、宗教等方面的教育意义；②具有旅游、休憩、消遣等开发作用；③优良的生产生活方式。

古建筑保护中的各个环节均是以价值评估为基础的，是基于价值评估体系的保护，明确每个古建筑的核心价值，修缮措施选择主要标准是确保遗产的核心价值不降低或不缺失，措施选择应当有利于核心价值的提升。

2.3.3　形制与法式勘察分析

建筑形制与法式研究包括：建筑选址、整体布局、单体建筑构造及法式特征等。

（1）建筑选址

建筑选址应综合考虑建筑所处的地形地貌特点，分析其风水特色、整体空间布局特征及主要历史环境要素。《西安宣言》将古建筑周边环境纳入遗产管理控制的范围，认为紧靠古建筑的，以及延伸的、影响其重要性和独特性的或是其重要性和独特性组成的部分，均属于建筑的周边环境范畴。这里所指的周边环境更多的是强调与古建筑重要性和独特性的关联，即是古建筑保护修缮过程中应当把握的历史环境要素。

（2）整体布局

古建筑为建筑群的，应对古建筑的整体布局进行阐述。阐述方式一般可由整体到局部或由前到后顺序展开。存在多院落格局的，可先描述中路建筑的主要建筑，再阐述东、西路辅助建筑。描述古建筑整体布局，可从整体上把握古建筑的分布情况，拟修缮项目既可以是整座院落，也可以是其中的部分建筑。无论全面修缮还是局部修缮，均应当对建筑群的整体布局进行描述，局部修缮项目应明确修缮范围，说明其与整体的关系。

（3）单体建筑构造及法式特征

应对每个建筑单体进行全面分析，可从整体到局部，从下及上或从上及下进行描述。从上及下阐述内容包括：屋顶形式（庑殿、歇山、悬山、硬山、攒尖等）、大木构架、梁架举折、翼角做法、斗栱做法、平面格局、装修及地面做法等。法式特征研究是认定古建筑价值的重要支撑，构造结构的特殊性与科学价值相关，特殊造型及工艺与艺术价值相关，构件的年代属性与历史价值相关。对法式特征的准确研究，将有助于古建筑价值的提炼。

法式特征分析可采用比较分析的方法，纵向与《营造法式》、清工部《工程做法》相比较，与官式做法的契合度可反映出该古建筑的价值特色；横向与地方建筑进行对照分析，提炼地方建筑的共性特点和该建筑自身独有的特色。在进行法式特征分析研究时，主要从时代特征、结构特征、构造特征三个方面进行详细阐述。它为后续对其价值评估、修缮保护方案的编制以及具体的施工等提供依据，具有非常重要的理论意义和现实意义。

2.3.4 残损现状分析

残损状况记录是勘察报告的核心内容，包括：现状情况调查、残损状况定性、残损详细记录等内容。这部分内容对应古建筑修缮设计方案的核心内容，是修缮项目需要解决的主要问题。记录应当详细准确，包括：残损的具体部位，残损形式，面积、深度、范围，存在的安全隐患及其变化趋势等内容。残损现状勘察记录见表 2-2。

表 2-2 残损现状勘察记录表

序号	部位名称	残损现状情况	残损原因	安全性评估
1	地基			
2	台明			
3	地面及散水			
4	墙体			
5	柱网			
6	梁架			
7	斗栱			
8	木基层			
9	屋面			
10	门窗装修			
11	室内小木作			

2.3.5 残损原因分析

造成古建筑破坏的原因较多，针对某一具体古建筑而言，弄清造成其残损的原因是解决问题的关键所在。一般而言，造成残损的因素主要有两个方面，一方面是外因，另一方面是内因。

（1）外在环境因素分析

造成残损的外因主要包括自然因素和人为因素。

按人为因素又可将古建筑破坏分为主动性破坏和被动性破坏。主动性破坏又分主观恶意性破坏和非主观恶意性破坏。修缮保护理念把握不准确、修缮技艺不够等原因造成古建筑的破坏，属于非主观恶意性破坏。由于房地产开发及其它建筑行为而拆除古建筑、偷盗建筑材料等造成古建筑破坏的，属于主观恶意性破坏。

造成残损的自然因素较多，如洪水、地震、火灾、湿度、温度、光照、雨水等。有的因素是长期的影响，如湿度、温度、光照等；有的是短期的影响，如洪水、地震、火灾等。影响因素不同，造成的残损程度也是有差别的。

（2）材料自身属性分析

不同的材料，其性能不同。如木材密度不同、主要化学成分的含量不同、次要化学成分的种类及含量不同，导致木材的吸湿性不同、力学强度不同以及木材的耐腐朽能力和耐虫蛀能力等均不同。在面临复杂多变的外界环境因素时，这些木构件的耐久性能表现出千差万别的响应。在编制修缮方案前，对木构件的鉴定及对其性能进行深入研究，针对耐久性差但还没有表现出残损现象的木材构件，如提前进行一定的保护处理（如防腐或防虫处理），可大大降低日后进一步恶化为严重腐朽或虫蛀的可能。

2.3.6　实测图纸的绘制及残损点的标注

古建筑勘察报告中实测图纸应严格按照《古建筑测绘》相关要求和标准执行。利用CAD制图软件进行绘制。古建筑测绘图应包括区位图、总平面图、建筑单体的平面图、单体的正立面图、单体的背立面图、单体的左立面图、单体的右立面图，以及单体的剖面图、仰视图、俯视图，局部大样图，重要破坏现象和构造的详图等（图2-3～图2-10）。其中：

（1）区位图

区位图反映文物所在的区域位置，比例一般为1:10000～1:50000。

（2）保护范围总图

保护范围总图反映保护范围周边环境与文物本体的关系。比例为1:200～1:10000。

（3）现状总平面图

现状总平面图应清楚地表达古建筑的平面关系和竖向关系，反映地形标高、其它相关遗存、附属物、古树、水体和重要地物的位置。应准确标示修缮工程对象、遗产本体工程范围及其材料、做法。清楚标明建筑物名称、工程对象和周边建筑（构筑）物的平面尺寸。要标注指北针或风玫瑰图。现状总平面图比例一般为1:100～1:500。

（4）建筑单体的平面图

建筑单体的平面图为建筑的现状平面形制、尺寸。应表达建筑单体的平面布局与围护平面布置，应有清楚的轴线关系，轴线应按顺序编号。注明标高、剖切位置和相应编号。详细标注地面残损的位置、面积等残损点。如残损记录在平面图中表达有困难，可以索引至详图中表达。有相邻建筑物时，应将相关联部分局部绘出。对于多层建筑应分层绘制平面图；比例一般为1:50～1:200。

（5）建筑单体的立面图

建筑单体的立面图为建（构）筑物的立面形制特征。原则上应绘出各方向的立面，对于平面对称、形制相同的立面，可以省略（只绘出其中一面）。立面左右有紧密相连的相邻建（构）筑物时，应将相连部分局部绘出。立面图应标出两端轴线和编号，标注台阶、檐口、屋脊等处标高，标注必要的竖向尺寸。在对应的位置标注墙体残损面积、门窗装修残损面积，以及砖瓦、吻兽缺失的数量等勘察记录的残损点。比例一般为1:30～1:200。

（6）建筑单体的剖面图

建筑单体的剖面图应按层高、层数、内外空间形态构造特征绘制。一个剖面不能表达清楚时，应选取多个剖视位置绘制剖面图。剖面两端应标出相应轴线和编号。单层建（构）筑物标明室内外地面、台基、檐口、屋顶或全标高，多层建筑分层标注标高。剖面上必要的各种尺寸和构件断面尺寸、构造尺寸均应标示。在剖面图中表达有困难的，应索引至详图中表达。在对应的位置标注梁架残损的面积、内柱残损的面积等勘察记录的残损点。比例一般为1：30～1：200。

（7）大样图

建筑大样图应表达构件的细部尺寸以及重要节点构造、艺术构件雕饰、纹饰图案等内容；包括装修大样图、斗栱大样图、柱础大样图、栏板望板大样图、重要节点大样图等，并标注各对应的残损点位置和面积。大样图与平、立、剖基本图的索引关系应标注清楚。比例一般为1：5～1：20。

（8）结构平面图

结构平面图指梁架、斗栱、楼层结构布置平面图或转石或近现代建筑的板梁、基础结构布置等。当平、立、剖面图不能全面完整表达现状时，应绘制结构平面图，并逐一完善标注内容。比例一般为1：30～1：200。

古建筑图纸绘制应综合考虑以下几个方面：①与勘察报告文本内容的对应性；②绘制内容的准确性；③标注信息的完整性；④图纸表达的规范性。

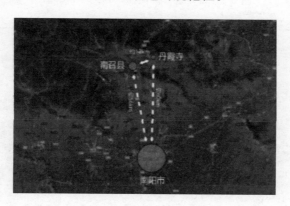

图2-3 古建筑区位图（杨燕等，2021）

2.4 古建筑修缮方案的编制方法

古建筑修缮方案设计是达到古建筑保护工程目的的核心内容，一般由方案设计说明、方案设计图纸、工程概预算、其它辅助材料等组成。方案设计应满足以下基本要求：①编制方案设计文本应内容完整、资料齐全。②应注意针对性、突出重点。梳理本次修缮的核心问题，重点针对核心问题制定修缮措施，提出解决方案。③强调文本表达与图纸的规范性、准确性。④体例不求统一，需要根据不同的古建筑保护对象类型与特征，独立编排文本体例。保护修缮方案的编制通常包括方案设计编制研究、方案设计图纸规范绘制研究及工程概预算问题研究三个方面。

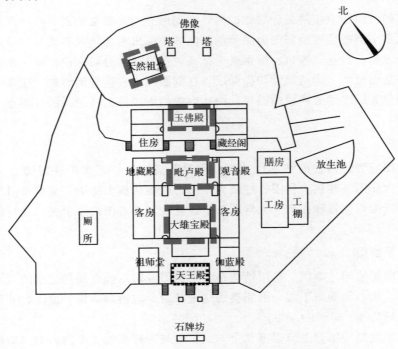

图 2-4　古建筑总平面图（杨燕等，2021）

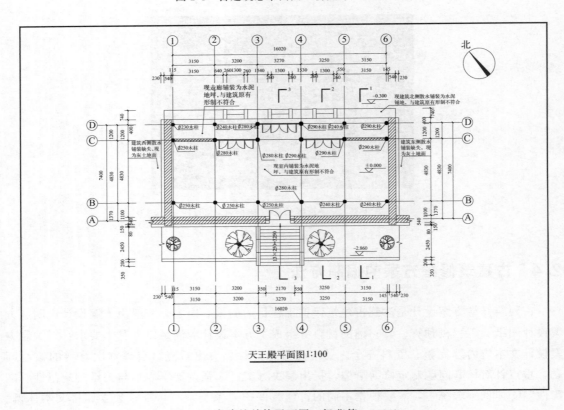

图 2-5　古建筑单体平面图（杨燕等，2021）

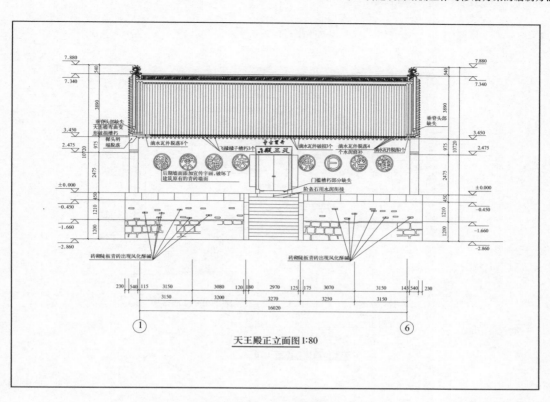

图 2-6　古建筑单体正立面图（杨燕等，2021）

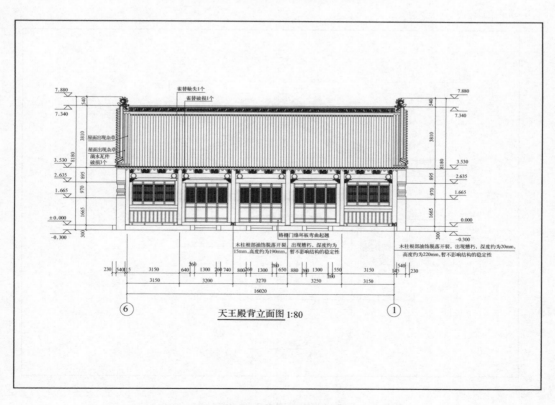

图 2-7　古建筑单体背立面图（杨燕等，2021）

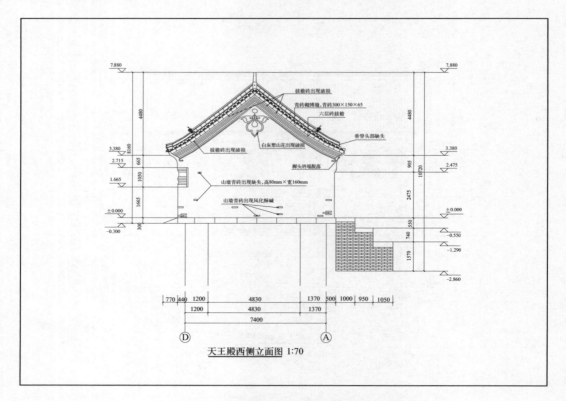

图 2-8　古建筑单体西侧立面图（杨燕等，2021）

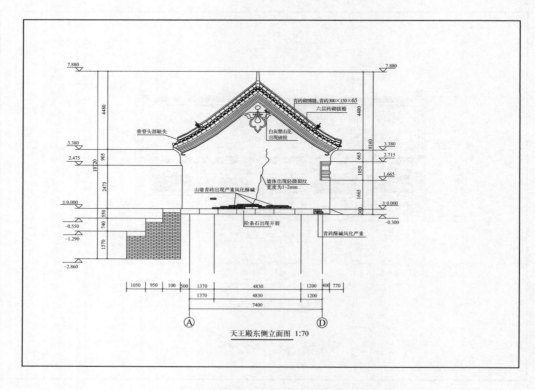

图 2-9　古建筑单体东侧立面图（杨燕等，2021）

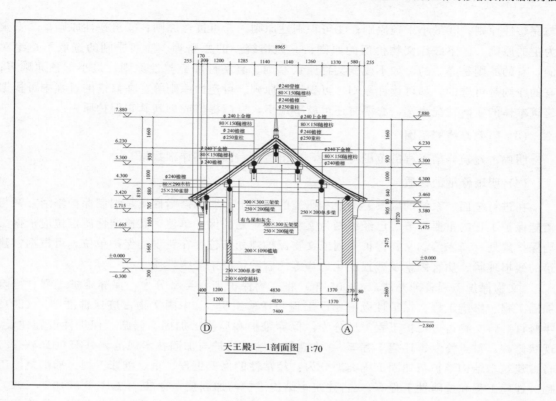

图 2-10　古建筑单体 1—1 剖面图（杨燕等，2021）

2.4.1　方案设计编制研究

（1）明确修缮依据

古建筑修缮设计依据按照与古建筑本体的关联程度，可分为直接依据和间接依据：直接依据包括项目立项文件、上级机关的批复文件、设计者基于项目实际勘察结果专门编制的勘察报告及实测图纸等；间接依据包括各类法规、准则规范、国际宪章等与本设计相关的内容。

修缮设计项目涉及的法规依据一般包括：《中华人民共和国文物保护法》（2017 年修订）、《中华人民共和国文物保护法实施条例》（2017 年修订）、国务院颁布的文物保护条例及相关的地方法规等。准则规范一般包括：《中国文物古迹保护准则》（2015 年修订）、《古建筑木结构维护与加固技术规范》（GB 50165—92）、《古建筑木结构维护与加固技术标准》（GB/T 50165—2020），以及各类设计导则等。国际宪章包括：《威尼斯宪章》（1964 年），以及《马丘比丘宪章》《雅典宪章》《北京宪章》《奈良真实性文件》等各种国际宪章及文件。各类法规、宪章等内容较多，编制修缮设计方案时将与该项目相关性强的法规、宪章文件列为设计依据，剔除不相关文件。专家论证意见、专门会议纪要等也可列为设计依据。围绕本体保护需求与功能需求，各种直接或间接依据均应表达清晰完整，做到既不多余也不遗漏。

（2）确定设计原则

在进行文物建筑修缮时，具体应遵守以下原则：①不改变文物原状原则；②真实性原则与完整性原则；③最小干预原则；④可识别性原则；⑤可读性原则；⑥可逆性原则；⑦安全为主的原则；⑧不破坏文物价值的原则；⑨风格统一的原则等。修缮原则的选取不是绝对的，有的原则是必要的，如不改变文物原状原则、真实性和完整性原则、最小干预原则等；有的原则是可选的，如可读性原则、可识别性原则、可逆性原则等。在修缮的过程中可根据建筑本体的实际情况甄选，必要时还可就事论事，专门提炼或创新其它保护原则。

(3) 明确修缮的范围

明确古建筑修缮工程的范围与规模，列出清单、面积等详细数据。

(4) 明晰修缮的性质

在进行全面、系统的勘察、测绘和研究的基础上，明确修缮性质是编制保护修缮方案与实施保护工程的重要环节。已经编制为文物保护规划的保护单位，其修缮性质定位应依据文物保护规划；尚未编制文物保护规划或文物保护规划定位存在错误的保护单位，可根据古建筑的残损现状、病害因素及残损变化趋势等内容酌情确定修缮性质。

《文物保护工程管理办法》（2003 年）将文物保护工程类型分为：保养维护工程、抢险加固工程、修缮工程、保护性设施建设工程和迁移工程。《中国文物古迹保护准则》（2015 年修订）将文物古迹保护工程类型分为：保养维护和监测、加固、修缮、保护性设施建设、现状修整、重点修复、迁建工程等。《古建筑木结构维护与加固技术规范》（GB 50165—92）将古建筑木结构维护与加固工程类型分为：经常性的保养工程、重点维修工程、局部复原工程、迁建工程和抢险性工程等。《古建筑木结构维护与加固技术标准》（GB/T 50165—2020）将古建筑木结构维护与加固工程类型分为：经常性的保养工程、修缮和加固工程、抢险加固工程、重点维修工程、局部复原工程和迁建工程等。

(5) 甄选适宜性修缮措施

按照《中国文物古迹保护准则》（2015 年修订），保护措施具体包括：修整和修复、防护加固等措施。

修整和修复措施的选取应遵循的方法如下。尽量保留原有构件，残损的构件经修补后仍能使用的，不应更换新件。具有特殊价值的传统工艺和材料，则必须保留。古建筑保护还遵循"只减不加"或"多减少加"原则，可以修补和少量添配残损缺失构件，但不得更换旧构件，不得大量添加新构件。修整应优先使用传统技术，在传统技术不能满足修缮要求时，可适度采用新技术，新技术的运用应先行进行科学试验。尽可能多保留各个时期有价值的遗存，不必追求风格、式样一致。禁止采用"风格修复"的方式进行风格统一。古建筑如果采取重点修复措施，应尽量避免使用全部解体的方法。不能采取落架大修的方式进行修缮。局部落架时也应对拆下的构件进行编号并绘制编号图，记录拆卸工艺，修复后原位归安。修复措施可以适当恢复已失去的部分原状。恢复失去的原状，必须以现存的没有争议的相应的同类实物为依据，不允许只按文献记载进行推测。在实物和文献两者之间，实物更有说服力。

防护加固措施的选取应遵循的方法如下。防护的材料和重建构筑物不得改变或损伤被防护的原材料和原结构。防护措施应留有余地，不求一劳永逸，不妨碍再次实施更有效的防护加固工程。防护材料必须先在实验室进行试验。直接施加在古建筑本体上的防护构筑物，应主要用于缓解近期有危险的部位，要尽量简单，具有可逆性。

维修按照古建筑部位的不同可分为屋面维修、大木维修、墙体维修、装修维修、基础台明地面维修、油漆彩画维修等，所以要提炼通用做法。具体修缮措施依据不同结构建筑的不同残损类型甄选，在后续的章节有详细描述。

2.4.2 方案设计图纸绘制及修缮措施的标注

古建筑设计方案图是用图形和文字标注反映修缮意图、工程项目实施部位与范围以及修缮技术手段的图纸。图纸绘制应能准确表达修缮工程的规模、性质，合理确定保护技术手段实施的范围。古建筑设计方案图和残损现状图纸保持一致，即在残损现状图纸中各个残损点位置标注其对应的修缮措施。通常也由建筑单体的平面图、单体的正立面图、单体的背立面图、单体的左立面图、单体的右立面图、单体的剖面图、局部大样图、重要破坏现象和构造的详图等组成（图 2-11～图 2-16）。

建筑单体的平面图、立面图、剖面图及局部大样图等均应表达以下意图：①反映古建筑修缮工程实施后的平面、立面形态及尺寸；反映竖向构成关系和空间形态，准确反映修缮工程设计意图；②反映原有柱、墙等竖向承载结构和围护结构的布置及修缮工程设计中拟添加竖向承载加固构件的布置；③清楚标明轴线、室内外标高和尺寸，柱身、墙身和其它砌体外墙面上采取的修缮措施和材料做法，以及门窗、屋顶、梁枋和其它构件的修缮措施和材料做法；④在图面上表达针对残损所采取的修缮措施，包括台基、地面、墙、柱础、门窗等图中所能反映、涵盖的修缮内容和材料做法。

平面图应表达按照设计实施修缮后的古建筑状态，在墙、柱、地面、台基、台阶、散水等相应的部位应标注现状残损的范围、程度及应当采取的措施。平面图必须尺寸准确，标画轴线，全面反映其平面形态，全面反映各部位之间的相互关系。对于图形、图例不能全面表达的内容，可以用较详尽的文字标注清楚。

立面图应绘制所有的立面，如有完全相同的立面，且在该立面上无其它标注修缮工程做法的需要时，可仅绘有代表性的立面。绘制立面图时，若建筑之间、建筑物与构筑物之间在立面上相互衔接，须绘出相连接的部分，标明二者之间的平面和立面关系。立面图上应标注两端轴线和竖向的重要标高与尺寸、斗栱分位、装修控制尺寸等信息。

单体剖面图应根据修缮工程性质和具体实施部位的不同，选择最能够完整反映其保护工程意图的剖面进行绘制。一个剖面不能达到目的时应选择多个剖面绘制。剖面图要准确反映实施工程设计后的建筑空间形态，图形必须准确、真实，图形应与所标注尺寸相符。图中关于尺寸的标注应完整，竖向关系应反映准确。剖面图的内容应反映修缮工程的性质，主要表达地面、竖向结构支承体、水平梁枋和梁架、屋顶等在平面图、立面图中不能准确反映的构件的保护措施和材料要求的部位。

如有必要进行详尽表达，或非详尽表达不足以说明修缮设计方案内容，方案图中可以增加构造节点局部详图，作为对基本图纸的补充。

2.4.3 工程概预算问题研究

在设计方案阶段一般编制工程概算，在施工图设计阶段编制工程预算。古建筑修缮工程概算应当依据勘察报告中的残损情况及修缮设计方案中的保护措施进行编制。古建筑概算是申请财政经费和制定工程修缮计划的依据，工程概算的编制虽然可以比工程预算简略一些，但亦应根据定额进行编制。古建筑的工程概算应当包含在勘察设计方案的文件中。

工程概算包括编制依据、概算汇总表和单项概算表三部分。

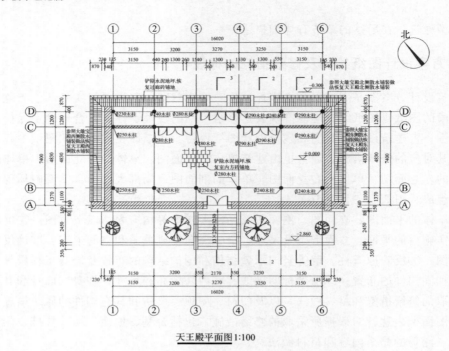

天王殿平面图 1:100

图 2-11　古建筑单体平面图（修缮措施）（杨燕等，2021）

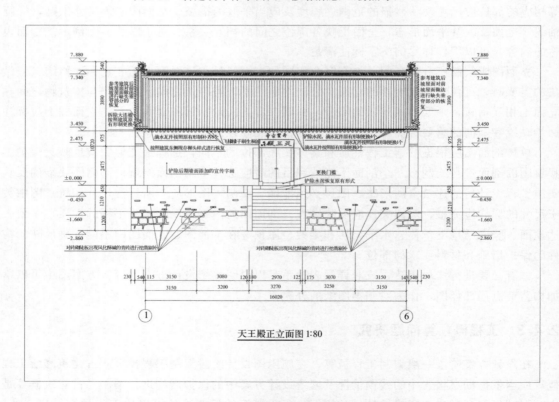

天王殿正立面图 1:80

图 2-12　古建筑单体正立面图（修缮措施）（杨燕等，2021）

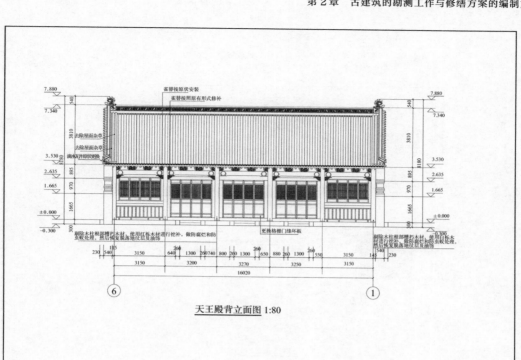

图 2-13　古建筑单体背立面图（修缮措施）（杨燕等，2021）

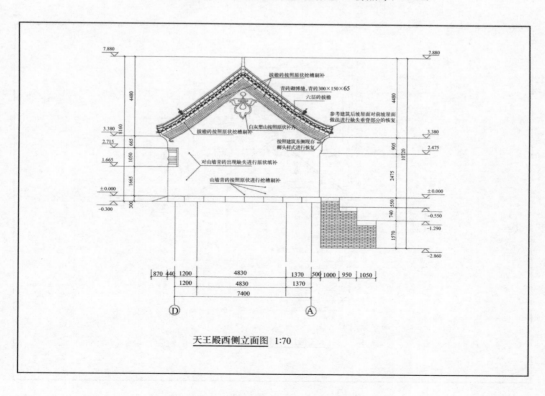

图 2-14　古建筑单体西侧立面图（修缮措施）（杨燕等，2021）

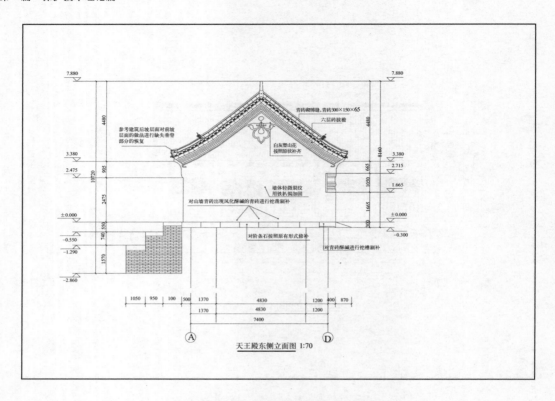

图 2-15 古建筑单体东侧立面图（修缮措施）（杨燕等，2021）

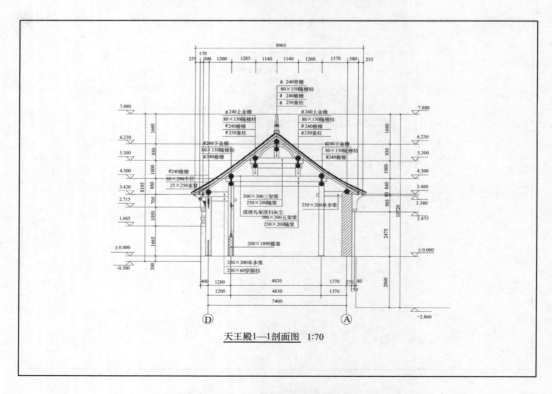

图 2-16 古建筑单体 1—1 剖面图（修缮措施）（杨燕等，2021）

　　编制依据包括以下几个方面内容：①该古建筑修缮项目的勘察报告和设计方案；②概算定额的选取；③古建筑所在地的主要建筑材料市场价值；④按照相关文件规定或市场实际情况核定人工工价。

　　古建筑的工程费用可分为直接费、间接费和不可预见费三种。直接费包括人工费、材料费及材料和工具运输费等；间接费包括办公费，工地防护设施、临时用的工棚、技术指导所需费用及零星工具购置费等。间接费可根据国家或地方主管部门规定，按直接费用的百分比计算得出。不可预见费可按直接费用的 5%～8% 计算。

《| 第 3 章 |》

木结构古建筑木材
基本性质及生物损坏

木结构古建筑上一个个木构件，如同一个个的人，有的自身抵抗腐朽和昆虫损害的能力强，而有的较弱。这是因为不同的木材其解剖构造存在较大的差异，在外界环境条件相同的情况下，表现出不同的反应。依据解剖构造特征的不同，进行木材树种的识别与鉴定，了解其自身的化学、物理、力学等性质，为科学地判断其抵抗腐朽和昆虫损害能力，以及材质劣化的潜在风险分析、合理地避免或减少材质劣化的发生等提供依据。

3.1　木材的构造特征与基本性质

木材的基本性质分为化学性质、物理性质和力学性质。

3.1.1　木材的构造特征

用肉眼、借助 10 倍放大镜或体视显微镜所能观察到的木材构造特征称为木材的宏观构造。木材的主要宏观特征是木材的结构特征，它们比较稳定，包括边材和心材、生长轮、早材和晚材、管孔、木射线、轴向薄壁组织、胞间道等。

3.1.1.1　边材与心材

木质部中靠近树皮且颜色较浅的外环部分称为边材；心材是指髓心与边材之间的部分，通常为颜色较深的木质部（图 3-1）。心材的细胞已失去生机，随着树木径向生长的不断增加和木材生理的老化，心材逐渐加宽，细胞腔出现单宁、色素、树胶、树脂以及碳酸钙等沉积物，并且颜色逐渐加深，水分输导系统阻塞，材质变硬，密度增大，渗透性降低，耐久性提高。

3.1.1.2　生长轮

通过形成层的活动，在一个生长周期中所产生的次生木质部，在横切面上呈现一个围绕髓心的完整轮状结构，称为生长轮或生长层（图 3-2）。温带和寒带树木在一年里，形成层分生的次生木质部，形成后向内只生长一层，将其生长轮称为年轮。但在热带，一年间的气候变化很小，四季不分，树木在四季几乎不间断地生长，生长轮仅与雨季和旱季的交替有关，所以一年之间可能形成几个生长轮。通常情况下，生长轮宽越小，木材的密度越大，木材的力学强度越高。

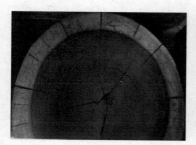

图 3-1　心材与边材
（罗蓓等，2021）

图 3-2　生长轮
（罗蓓等，2021）

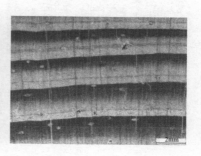

图 3-3　早材与晚材
（罗蓓等，2021）

3.1.1.3　早材与晚材

温带和寒带树木在一年的早期形成的木材或热带树木在雨季形成的木材称为早材（图3-3）。由于环境温度高，水分足，细胞分裂速度快，细胞壁薄，形体较大，材质较松软，材色浅。到了温带和寒带的秋季或热带的旱季，树木的营养物质流动缓慢，形成层细胞的活动逐渐减弱，细胞分裂速度变慢并逐渐停止，形成的细胞腔小而壁厚，材色深，组织较致密，称为晚材（图3-3）。晚材在一个生长轮中所占的比率称为晚材率，晚材率的大小可以作为衡量针叶树材和阔叶树环孔材强度大小的标志。

3.1.1.4　管孔

在阔叶树材横切面上可以看到许多大小不等的孔眼，称为管孔。根据管孔在横切面上一个生长轮内的分布和大小情况，可将木材分为三种类型：散孔材，指在一个生长轮内早、晚材管孔的大小没有明显区别，分布也比较均匀［图3-4(a)］；半散孔材，指在一个生长轮内，早材管孔比晚材管孔稍大，从早材到晚材的管孔逐渐变小，管孔的大小界线不明显［图3-4(b)］；环孔材，指在一个生长轮内，早材管孔比晚材管孔大得多，并沿生长轮呈环状排成一至数列［图3-4(c)］。通常情况下，散孔材的材质比较均匀。

管孔的组合是指相邻管孔的连接形式，常见的管孔组合有以下四种形式：单管孔，指各个管孔单独存在，和其它管孔互不连接［图3-5(a)］；径列复管孔，指两个或两个以上管孔相连成径向排列，除了在两端的管孔仍为圆形外，在中间部分的管孔则为扁平状［图3-5(b)］；管孔链，指一串相邻的单管孔，呈径向排列，管孔仍保持原来的形状［图3-5(c)］；管孔团，指多数管孔聚集在一起，组合不规则，在晚材内呈团状［图3-5(d)］。

管孔排列指管孔在木材横切面上呈现出的排列方式，用于对散孔材的整个生长轮、环孔材晚材部分的特征进行描述。常见的管孔排列有以下四种形式：星散状，是指在一个生长轮内，管孔大多数为单管孔或短径列复管孔，呈均匀或比较均匀的分布，无明显的排列方式

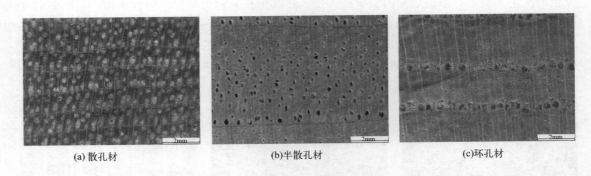

(a) 散孔材　　　　　　　　(b)半散孔材　　　　　　　　(c)环孔材

图 3-4　管孔的分布（罗蓓等，2021）

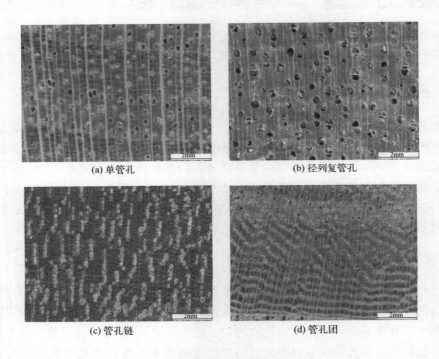

(a) 单管孔　　　　　　　　　　　　　(b) 径列复管孔

(c) 管孔链　　　　　　　　　　　　　(d) 管孔团

图 3-5　管孔的组合（罗蓓等，2021）

[图 3-5(a)]；径列，是指管孔组合成径向的长列或短列，与木射线的方向一致，当管孔径向排列，似溪流一样穿过几个生长轮，又称为溪流状（辐射状）径列 [图 3-5(c)]；斜列，是指管孔组合成斜向的长列或短列，与木射线的方向成一定角度，通常呈"人"字形 [图 3-5(d)]；弦列，是指在一个生长轮内，管孔沿弦向排列，略与生长轮平行或与木射线垂直（图 3-6）。

　　在某些阔叶树材的导管中，常常含有一些侵填体（图 3-7）、树胶以及矿物质等物质，这些物质的存在除了对木材识别有很大的帮助外，对木材的利用也有很大的帮助。侵填体多的木材，因管孔被堵塞，降低了气体和液体在木材中的渗透性，木材的天然耐久性提高。

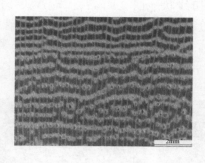

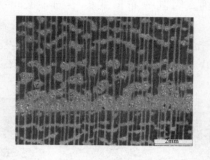

图 3-6　管孔的弦向排列（罗蓓等，2021）　　　　图 3-7　管孔内的侵填体（罗蓓等，2021）

3.1.1.5　木射线

在木材横切面上，从髓心向树皮方向呈辐射状排列的组织称为木射线。木射线是树木的横向组织，起横向输送和贮藏养料作用。针叶树材的木射线很细小，在肉眼及放大镜下一般看不清楚，所以针叶材的结构总体均匀，开裂现象不多见。大部分阔叶材的木射线较宽，是识别阔叶树材的重要特征之一；同时，木射线过宽［图 3-8（a）、（b）］的阔叶材出现开裂的现象较为严重［图 3-8(c)］，从而影响木材的力学强度，同时为腐朽菌和昆虫的侵害提供了场所。

(a) 横切面　　　　　　　　　　(b) 弦切面　　　　　　　　　(c) 开裂

图 3-8　宽木射线（罗蓓等，2021）

3.1.1.6　轴向薄壁组织

轴向薄壁组织是指由形成层纺锤状原始细胞分裂所形成的薄壁细胞群，即由沿树轴方向排列的薄壁细胞所构成的组织。薄壁组织是边材储存养分的生活细胞，随着边材向心材的转化，生活功能逐渐衰退，最终死亡。

针叶树材中轴向薄壁组织通常不发达或没有，仅在杉木、柏木等少数树种中存在。但在阔叶树材中，轴向薄壁组织比较发达，在横切面上分布形式多样，它是阔叶树材的重要特征之一，它的分布类型是识别阔叶树材的重要依据。根据阔叶树材轴向薄壁组织在横切面上与导管连生情况，将其分为两大类：一类是离管型轴向薄壁组织，指轴向薄壁组织不依附于导管周围，因其分布形式的不同，又可分为星散状、切线状［图 3-9（a）］、轮界状［图 3-9（b）］、带状［图 3-9（c）］；另一类是傍管型轴向薄壁组织，指轴向薄壁组织排列在导管周围，将导管的一部分或全部围住，并且沿发达的一侧延展，可分为环管状［图 3-10（a）］、翼状和聚翼状［图 3-10（b）］、带状［图 3-10（c）］。

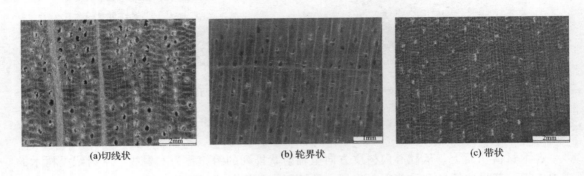

(a)切线状   (b) 轮界状   (c) 带状

图 3-9　离管型轴向薄壁组织（罗蓓等，2021）

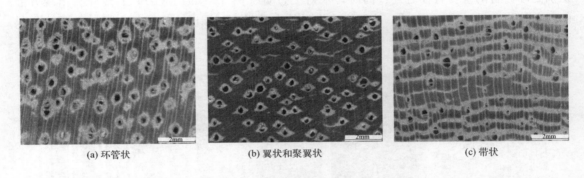

(a)环管状   (b) 翼状和聚翼状   (c) 带状

图 3-10　傍管型轴向薄壁组织（罗蓓等，2021）

3.1.1.7　胞间道

胞间道指由分泌细胞围绕而成的长形细胞间隙。贮藏树脂的胞间道叫树脂道，存在于部分针叶树材中；贮藏树胶的胞间道叫树胶道，存在于部分阔叶树材中。胞间道有轴向和径向（在木射线内）之分，有的树种只有一种，有的树种则两种都有。

（1）树脂道

针叶树材轴向树脂道在木材横切面上常星散分布于早晚材交界处或晚材带中，常充满树脂（图 3-11）。在纵切面上，树脂道呈各种不同长度的深色小沟槽。径向树脂道存在于纺锤状木射线中，非常细小，宏观下不可见。具有正常树脂道的针叶树材主要在松科 Pinaceae 的六个属（松属 *Pinus*、云杉属 *Picea*、落叶松属 *Larix*、黄杉属 *Pseudotsuga*、银杉属 *Cathaya* 和油杉属 *Keteleeria*）中，其中，前五属既具有轴向树脂道又具有径向树脂道，而油杉属仅有轴向树脂道。创伤树脂道指生长中的树木因受气候、损伤或生物侵袭等刺激而形成的非正常树脂道，轴向创伤树脂道体形较大，在木材横切面上呈弦向排列，常分布于早材带内。

（2）树胶道

阔叶树材的树胶道也分为轴向树胶道和径向树胶道。正常轴向树胶道多数呈弦向排列（图 3-12），容易与管孔混淆。径向树胶道在肉眼和放大镜下通常不易看见，在生物显微镜下可清晰看到。阔叶树材通常也有轴向创伤树胶道，在木材横切面上呈长弦线状排列，肉眼下可见。

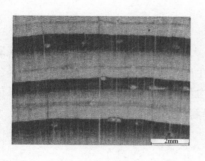

图 3-11　树脂道（罗蓓等，2021）

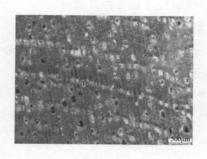

图 3-12　树胶道（罗蓓等，2021）

3.1.2　木材的化学性质

木材纤维素、半纤维素和木质素是构成木材细胞壁和胞间层的主要化学成分，一般总量占木材的 90% 以上。由表 3-1 可见，一般针叶树材中纤维素和半纤维素的含量低于阔叶树材中的含量，但是针叶树材中木质素含量高于阔叶树材中木质素的含量。木质素具有较高的疏水性和耐腐朽能力，这也是古建筑木构件常选针叶材的一个主要原因。

表 3-1　针叶树材和阔叶树材中三大主要成分的含量（刘一星等，2012）

主要成分含量	针叶树材	阔叶树材
纤维素含量/%	42±2	45±2
半纤维素含量/%	27±2	30±5
木质素含量/%	28±3	20±4

3.1.2.1　纤维素

纤维素是不溶于水的均一聚糖。纤维素是由许多吡喃型 D-葡萄糖基在 1→4 位彼此以 β-苷键连接而成的高聚物。纤维素大分子中的 D-葡萄糖基之间按纤维素二糖连接的方式连接。

（1）纤维素的两相结构

纤维素分结晶区和非结晶区，在大分子链排列最致密的地方，分子链规则、平行排列，定向良好，反映出晶体的一些特征，所以被称为纤维素的结晶区。与结晶区的特征相反，当纤维素分子链排列的致密程度减小、分子链间形成较大的间隙时，分子链与分子链彼此之间的结合力下降，纤维素分子链间排列的平行度下降，具有此类纤维素大分子链排列特征的区域被称为纤维素非结晶区（即无定形区）。

纤维素结晶度是指纤维素结晶区所占纤维素整体的百分率，它反映纤维素聚集时形成结晶的程度。结晶度增加，木材的抗拉强度、硬度、密度均随之增大，尺寸稳定性也随之增强。

（2）纤维素纤维的吸湿性

纤维素无定形区分子链上的羟基，部分处于游离状态，游离的羟基易于吸附极性的水分子，与其形成氢键结合，使其具有吸湿性质。吸湿性的强弱取决于无定形区的大小及游离羟基的数量，吸湿性随无定形区的增加即结晶度的降低而增强。纤维素的吸湿性直接影响木材或木构件的尺寸稳定性及强度。

（3）纤维素的降解

纤维素受各种化学、物理、机械和光等作用时，大分子中的苷键和碳原子间的碳碳键都可能受到破坏，结果使纤维素的化学、物理和机械性质发生某些变化，并且导致聚合度降低，称为降解。纤维素的降解直接影响到木材或木构件的力学强度。纤维素的降解包括水解、碱性降解、氧化降解、热解、光降解、微生物降解等。

3.1.2.2　半纤维素

半纤维素是植物组织中聚合度较低的非纤维素聚糖类，可被稀碱溶液抽提出来。与纤维素不同，半纤维素是两种或两种以上单糖组成的不均一聚糖，分子量较低，聚合度小，大多带有支链。构成半纤维素的主链的主要单糖有：木糖、甘露糖和葡萄糖。构成半纤维素的支链的主要单糖有：半乳糖、阿拉伯糖、木糖、葡萄糖、岩藻糖、鼠李糖、葡萄糖醛酸和半乳糖醛酸等。通常用分枝度表示半纤维素结构中支链的多少，支链多的分枝度高，分枝度高的聚糖溶解度较大，性能较不稳定。

半纤维素对木材吸湿性起决定性的影响。半纤维素是无定形物，具有分枝度，主链和侧链上含有较多羟基、羧基等亲水性基团，是木材中吸湿性强的组分，是使木材产生吸湿膨胀、变形开裂的重要因素之一。

3.1.2.3　木质素

木质素是一种天然的高分子聚合物，是由苯基丙烷结构单元通过醚键和碳碳键连接而成、具有三维结构的芳香族高分子化合物。根据单元的苯基结构上的差别，可以把苯基丙烷单元分成愈创木基丙烷（G）、紫丁香基丙烷（S）和对羟基丙烷（H）三类。

（1）木质素的热塑性

原本木质素和大多数分离木质素是热塑性高分子物质，无确定的熔点，具有玻璃态转化温度（T_g）或转化点，而且数值较高。聚合物的玻璃态转化温度（T_g）是玻璃态和高弹态之间的转变。温度低于 T_g 时为玻璃态，温度在 $T_g \sim T_f$ 之间为高弹态，温度高于黏流态温度（T_f）时为黏流态（图3-13）。当温度低于玻璃态转化温度（T_g）时分子的能量很低，链段运动被冻结为玻璃态固体，即链段运动的松弛时间远远大于力作用时间，以致测量不出链段运动所表现出的形变。随着温度升高，高分子热运动能量和自由体积逐渐增加。当温度达到玻璃态转化温度（T_g）时，分子链段运动加速，此时链段运动的松弛时间与观察时间相当，形变迅速，即出现无定形高聚物力学状态的玻璃态转化区。当温度高于 T_f 时，转变为黏流态，高聚物像黏流体一样，产生黏性流动。

降低木质素的玻璃态转化温度（T_g），可大大降低木材的弹性模量，从而使木材的软化温度降低，以便于对木材的弯曲处理和压缩密实处理。但对于古建筑上的木构件来说，此方法将大大降低其力学强度。

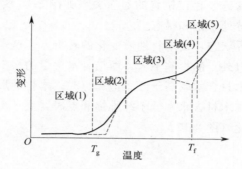

图 3-13　线性无定形聚合物的温度-形变曲线（刘一星等，2012）
区域（1）—玻璃态；区域（2）—玻璃态与高弹态转变区；区域（3）—高弹态；
区域（4）—高弹态与黏流态转变区；区域（5）—黏流态

（2）木质素具有光解反应

木质素对光是不稳定的，当用波长小于 385nm 的光线照射时，木质素的颜色会变深；若波长大于 480nm，则木质素的颜色变浅。而当光线波长在 385～480nm 之间时，开始颜色变浅，然后变深。木材随时间而颜色变深，木材表面的光降解引起木材品质的劣化。

3.1.3　木材的物理性质

3.1.3.1　木材的密度

木材是由木材实质、水分及空气组成的多孔性材料，其中空气对木材的重量没有影响，但是木材中水分的含量与木材的密度有密切关系。对应着木材的不同水分状态，木材密度可以分为生材密度、气干密度、绝干密度和基本密度。在比较不同树种的材性时，则使用基本密度。不同树种的木材，其密度也有很大差异，这主要是由于不同树种的木材的空隙度不同。通常情况下，木材密度和木材的力学强度成正比关系，空隙度越大，木材的密度越小，木材的力学强度越低。

3.1.3.2　木材中的水分

木材中水分的种类包括化合水、自由水和结合水三类。化合水存在于木材化学成分中，可忽略不计。自由水存在于木材的细胞腔中，与液态水的性质接近。结合水存在于细胞壁中，与细胞壁无定形区（由纤维素非结晶区、半纤维素和木质素组成）中的羟基形成氢键结合。在纤维素的结晶区中，相邻的纤维素分子上的羟基相互形成氢键结合或者形成交联结合（图 3-14），因此，水分不能进入纤维素的结晶区（图 3-15）。

对于生材来说，细胞腔和细胞壁中都含有水分，其中自由水的含量随着季节变化，而结合水的量基本保持不变。假设把生材放在相对湿度为 100% 的环境中，细胞腔中的自由水慢慢蒸发，直至细胞腔中没有自由水，而细胞壁中结合水的量处于饱和状态，这时的状态称为纤维饱和点。当把生材放在大气环境中自然干燥，最终达到的水分平衡态称为气干状态。气干状态的木材的细胞腔中不含自由水，细胞壁含有的结合水的量与大气环境处于平衡状态。当木材的细胞腔和细胞壁中的水分被完全除去时木材的状态称为绝干状态。木材的不同状态与木材中水分的存在状态、存在位置的对应关系如图 3-16 所示，只要细胞腔中含有水分，即说明细胞壁中的水分处于饱和状态。

纤维饱和点是一个临界状态，是木材性质变化的转折点。这是因为一般自由水的含量对木材的物理性质（除质量以外）的影响不大，而结合水含量的多少则对木材的各项物理、力学性质都有极大的影响。木材含水率高于纤维饱和点时，木材的形状、力学强度、耐腐朽能力等性质都几乎不受影响；木材含水率低于纤维饱和点时，上述木材性质就会因含水率的增减产生显著而有规律的变化（图 3-17）。

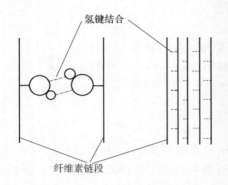

图 3-14　纤维素链段间的氢键结合
（刘一星等，2012）

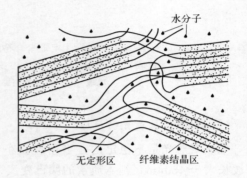

图 3-15　水分子在木材细胞壁中的位置
（刘一星等，2012）

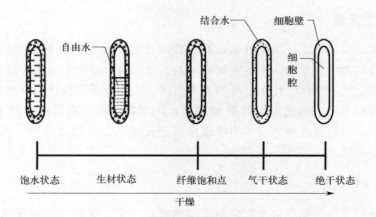

图 3-16　木材中水分的存在状态和存在位置（刘一星等，2012）

3.1.3.3　木材的吸湿性及干缩湿胀现象

（1）木材的吸湿性

吸湿性指木材在一定温度和湿度下吸附水分的能力。由于木材具有吸、放湿特性，当外界的温湿度条件发生变化时，木材能相应地从外界吸收水分或向外界释放水分，从而与外界达到一个新的水分平衡体系，木材在平衡状态时的含水率称为该温湿度条件下的平衡含水率。当空气中水蒸气压力大于木材表面水蒸气压力时，木材从空气中吸着水蒸气，称吸湿；当空气中水

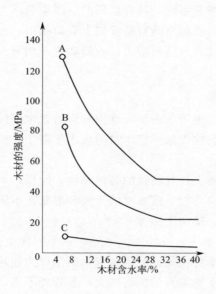

图 3-17　含水率对松木力学强度的影响（刘一星等，2012）
A—横向抗弯；B—顺纹抗压；C—顺纹抗剪

蒸气压力小于木材表面水蒸气压力时，木材中的水蒸气蒸发到空气中，称解湿（图 3-18）。

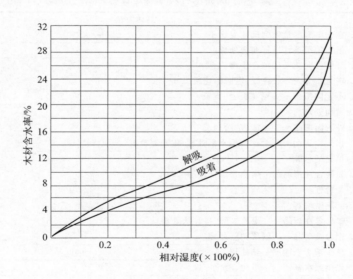

图 3-18　木材的吸湿和解湿（刘一星等，2012）

　　影响木材的吸湿性强弱的因素主要包括吸着力、内表面、环境温度和湿度。吸着的固体表面结合中心的点称为吸着点，木材吸着量取决于吸着点的数量和吸着力。非结晶构造的木质素和半纤维素中大部分或全部的—OH 基、—COOH 基，纤维素非结晶区中的—OH 基等为吸着点。三大素中，半纤维素吸湿性强于纤维素，纤维素强于木质素，即：一种木材中，半纤维素和纤维素含量高的话，它的吸湿性就强；相反，木质素含量高的话，它的吸湿性就弱，且耐腐朽的能力也强。吸着点所存在的表面称为吸着表面，又称为内部表面。木材

61

内存在大毛细管系统和微毛细管系统，具有很高的空隙率和巨大的内部表面。当空气相对湿度一定而温度不同时，木材的吸湿率随着温度的上升而减小。当空气温度一定而相对湿度不同时，木材的吸湿率随着湿度的升高而增大。一般而言，相对湿度每升高1%，木材的吸湿率增加0.121%。

（2）木材的干缩湿胀现象

木材干缩湿胀是指木材在绝干状态至纤维饱和点的含水率区域内，水分的解吸或吸着会使木材细胞壁产生干缩或湿胀的现象。当木材的含水率高于纤维饱和点时，含水率的变化并不会使木材产生干缩和湿胀。

木材结构特点使其在性质上具有较强的各向异性，同样，木材的干缩与湿胀也存在着各向异性。木材干缩湿胀的各向异性是指木材的干缩和湿胀在不同方向上的差异。

对于大多数的树种来说，轴向干缩率一般为0.1%～0.3%，而径向干缩率和弦向干缩率的范围则分别为3%～6%和6%～12%。可见，三个方向上的干缩率以轴向干缩率为最小，通常可以忽略不计，这个特征保证了木材或木制品作为建筑材料的可能性。但是，横纹干缩率（径向干缩率和弦向干缩率）的数值较大，若处理不当，则会造成木材或木制品的开裂和变形。

木材的干缩湿胀现象是木材的属性，但可以通过物理的、化学的方法去减少这种现象的发生（表3-2）。

表3-2　提高木材尺寸稳定性的方法

分类	具体方法
物理法	1. 在锯解时尽量做到尺寸变化小
	2. 根据使用条件进行润湿处理
	3. 纤维方向交叉层综合平衡
	a. 垂直相交——胶合板、定向刨花板
	b. 不定向组合——刨花板、纤维板
	4. 覆面处理
	a. 外表面覆面——涂饰、贴面
	b. 内表面覆面——浸注性拒水剂处理、木塑复合材
	5. 填充细胞腔
	a. 非聚合性药品——聚乙二醇处理
	b. 聚合性药品——木塑复合材
	6. 细胞壁增容
	a. 非聚合性药品——聚乙二醇、各种盐处理
	b. 聚合性药品——酚醛树脂处理
化学法	1. 减少亲水基团——热处理
	2. 置换亲水基团——醚化、酯化
	3. 聚合物的接枝
	a. 加成反应——环氧树脂处理
	b. 自由基反应——用乙烯基单体制造木塑复合材
	4. 交联反应——γ射线照射、甲醛处理

3.1.4　木材的力学性质

3.1.4.1　应力与应变的关系

木材在外力作用下产生的变形与外力的大小有关，通常用应力-应变曲线来表示它们的关系［图 3-19(a)］。应力-应变曲线可以描述物体从受外力开始直到破坏时的力学行为，是研究物体力学性质非常有用的工具。应力-应变曲线由从原点 O 开始的直线部分 OP 和连续的曲线部分 $PEDM$ 组成，曲线的终点 M 表示物体的破坏点。

比例极限与永久变形：直线部分的上端点 P 对应的应力 σ_P 叫比例极限应力，对应的应变 ε_P 叫比例极限应变；从比例限度 P 点到其上方的 E 点间对应的应力叫弹性极限。应力在弹性极限以下时，一旦除去应力，物体的应变就会完全回复，这样的应变称作弹性应变。应力一旦超过弹性限度，则应力-应变曲线的斜率减小，应变显著增大，这时如果除去应力，应变不会完全回复，其中一部分会永久残留，这样的应变称作塑性应变或永久应变。

破坏应力与破坏应变：随着应力进一步增加，应力在 M 点达到最大值，物体产生破坏。M 点对应的最大应力 σ_M 称作物体的破坏应力、极限强度等。与破坏应力对应的应变 ε_M 叫破坏应变。

屈服应力：当应力值超过弹性限度值并保持一定或基本上一定，而应变急剧增大，这种现象叫屈服，而应变突然转为急剧增大的转变点处的应力叫屈服应力［图 3-19(b)］。用 σ_Y 表示屈服应力。当木材用作承重木构件时，出现屈服现象是很危险的；进行弯曲、压缩等处理时，此现象又是理想的。

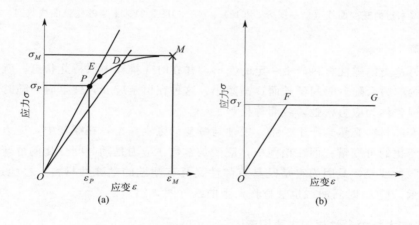

图 3-19　应力-应变曲线（模式图）（刘一星等，2012）

3.1.4.2　木材的黏弹性

在较小的应力和较短的时间里，木材的性能十分接近于弹性材料；反之，则近似于黏性材料。所以木材属于既有弹性又有塑性的黏弹性材料。蠕变和松弛是黏弹性的主要内容。

（1）木材的蠕变

在恒定应力下，木材应变随时间的延长而逐渐增大的现象称为蠕变。木材作为高分子材料，在受外力作用时，由于其黏弹性而产生三种变形：瞬时弹性变形、黏弹性变形及塑性变形。与加荷速度相适应的变形称为瞬时弹性变形，它服从于虎克定律；加荷过程终止，木材立即产生随时间递减的弹性变形，称黏弹性变形（或弹性后效变形）；最后残留的永久变形被称为塑性变形。黏弹性变形是纤维素分子链的卷曲或伸展造成的，变形是可逆的，但较弹性变形而言它具有时间滞后性。塑性变形是纤维素分子链因荷载而彼此滑动，变形是不可逆转的。

木材的蠕变曲线如图 3-20 所示，横坐标为时间，纵坐标为应变。t_0 时施加应力于木材，即产生应变 OA，在此不变应力下，随时间的延长，变形继续慢慢地增加，产生蠕变 AB。在时间 t_1 时，解除应力，便产生弹性恢复 BC_1（$=OA$）。至时间 t_2 时，又出现部分蠕变恢复（应力释放后随时间推移而递减的弹性变形），C_1 到 D 是弹性后效变形 C_1C_2，t_2 以后变形恢复不大，可以忽略不计，于是 C_2C_3 即可作为荷载—卸载周期终结的残余永久变形（塑性变形）。木材蠕变曲线变化表现的正是木材的黏弹性质。

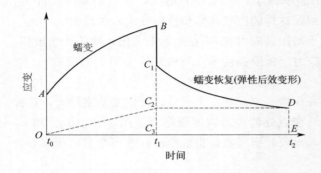

图 3-20　木材的蠕变曲线（刘一星等，2012）　　　　图 3-21　木材的松弛曲线（刘一星等，2012）

（2）松弛

若使木材这类黏弹性材料产生一定的变形，并在时间推移中保持此状态，就会发现对应此恒定变形的应力会随着时间延长而逐渐减小，这种在恒定应变条件下应力随时间的延长而逐渐减小的现象称为应力松弛，或简称松弛。

产生蠕变的材料必然会产生松弛。松弛与蠕变的区别在于：在蠕变中，应力是常数，应变是随时间变化的可变量；而在松弛中，应变是常数，应力是随时间变化的可变量。木材之所以产生这两种现象，是因为它是既具有弹性又具有塑性的黏弹性材料。松弛过程用应力-时间曲线表示，应力-时间曲线也被称作松弛曲线（图 3-21）。

3.1.4.3　影响木材力学性质的主要因素

（1）木材密度的影响

木材密度反映了单位体积内木材细胞壁物质的数量，是决定木材强度和刚度的物质基础，木材强度和刚度随木材密度的增大而提高。

（2）含水率的影响

含水率在纤维饱和点以上时，自由水虽然充满导管、管胞和木材组织其它分子的大毛细管，但只浸入到木材细胞腔内部和细胞间隙，同木材的实际物质没有直接相结合，所以对木材的力学性质几乎没有影响，木材强度呈现出一定的值。当含水率处在纤维饱和点以下时，结合水吸着于木材内部表面上，随着含水率的下降，木材发生干缩，胶束之间的内聚力增大，内摩擦系数增大，密度增大，因而木材力学强度急剧增加。

（3）温度的影响

在 $20\sim160℃$ 范围内，木材强度随温度升高而较为均匀地下降；温度超过 $160℃$，会使木材中构成细胞壁基体物质的半纤维素、木质素这两类非结晶型高聚物发生玻璃化转变，从而使木材软化，塑性增大，力学强度下降速率明显增大。

（4）长期荷载的影响

荷载持续时间会对木材强度有显著的影响（见表3-3）。

表 3-3 松木强度与荷载时间的关系

受力性质	瞬时强度/%	当荷载为下列天数时,木材强度的百分率/%				
		1 天	10 天	100 天	1000 天	10000 天
顺纹受压	100	78.5	72.5	66.7	60.2	54.2
静力弯曲	100	78.6	72.6	66.8	60.9	55.0
顺纹受剪	100	73.2	66.0	58.5	51.2	43.8

（5）纹理方向及超微构造的影响

当针对直纹理木材顺纹方向加载时，荷载与纹理方向间的夹角为 0°，木材强度值最高。当此夹角增大时，木材强度和弹性模量将有规律地降低。如：此夹角增大 5°时，冲击韧性降低 10%；增大 10°时，降低 50%。

（6）缺陷的影响

有节子的木材一旦受到外力作用，节子及节子周围产生应力集中，与同一密度的无节木材相比，表现出小的弹性模量。

3.2 木材的生物损害

木材的生物损害包括微生物损害和昆虫损害两类。

3.2.1 木材的微生物损害

危害木材的微生物主要有真菌类和原核生物类两类（图 3-22）。

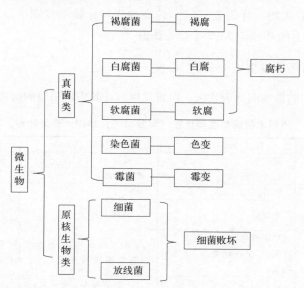

图 3-22 危害木材的微生物类型（郭梦麟等，2010；曹金珍等，2018）

真菌依靠风、水和昆虫散播孢子，只要孢子落在适合生长的地方，这些孢子就像植物的种子一样发芽滋长。真菌还可以无性繁殖，所以真菌比昆虫更难防治。引起木材腐朽（软腐、白腐、褐腐）的木腐菌，通过侵蚀木材的化学成分（纤维素、半纤维素、木质素）从而引起其它性能的降低；引起木材表面发霉的霉菌仅造成木材外观质量的下降；引起木材边材变色的变色菌，对木材的其它性能影响不大。

而细菌腐朽存在于几乎缺氧（如：长期埋在土里、长期置于水中、长期处于高湿状态）的木材中。细菌破坏木材的程度及速度，远不如虫害及真菌腐朽那么严重。

3.2.1.1 木材腐朽真菌的生长条件

（1）丰富的养料

腐朽真菌以纤维素及半纤维素为主要营养，有些白腐菌也可消化木质素。真菌的生长需要稍大量的氮、磷和锰，也需微量的铁、锌、铜、镁、钨和钙，这些元素都可从木材中获得。

（2）充足的水分

腐朽真菌适于在含水率30%～50%的木材里生长，但软腐菌能在高含水率的木材里滋长。木材的含水率低于纤维饱和点时，真菌就不容易生长，因此保持木材的含水率低于20%是很有效的控制真菌腐朽的措施。

（3）适宜的温度

最适宜真菌生长的温度范围为25～30℃。温度达到40℃时，大部分真菌停止生长，而真菌孢子可在冰点以下存活很长的时间。

（4）介质的酸度（pH值）

真菌需要相当量的氢离子，pH值在4.5～5.5的环境最适合真菌的生长。大部分木材的酸度在这个范围，所以木材很容易因真菌而腐朽。

（5）充足的氧气

真菌和大多数其它生物一样需要氧气。较高的二氧化碳浓度则会限制真菌的生长，置于二氧化碳浓度25%以上的环境五天即可杀灭真菌。

3.2.1.2 木材真菌腐朽的类型

真菌腐朽根据不同的特性而分为软腐、白腐及褐腐，其中以褐腐的破坏力最严重（表3-4）。

表3-4 不同木材腐朽类型比较（郭梦麟等，2010；曹金针等，2018）

类别	褐腐（brown rot）	白腐（white rot）	软腐（soft rot）
菌类	褐腐菌	白腐菌	软腐菌
所属纲	担子菌纲	担子菌纲	子囊菌纲或半知菌纲
危害木材种类	针叶材	阔叶材	针叶材、阔叶材
木材含水率	半湿材	半湿材	与水长期接触或在潮湿土壤中的湿木材
宏观特征	早期变化不明显，逐渐变为红褐色，呈块状裂纹（正方形图案）	早期变化不明显，逐渐变白，有斑点，有暗色带线	早期木材变软，出现小裂痕，表面黑褐色，逐渐向内发展
分解的木材成分	分解纤维素、半纤维素，留下木质素	几乎分解全部化学成分，尤其是木质素	主要为纤维素

(1) 软腐

从外部形态上看，软腐先由木材表面发生，使木材组织变软，逐渐向内发展，软腐材表面呈浅褐色而松软，所以被命名为软腐。风干之后表面呈细棋盘状裂纹（图 3-23）。软腐的进展速度甚慢，先从含水率较高的表面蔓延，等到表层木材被消耗之后才开始向内发展，因此被软腐菌破坏之处，木材多半已无丝毫强度留存。

从解剖构造上观察，软腐菌以两种方式侵袭木材细胞壁：一种形式是沿着次生细胞壁中层 S_2 层微纤丝的走向向里挖空（图 3-24），并且不留下木质素，称之为钻洞型；另一种形式是从次生细胞腔壁由 S_3 层的表面向胞间层方向蛀蚀，称之为啃蚀型。

从化学成分上分析，钻洞型主要是从次生细胞壁 S_2 层里消化纤维素和半纤维素取得营养，虽然也可以分解木质素，但其速度较慢。真菌丝所经之处不留木质素残迹，是因为残留在 S_2 层浓度低的木质素失去微纤丝支架而完全溃散。啃蚀型软腐与白腐的腐蚀方式相似，其化学变化应与白腐材相似。

图 3-23　软腐外观（郭梦麟等，2010）

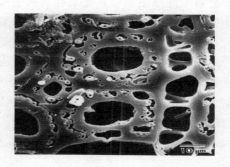

图 3-24　钻洞型软腐（郭梦麟等，2010）

(2) 白腐

从外部形态上看，白腐使木材呈浅白色，腐朽材呈海绵状或蜂窝状，或表面呈大理石花纹状，其表面凹凸不平，纤维变短，表面粗糙断裂（图 3-25）。

从解剖构造上观察，白腐菌在阔叶树材和针叶树材中以不同的方式化解细胞壁。在阔叶树材里，菌丝从细胞腔内局部破坏细胞壁，也在富于木质素的细胞角落里造成破坏（图 3-26）。在针叶树材里，菌丝并不进入细胞角落，仅透过附着在细胞腔壁表面的黏鞘均匀地逐渐把细胞壁削薄。菌丝不进入针叶树材的细胞角落，是因为白腐菌不易分解愈创木基木质素，但很容易分解阔叶树材细胞角落里的紫丁香基/愈创木基木质素。

从化学成分上分析，白腐菌能同时分解木材的纤维素、半纤维素，特别是消化木质素。在初期，木质素分解比纤维素和半纤维素的分解更快，而造成漂白作用。阔叶树材因木质素含量较低且木质素主要为愈创木基木质素，所以比针叶材更易遭白腐，而且被破坏的程度也较严重。

(3) 褐腐

木材褐腐造成的财物损失仅次于火灾及虫害。

从外部形态上看，褐腐的木材外观呈深褐色至咖啡色，干燥之后，木材表面因为极度收缩，发生极深的纵横裂纹，呈龟裂状或方块状（图 3-27）。褐腐之碎块可在手指之间被掐成粉末，粉末的纤维素及半纤维素含量很低，几乎只剩下了木质素。

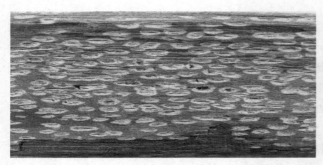

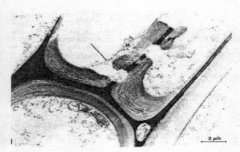

图 3-25　白腐外观（郭梦麟等，2010）　　　　图 3-26　白腐菌局部腐蚀枫香木细胞壁
和细胞角落（郭梦麟等，2010）

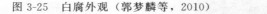

从解剖构造上观察，菌丝从木射线细胞蔓延到导管，再从导管进入木纤维细胞壁，并慢慢分解木纤维细胞壁，先消耗其次生壁中层 S_2 层，使其成为空层［图 3-28(a)］，再消耗次生壁外层 S_1 层和内层 S_3 层，最后只剩下薄的胞间层［图 3-28(b)］。

从化学成分上分析，褐腐菌消化纤维素及半纤维素作为营养，而留下木质素。针叶树材一般要比阔叶树材更耐真菌腐朽，这是因为针叶树材木质素（约占 29%）是愈创木基型木质素，而阔叶树材木质素（约占 21%）则是愈创木基型和紫丁香基型混合木质素。紫丁香基木质素 C3 及 C5 位上各有一个—OCH_3，比较容易被氧化；愈创木基型木质素不容易被真菌的氧化酶氧化，因此稍能阻碍纤维素和半纤维素的分解。这也是古建筑上多使用针叶树材（如：松木、柏木、杉木等）的一个主要原因。

图 3-27　木材褐腐纵横龟裂状外观（戴玉成，2009）

3.2.1.3　真菌腐朽对木材强度的影响

木材在腐朽初期，除了冲击弯曲强度外，其它力学性质几乎没有变化。随着腐朽的继续发展，木材的强度显著降低。软腐从湿润的木材表面，缓慢向内腐朽，对木材整体强度没有很大的影响，但是已腐朽的部分则已崩溃。白腐和褐腐都能使木材大幅度失去强度，但强度降低的幅度比质量损失的幅度要大得多；尤其是褐腐，因为纤维素的分解，纤维素的聚合度在褐腐感染初期就迅速降低，木材虽然仅有 10% 以下的质量损失，但抗弯强度和抗冲击强度的损失分别在 30% 及 50% 以上。

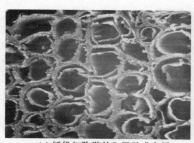

| (a) 纤维细胞壁的S$_2$层已成空层 | (b) 腐朽末期木纤维细胞壁只剩下胞间层 |

图 3-28　褐腐解剖构造上的变化（郭梦麟等，2010）

3.2.1.4　木材的霉菌

只要空气湿度在 90％以上，霉菌就可以在木材表面滋长，一般霉菌菌丝并不深入木材组织内部，对细胞壁几乎没有影响，所以并不降低其强度。

不同的霉菌，其孢子带各种不同的颜色，使得木材产生不同的颜色（图 3-29）。如：木腐菌 *Trichoderma* 使木材产生绿色；曲霉菌 *Aspergillus* 使木材产生黑色；镰刀霉 *Fusarium* 使木材产生红至紫色；青霉菌 *Penicillium* 使木材产生绿色；枝孢子菌 *Cladosporium* 使木材产生深绿至黑色；葡萄状穗霉 *Stachybotrys* 使木材产生黑色。

控制环境的相对湿度、控制木材含水率保持在 20％以下可防止霉菌的蔓延。房屋的建造中要注意防止漏水及渗水，可有效预防霉菌的发生。

采用四水八硼酸钠（DOT）、百菌清及二癸基二甲基氯化铵（DDAC）等均可减少霉菌生长，是控制木材霉菌的有效方法。但单独使用却不能全面控制，DOT 和百菌清合用的效果最好。

图 3-29　木材上的霉菌

3.2.2 木材的昆虫损害

昆虫损害简称虫害，指各种昆虫危害木材所造成的缺陷。危害木材的昆虫主要包括白蚁类、甲虫类、蜂蚁类和蛾蝶类。其中，白蚁类和甲虫类以木材为食物，造成的损害严重；而蜂蚁类及蛾蝶类的昆虫则多半只栖息于木材中，危害轻微。

3.2.2.1 白蚁类

根据生活习性，重要的白蚁分为土白蚁（subterranean termite）、干木白蚁（drywood termite）和湿木白蚁（dampwood termite）三类。白蚁的主要食物是得自木材的纤维素，也吃真菌得到氮元素。白蚁自己不能消化纤维素，靠肠里的单细胞原生动物消化纤维素得到简单糖类为营养。木质材料的昆虫破坏约有 90% 是由白蚁造成，其中又以土白蚁的破坏力为最强。

（1）土白蚁

土白蚁在地下筑窝巢栖息，消耗邻近的木质食物之后就到地面上觅食。土白蚁只嚼食木材中较柔软的早材，留下密度高的晚材和薄外壳（图 3-30）。它在地下或地上都筑信道觅食，信道由土粒、木屑以其粪便黏着筑成（图 3-31）。在建筑物的表面发现这种通道，表示有白蚁活动，应立即清除通道，使已进入房屋的白蚁无通道回巢，是最好的白蚁防患措施。

另外，房舍设计时切勿使木质材料直接接触地面，在一定程度上可有效地预防土白蚁建立向上的通道。

（2）湿木白蚁

湿木白蚁在湿润或真菌腐朽中的木材里筑窝生活，窝巢建立之后也会啃蚀邻近的干木材。湿木白蚁将长圆形的粪便粒排出窝巢和嚼食区，其便粒表面平滑。湿木白蚁嚼食木材的形态与土白蚁稍不同：湿润和半腐朽的木材较为松软，因此湿木白蚁把松软部分的早材和晚材全部嚼食，在干燥区域里则只嚼食早材而留下晚材。

湿木白蚁不建信道，而且在房舍内的湿木材内部筑巢，外排的便粒也不一定看得见，所以比较难侦测。保持房舍四周与庭院的清洁、清理碎木和枯木，是必要的预防措施。

（3）干木白蚁

干木白蚁可从木材裂缝进入木材，必要时还会直接在木材表面嚼孔进入，干木白蚁无须与土壤接触而在干木里筑巢嚼食生活。干木白蚁生性隐秘，一旦进入木材，就不在巢穴之外漫游寻食，因此不筑走道。它们不必依靠常见水源存活，生理所需的水分得自消化木材。干木白蚁沿着木纹方向同时嚼食早材及晚材，长时间之后能把这些穴道贯穿，把整片板材挖空而仅留下薄壳（图 3-32）。干木白蚁生性好整洁而把粪便外排，其粪便粒带有棱角（图 3-33），而湿木白蚁的粪便粒表面平滑。

一般来说，对于干木白蚁也很难察觉，因此最有效的治理是采用熏蒸法熏蒸整个房舍，然后把所有活干木白蚁杀灭。

图 3-30　土白蚁留下晚材（郭梦麟等，2010）

图 3-31　土白蚁的信道（郭梦麟等，2010）

图 3-32　干木白蚁几乎将整片板材挖空
（郭梦麟等，2010）

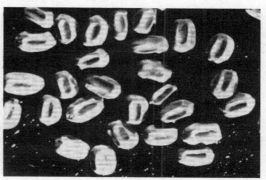

图 3-33　干木白蚁的粪便粒带有棱角
（郭梦麟等，2010）

3.2.2.2　木粉蠹虫类

　　木粉蠹虫类（powderpost beetles）危害木材的程度仅次于白蚁，因其粪便呈细粉状而得名。泛黄的排泄粉末表示该感染已不活跃 [图 3-34（a）]，浅色外排粉末表示该感染仍然活跃 [图 3-34（b）]。常见的木粉蠹虫有粉蠹（*Lyctid*）、窃蠹（*Anobiid*）及长蠹（*Bostrichid*）。

　　粉蠹幼虫沿着木纹嚼食，留下粉状排泄物，嚼食道直径随着幼虫生长而增大，最后幼虫钻至表面下蛹化。嚼食道及成虫钻出孔直径 0.8～1.6mm，成虫出孔时将排泄物外排，之后嚼食道内松弛的木粉也会由钻孔口泄落。

　　窃蠹成虫在木材表面上的小裂缝产卵，孵化后幼虫先垂直嚼食一小段距离，然后沿木纹嚼食早材并将排泄物和木屑紧塞在食道内，成虫的出孔直径为 1.6～3mm，出孔时将一些粪便粒及木屑排出。

　　长蠹成虫嚼食木材并在嚼食道产卵，产完卵后把粉状排泄物外排出洞后离去，孔口直径为 2.5～7mm。一个生命周期通常为一年，木材非常干燥或养分低时则可延长至数年，幼虫嚼食时将粉状排泄物紧紧地堆集在嚼食道里，即使敲打受害物，其内的粉状排泄物仍不外泄。

木材感染木粉蠹虫在初期不易被发觉，往往在发现钻出孔口和排泄物时已遭到相当程度的破坏。一旦发现感染，除了更换耐腐材料之外，没有其它好方法治理。使用养分低的材料和保持其干燥为最好的预防措施。

(a)泛黄的排泄粉末表示该感染已不活跃　　(b)浅色外排粉末表示该感染仍然活跃

图 3-34　木粉蠹虫的粉状排泄物（郭梦麟等，2010）

3.2.3　腐朽和虫蛀等级的判定

木材耐腐朽的分级值标准（表 3-5）和木材抗白蚁蛀蚀的分级值标准（表 3-6）的划分依据为 GB/T 13942.2—2009。

表 3-5　木材耐腐朽分级值标准（GB/T 13942.2—2009）

等级	分级值标准
10 级	材质完好,肉眼观察无腐朽症状,即无腐朽
9.5 级	表面因微生物入侵变软或表面部分变色
9 级	截面有 3%轻微腐朽
8 级	截面有 3%~10%腐朽
7 级	截面有 10%~30%腐朽
6 级	截面有 30%~50%腐朽
4 级	截面有 50%~75%腐朽
0 级	腐朽到损毁程度,能轻易折断

表 3-6　木材抗白蚁蛀蚀分级值标准（GB/T 13942.2—2009）

等级	分级值标准
10 级	完好
9.5 级	表面仅有 1~2 个蚁路或蛀痕
9 级	截面有小于 3%明显蛀蚀
8 级	截面有 3%~10%蛀蚀
7 级	截面有 10%~30%蛀蚀
6 级	截面有 30%~50%蛀蚀
4 级	截面有 50%~75%蛀蚀
0 级	试样蛀断

第 4 章

木结构古建筑的损坏及保护技术

以木构架为主体的古代建筑为木结构古建筑。从"构木为巢"开始，古代木结构建筑便是中国古代建筑中的一种主要结构体系，它以木构梁柱为承重骨架，柱与梁之间多为榫卯结合，以砖石为体、结瓦为盖、油饰彩绘为衣，经能工巧匠精心设计、巧妙施工而成，集历史性、艺术性和科学性于一身，具有极高的文物价值和观赏价值。木结构体系一般分为抬梁式结构、穿斗式结构和井干式结构三种，其中以抬梁式结构应用较广。北京的故宫（图 1-1）、山西五台山南禅寺大殿（图 1-2）和佛光寺大殿（图 1-3）、山西应县木塔（图 1-4）、天津蓟县（今蓟州区）的独乐寺观音阁（图 1-5）等，都是我国闻名世界的木结构古建筑。

我国以木构架为主要承重结构的古建筑，几千年来一脉相承，形成了独具特色的中国建筑风格。近年来，随着气候的变暖、降雨量的增多，中原地区的 Scheffer 气象指数也在快速增高，自然也给以木构件为主体的木结构建筑带来了一些难以避免的潜在威胁。生物质材料的木构件易受物理作用、化学作用以及人为破坏的影响，此外微生物带来的腐朽和昆虫带来的蛀蚀危害同样不容小觑，特别是承重木柱和木梁枋出现问题会直接影响到建筑整体的安稳。对其采取科学有效的保护措施可使其健康、永续传承。

4.1 木结构古建筑的勘察工作

4.1.1 木结构古建筑的勘察内容

4.1.1.1 承重木结构残损情况勘察

承重木结构的勘察应包括下列内容：结构、构件及其连接的尺寸；结构的整体变位和支承情况；木材的材质状况；承重构件的受力和变形状态；主要节点连接的工作状态；历代维修加固措施的现存内容及其目前工作状态。

（1）对承重结构整体变位和支承情况的勘察

对承重结构整体变位和支承情况的勘察应包括下列内容：测算建筑物的荷载及其分布；检查建筑物的地基基础情况；观测建筑物的整体沉降或不均匀沉降，并分析其发生原因；实测承重结构的倾斜位移扭转及支承情况；检查支撑等承受水平荷载体系的构造及其残损情况。

(2) 对承重结构木材材质状态的勘察

对承重结构木材材质状态的勘察应包括下列内容：测量木材腐朽、虫蛀变质的部位范围和程度；测量对构件受力有影响的木节、斜纹和干缩裂缝的部位和尺寸；当主要木构件需做修补或更换时，应鉴定其树种。

对下列情况尚应测定木材的强度或弹性模量：需做加固验算，但树种较为特殊；有过度变形或局部损坏，但原因不明；拟继续使用火灾后残存的构件；需研究木材老化变质的影响。

(3) 对承重构件受力状态的勘察

受压构件应包括下列内容：受压构件柱高、截面形状及尺寸，柱的两端固定情况；柱身弯曲、折断或劈裂情况；柱头位移；柱脚与柱础的错位；柱脚下陷。

受弯构件应包括下列内容：梁枋跨度或悬挑长度、截面形状及尺寸、受力方式及支座情况；梁枋的挠度和侧向变形（扭闪）；檩、椽、楞栅（楞木）的挠度和侧向变形；檩条滚动情况；悬挑结构的梁头下垂和梁尾翘起情况；构件折断、劈裂或沿截面高度出现的受力皱褶和裂纹；屋盖、楼盖局部塌陷的范围和程度。

斗栱应包括下列内容：斗栱构件及其连接的构造和尺寸；整攒斗栱的变形和错位；斗栱中各构件及其连接的残损情况。

(4) 对主要连接部位工作状态的勘察

对主要连接部位工作状态的勘察应包括下列内容：梁、枋拔榫，榫头折断或卯口劈裂；榫头或卯口处的压缩变形；铁件锈蚀、变形或残缺。

(5) 对历代维修加固措施的勘察

对历代维修加固措施的勘察应包括下列内容：受力状态；新出现的变形或位移；原腐朽部分挖补后，重新出现的腐朽；因维修加固不当，而对建筑物其它部位造成的不良影响。

(6) 对建筑物的下列情况，应在较长时间内进行定期观测

内容包括：建筑物的不均匀沉降倾斜、歪闪或扭转有缓慢发展的迹象；承重构件有明显的挠曲、开裂或变形，连接有较大的松动变位，但不能断定是否已停止发展；承重木结构的腐朽、虫蛀虽经药物处理，但需观察其药效；为重点保护对象或科研对象专门设置的长期观测点。

对需要保护的古建筑，应在地震、风灾、水灾、火灾、雷击等较大自然灾害发生后，进行一次全面检查。

4.1.1.2　相关工程残损情况勘察

为做好以木结构为主要承重体系的古建筑维修工作，尚应对其相关工程进行全面勘察，并采取必要的防护措施，避免因维修木结构而损害相关工程及其附属文物。

相关工程的勘察，应重点查清下列情况：①现状及其细部构造；②原用的材料品种、规格和数量；③与主体结构的构造联系；④残损情况及其在维修中可能产生的问题。

维修古建筑，当需揭瓦时，应查清下列情况：①屋顶式样，包括正脊、垂脊、戗脊、博脊的纹样、尺寸、相对位置及做法；②屋面的坡长、曲线、瓦垄数及做法；③瓦件的形制、规格、色彩和数量。

在勘察过程中，若发现有由构件大量受潮或构造上通风不良而导致的木材大面积腐朽霉变，除应查清受损的部位、范围和严重程度外，尚应查清下列情况：①原通风防潮构造的固有缺陷；②历代维修改造不当对原构造功能的损害；③其它隐患。

当维修木结构而需暂时拆除、移动或加固其墙壁时，除应按上述的要求勘察有关情况外，尚应查清墙壁上的浮雕、壁画以及其它镶嵌文物的位置、构造及残损现状。

对木结构所处环境的勘察，除应掌握上述规定的基础资料外，尚应查清下列情况：①古建筑保护范围内电线线路有无安全防护措施和检查维修制度；②古建筑与四周道路的距离，若古建筑位于交通要道，尚应检查有无防止车辆碰撞的设施；③古建筑保护范围内，有无火源和易燃堆积物；④消防设施和防雷装置的现状。

4.1.2　木结构古建筑的安全鉴定

对下列情况，古建筑木结构应进行安全性鉴定：①年久失修；②所处环境显著改变；③遭受灾害或事故；④发生地基基础不均匀沉降，或结构、构件出现新的腐朽、损伤、变形；⑤其它需要掌握该建筑安全性水平的情况。当遇到下列情况时，宜进行专项鉴定：①结构的维修有专项要求；②结构存在明显的振动影响；③结构的加固效果需要评定；④结构需要进行长期监测。

古建筑木结构的安全性鉴定，应以现场勘察发现的残损点及其对结构、构件安全性的影响为依据，按勘察项目、构件和结构体系划分为三个层次。每一层次宜划分为四个安全性等级（表 4-1）。

表 4-1　安全性鉴定评级的层次、等级划分及工作内容（GB/T 50165—2020）

层次	一	二	三	
层名	勘察项目	单个构件	结构体系	
等级划分	a'、b'、c'、d'	a、b、c、d	A、B、C、D	
安全性鉴定程序	承重结构	按残损点及残损程度评定该项目等级	按构件应勘察项目和可验算项目评定构件等级	结构体系中每一构件集评定 按结构布置、结构间连系和抗侧向作用系统评定结构整体牢固性等级	综合评定结构体系安全性等级

4.1.2.1　勘察项目鉴定评级

（1）古建筑木结构勘察项目鉴定评级

结构的可靠性鉴定应根据承重结构中出现的残损点数量、分布、恶化程度及对结构局部或整体可能造成的破坏和后果进行评估。对古建筑木结构中涉及安全的勘察项目进行鉴定时，应按表 4-2 的评级标准评定其残损等级或安全性等级。

表 4-2　古建筑木结构残损等级或安全性等级评级标准（GB/T 50165—2020）

类别	评级标准
a'级	勘察中未见残损点，或原有残损点已得到修复
b'级	勘察中仅发现有轻度残损点或疑似残损点，但尚不影响安全
c'级	有中度残损点，已影响该项目的安全
d'级	有重度残损点，将危及该项目的安全

（2）木结构古建筑残损点的界定

残损点应为承重体系中某一构件、节点或部位已处于不能正常受力、不能正常使用或濒临破坏的状态。承重木柱残损点应按表4-3的评定标准；承重木梁、枋残损点应按表4-4的评定标准；屋盖结构中残损点应按表4-5的评定标准；楼盖结构中残损点应按表4-6的评定标准；砖墙残损点应按表4-7的评定标准；承重石柱残损点应按表4-8的评定标准。斗栱有以下残损之一时，应视为残损点，包括：整攒斗栱明显变形或错位；栱翘折断，小斗脱落，且每一枋下连续两处发生；大斗明显压陷或有劈裂、偏斜或移位；整攒斗栱的木材发生腐朽、虫蛀或老化变质并已影响斗栱受力；柱头或转角处的斗栱有明显破坏迹象。

表4-3　承重木柱残损点的评定标准（GB 50165—92；GB/T 50165—2020）

项次	检查项目	检查内容	残损点评定界限
			中度或重度残损
1	材质劣化	（1）腐朽和老化变质：在任一截面上，腐朽和老化变质（两者合计）所占面积与整截面面积之比 ρ： a. 当仅有表层腐朽和老化变质时 b. 当仅有心腐时 c. 当同时存在以上两种情况时	a. $\rho>1/5$，或不少木节已恶化为松软节或腐朽节 b. $\rho>1/7$ c. 不论 ρ 大小，均视为残损点
		（2）虫蛀：沿柱长任一部位	有虫蛀孔洞，或未见孔洞，但敲击有空鼓音
		（3）扭斜纹并发斜裂	斜裂缝的斜率大于15%，且裂缝深度大于柱径的2/5或材宽的1/3
2	柱的弯曲	弯曲矢高 δ	$\delta>L_0/250$（L_0 为柱的无支长度）
3	柱脚与柱础抵承状况	（1）柱脚底面与柱础间实际抵承面积与柱脚处的原截面面积之比 ρ_c	$\rho_c<3/5$
		（2）若柱子为偏心受压构件，尚应确定实际抵承面中心对柱轴线的偏心距 e_c 及其对原偏心距 e 的影响	按偏心验算不合格
4	柱础错位	柱与柱础之间错位量与柱径（或柱截面）沿错位方向的尺寸之比 ρ_d	$\rho_d>1/6$
5	柱身损伤	沿柱长任一部位的损伤状况	有断裂、劈裂或压皱迹象出现
6	历次加固现状	（1）原墩接的完好程度	柱身有新的变形或变位，或榫卯已脱胶、开裂，或铁箍已松脱
		（2）原灌浆效果 a. 浆体与木材黏结状况 b. 柱身受力状况	a. 浆体干缩，敲击有空鼓音 b. 有明显的压皱或变形现象
		（3）原挖补部位的完好程度	已松动、脱胶，或又发生新的腐朽

表4-4　承重木梁、枋残损点的评定标准（GB 50165—92；GB/T 50165—2020）

项次	检查项目	检查内容	残损点评定界限
			中度或重度残损
1	材质劣化	（1）腐朽和老化变质 在任一截面上，腐朽和老化变质（两者合计）所占的面积与整截面面积之比 ρ： a. 当仅有表层腐朽和老化变质时 b. 当仅有心腐时	a. 对梁身：$\rho>1/8$，或不少木节已恶化为松软节或腐朽节 对梁端（支承范围内）：不论 ρ 大小，均视为残损点 b. 不论 ρ 大小，均视为残损点
		（2）虫蛀	有虫蛀孔洞，或未见孔洞，但敲击有空鼓音
		（3）扭斜纹并发斜裂	斜裂缝的斜率大于15%
		（4）木材天然缺陷 在梁的关键受力部位，其木节、扭（斜）纹或干缩裂缝的大小	其中任一缺陷超出 GB 50165—92 表6.3.3的限值，且有其它残损时

项次	检查项目	检查内容	残损点评定界限
			中度或重度残损
2	弯曲变形	(1)竖向挠度最大值 ω_1 或 ω_1'	当 $h/l > 1/14$ 时 $\omega_1 > l^2/2100h$
			当 $h/l \leqslant 1/14$ 时 $\omega_1 > l/150$
			对 300 年以上梁、枋，若无其它残损，可按 $\omega_1' > \omega_1 + h/50$ 评定
		(2)侧向弯曲矢高 ω_2	$\omega_2 > l/200$
3	梁身损伤	(1)跨中断纹开裂	有裂纹，或未见裂纹，但梁的上表面有压皱痕迹
		(2)梁端劈裂(不包括干缩裂缝)	有受力引起的端裂或斜裂
4	历次加固现状	(1)梁端原拼接加固完好程度	已变形，或已脱胶，或螺栓已松脱
		(2)原灌浆效果	浆体干缩，敲击有空鼓音，或梁身挠度增大

注：表中 l 为计算跨度；h 为构件截面高度。

表 4-5　屋盖结构中残损点的评定标准（GB 50165—92；GB/T 50165—2020）

项次	检查项目	检查内容	残损点评定界限
			中度或重度残损
1	椽条系统	(1)材质劣化	已成片腐朽或虫蛀，或已严重受潮
		(2)挠度	大于椽跨的 1/100，并已引起屋面明显变形
		(3)椽、檩间的连系	未钉钉，或钉子已锈蚀
		(4)承椽枋受力状态	有明显变形
2	檩条系统	(1)材质劣化	按表 4-4 评定
		(2)跨中最大挠度 ω_1	当 $L \leqslant 4.5mm$ 时，$\omega_1 > L/90$，或 $\omega_1 > 36mm$（L 为计算跨度）
			当 $L > 4.5mm$ 时，$\omega_1 > L/125$
			若多数檩条挠度较大而导致漏雨，则不论 ω_1 大小，均视为残损点
		(3)檩条支承长度 a a. 支承在木构件上 b. 支承在砌体上	a. $a < 60mm$ b. $a < 120mm$
		(4)檩条受力状态	檩端脱榫，或檩条外滚，或檩与梁间无锚固
3	瓜柱、角背驼峰	(1)材质劣化	有腐朽或虫蛀
		(2)构造完好程度	有倾斜、脱榫或劈裂
4	翼角、檐头、由戗	(1)材质劣化	有腐朽或虫蛀
		(2)角梁后尾的固定部位	无可靠拉结
		(3)角梁后尾、由戗端头的损伤程度	已劈裂或折断
		(4)翼角、檐头受力状态	已明显下垂

注：表中 L 为檩条计算跨度。

表 4-6　楼盖结构中残损点的评定标准（GB 50165—92；GB/T 50165—2020）

项次	检查项目	检查内容	残损点评定界限
			中度或重度残损
1	楼盖梁	按表 4-4 检查	按表 4-4 评定
2	搁栅（楞木）	(1)材质	按表 4-4 评定
		(2)竖向挠度最大值 ω_1	$\omega_1 > L/180$，或体感颤动严重
		(3)侧向弯曲矢高 ω_2（原木搁栅不检查）	$\omega_2 > L/200$
		(4)端部榫卯状况	无可靠锚固，且支承长度小于 60mm
3	楼板	木材腐朽及板面破损状况	已不能起加强楼盖水平刚度作用

注：表中 L 为搁栅计算跨度。

表 4-7　砖墙残损点的评定标准（GB 50165—92；GB/T 50165—2020）

项次	检查项目	检查内容	残损点评定界限 中度或重度残损
1	材质劣化	(1)砖的风化 在风化长达 1m 以上的区段,确定其平均风化深度与墙厚之比 ρ	当 $H \leqslant 7m$ 时,$\rho > 1/5$ 当 $H > 7m$ 时,$\rho > 1/6$
		(2)灰缝粉化	最大粉化深度 $> 10mm$
2	倾斜或侧身位移	(1)单层倾斜量 Δ	当 $H \leqslant 7m$ 时,$\Delta > H/250$ 当 $H > 7m$ 时,$\Delta > H/300$
		(2)多层倾斜量 Δ a. 总倾斜量 Δ b. 层间倾斜量 Δ	a. 当 $H \leqslant 7m$ 时,$\Delta > H/350$ 当 $H > 7m$ 时,$\Delta > H/400$ b. $\Delta > H_i/300$
3	裂缝	(1)地基沉降引起的裂缝	出现裂缝
		(2)受力引起的裂缝	出现沿砖块断裂的竖向或斜向裂缝
		(3)非受力引起的有害裂缝	纵横墙连接处出现通长竖向裂缝 墙身裂缝的宽度已大于 5mm

注：1. 表中 H 为墙的总高；H_i 为层间墙高。

2. 碎砖墙的做法各地差别较大，其残损点评定由当地主管部门另定。

古建筑中非承重的土墙有下列损坏，应视为残损点：①墙身倾斜超过墙高的 1/70；②墙体风化、硝化深度超过墙厚的 1/4；③墙身有明显的局部下沉或鼓起变形；④墙体经常受潮。

古建筑中非承重的毛石墙有下列损坏，应视为残损点：①墙身倾斜超过墙高的 1/85；②墙面有较大破损，已严重影响其使用功能。

表 4-8　承重石柱残损点的评定标准（GB 50165—92；GB/T 50165—2020）

项次	检查项目	检查内容	残损点评定界限 中度或重度残损
1	材质劣化	在柱截面上,风化层所占面积与全截面面积之比 ρ	$\rho > 1/6$
2	裂缝	(1)受力引起的裂缝 a. 水平裂缝或斜裂缝 b. 纵向裂缝(仅检查长度超过 300mm 的裂缝)	a. 有肉眼可见的细裂缝 b. 出现不止一条,且缝宽大于 0.1mm
		(2)非受力引起的裂缝	位于关键受力部位
3	倾斜	石柱顶或石柱段与木柱交接处的垂直度	存在明显的沿结构平面内或外倾斜
4	构造缺陷	(1)柱头与上部木构架的连接不当	无可靠连接或连接已松脱、损坏
		(2)柱脚与柱础抵承状况 柱脚底面与柱础间实际承压面积与柱脚底面积之比 ρ_s	$\rho_s < 2/3$
		(3)柱与柱础之间错位量与柱径或柱截面沿错位方向尺寸之比 ρ_m	$\rho_m > 1/6$

4.1.2.2　单个构件鉴定评级

当有下列情况之一时，宜进行单个构件的鉴定评级：具验算承载能力的条件，且要求对构件及其连接进行评级；有要求对结构体系的安全性进行鉴定评级。

古建筑木构架承重构件的安全性鉴定，应按残损勘察项目和承载能力验算项目，分别评定该构件的残损等级和承载能力等级，应取其中最低一级作为该构件的安全性等级。

当构件的安全性按残损勘察项目的评级结果进行评定时，应按表 4-9 确定该构件的残损等级。

表 4-9　承重构件残损等级评定标准（GB/T 50165—2020）

类别	评级标准	处理要求
a 级	构件应勘察项目全为 a' 级；或无 c' 级和 d' 级，仅个别为 b' 级	不必采取措施
b 级	构件应勘察项目中无 c' 级和 d' 级，且 b' 级多于 a' 级	可不采取措施
c 级	构件应勘察项目中，最低等级为 c' 级	应采取措施
d 级	构件应勘察项目中最低等级为 d' 级；或无 d' 级，但 c' 级多于 50%	必须立即采取措施

当承重木构件的安全性按承载能力验算项目评定时，应按标准 GB/T 50165—2020 附录 F（木构架承载能力验算）的规定进行验算；且应按表 4-10 的规定分别评定每一验算项目的等级，然后取其中最低等级作为该构件承载能力的等级。

表 4-10　按承载能力评定承重构件及其连接安全性等级（GB/T 50165—2020）

构件类别	安全性等级			
	a 级	b 级	c 级	d 级
重要构件及连接	$R/(\gamma_0 S) \geqslant 1.00$	$R/(\gamma_0 S) \geqslant 0.95$	$R/(\gamma_0 S) \geqslant 0.90$	$R/(\gamma_0 S) < 0.90$
一般构件	$R/(\gamma_0 S) \geqslant 1.00$	$R/(\gamma_0 S) \geqslant 0.90$	$R/(\gamma_0 S) \geqslant 0.85$	$R/(\gamma_0 S) < 0.85$

注：表中 R 和 S 分别为结构构件的抗力和作用效应，按现行国家标准《民用建筑可靠性鉴定标准》GB 50292 的要求确定；γ_0 为结构重要性系数，一般可取 γ_0 为 1.2。

4.1.2.3　结构体系鉴定评级

对下列情况，宜进行结构体系的鉴定评级：需评定结构体系的整体牢固性；鉴定对象为古建筑群，需制订修缮工程计划和实施科学管理。结构体系的安全性鉴定评级，应根据其所含各种构件集的安全性等级和结构体系整体牢固性等级进行综合评定。当评定一种主要构件集的安全性等级时，应根据该种构件集内每一受检构件的评定结果，按表 4-11 进行评级。当评定一种一般构件集的安全性等级时，应按表 4-12 进行评级。

表 4-11　主要构件集安全性鉴定评级（GB/T 50165—2020）

等级	多层古建筑	单层古建筑
A	该构件集内，不含 c 级和 d 级；含含 b 级，但含量不应多于 25%	该构件集内，不含 c 级和 d 级；可含 b 级，但含量不应多于 30%
B	该构件集内，不含 d 级；可含 c 级，但含量不应多于 15%	该构件集内，不含 d 级；可含 c 级，但含量不应多于 15%
C	该构件集内，含 c 级和 d 级；但 c 级含量不应多于 40%；若仅含 d 级，其含量不应多于 10%；若同时含有 c 级和 d 级，c 级含量不应多于 25%；d 级含量不应多于 3%	该构件集内，含 c 级和 d 级；但 c 级含量不应多于 50%；若仅含 d 级，其含量不应多于 15%；若同时含有 c 级和 d 级，c 级含量不应多于 30%；d 级含量不应多于 5%
D	该构件集内，c 级或 d 级含量多于 c 级的规定数	该构件集内，c 级和 d 级含量多于 c 级的规定数

表 4-12　一般构件集安全性鉴定评级（GB/T 50165—2020）

等级	多层古建筑	单层古建筑
A	该构件集内，不含 c 级和 d 级；含含 b 级，但含量不应多于 30%	该构件集内，不含 c 级和 d 级；可含 b 级，但含量不应多于 35%
B	该构件集内，不含 d 级；可含 c 级，但含量不应多于 20%	该构件集内，不含 d 级；可含 c 级，但含量不应多于 25%
C	该构件集内，含 c 级和 d 级；但 c 级含量不应多于 40%；d 级含量不应多于 10%	该构件集内，含 c 级和 d 级；但 c 级含量不应多于 50%；d 级含量不应多于 15%
D	该构件集内，c 级或 d 级含量多于 c 级的规定数	该构件集内，c 级和 d 级含量多于 c 级的规定数

当评定结构体系整体牢固性等级时，应按表 4-13 的规定，先评定其每一勘察项目的等级，然后按下列原则确定该结构整体牢固性等级：当 6 个勘察项目均不低于 B 级时，按占多数的等级确定；当仅一个勘察项目低于 B 级时，根据实际情况定为 B 级或 C 级；当不止一个勘察项目低于 B 级时，根据实际情况定为 C 级或 D 级。

表 4-13　结构整体牢固性等级的评定（GB/T 50165—2020）

项次	勘察项目	A 级或 B 级	C 级或 D 级
1	结构布置及构造	结构布置合理，形成完整体系；传力路线明确或基本明确；结构、构件造型及连接方式正确或基本正确	结构布置不合理，存在薄弱环节，未形成完整体系；传力路线不明确；结构、构件造型及连接方式不当，且易受振动影响
2	整体倾斜	未发现有沿结构平面内外的倾斜；或仅有施工允许偏差范围内的倾斜	结构平面内倾斜值已大于结构顶点高度的 1/200
3	局部倾斜	未发现有柱头与柱脚间的相对位移；或仅有施工允许偏差范围内相对位移	柱头与柱脚间的相对位移大于 $L_0/100$（L_0 为柱的无支长度）
4	构架间的连系构造	纵向梁、枋及其连系构件现状好或基本完好	纵向梁、枋及其连系构件已残损或松动
5	梁柱节点的连接	拉结构造完整及榫卯现状好或基本完好	无拉结，榫头已拔出榫长的 2/5 长度，或已劈裂
6	榫卯完好程度	完好或基本完好	有劈裂、断裂或受压缩量大于 4mm 的横纹压缩变形；或榫卯已腐朽、虫蛀或有严重受潮

注：评定结果取 A 级或 B 级，根据其完好程度确定；取 C 级或 D 级，根据实际严重程度确定。

结构体系的安全性等级，应符合下列规定：

① 一般情况下，应按各主要构件集的评级结果，取其中最低一级作为结构体系的安全性等级。

② 当上部承重结构按规定①评为 B 级，但发现各主要构件集所含的 C 级构件（或其节点、连接域）处于下列情况之一时，宜将所评等级降为 C 级：出现 c 级构件交汇的节点连接；在人群密集场所或其它破坏后果严重的部位，出现不止一个 c 级。

③ 当上部承重结构按规定①评为 C 级，但发现其主要构件集有下列情况之一时，宜将所评等级降为 D 级：多层古建筑中，其底层柱集为 C 级；多层古建筑的底层，有不止一个 d 级构件，或其它两相邻层同时出现 d 级构件；在人群密集场所或其它破坏后果严重的部位，出现不止一个 d 级构件。

④ 当上部承重结构按规定①评为 A 级或 B 级，而结构整体牢固性等级为 C 级时，应将所评的上部承重结构安全性等级降为 C 级。若结构整体牢固性等级为 D 级，应取上部承重结构安全性等级为 D 级。

⑤ 当上部承重结构按规定①评为 A 级或 B 级，但发现被评为 C 级或 D 级的一般构件集不止一个，应将所评的上部承重结构安全性等级降为 C 级；若 C 级或 D 级的一般构件集仅有一个，可将上部承重结构安全性等级定为 B 级。

当建筑受到振动作用引起管理部门对古建筑结构安全表示关注，或振动引起的结构构件损伤，已可通过目测判定时，应按标准 GB/T 50165—2020 附录 G 的规定进行检测与评定。当评定结果对结构安全性有影响时，应将上部承重结构安全性鉴定所评等级降低一级，且不应高于 C 级。

围护结构可不参与结构体系的安全性评级，但若勘察发现围护构件存在残损点，应在鉴定报告列出，并应逐项进行加固修复。结构体系及其构件集的分级标准含义和处理要求应符合表 4-14 的规定。

表 4-14 结构体系及其构件集的分级标准含义和处理要求 (GB/T 50165—2020)

层次	鉴定对象	等级	分组标准含义	处理要求
一	构件集	A	安全性符合标准 GB/T 50165—2020 中 A 级的要求,不影响整体承载	可能有个别一般构件应采取措施
		B	安全性略低于标准 GB/T 50165—2020 中 A 级的要求,尚不显著影响整体承载	可能有极少数构件应采取措施
		C	安全性不符合标准 GB/T 50165—2020 中 A 级的要求,显著影响整体承载	应采取措施,且可能有极少数构件必须立即采取措施
		D	安全性不符合标准 GB/T 50165—2020 中 A 级的要求,显著影响整体承载	必须立即采取措施
二	结构体系	A	安全性符合标准 GB/T 50165—2020 中 A 级的要求,不影响整体承载	可能有个别一般构件应采取措施
		B	安全性略低于标准 GB/T 50165—2020 中 A 级的要求,尚不显著影响整体承载	可能有极少数构件应采取措施
		C	安全性不符合标准 GB/T 50165—2020 中 A 级的要求,显著影响整体承载	应采取措施,且可能有极少数构件必须立即采取措施
		D	安全性不符合标准 GB/T 50165—2020 中 A 级的要求,显著影响整体承载	必须立即采取措施

4.1.3 木结构古建筑材质的勘察方法

4.1.3.1 宏观肉眼观测

采用肉眼观测和经验判断对古建筑表面的腐朽、虫蛀、开裂、节子、扭纹等残损情况进行判定,这是古建筑残损勘察最常用也最便捷的手段。肉眼观测一般包括"望""闻""问""切"几个方面。

所谓"望"是对古建筑整体形态、空间结构、细部尺寸的综合感知。感知到的古建筑的时代特征属于历史价值的范畴,形态美学属于艺术价值的范畴,内部构造及空间气韵属于科学价值的范畴,人文气息属于文化价值的范畴。望还包括对古建筑真实性和整体性的感知。

"闻"是指对古建筑的初步勘察分析,对残损状态及病害程度的初步预判。它是进行勘察设计的依据。

"问"是指对古建筑的知情人进行调查采访,包括对工匠、管理者、使用者、浏览者等人员开展采访调查,也包括对专家学者的访谈、对技艺传承人的相关技艺流程的记录整理。问这一环节所获取的资料是古建筑修缮尤其是损坏、缺失构件修复的重要依据。

"切"是对古建筑直接数据的获取过程,包括对古建筑内部结构的探查和病害原因的分析,是数据全面收集的过程,是判断古建筑构件残损的直接依据。

4.1.3.2 无损探测

无损检测技术 (non-destructive testing) 诸如应力波检测、阻力仪检测、超声波检测等可在不破坏木构件原有外形和结构的前提下进行内部材质健康状况或材料性能的评估,因此也成为木构件材质劣化检测较为理想和常用的手段。有研究表明,将应力波和阻抗仪两种手段结合使用,可更准确地判断出木构件材质的劣化程度。随着科学技术的进步,三维激光扫描技术不仅被广泛地应用在建筑测绘上以对建筑数据信息进行采集,而且还可结合历史信息模型建立 3D GIS-HBIM，从点云切片分析建筑的变形和残损状况，为古建筑残损现状的勘查以及修缮保护带来了便捷和革新。

常用的无损探测方法有：X 射线探伤检测、超声波检测、应力波检测、阻抗仪检测、皮罗钉检测等。其中，应力波检测和阻抗仪检测是目前无损探测技术中最常用的手段。

（1）X 射线探伤检测技术

X 射线探伤的基本原理是利用射线在不均匀物质中衰减强度不同，根据一定检测器（胶片）获得所检测透射射线的强度差异，来判定物体内部的缺陷和物质分布情况。X 射线探伤检测仪操作方法：将 X 射线探伤仪与检测器（胶片）分别放在被测构件的两端，由于射线穿透物体时会发生吸收和散射，射线在到达检测器后会产生灰度；由于物质不同、密度不同，因此射线衰减程度不同，则在检测器所显示的灰度也会产生相应差异。灰度是被测构件内部材质状况的评判指标，检测人员可以通过分析检测器底片上的灰度值来判定木构件内部缺陷及残损。

（2）超声波检测技术

超声波检测技术（图 4-1）的基本原理是利用超声波检测仪测出的超声波在材料中传播速度的平方（v^2）与木材密度（ρ）的正比关系，根据弹性模量（E）的计算关系式 $E = \rho v$，求出木材的弹性模量。通过比较计算得到的弹性模量与正常情况下国家标准中的弹性模量的数值，对木构件的物理性能的变化做出相应的评估，进而对其抗压、抗弯性能做出有效的预测。

(a) 超声波检测仪器　　　　　　　　(b) 超声波测试仪对木构件的检测

图 4-1　超声波检测技术

（3）应力波检测技术

应力波检测技术（图 4-2）是利用木材的密度与弹性模量之间的关系来估算木材的力学性能。应力波检测以测定应力传播时间为原理，仪器有发射和接收两个触头，将一个触头插入被检测对象的里面，然后敲击发射一端，通过接收端得到应力波在木材中的速度，然后检测木材的密度，再通过换算表，得到强度值。

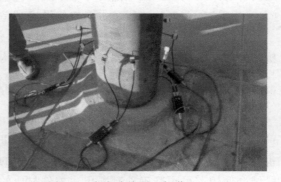

图 4-2　应力波检测（杨蒙，2016）

（4）木材阻抗测定仪（阻力仪）检测技术

阻力仪检测（图 4-3）属于一种微破损检测技术，其工作原理是利用电动机驱动微型钻针进入木材内部，通过测定钻针以恒定速率钻入木材内部产生的阻力值变化，获得木材所受相对阻力。阻力的大小反映出木材内部不同部位材质密度的变化，根据木材密度的分布不同而产生阻力曲线，根据阻力曲线可对木材内部腐朽、裂缝、虫蛀等危害情况作出判断。

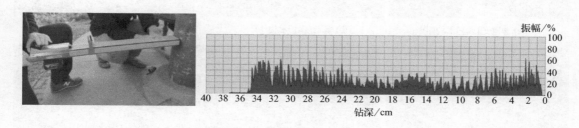

图 4-3　木材阻力仪检测（杨蒙，2016）

4.1.3.3　细胞壁微观剖析

宏观尺度上的肉眼观测以及无损探测等检测方法遵循对古建筑"最小干预"的原则，被广泛地作为木构件内部和外部材质检测和评估的主要手段，但还面临着一些问题：①肉眼目测可对木构件表面已发生"严重大病"的劣化现象进行评估，对木构件内部缺陷无法准确判断；②无损探测可对木构件内部已发生"严重大病"进行判断，但对其病害的类型以及相对轻微的病害等尚不能进行科学准确的判断；③不管是肉眼观测还是无损探测，均属于宏观尺度上的检测方法，只能对已经发生严重残损的劣化现象进行较为全面的定性或定量的诊断，而对于宏观上诊断为"健康"的部位，但其细胞壁微观结构实质已开始发生降解的现象尚难以进行科学的判断。

通常情况下，材质劣化是一个长期积累的过程，在转变成为人们宏观上所看到的"严重大病"之前，木构件细胞壁解剖构造的变化、化学成分的劣化等均已发生，进而带来物理、力学性能不同程度的衰减以及宏观视角下的"严重大病"。对木材细胞壁解剖构造及化学成分的变化进行剖析，只需要用生长锥取下像烟头大小的试样即可满足解剖构造的观察、化学成分检测所需，以准确地获取其材质劣化程度，所以细胞壁微观剖析越来越多地被用于古建筑木结构材质的评估。常用的方法有偏光和荧光法、傅里叶红外光谱法（FTIR）、X 射线光电子能谱法（XPS）等。

（1）偏光和荧光法

偏光显微镜可以定性地测量木材细胞壁中结晶纤维素的分布和含量情况，结晶纤维素的双折射亮度越高，纤维素的浓度和含量就越高；荧光显微镜可以定性地测量木材细胞壁中木质素的分布和含量情况，绿色荧光亮度越高，木质素的浓度和含量越高。因此，可依据结晶纤维素的偏光性、木质素的自发荧光性，对细胞壁的劣化程度进行评估（图 4-4）。

（2）FTIR 法

木材中的三大主要成分——纤维素、半纤维素和木质素都有对应的 FTIR 红外吸收光

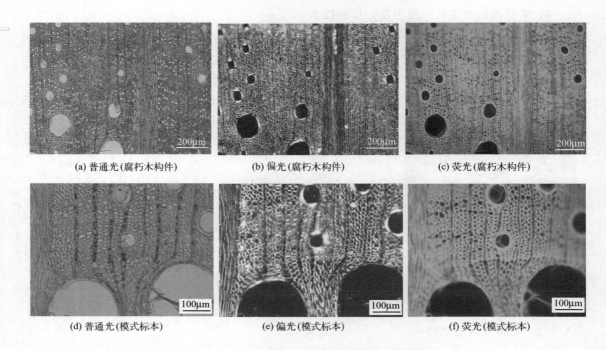

(a) 普通光(腐朽木构件)　　(b) 偏光(腐朽木构件)　　(c) 荧光(腐朽木构件)

(d) 普通光(模式标本)　　(e) 偏光(模式标本)　　(f) 荧光(模式标本)

图 4-4　红栎木材在普通光、偏光、荧光显微镜下的微观构造图（杨燕等，2021）

谱，当其含量发生变化时，FTIR 谱图中吸收峰的形状、位置和强度也会发生变化。因此，可依据 FTIR 谱图中各化学成分官能团所在的吸收峰位置、形状，和强度的增加、减少或消失来可以确定官能团的变化情况，以此对木材化学成分含量的变化进行分析，从而评估其材质的劣化程度（图 4-5）。

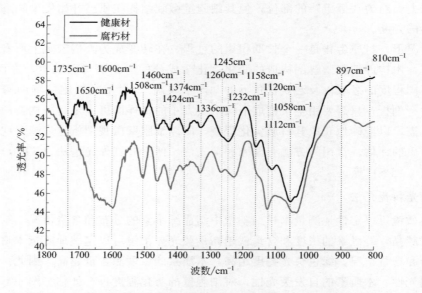

图 4-5　红栎木构件红外光谱谱图（1800～800cm^{-1}）（杨燕等，2021）

（3）XPS 法

C1s 层的电子结合能的大小与 C 原子结合的原子或基团有关。根据其结合方式的不同，木材中的 C 原子主要有 C_1、C_2、C_3、C_4 四种结合形式，其中，C_1 相对含量的变化情况代表木质素的变化情况，而 C_2、C_3、C_4 则代表碳水化合物（即纤维素和半纤维素）的变化情况。另外，O_1 表示的是 O 原子以单键形式与 C 原子相连（即：C—O），O_1 相对含量的变化情况代表半纤维素的变化情况。O_2 表示 O 原子以双键形式与 C 原子相连（即：C＝O），相对含量的变化情况代表木质素的变化情况。以 C_1、C_2、C_3、C_4 和 O_1、O_2 相对含量的变化情况表征各化学成分含量的变化情况，可实现对其材质劣化程度的评估（图 4-6）。

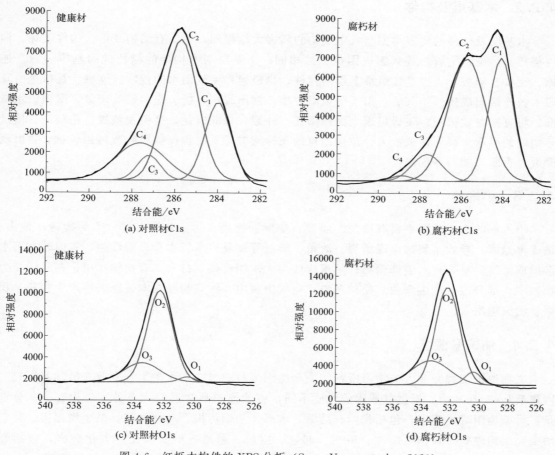

图 4-6　红桦木构件的 XPS 分析（Sun，Yang，et al.，2020）

4.2　木结构古建筑的常见病害类型及原因

4.2.1　大木结构（上部承重结构）及构件

文物保护工程专业人员学习资料编委会组织编写的《文物保护工程专业人员学习资料古建筑》（2020）中，将大木结构（上部承重结构）及构件的主要病害类型分为四类：①结构变形，包括沉陷、错动位移、脱榫、受压弯曲、侧向弯曲、扭曲等；②构件破坏，包括劈裂、压缩皱裂、顺纹开裂等；③构件糟朽，包括腐朽、虫蛀等；④污染物附着，包括水渍、积垢、动物排泄物等。结构变形常见原因：大木构架的长期受压受弯、构件内部物理性质发生变化，或建筑整体的不均匀沉降等，导致构件的错动位移等。构件破坏的原因主要是木材遭受风吹雨淋、环境变化导致木材本身在干燥过程中内外收缩不一，继而产生劈裂、皱裂等残损。构件糟朽的原因主要是：雨水侵蚀、屋面雨水渗漏、室内环境湿度过高，导致真菌的滋生、昆虫的蛀蚀等现象，从而造成构件的糟朽。污染物附着主要原因：外部环境，如雨水、动物排泄物、植物生长等，或空气中灰尘积压，在构件产生污染物附着而造成表面污损。

4.2.2　木基层及构件

木基层及构件的病害类型与大木结构的病害大体相同，主要有结构变形、构件破坏、构件糟朽、污染物附着，其病害成因也大体相同。木基层与木构架的糟朽成因基本一致。连檐、瓦口、望板、飞椽是建筑最上层的构件，也最容易受到雨水的侵蚀。连檐、瓦口是由几段木料连接而成的。年久后，由于受风雨侵蚀，常出现弯、折、扭、翘等现象。屋顶雨水渗漏，将直接导致望板、飞椽出现大面积糟朽、开裂。长此以往，会引发脑椽、花架椽、檐椽等构件的弓弯，减弱荷载能力。位于檐口的飞椽与檐椽受屋顶荷载影响或风雨侵蚀，会出现劈裂、折断、糟朽等现象。

4.2.3　小木作

小木作的病害类型主要有缺失、断裂、变形、松动、污染物附着等。人为磕碰、撞击、挤压等原因，导致木装修出现断裂、缺角、磨损等现象；木材本身吸湿性强，室内若有雨水渗漏或湿气，易导致木装修糟朽；门窗构件与大木相连接，自身亦有拉结作用，在常年受力积累中，部分也会产生弯曲、松动现象；空气中灰尘、污染物易在木装修表层产生积灰、积垢、污染物附着。

4.2.4　油饰彩画

文物保护工程专业人员学习资料编委会组织编写的《文物保护工程专业人员学习资料古建筑》（2020）中，根据其成因的性质不同，将油饰彩画常见的病害类型分为五类，分别是：污染物附着类病害，包括积尘、结垢、水渍、油烟污损、动物损害、微生物损害、其它污染；结构性病害，包括裂隙、龟裂、起翘、空鼓、剥离；材质风化、劣化病害，包括酥解、粉化；残缺性病害，包括地仗脱落、颜料剥落、金层剥落；其它，包括变色、人为损害。

污染物附着类病害主要原因：空气中粉尘、污染物质停留或吸附于油漆彩画的表面，或混合了其它黏性物质，形成不易清除的深色污染；而屋面漏水、雨水溅射、厨房油烟等则导致水渍形成、油烟污损；区域内活动的动物的排泄物、昆虫成虫的鳞粉停留在油漆彩画表面形成污染。结构类病害主要原因：木材吸湿性强、温度敏感性高，容易湿胀干缩、热胀冷缩而导致裂隙；而龟裂则是由于地仗层干燥收缩，致使先干燥的饰面层产生龟裂纹；龟裂和裂隙持续加重，则会导致地仗层边缘出现碎片状的向外起翘、剥离；空鼓则是由于施工不当等原因导致饰面层或地仗层与基底层局部脱离、鼓起，若进一步恶化，则导致地仗脱落、饰面剥落。酥解、粉化则是由于风雨、光照等原因，油漆涂料饰面层黏结剂老化，油漆呈现粉末状。饰面颜料因光、污染物等发生反应，则导致了变色。

4.2.5　屋面及脊饰

文物保护工程专业人员学习资料编委会组织编写的《文物保护工程专业人员学习资料 古建筑》（2020）中，将屋面及脊饰（围护系统）常见的病害类型分为四类：形变位移类病害，如屋面沉降、瓦垄变形；构件损伤类病害，如破损、开裂、龟裂、胎体风化、脱釉、勾头断裂、局部错位、松动；灰背、灰浆病害，如灰背开裂、捉节夹垄灰脱落、雨水渗漏；表面污染病害，如雨水水渍、动物排泄物附着、局部长草。

形变位移类病害主要原因：建筑整体出现不均匀沉降，导致屋面变形以及瓦垄的形变。构件损伤类病害，主要由物理撞击、自然风化、材质内部变化等原因造成。灰背、灰浆病害原因：长期风雨侵蚀与温湿度变化，使内部化学性能发生改变，从而导致脱落、开裂等现象，继而影响屋面防护作用，以至出现屋面雨水渗漏等问题。而动植物等生物因素，则导致了瓦件表面的污损，部分植物生长可能会引起屋面的拱起变形，甚至塌陷。

4.3　木结构古建筑的修缮技术

木结构古建筑作为我国古建筑的主要建筑形式，长期在外界环境条件的威胁下，承重性的木柱、木梁枋、斗拱，木构架整体性、屋盖结构、楼盖结构、砖墙等都会受到不同程度的残损。科学合理地对其进行修缮加固处理是延长其寿命的最有效办法。

4.3.1　木结构维修的一般规定

① 古建筑木结构及其相关工程的维修工作，应在该建筑物法式勘察完成后方可进行。当因建筑物出现险情，急需抢修时，可允许采取不破坏法式特征的临时性排险加固措施。

② 古建筑的维修与加固，应以其安全性鉴定和抗震鉴定的结论为依据；对每一残损点，凡经鉴定确认需要处理者，应按不同的要求，分轻重缓急予以妥善安排。凡属情况恶化，明显影响结构安全者，应立即进行支顶或加固。

③ 进行古建筑维修工作，应遵守下列规定：根据建筑物法式勘察报告进行现场校对，明确维修中应保持的法式特征；根据残损情况勘察中测绘的全套现状图纸，以最小干预为原则，在避免过度修缮前提下制订周密的维修方案，并根据该建筑的文物保护级别，完成规定的报批手续；对能修补加固的，应设法最大限度地保留原件，使历史信息得以延续；对需要更换的木构件，应在隐蔽处注明更换的日期；维修加固中换下的原物与原构、配件不得擅自处理，应统一由文物主管部门处置；应做好施工记录，详细测绘隐蔽结构的构造情况。维修加固的全套技术档案应存档；应遵守施工程序和检查验收制度。

④ 在维修古建筑过程中，若发现隐蔽结构的构造有严重缺陷，或所处的环境条件存在着有害因素，可能导致重新出现同样问题，应立即停工，并采取措施消除隐患。

⑤ 古建筑木结构承重构件的修复或更换，应优先采用与原构件相同的树种木材；当确有困难时，也可按表 4-15 和表 4-16 选择树种，并应按表 4-17 的材质标准选材。

表 4-15　常用针叶树材强度等级（GB 50165—92；GB/T 50165—2020）

强度等级	组别	适用树种	
		国产木材	进口木材
TC17	A	柏木	长叶松
	B	东北落叶松	欧洲赤松、欧洲落叶松
TC15	A	铁杉、油杉	北部北美黄杉（北部花旗松）、太平洋海岸黄柏、西部铁杉
	B	鱼鳞云杉、西南云杉、油麦吊云杉、丽江云杉	南亚松、南部北美黄杉（南部花旗松）
TC13	A	侧柏、建柏、油松	北美落叶松、西部铁杉、海岸松、扭叶松
	B	红皮云杉、丽江云杉、红松、樟子松	西加云杉、西伯利亚红松、新西兰贝壳杉
TC11	A	西北云杉、新疆云杉	西伯利亚云杉、东部铁杉、铁杉-冷杉（树种组合）、加拿大冷杉、西黄松、杉木
	B	速生杉木	新西兰辐射松、小干松

表 4-16　常用阔叶树材强度等级（GB 50165—92；GB/T 50165—2020）

强度等级	适用树种	
	国产木材	进口木材
TB20	青冈、槲木	甘巴豆（门格里斯木）、冰片香（卡普木、山樟）、重黄娑罗双（沉水稍）、重坡垒龙脑香（克隆木）、绿心樟（绿心木）、紫心苏木（紫心木）、李叶苏木（李叶豆）、双龙瓣豆（塔特布木）、印茄木（菠萝格）
TB17	栎木、槭木、水曲柳、刺槐	腺瘤豆（达荷玛木）、筒状非洲楝（蓬佩莱木、沙比利）、蟹木楝、深红默罗藤黄（曼妮巴利）
TB15	锥栗、槐木、桦木	黄娑罗双（黄柳桉）、异翅香（梅薯瓦木）、水曲柳、尼克樟（红劳罗木）
TB13	楠木、檫木、樟木	深红娑罗双（深红柳桉）、浅红娑罗双（浅红柳桉）、巴西海棠木（红厚壳木）
TB11	榆木、苦楝	心形椴、大叶椴

表 4-17　承重结构木材材质标准（GB 50165—92；GB/T 50165—2020）

项次	缺陷名称		原木材质等级		方木材质等级	
			Ⅰ等材	Ⅱ等材	Ⅰ等材	Ⅱ等材
			受弯构件或压弯构件	受压构件或次要受弯构件	受弯构件或压弯构件	受压构件或次要受弯构件
1	腐朽		不允许	不允许	不允许	不允许
2	木节	（1）在构件任一面（或沿周长）任何 150mm 长度所有木节尺寸的总和不得大于所在面宽（或所在部位原木周长）的	2/5	2/3	1/3	2/5
		（2）每个木节的最大尺寸不得大于所测部位原木周长的	1/5	1/4	—	—
3	斜纹	任何 1m 长上平均倾斜高度不得大于	80mm	120mm	50mm	80mm
4	裂缝	（1）在连接的受剪面上	不允许	不允许	不允许	不允许
		（2）在连接部位的受剪面附近，其裂缝深度（有对面裂缝时用两者之和）不得大于	直径的 1/4	直径的 1/2	材宽的 1/4	材宽的 1/3
5	生长轮（年轮）其平均宽度不得大于		4mm	4mm	4mm	4mm
6	虫蛀		不允许	不允许	不允许	不允许

供制作斗栱的木材，不得有木节和裂缝。古建筑用材不允许有死节，包括松软节和腐朽节。木节尺寸按垂直于构件长度方向测量。木节表现为条状时，在条状的一面不量（图 4-7），直径小于 10mm 的活节不量。

用作承重构件或小木作工程的木材，使用前应经干燥处理，含水率应符合下列规定：①原木或方木构件，包括梁枋、柱、檩、椽等，含水率不应大于 20%。对原木和方木的含

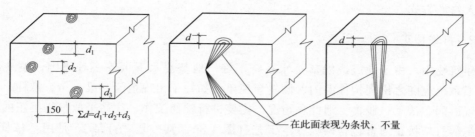

在此面表现为条状，不量

图 4-7　木节量法（GB 50165—92；GB/T 50165—2020）

水率的测定，可采用按表层检测的方法，但其表层 20mm 深处的含水率不应大于 16%。②板材、斗栱及各种小木作的含水率，不应大于当地的木材平衡含水率。

修复古建筑木结构构件使用的胶黏剂，应保证胶缝强度不低于被胶合木材的顺纹抗剪和横纹抗拉强度；胶黏剂的耐水性及耐久性，应与木构件的加固设计使用年限相适应。

对易受潮的结构和外檐装修工程，应选用耐水性和耐久性好的结构胶，如环氧树脂胶、苯酚甲醛树脂胶和间苯二酚树脂胶等；对室内正常温度、湿度条件下使用的非主要承重构件或内檐装修工程，如有可靠的工程经验也可采用改性的膘胶、骨胶或皮胶等。

古建筑木结构的修缮主要包括立柱、木梁枋、木构架整体性、斗栱、屋盖结构、楼盖结构、砖墙等几个方面。

4.3.2　木构架整体出现歪闪的维修加固技术

木构架整体出现歪闪的原因主要有以下几个方面：①地震、洪水后的变形；②局部地基下沉；③木构件自身方面原因，如柱根腐朽下沉，木构件歪闪错动、拔脱，木构件腐朽压缩变形等。如果木构架整体出现歪闪且较为严重，那么，局部构件会处于非正常受力状态，应力集中给局部构件造成很大的压力；若长期超载，这些构件可能会出现断裂，甚至局部坍塌；另外，木构架歪闪也使建筑整体抵抗外力的能力降低。将木构架扶正，恢复其正常受力状态，可从根本上去除建筑安全的潜在隐患。

按照《古建筑木结构维护与加固技术规范》（GB 50165—92）、《古建筑木结构维护与加固技术标准》（GB/T 50165—2020），木构架的整体修缮与纠偏加固工程，可根据其残损程度分别采用落架大修、打牮拨正、修整加固三种工艺方法。

4.3.2.1　落架大修

落架大修是指全部或局部拆落木构架，修整、更换残损严重的构件，再重新安装，并在安装时进行整体加固。落架大修通常分全落架和半落架两种：①全落架即自屋顶到柱子，几乎所有的构件都要拆卸一遍；②半落架即只拆卸梁架以上的部分，这样的工作量就小得多。落架大修的工程，应先揭除瓦顶，再由上而下，分层拆落望板、椽、檩及梁架。在拆落过程中，应防止榫头折断或劈裂，并采取措施，避免磨损木构件上的彩画和墨书题记。

由于落架大修需要拆卸木构架，将损失较多的历史文物信息、占用较大的构件存放场地，仅适用于少量濒临损毁的古建筑；同时，落架大修只适合于木结构的建筑，许多近现代建筑是砖混结构建筑，如果拆掉，就不可能恢复原状，这完全是"不可逆"的过程。由于落架对古建筑的结构可能会有改变，甚至影响到古建筑整体的样貌与气质，不到万不得已不采取落架大修的方式。

4.3.2.2 打牮拨正

古建筑物中，由于地震或院落排水系统不好、地基浸水下沉等多种原因，整个房屋歪闪，梁架系统也随之出现构件游闪、倾斜等现象。如柱子出现歪闪，梁、枋、瓜柱、檩条也伴随出现游闪、滚动、脱榫。遇此种情况，需要进行整修工作，往往采取打牮拨正的方法。

传统的打牮拨正通常包含两项基本工艺（图4-8）：其一是"打牮"，是用"牮杆"（杠杆或千斤顶）抬起下沉的构件或支顶倾斜的构件，解除构件承受的荷重，使其复位；其二是"拨正"，是用"拉索"（手动起重葫芦或花篮螺栓拉索）牵引倾斜、滚动、拔榫的构件，使其复位。打牮拨正就是指在不拆落木构架的情况下，应用杠杆原理，通过打牮杆支顶或拉索的方法，使倾斜、扭转、拔榫或下沉的构架复位，再进行整体加固。

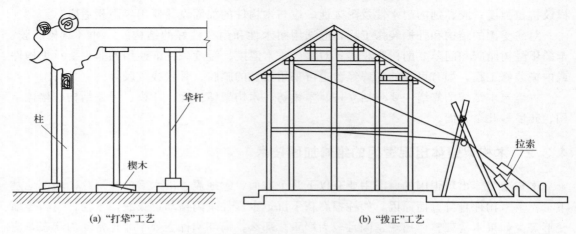

（a）"打牮"工艺　　　　　　　　　　（b）"拨正"工艺

图 4-8　传统"打牮拨正"工艺示意图（袁建力等，2017）

对整体变形木构架的打牮拨正，可根据纠偏复位力系的布置和不同机械装置的运用，采用"水平顶推复位""水平张拉复位""顶推-张拉复位""顶升-撑拉复位"几种复位方式。

（1）"水平顶推复位"工艺

"水平顶推复位"工艺是在木构架的倾斜一侧设置具有一定刚度的支撑刚架，作为复位装置的支座或反力架（图4-9）；采用千斤顶作为顶推装置，布置在木构架的柱顶部位；通过对柱顶施加水平推力，使整个构架恢复到正确的位置。

"水平顶推复位"工艺的复位力系简洁、工序简单，便于控制木构架的复位效果；但对支撑刚架的刚度和布置空间有较高的要求，通常适用于单层古建筑且木构架倾斜一侧有较大的空间场地的情况。

（2）"水平张拉复位"工艺

"水平张拉复位"工艺的原理与"水平顶推复位"工艺基本相同，但施加的复位力为水平拉力，张拉装置通常采用钢丝绳拉索，一端固定于柱顶，另一端安置在木构架需复位一侧的加载刚架上。通过对柱顶施加水平拉力，使整个构架恢复到正确的位置（图4-10）。考虑到变形木构架的节点松弛，宜将张拉力系的作用点布置在木构架倾斜一侧的柱顶上（如图4-10中B轴的柱顶），以带动整个构架复位。由于张拉力系的传递不受拉索长度的限制，其

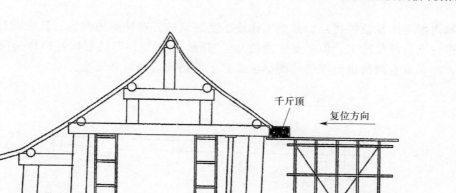

图 4-9　"水平顶推复位"工艺示意图（袁建力等，2017）

加载刚架不必紧贴着木构架布置，该工艺对有较大基座或外廊构架的古建筑较为适用。工程上通常利用施工脚手架兼作加载刚架，并采用斜拉索增加其刚度和稳定性，这对于两层或多层木构架古建筑更具实用性。

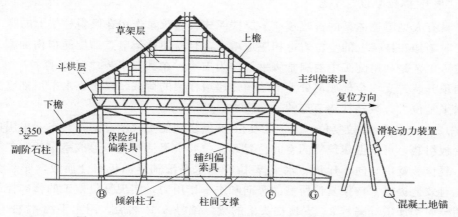

图 4-10　"水平张拉复位"工艺示意图（袁建力等，2017）

(3) "顶推-张拉复位"工艺

木构架古建筑的结构为梁柱排架体系，易发生整体倾斜，且构件之间具有一定的牵连作用。将顶推装置与张拉装置综合运用，成对地布置在倾斜柱架之间，对两侧的柱子同时施加复位力系，可获得较为显著的复位效果。

图 4-11 为"顶推-张拉复位"组合装置的示意图，该装置由花篮螺栓拉索、千斤顶撑杆、节点套箍和钢板箍组成。花篮螺栓拉索安装在柱间的两侧，千斤顶撑杆沿柱间轴线布置。其中，花篮螺栓拉索用于张拉向外倾斜的柱子，千斤顶撑杆用于支顶向内倾斜的柱子。节点套箍用于连接千斤顶撑杆和花篮螺栓拉索，并防止木柱节点受力部位损坏。钢板箍安装在柱脚与地栿之间，用于固定柱底，保证柱顶有效复位。

由于"顶推-张拉复位"装置可以布置在柱架之间，因此"顶推-张拉复位"工艺具有在建筑物内部实施复位的优点。其施工作业不受建筑物外部场地的制约，且可以对多层木构架建筑进行逐层复位施工。但需要注意的是，"顶推-张拉复位"装置以柱脚作为固定点施加复位力，应采取有效的措施保证柱脚部位及其下部结构的稳定和安全。

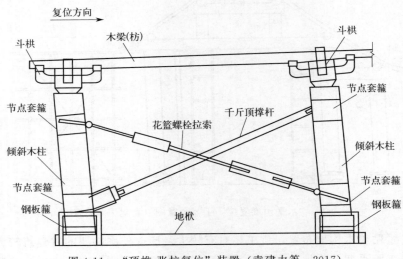

图 4-11　　"顶推-张拉复位"装置（袁建力等，2017）

(4)"顶升-撑拉复位"工艺

对于具有大型屋盖体系的古建筑或多层楼阁式古建筑，作用在倾斜柱架上的竖向荷载较大，施工时施加在柱架上的复位力也相应地增大，且易使柱架节点部位的损伤加剧。"顶升-撑拉复位"工艺是利用施工中的满堂脚手架作为支座，在其上安装"顶升-撑拉"复位装置，通过竖向顶升装置支承全部或部分上部结构传递给柱架的荷载，以减小水平顶推或张拉装置施加的水平复位力，减轻柱架节点的局部应力。

图 4-12 为"顶升-撑拉复位"工艺的复位-安保多功能支架示意图，其支架采用单体刚架和工作台板组装，可根据建筑物的空间位置和复位要求灵活布置，形成稳定的施工平台和安全支撑；复位装置由竖向千斤顶、水平撑-拉杆和水平滚轴导向板组合而成，安装在工作台板上，能有效地提供木构架复位所需的竖向和水平作用力，实现复位施工的精确控制。施工时，先用竖向千斤顶（编号 3）支顶柱头上的梁（编号 8）；然后，用水平撑-拉杆（编号 5）对倾斜的柱子（编号 7）实施复位操作。由于竖向千斤顶安置在局部安全支架（编号 4）内，支顶操作时不会倾覆；且在局部安全支架和工作台板（编号 2）之间安装了水平滚轴导向板，能显著地减小复位摩阻力，便于柱架复位。柔性材料（编号 6）用于包裹梁的顶升部位，以减轻顶升力对木材的局部损伤。

"顶升-撑拉复位"工艺具有在建筑物内部实施复位的优点，适用于大型单层木构架古建筑的复位和修缮工程。对于多层木构架古建筑，宜根据楼层变形情况自下而上逐层复位，并应在下层木构架复位稳定之后再继续施工。

打牮拨正可较多地保存古建筑的历史信息，又能基本解除木结构存在的隐患，是变形木构架纠偏加固时优选的传统工艺方法。对木构架进行打牮拨正时，应先揭除瓦顶，拆下望板和部分椽，并将檩端的榫卯缝隙清理干净；如有加固铁件，应全部取下；对已严重残损的檩、角梁、平身科斗栱等构件，也应先行拆下。木构架的打牮拨正，应根据实际情况分次调

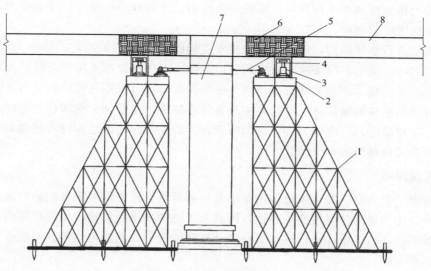

图 4-12　"顶升-撑拉复位"装置（袁建力等，2017）

1—单体刚架；2—工作台板；3—竖向千斤顶；4—局部安全支架；

5—水平撑-拉杆；6—柔性材料；7—待复位柱；8—梁

整，每次调整量不宜过大。施工过程中若发现异常声响或出现其它未估计到的情况，应立即停工，待查明原因，清除故障后，方可继续施工。

4.3.2.3　修整加固

修整加固是指在不揭除瓦顶和不拆动构架的情况下，直接对木构架的主要承重构件进行修整加固、补强或更换。修整加固也仅适用于木构架变形较小、构件位移不大的维修工程。

4.3.2.4　木构架的加固

对木构架进行加固一般有两种情况，即拨正后的加固和现状加固。

（1）拨正后的加固

拨正后的加固又可分局部构件拨正后的加固、整体木构架调整后的加固两种情况。

局部构件拨正后的加固主要是针对拨正后可能会出现反弹的问题。由于构架歪闪变形，构件的内力发生变化，有些构件甚至变形，构件之间的受力状态重新组合。因此，拨正并不意味着构件受力状态恢复到正常的初始状态。越是拨正费力的构架，因变形所产生的应力越大，反弹的可能性也越大。拨正后，构件之间的受力状态也需要有一定时间的适应和稳定过程。局部构件拨正后的加固，要根据拨正的具体情况和对拨正后的效果的预测，利用加强节点连接以及增加反回弹构件的方式进行控制。

整体木构架调整后的加固，主要是从加强整体框架的稳定性着眼。加固部位和方法的选择从结构的薄弱处入手：①节点加固。柱与额枋连接处、檩端连接处、有外廊或周围廊的木构架中抱头梁或穿插枋与金柱的连接处、其它用半银锭榫连接处等部位的榫卯连接构造较为薄弱，在整体加固时，应根据结构构造的具体情况，采用连接锚固和补强措施。如拉扯扁铁、拉杆、扒钉等。②柱框加固。明处加抱柱，暗处加斜撑辅助柱框，防止变形。这种方法在古建筑中经常可以见到，抱柱方式即使加在明处，视觉上也影响不大，加固效果好。同时，还可能利用或增加水平构件对柱框的约束作用，提高柱框的横向抗变形能力，从而达到综合提高柱框刚度的目的。

对木构架进行整体加固，应符合下列要求：加固方案不得改变原来的受力体系；对原来结构和构造的固有缺陷，应采取有效措施予以消除，对所增设的连接件应设法加以隐蔽；对本应拆换的梁枋、柱，当其文物价值较高而必须保留时，可采用现代材料进行补强或另加支柱支顶；对任何整体加固措施，木构架中原有的连接件，包括椽、檩和构架间的连接件，应全部保留。有短缺时，应重新补齐；加固所用材料的强度应与原结构材料强度相近，耐久性不应低于原有结构材料的耐久性。

（2）现状加固

现状加固一般是对一些即发险情或等不及按部就班报批手续所采取的临时加固措施。这种加固的特点在于局部针对性和临时性。因此和上述加固措施相比，手段可粗略一些，但加固效果仍要牢靠。具体设计时，应认真仔细分析残毁险情，判断可能涉及的范围和程度，选择适当的加固方法。

常见的现状加固方法有：①在木构架歪闪的反方向上支顶。如支顶柱子，应注意支顶构件头部和支顶构件底部的牢固以及支顶杆件的细长比和支顶斜度。支顶构件底部应加木质垫块，防止对下端地面或构件产生过大集中荷载。②梁枋折断严重时，应用杆件直接顶在最危险部位。注意支顶杆件上端应加垫木以扩大支顶面积，支顶杆件底部用抄手楔子顶牢。③柱子下沉时，应支垫四周的梁枋，以避免柱子继续下沉。④对歪闪、拔脱的构件除上述直接支顶加固外，还可适当加临时水平拉扯，防止变形扩大。

就加固目的而言，只要能达到加固效果，加固材料和加固方法是可以有多种设计和选择的。另外，应当注意，有时即使是临时的加固措施也可能要肩负长期的加固任务，即现状加固有时不能局限于临时性的加固要求，而要适应较长远的保护要求。

（3）加固性构件的处理方式

加固性构件的处理可采用以下方式：①直接支顶。明处支顶，应根据支顶位置，考虑支顶构件的外形是否要与周围构件协调。②加固性构件应具有可逆、可识别性，适当情况下可考虑构件的外表加工及设置处理表现的技术美。

4.3.3　木柱的维修加固技术

木柱是古建筑木构架中的主要受压构件，主要功能是支撑梁架，又称顶梁柱。在大多数建筑中，柱子的截面都超过实际需要尺寸的一倍或几倍。因此，往往有的柱根腐朽虽然已超过截面面积的1/2，建筑物依然安全矗立。但年长日久，立柱受环境影响和生物损害，有时外观虽无明显症状，实际情况却十分危险，如被白蚁蛀空、柱子劈裂、局部腐朽等问题的存在，使柱子应有的承载力下降。柱根更容易腐朽，尤其是包在墙内的柱子，由于缺乏防潮措施，有时整根柱子腐朽。

通常情况下，柱子的损害情况不同，处理方法也有所不同。

4.3.3.1　开裂加固

木柱的裂缝修复中首先要检查开裂的原因，根据不同的开裂原因，有针对性地采取不同的修复工艺。

(1) 自然开裂

在建筑过程中使用尚未完全干燥的木料，建成后就会形成自然开裂（纵向裂缝）[图 4-13(a)～(f)]。自然开裂的裂缝通常比较细小，一般不会影响柱子的受力问题。但裂缝过宽则应用木条进行嵌补，嵌补法通常是针对木构件表面裂缝病害进行修缮的一种处理方法。

对木柱的干缩裂缝，当其裂缝深度不超过柱径或该方向截面尺寸 1/3 时，可按下列嵌补方法进行修整：①裂缝宽度小于 3mm 时，可在柱的油饰或断白过程中用腻子勾抹严实或用环氧树脂填充。②裂缝宽度在 3～30mm 时，可用木条嵌补，并用耐水性胶黏剂粘牢。③当裂缝宽度大于 30mm 时，除用木条嵌补，并用耐水性胶黏剂粘牢外，还应在柱的开裂段内加铁箍或纤维复合材料箍 2～3 道；若柱的开裂段较长，则箍距不宜大于 0.5m，铁箍应嵌入柱内，使其外皮与柱外皮齐平 [图 4-13(g)]。

当裂缝深度超过柱径或该方向截面尺寸 1/3，但裂缝长度不超过柱长的 1/4 时，可局部更换和机械加固；当裂缝超过柱长的 1/4 或有较大的扭转裂缝，影响柱子的承重时，应考虑更换新柱。

(a) 自然开裂1　　(b) 自然开裂2　　(c) 自然开裂3　　(d) 自然开裂4　　(e) 自然开裂5

(f) 自然开裂6　　　　(g) 自然开裂的嵌补法(张亚，2015)

图 4-13　木材的自然开裂

(2) 重力造成的柱子劈裂

劈裂部位与柱子的材质、木纤维的纹理及受力情况有关。重力造成的劈裂一方面与柱子本身材质可能有一定的问题有关，其次可能与柱子受力不均有关。受力开裂多发生在柱头位置（图 4-14）。对这类柱子加固除采用铁箍、牛皮绳捆扎紧固以及碳纤维布外，还应考虑适当调整柱子的荷载，如在靠近木柱的梁枋端部增加抱柱，以减轻木柱的受重负荷。

图 4-14　重力造成的柱子劈裂

（3）扭力造成的柱子劈裂

如承椽枋插在柱子里，承椽枋将所受的扭力通过卯口传递给柱子，当这种扭力大于柱子顺纹抗剪力时，就会产生劈裂。对这类劈裂柱子的加固，一方面用铁箍将劈裂柱子紧固，另一方面要改善承椽枋对柱子带来的扭力大小（图 4-15）。

图 4-15　扭力造成的柱子劈裂

4.3.3.2　表面局部腐朽的挖补法

木柱糟朽，往往只是柱子本身表皮的局部糟朽，柱心尚完好，基本不影响柱子的受力状况。对于这种情况通常可采用挖补与包镶两种方法进行加固。

（1）挖补法

当柱心完好、仅有表层腐朽（即表面腐朽深度不超过柱根直径的 1/2）［图 4-16（a）］，且经验算剩余截面尚能满足受力要求时，可采用挖补法［图 4-16（b）～（d）］进行加固，即将腐朽部分剔除干净，经防腐处理后，用干燥木材依原样和原尺寸修补整齐，并用耐水性胶黏剂黏接，可加设铁箍 2～3 道。

具体做法是：先将糟朽的部分用凿子或扁铲剔成几何形状，如三角形、方形、多边形、半圆或者圆形等，剔挖的面积以最大限度地保留柱身没有糟朽的部分为宜。为了便于嵌补，要把所剔的洞边铲直，且洞壁稍微向里倾斜（即洞里要比洞口大，容易补严），洞底要平实，再将木屑杂物剔除干净。然后用干燥的木料（尽量用和柱子同样的木料或其它容易制作、本身的颜色接近柱子木料颜色的木料）制作成已凿好的补洞形状，补块的边、壁、棱角要规矩，将补洞的木块楔紧严实，用胶黏结，待胶干后，用刨子做成柱身的弧状；补块较大的，可用钉子钉牢，将钉帽嵌入柱身以利补腻子、补油漆。

（2）包镶法

如果柱子的糟朽部分较大，如沿柱身周围一半以上糟朽，但深度不超过柱径的 1/4 时，可采取包镶的方法［图 4-16（e）］。包镶法与挖补法相同，只是将糟朽部分沿柱周先截一锯口，再用凿铲剔挖规矩，或周圈半补，或周圈统补；补块可分段制作，然后楔入补洞，拼粘于原柱身。补块高度较短的用钉子钉牢；补块高度较长的需加铁箍 1～2 道，铁箍的宽窄薄厚规格可根据柱径和挖补等具体情况酌定，铁箍的搭接处可用适当长度的钉子钉牢。如柱子过于粗大，铁钉可特制，铁箍要嵌入柱内，箍外皮与柱外皮取齐，以便油漆。

(a) 局部腐朽　　(b) 挖补1　　(c) 挖补2　　(d) 挖补3（文物保护工程专业人员学习资料编委会，2020）　　(e) 包镶

图 4-16　木柱表面局部腐朽的挖补法

挖补法处理工艺过程包括：剔除、处理残存部分、粘补及修色。

① 剔除。挖补的第一步就是要将把腐朽虫蛀部分剔除干净，以绝后患，但是要最大限度地保留未腐朽的部分。需剔除部分如果较大，为了便于后期修整，一般把剔除处剔除成规则形状，便于粘补件制作。

② 对残存部分的处理。剔除腐朽和虫蛀部分后，残存部分的剔除面需采用化学防腐剂，如喷洒水溶性防腐剂 BBP。工具一般采用农用喷雾器即可，如果工作量大，也可采用电动喷雾器。喷雾处理一般至少要处理三次，喷一次，待稍干，再喷第二次。为了促进药剂的扩散，可以在喷洒后把木质构件用塑料薄膜包裹起来，同时也可减少药剂的流失。

③ 粘补及修色。针对剔除腐朽处形状不规则的部位，采用粘补环氧树脂和木屑混合物

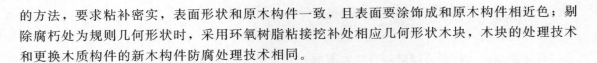

的方法，要求粘补密实，表面形状和原木构件一致，且表面要涂饰成和原木构件相近色；剔除腐朽处为规则几何形状时，采用环氧树脂粘接挖补处相应几何形状木块，木块的处理技术和更换木质构件的新木构件防腐处理技术相同。

4.3.3.3 柱根腐朽严重的墩接法

当柱根腐朽严重，自柱根底面向上未超过柱高的 1/4 时，可采用墩接柱根的方法处理。墩接技术是解决古建筑木构件腐朽问题的常用方法，即截取腐朽部分，接上新的材料，保证其构件功能。墩接时，可根据腐朽的程度、部位和墩接材料，选用木料墩接、钢筋混凝土墩接、石料墩接等方法。

（1）木料墩接

当柱根腐朽超过柱根直径的 1/2，或柱心腐朽，腐朽高度为柱高的 1/5～1/3 时，采用木料墩接的方法。用木料墩接时，先将腐朽部分剔除，再根据剩余部分选择墩接的榫卯式样，常用的有以下式样：巴掌榫、抄手榫、平头榫、斜阶梯榫、螳螂头榫等。

① 巴掌榫。巴掌榫是最常用的墩接方式，其巴掌的搭交长度应不小于所墩接柱径的 1.5 倍。该墩接形式由于其内榫的咬合方式而具有很好的连接与固定效果。为防止内榫损坏，在墩接后可在外边另加铁箍紧固 [图 4-17(a)]。

刻半墩接，俗称阴阳巴掌榫，是巴掌榫的一种特殊形式 [图 4-17(b)、(c)]，即把所要接在一起的两截木柱，都各刻去柱子直径的 1/2，搭接的长度至少应留 40cm。新接柱脚料可用旧圆料（方柱用旧方料）截成，直径随柱子，刻去一半后剩下的一半就作为榫子接抱在一起；两截柱子都要锯刻规矩、干净，使合抱的两面严实吻合，直径大的柱子上下可各做一个暗榫相插，以防柱子滑位移动；除此，为防止内榫破坏，对于直径较大的柱子可用铁箍两道加固（铁箍施用同前述包镶法）。

② 抄手榫。刻半墩接有一种常用榫即莲花瓣，也称抄手榫 [图 4-17(d)]，是在两截柱子的断面上画十字线分四瓣，各自剔去搭交的两瓣，用剩下的两瓣上下相对作榫按插，外围用铁箍箍紧。

③ 平头榫。平头榫 [图 4-17(e)] 是指墩接的部位做成平面状，墩接后采用机械加固。齐头墩接一般多用于较短的柱子和砌筑于墙体内部不露明的柱子，或者由于某种情况不可抽出的柱子。其方法是将柱子糟朽的部位锯截平直，新接柱墩可用废旧柱檩，按柱径依墩接高度选截一段，截面也要平直干净；将柱顶面及周围清扫干净后，把柱墩填入柱位，四面钉木枋子包好，在接口两头用铁箍 2 道箍牢；特别短的墩接也可以用一道宽 10cm、厚 0.5cm 的扁铁直接箍牢接口。在与墙接触的地方涂防腐剂，铁件涂防锈漆以防锈蚀。

④ 斜阶梯榫。斜阶梯榫 [图 4-17(f)] 是指墩接的部位做成斜阶梯状，斜接的柱长至少为 400mm，然后再机械加固。

⑤ 螳螂头榫。螳螂头榫 [图 4-17(g)、(h)] 是指墩接部分的上部做成螳螂头式，前后对位穿插入原有柱内，穿插的柱长至少为 400mm，此墩接方式可不用机械加固。

⑥ 直榫。直榫 [图 4-17(i)、(j)] 是指墩接部分做成直榫，前后对位穿插入原有柱内，此墩接方式可不用机械加固。

施工时，除应注意使墩接榫头严密对缝外，还应加设铁箍，铁箍应嵌入柱内，或采用碳纤维布双向交叉粘贴复合材料箍。

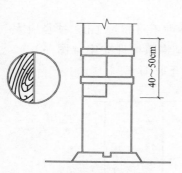

(a) 巴掌榫(郭志恭，2016)

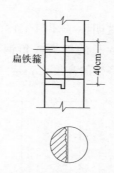

(b) 阴阳巴掌榫(文化部文物
保护科研所，2018)

(c) 阴阳巴掌榫

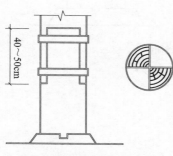

(d) 抄手榫(郭志恭，2016)

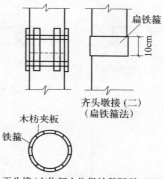

(e) 平头榫(文化部文物保护科研所，2018)

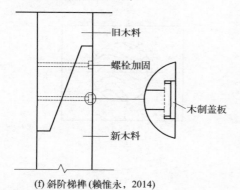

(f) 斜阶梯榫(赖惟永，2014)

(g) 螳螂头榫(张亚，2015)

(h) 螳螂头榫实例(张亚，2015)

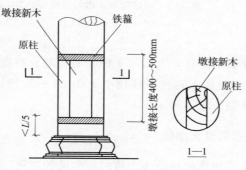

(i) 直榫实例(张亚，2015)

(j) 直榫实例(张亚，2015)

图 4-17　柱根腐朽严重的木料墩接法

（2）钢筋混凝土墩接

钢筋混凝土墩接仅用于墙内的不露明柱子［图 4-18(a)］，高度不得超过 1m，柱径应大于原柱径 200mm，并留出 0.4～0.5m 长的钢板或角钢，用螺栓将原构件夹牢（图 4-19）。混凝土强度不应低于 C25，在确定墩接柱的高度时，应考虑混凝土收缩率。

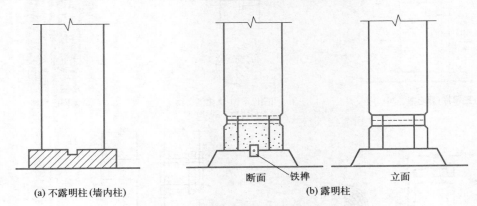

(a) 不露明柱(墙内柱)　　　　　断面　铁榫　　立面 (b) 露明柱

图 4-18　不露明柱和露明柱（郭志恭，2016）

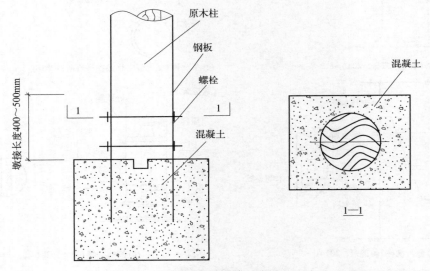

图 4-19　钢筋混凝土墩接（张亚，2015）

（3）石料墩接

石料墩接可用于不露明的柱，也可用于柱脚腐朽部分高度小于 200mm 的柱。对于露明柱［图 4-18(b)］可将石料加工为比原柱径小 100mm 的矮柱，周围用厚木板包镶钉牢，并在与原柱接缝处加设铁箍一道（图 4-20）。

4.3.3.4　柱子腐朽中空的灌浆加固

外表完好而内部已成中空的现象多为被白蚁蛀蚀的结果，或者由于原建时选材不当，使用了心腐木材，时间一久，便会出现柱子的内部腐朽（图 4-21）。当木柱内部腐朽、蛀空，但表层的完好厚度不小于 50mm 时，可采用高分子材料灌浆加固。常用的高分子材料有不

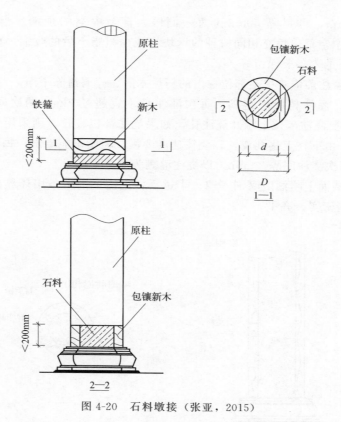

图 4-20　石料墩接（张亚，2015）

饱和聚酯树脂、环氧树脂等。它的优点就是不需要拆落梁架，整个施工费用比更换木柱要节约许多，所以这种方法被推广。不饱和聚酯树脂灌注剂可按表 4-18 来配置，环氧树脂灌注剂可按表 4-19 来配置。环氧树脂灌浆料浆液性能应符合表 4-20 的规定，环氧树脂灌浆料固化物性能应符合表 4-21 的规定。

图 4-21　木柱的内部腐朽中空

树脂加固工艺过程如下（图 4-22）：

① 柱身开槽口。应在柱中应力小的部位开孔。当通长中空时，可先在柱脚凿方洞，洞

宽不得大于 120mm，再每隔 500mm 凿一洞眼，直至中空的顶端。当柱中空直径超过 150mm 时，宜在中空部位填充相同树种的木块，减少树脂干后的收缩。槽口的长度根据腐朽长度而定，锯下的木条要保留好。

② 剔除。在灌注前应将中空部位柱内的朽烂木渣、碎屑清除干净。

③ 分段浇注。灌注树脂应饱满，每次灌注量不宜超过 3kg，两次间隔时间不宜少于 30min。接着在需要浇注部位上端开浇注孔，如果浇注部位较长，则采用分段浇注：一般隔 1000mm 开一口，由下往上逐孔浇注，浇注速度要慢，树脂不能溢出，每次浇注环氧树脂的量大约为 3kg，每次浇注间隔 30min，以浇注灌满为完成操作。

④ 密封。清洁面上喷洒防腐剂三遍，干透后，把锯下的木条用环氧树脂胶贴回去，用腻子把胶贴缝封堵密实、齐平。

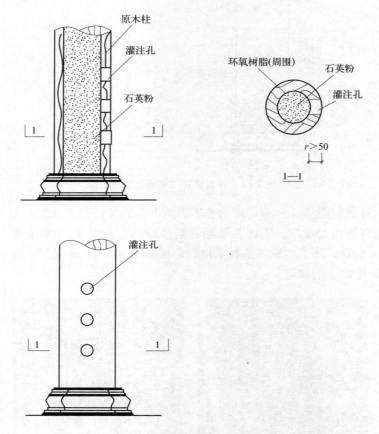

图 4-22　木柱化学加固法（张亚，2015）

表 4-18　不饱和聚酯树脂灌注剂的配方（GB 50165—92；GB/T 50165—2020）

灌注剂成分	配合比（按质量计）
不饱和聚酯树脂（通用型）	100
过氧化环己酮浆（固化剂）	4
萘酸钴苯乙烯液（促进剂）	2～4
干燥的石英粉（填料）	80～120

表 4-19　环氧树脂灌注剂的配方（GB 50165—92；GB/T 50165—2020）

灌注剂成分	配合比（按质量计）
E-44 环氧树脂	100
多乙烯多胺	13～16
聚酰胺树脂	30
501 号活性稀释剂	1～15

表 4-20　环氧树脂灌浆料浆液性能要求（GB/T 50165—2020）

项次	检测项目		浆液性能	测试方法标准
1	浆液密度/(g/cm³)		＞1.00	《液态胶粘剂密度的测定方法　重量杯法》GB/T 13354
2	初始黏度/(mPa·s)		＜200	《工程结构加固材料安全性鉴定技术规范》GB 50728
3	可操作时间/min	25℃	≥40	《多组分胶粘剂可操作时间的测定》GB/T 7123.1
		5℃	≤120	

表 4-21　环氧树脂灌浆料固化物性能要求（GB/T 50165—2020）

项次	检测项目		固化物性质	测试方法标准
1	胶体抗压强度/MPa		≥70	《树脂浇铸体性能试验方法》GB/T 2567
2	胶体抗拉强度/MPa		≥8.0	《树脂浇铸体性能试验方法》GB/T 2567
3	粘接拉伸抗剪强度/MPa		≥15	《胶粘剂　拉伸剪切强度的测定（刚性材料对刚性材料）》GB/T 7124
4	与水曲柳木材顺纹粘接抗剪强度/min	25℃	≥7.8（干态）	《木结构试验方法标准》GB/T 50329
		5℃	≥40（湿态）	

4.3.3.5　柱子全部严重腐朽的整体更换法

当木柱糟朽部分达到 1/4～1/3 柱高时，原则上木柱已不适于墩接，可考虑更换新柱。更换新柱应注意以下几点：木材的选取应满足《文物建筑维修基本材料　木材》（WW/T 0051—2014）的相关规范；严格按照原有柱子的形制制作，对柱头卷杀和梭柱，应做出足尺样板，不能随意砍削成形，改变原柱头形制；表面加工要按原做法，如原有锛痕（说明当时加工技术的痕迹），新做时，应继承其加工手法；更换柱子需选用同等材质或优于同等材质的干燥木材；墙内柱新做时要外包瓦片，隔绝砌筑灰浆，有条件时可预留上下通风口，并做好通风口的形式设计。针对时代特征明显、文物价值显著但已达更换要求的木柱，可采用多拼柱（包镶柱）的处理方式进行木柱抽换，保留具有时代特征、文物价值的部位，如卷杀、榫卯等。

在不拆落木构架的情况下墩接木柱或更换木柱时，必须用架子或其它支承物将柱和柱连接的梁枋等承重构件支顶牢固，以保证木柱悬空施工时的安全。

4.3.4　木梁枋的维修加固技术

我国古代建筑的大木构架（梁、枋、檩等）由于多数为榫卯结构，大木构架承受着屋顶的全部重量。久而久之，在物理、化学和生物等因素的影响下，不可避免地会发生损害，其承载力逐渐减退，各节点会出现松弛，木构架会出现变形、下沉、构件劈裂、歪闪、脱榫、滚动等现象。特别是木材的腐朽，更加速了木构架的损坏。

4.3.4.1 梁枋弯垂

梁枋构件因受屋面荷载的重压和自重的负担，一般都有弯垂现象（图4-23），在结构力学中称为允许挠度。允许梁枋弯垂与梁长的比值为1/250～1/120。如果超出了允许挠度的范围，其承载能力就会减弱。对于一般松木梁，依据验算数据，梁的垂度与跨度的比值大于1/120时就应采取加固措施。但在古建筑维修工程中，部分建筑的梁使用的材料不全是松木，应根据现场的不同情况，采取不同的措施。

(a) 梁弯垂 (常丽红，2017)

(a) 普拍枋弯垂 (何洋，2019)

(c) 飞云楼二层明间梁枋严重变形 (乔冠峰，2017)

图 4-23　梁枋弯垂

在实际中，有的构件弯垂度超过规定范围，但没有严重糟朽或劈裂现象，而且卸载后可以回弹至允许弯垂的范围，这样的构件一般可以照旧使用或适当补强。若卸载后弯垂变形不能恢复，应计算该梁是否超载或检测材质是否有问题。对弯垂构件处理，进行现状加固时可以直接在它的受力点加支撑，在大梁折断处的底皮或弯垂最大的部位，支顶木柱 ［图4-24(a)］。还可通过在构件两端加斜撑的方式，调整受力长度，以适当补强 ［图4-24(b)、(c)］。如果落架，可以考虑增加随梁的方法或者直接用钢材贴补或嵌入的方法加固弯垂构件 ［图4-24(d)］。凡是弯垂严重的，通常有劈裂现象出现（图4-25）。

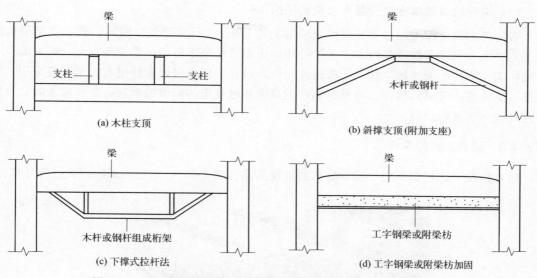

图 4-24　梁枋弯垂常用的处理方法（李爱群等，2019；张亚，2015）

图 4-25　普拍枋劈裂（何洋，2019）

4.3.4.2　梁枋裂缝

梁、枋、檩等构件的劈裂是由多种因素造成的。处理裂缝的方法，应根据该构件表面是做油漆还是保持裸露的状态决定，草架内不构成结构问题的小裂缝，维持现状即可。稍大裂缝虽没有结构问题，但裂缝增加了构件的风化面积，因此应该进行防风化性质的填充处理，填充材料可根据裂缝情况采用地仗油灰或木条填充修补。

（1）梁枋构件的水平裂缝深度不大于梁宽或梁直径的 1/3

当梁枋构件的水平裂缝深度小于梁宽或梁直径的 1/3 时，可采取嵌补的方法进行修整，即先用木条和耐水性胶黏剂将缝隙嵌补黏结严实，再用两道以上铁箍或玻璃钢箍、碳纤维箍箍紧。

105

(2) 构件的裂缝深度超过梁宽或梁直径的 1/3

若构件的裂缝深度超过梁宽或梁直径的 1/3，则应进行承载能力验算。若验算结果能满足受力要求，仍可采取嵌补的方法进行处理；当验算结果不能满足受力要求时，可采取以下措施：①在梁枋下面支顶立柱；②若条件允许，可在梁枋内埋设碳纤维板、型钢或采用其它补强方法处理；③更换构件。当梁枋构件的挠度超过规定的限值或发现有断裂迹象时，也按上述处理方法进行处理。

4.3.4.3　梁枋、檩的腐朽

通常情况下，根据梁枋、檩的腐朽的程度不同（图 4-26），采用不同的方式进行处理。

(a) 飞云楼首层单步梁下微生物腐朽 (乔冠峰，2017)

(b) 檩的腐朽 (文物保护工程专业人员
学习资料编委会，2020)

(c) 檩和梁的腐朽 (文物保护工程专业人员
学习资料编委会，2020)

图 4-26　梁枋、檩的表面腐朽

(1) 表面局部轻微腐朽

当梁枋、檩构件有不同程度的腐朽而需修补、加固时，应根据其承载能力的验算结果采取不同的方法。若验算表明其剩余截面面积尚能满足使用要求，可采用挖补的方法进行修复（图 4-27）。挖补前，应先将腐朽部分剔除干净，经防腐处理后，用干燥木材按所需形状及尺寸制成粘补块件，以耐水性胶黏剂贴补严实，再用铁箍或螺栓紧固。若验算表明其承载能力已不能满足使用要求，则须更换构件；更换时，宜选用与原构件相同树种的干燥木材来制作新的构件，并预先做好防腐处理。

图 4-27　檩的挖补法（文物保护工程专业人员学习资料编委会，2020）

（2）梁枋局部严重腐朽和虫蛀，幅面小于总长的 1/4，超过横截面的 1/3

梁枋局部严重腐朽和虫蛀，幅面小于总长的 1/4，超过横截面的 1/3 时，采用对接方式（类似木柱的墩接）（图 4-28）。在进行木质构件局部更换后，需对新老构件连接处进行铁箍、螺栓连接。

图 4-28　对接方式

（3）梁枋内部因腐朽中空，截面面积不超过全截面面积 1/3

梁枋内部因腐朽中空，截面面积不超过全截面面积 1/3 时，可采用环氧树脂等化学加固剂进行灌注加固、植入新的木材（图 4-29）等。

（4）承载能力已不能满足使用要求

承载能力已不能满足使用要求时，须更换构件，宜选用与原构件相同树种的干燥木材，并预先做好防腐处理。

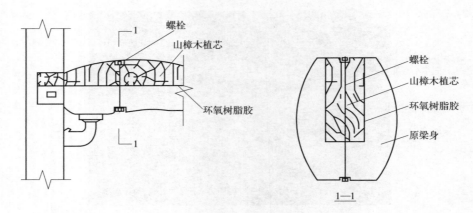

图 4-29　梁内置芯材加固（张亚，2015）

4.3.4.4　梁枋脱榫

对梁枋脱榫（图 4-30）的维修，应根据其发生原因，采用对应修复方法：

图 4-30　梁枋脱榫

(1) 榫头完整，仅因柱倾斜而脱榫

此情况下可随梁架拨正时，重新归位吊正安好，再用铁件拉结榫卯（图 4-30）。具体操作：将梁和柱子、梁枋和柱子、梁和瓜柱用扒钉（即两端尖锐的弓形铁条钉，俗称扒锯子）拉接钉牢。对于排山柱上的单步梁与双步梁的游闪拔榫现象，将其归回原位后，可用铁板条（俗称铁拉扯）横向连接柱子和相邻的梁，三件一并钉牢。对于梁枋拔榫轻微的（1～3cm），只加铁锔子加固即可。拔榫较重的（榫头长 1/2 以上），应在梁头拔榫处的底皮加顶柱，式样与处理大梁弯垂相同。如在七架梁上的五架梁拔榫，用短柱支在七架梁上即可。

(2) 梁枋完整，仅因榫头腐朽、断裂而脱榫（图 4-31）

此情况下应先将破损部分剔除干净，并在梁枋端部开卯口，经防腐处理后，用新制的硬木榫头嵌入卯口内。嵌接时，榫头与原构件用耐水性胶黏剂粘牢并用螺栓固紧。榫头的截面尺寸及其与原构件嵌接的长度，应按计算确定。并应在嵌接长度内用玻璃钢箍或两道铁箍箍紧。

图 4-31　梁榫头加固维修（张亚，2015）

4.3.4.5　檩条拔榫及滚动

檩条拔榫主要是由梁架歪闪引起，如果能拆卸后重新归安，采用传统办法加铁锔子即可，铁锔子一般用直径 1.2～1.9cm 钢筋制品，长约 30cm，或用扁铁条代替铁锔子，铁条断面一般为 0.6cm×5cm，或加铁钉吊，檐椽转角处也可用十字形铁板尺寸式样。如果暂时不能拆修，应进行加固，如在拔榫构件的下面加钉一块托木，或用铁件做一套靴，支托节点，防止进一步变形引起脱榫。拔榫时可能会伴有榫头折断，通常用硬杂木做一个新榫头，另一端也做成银锭榫类榫头嵌入檩端粘牢，必要时再加铁箍紧固。

对于檩条滚动，过去常用的办法是在各步架加"拉杆椽"，即选择靠近檩头相交处的两根椽子，将椽头的椽钉改为螺栓穿透檩条，自下而上的拉杆椽直达脊檩，使前后坡每间形成两道通长的拉杆，防止各步檩条滚动，开间较宽时中间可增加一道，螺栓直径一般为 1.2～1.9cm。在脊檩处另加铁板连接前后坡的脑椽，铁板断面为 5cm×0.5cm 即可。这种做法的优点是加固隐蔽，缺点是旧椽两头的旧钉眼未必适合螺孔的位置，往往要换成新椽，而且在檩上打孔也对檩子有所伤害。为此可采用在各步架檩头上加铁套箍的方法，套箍尺寸随各檩径，然后用 $\phi 10～20$mm 的钢筋棍将套箍自下而上串联（螺栓或焊接），并将前后坡连在一起，形成若干条连续的拉杆。这样既达到了固定檩条的目的，又不会对檩条造成伤害。

4.3.4.6　承椽枋的侧向变形和椽尾翘起

当檩条发生滚动现象时，常常带动椽尾及承椽枋也向外扭闪，这与构造有关。由于檐椽出挑，椽尾钉在承椽枋上，因此承椽枋要有一个平衡椽头的力。若檐檩向外滚动，椽头随之下沉，就引起椽尾上翘，牵动承椽枋向外扭闪。因此处理承椽枋扭闪的问题时，要查清原因，对椽尾采取措施，确保椽头的稳定。根据受力，解决承椽枋扭闪的关键在于增加承椽枋的抗扭能力。对承椽枋的侧向变形和椽尾翘起，应根据椽与承椽枋搭交方式的不同，采用下列维修方法：

① 椽尾搭在承椽枋上时，可在承椽枋上加一根压椽枋，压椽枋与承椽枋之间用两个螺栓固紧 [图 4-32(a)]；压椽枋与额枋之间每开间用 2～4 根矮柱支顶；

② 椽尾嵌入承椽枋外侧的椽窝时，可在椽底面附加一根枋木，枋与承椽枋用 3 个以上螺栓连接，椽尾用方头钉钉在枋上 [图 4-32(b)]。

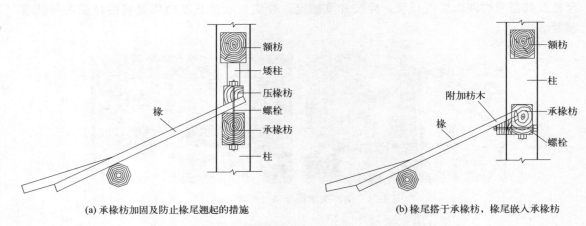

(a) 承椽枋加固及防止椽尾翘起的措施　　　　　　(b) 椽尾搭于承椽枋，椽尾嵌入承椽枋

图 4-32　承椽枋的侧向变形和椽尾翘起（GB 50165—92；GB/T 50165—2020）

4.3.4.7　角梁（仔角梁和老角梁）梁头下垂和腐朽，或梁尾翘起和劈裂

角梁是老角梁与仔角梁的统称。由于角梁所处的位置最易受风雨侵蚀，故常出现角梁头腐朽和角梁尾劈裂、腐朽等现象，或者是由于檐头沉陷，角梁也常伴随出现尾部翘起或向下溜窜等现象。角梁（仔角梁和老角梁）梁头下垂和腐朽，或梁尾翘起和劈裂，应按下列方法进行处理：

① 梁头下垂、梁尾翘起。加固修补方法是，将翘起或下窜的角梁随着整个梁架拨正时，重新归位安好，在老角梁端部底下加一根柱子支承，用圆柱或方柱均可，新加柱子要做外观处理。

② 角梁腐朽。角梁头腐朽，可采用接补法处理，其做法与墩接柱子相同。老角梁与仔角梁头腐朽程度小于挑出长度 1/4 时，可根据腐朽情况进行修补或另配新梁头，做成斜面搭接或刻榫对接。接合面应采用环氧结构胶粘接牢固（图 4-33），对斜面搭接，还应加 2 个以上螺栓或铁箍加固。老角梁的接法是将腐朽部分垂直锯掉，用新料或其它断面合适的旧料照原样制好后，与老角梁身刻榫搭接。仔角梁可做巴掌榫搭接。如果角梁腐朽部分超过上述限度，老角梁应自腐朽处向上锯成斜面，新做角头的下面锯成斜面，与老角梁身叠抱搭接，用胶粘接后再加铁箍 2~3 道缠紧。仔角梁仍可采用巴掌榫方式搭接。如果腐朽大于挑出长度的 1/4，应做整根更换。

③ 梁尾劈裂。梁尾劈裂可采用结构胶粘接并加铁箍紧固，梁尾与檩条搭接处可用铁件、螺栓连接，将老角梁与仔角梁结合成一体。仔角梁与老角梁应采用 2 个以上螺栓固紧（图 4-34）。

4.3.5　斗栱的维修加固技术

斗栱是区别建筑等级的标志，越高贵的建筑，斗栱越复杂、繁华。斗栱的作用主要体现在以下几个方面：①它位于柱与梁之间，由屋面和上层构架传下来的荷载要通过斗栱传给柱子，再由柱传到基础，因此，它起着承上启下，传递荷载的作用；②向外出挑，可把最外层的桁檩挑出一定距离，使建筑物出檐更加深远，造型更加优美、壮观；③构造精巧，造型美观，如盆景，似花篮，又是很好的装饰性构件；④榫卯结合是抗震的关键，遇有强烈地震时，采用榫卯结合的空间结构虽会"松动"却不致"散架"，消耗地震传来的能量，使整个

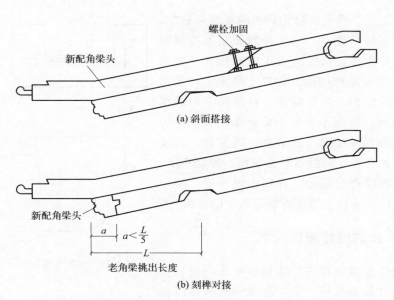

图 4-33　角梁头的拼接方式（GB 50165—92；GB/T 50165—2020）

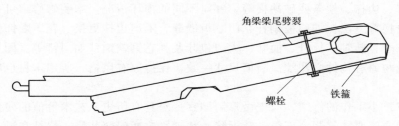

图 4-34　劈裂加固（GB 50165—92；GB/T 50165—2020）

房屋的地震荷载大为降低。

　　在木结构古建筑物中斗栱的构件数量最多，且多为小构件，结构复杂，易于变化，各构件相互搭交。凿刻榫卯，剩余的有效断面仅为构件本身的 $1/2 \sim 1/3$ 或更小一些，因此极易发生扭曲变形，榫头折断、劈裂、糟朽，斗耳断落，小斗滑脱等现象。

　　对于斗栱的维修，应严格掌握尺度、形象和法式特征。添配昂嘴和雕刻构件时，应拓出原形象，制成样板，经核对后方可制作；凡能整攒卸下的斗栱，应先在原位捆绑牢固，整攒轻卸，标出部位，堆放整齐；维修斗栱时，不得增加杆件。但对清代中晚期个别结构不平衡的斗栱，可在斗栱后尾的隐蔽部位增加杆件补强；角科大斗有严重压陷外倾，可在平板枋的搭角上加抹角枕垫。斗栱中受弯构件的相对挠度，如未超过 $1/120$，均不需更换。当有变形引起的尺寸偏差时，可在小斗的腰上粘贴硬木垫，但不得放置活木片或楔块。为防止斗栱的构件位移，修缮斗栱时，应将小斗与栱间的暗销补齐，暗销的榫卯应严实。对斗栱的残损构件，凡能用胶黏剂粘接而不影响受力者，均不得更换。

　　进行斗栱维修时需从单体构件开始，然后再进行整攒斗栱的归整。①对于斗来说，劈裂为两半，断纹能对齐的，粘牢后可继续使用；劈裂为两半，断裂不能对齐或腐朽严重的，应予以更换；斗耳断落的，应按原尺寸式样补配，粘牢钉固；斗"平"被压扁超过 0.3cm 的，可以在斗口内用硬木薄板补齐，要求补板与原构件木纹一致，不超过 0.3cm 的可不予修补（图 4-35）。②对于栱来说，劈裂未断的可灌缝粘牢；左右扭曲不超过 0.3cm 的，可继续使用，超过的应更换。榫头断裂无腐朽的可灌浆粘牢，腐朽严重的可锯掉后接榫，用干燥的硬杂木按照原有榫头式样尺寸制作，长度应大于旧有长度，两端与栱头粘牢，并用螺栓加固。③对于昂来说，最常见的情况是昂嘴断裂，甚至脱落。裂缝粘接与栱相同；昂嘴脱落时，依照原样用干燥硬杂木补配，与旧件相平接或榫接。④对于正心枋、外拽枋、挑屋檐枋等来说，斜劈裂纹的可用螺栓加固、灌缝粘牢，部分腐朽的可剔除腐朽部分，并用木料补齐。整个腐朽超过断面的2/5以上的或折断时，予以更换。

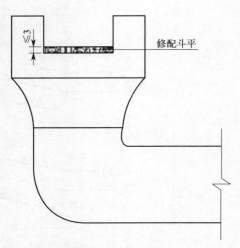

图4-35　修配斗平加固（张亚，2015）

4.3.6　小木作的维修加固技术

古建筑装修是易损部件。装修主要是门窗、板壁、各类隔扇、各类罩等。损坏现象一般有：门板散落，门外框松散、风门、隔扇边抹榫卯松动、开散、断榫；槛框边框松动、裙板开裂缺损；装修仔屉、边抹、棂条残破缺损等。针对不同的损坏情况，木装修修缮可采取剔补、嵌缝、添配或更换等方法。如门板剔补、门芯板嵌缝、隔扇边抹更换、花罩雕饰修补，或添配仔屉棂条、槛子、转轴、栓杆、面叶、大门包叶及其它钢铁饰件如门钉等。配换或添配木装修构件，均应与原有构件、花纹、断面尺寸一致，保持原有风格，所用木材也应尽量与原木材一致。

对于古建筑小木作的修缮，应先做形制勘察。对具有历史、艺术价值的残件，应照原样修补拼接加固或照原样复制，不得随意拆除、移动、改变门窗装修。修补和添配小木作构件时，其尺寸、榫卯做法和起线形式应与原构件一致，榫卯应严实，并应加楔涂胶加固。小木作中金属零件不全时，应按原式样、原材料、原数量添配，并置于原部位。为加固而新增的铁件应置于隐蔽部位。小木作表面的油饰、漆层、打蜡等，若年久褪光，勘察时应仔细识别，并记入勘察记录中作为维修设计和施工的依据。两面夹纱的装修，其隔心应为对正重合的两套棂条册，维修时小的改为单面隔心。

4.3.7　油饰彩画的维修加固技术

古建筑彩画保护修复技术依据 WW/T 0037—2012 进行。在油饰彩画保护修复的过程中应遵循以下原则：①真实性。彩画是构成我国古代建筑物真实性的重要元素，其自身也具有很高的历史、艺术和科学价值。应尽量保护各个历史时期遗留下来的彩画，最大限度地保留其真实性。②完整性。彩画的纹饰图案、工艺材料和特征属性的完整性，也是其所依附的古代建筑完整性的重要组成部分。必要时，应允许有充分依据的局部补绘，补绘应采用原材料和工艺。③科学性。彩画的保护应遵循科学的保护程序，以深入的研究和价值评估、现状评估以及管理评估为基础，确定保护目标。对彩画的保护修复应遵循最小干预、可再处理以及所用技术和材料的兼容性等相关要求。

4.3.7.1　彩画保护修复技术要求

古代建筑彩画保护修复技术包括对古代建筑彩画进行的表面污染物清除、加固、局部补绘、表面防护等技术措施。

(1) 清除及其技术要求

清除即去除彩画表面污染物的技术措施。

① 一般要求：彩画表面污染物的清除操作，应根据污染物的类型、层次结构和范围逐层分区进行，清除应以不损伤彩画为度。清除宜以物理方法为主，必要时可使用化学材料。在尽可能清除污染物的同时，清除后彩画表面的整体效果应相互协调。

② 积尘的清除：积尘主要是彩画表面的浮尘和浮土，一般宜采用吹、刷、吸、粘等技术手段清除。

③ 结垢的清除：结垢是与彩画表层有一定结合、较顽固的尘土固结物，可用溶剂进行浸湿、软化后清除。

④ 油烟污染的清除：油污、烟熏以及涂料等污染物，与彩画表面结合紧密，可用化学材料去除。化学清除应确保选取的清除材料能有效清除污物，同时不应对彩画颜料造成破坏影响。应控制化学材料的使用范围及用量，并消除残留。

⑤ 动物、微生物代谢物等的清除：鸟粪、霉斑等与彩画表面的结合比较紧密，可先用溶剂浸湿、软化后用棉签滚搓，配合机械方法清除。对仍难以清除的部分污染物，再用化学方法继续清除。

(2) 加固及其技术要求

加固即对脆弱彩画层、地仗层，通过应用适宜的材料，以增加其强度和结合力的技术措施。

① 一般要求：彩画表层的加固中，加固剂的渗透深度应满足加固的基本需求，加固处理不应在彩画表面形成斑痕，不应妨碍以后的保护处理。渗透加固中使用有机溶剂时，应注意消除对古代建筑、工作人员和周边环境的安全隐患。

② 粉化彩画层的加固：粉化彩画层的加固可采用喷涂或刷涂进行，按浓度梯度渗透法处理。对于麻灰地仗的彩画层，宜在加固剂处理后用棉托（用塑料薄膜包裹）轻压，使加固部位尤其是有彩画起翘的部位回贴；对于单披灰地仗的彩画层，由于表面质地较脆，开始不可加压，在观察加固液已经基本浸入彩画层时，可再借助棉托轻压，使起翘部位回贴、加固密实。

③ 酥粉彩画层的加固：应先进行预加固，然后在彩画表面用低浓度加固剂均匀贴附一层"修复用宣纸"，再在酥粉的部位，用针注法向彩画层补充加固剂，并使用棉托轻加外力使彩画层得到加固。加固完成后再去除宣纸、清理干净。

④ 起翘贴金层的加固：应先将贴金部位加热软化，喷涂溶剂使贴金层回软，再喷涂或涂刷加固剂，借助棉托轻压，加强贴金层与地仗层的粘接强度，提高其附着力。

(3) 地仗层加固及其技术要求

① 一般要求：地仗层的加固应能使地仗层与木基材具有一定的粘接强度、整体平展、密实，同时不应对其上的彩画层造成污染和损伤。

② 龟裂、酥解及粉化地仗层的加固：可通过喷、涂一定浓度加固剂的方法给地仗补充胶结物。也可采用传统方法对龟裂地仗层进行加固处理，除尘后在地仗表面操油（操油即在地仗层的表面一次性连续施涂生桐油的技术措施）一道，视地仗强度可进行稀释。

③ 单披灰地仗的加固：对开裂的单披灰地仗，可通过渗入黏合剂的方法处理，用滴管

将一定浓度的黏合剂溶液渗入地仗层，然后用棉托隔着塑料薄膜压实，使其粘接牢固、稳定。对起翘的单披灰地仗，应先进行软化处理，将水加酒精或丙酮雾化后，远距离将病害部位稍微湿润，再用喷雾或针管滴、渗一定浓度的黏合剂溶液，用棉托隔着塑料薄膜压实回贴。

④ 麻灰地仗的加固：对开裂、剥离地仗层的加固，先清除地仗层内侧和木构件表面的灰土等，再抹/灌胶填充、回贴粘接，并用竹片加铁钉等进行固定处理，必要时制作专门的夹板固定，以使加胶的部位能够与木构件紧密结合。另用相似的地仗腻子沿开裂、剥离的边沿进行封闭，并对处理的部位进行随色处理。对局部空鼓区开槽（变形或空鼓面积较大时，可先揭取变形或空鼓的地仗层），清除空鼓区域积存的灰尘后，灌胶填充、回贴粘接，并用竹片加铁钉或绷带紧缠固定，待胶料固化、空鼓部位与木构件结合紧密以后去除固定材料，处理槽缝并进行随色处理。传统方法也用稀油满作为粘接材料回贴。油满是传统油漆作工艺中配制的一种材料，是由面粉、石灰水和灰油按一定工艺、比例调制而成的彩画地仗层的专用胶凝材料之一。灰油即以生桐油为主加土籽面、樟丹粉熬炼制成，专用于打"油满"，是制作地仗层的主要胶结材料。

(4) 局部补绘及其技术要求

① 一般要求：局部补绘应只限于面积不大、纹饰图案有考的部位。有地仗层的应在修补（找补）的基础上只进行补绘；无地仗层的，应按照原工艺、材料修补（找补）地仗后再进行补绘。局部修复部分应进行随色处理，以与原彩画相协调，再现古代建筑彩画的完整性。

② 修补（找补）地仗：应按照原地仗做法、损坏的程度等具体情况或文物要求来选定常规修补（找补）地仗的某一种地仗做法进行修补。对木骨外露者，应按相应原工艺补做地仗；对压麻灰破损者，应按原做法找补，恢复原结构。修补（找补）后，原地仗木基层新旧灰接搓处与各遍灰之间和麻布之间应粘接牢固，修补地仗工艺及主要工序应符合国家现行施工规范或古建筑油饰彩画传统做法的相关要求。

③ 补绘彩画：局部补绘即对局部残损的彩画，按照其传统制作方法所采取的修复技术措施。局部虫蛀、霉变、脱色等原因造成局部彩画层缺失，但地仗层尚好或经过修补（找补）地仗的，可按照原有彩画的纹饰图案修补画意，使缺失的彩画图案和色彩得到修复；必要时也可根据情况对有一定价值的旧彩画局部进行过色还新，使漫漶不清的彩画图案和色彩得以恢复，从而体现古建筑彩画的整体风貌。补绘时，应按照原彩画的规制等级、纹饰图案，用原工艺、原材料进行。

④ 随色处理：随色处理即按原有彩画的色相、色度、光泽度等对局部补绘部分进行的色彩协调。局部补绘部分，应进行随色处理，以使修复部位与原彩画的色彩协调。

(5) 彩画表面防护及其技术要求

表面防护即通过在彩画表层施用防护材料，以减少雨水飘淋、空气污染等对彩画表层侵蚀的技术措施。彩画表面的防护处理应针对主要的环境影响因素，选择适宜的彩画表面防护材料，通过喷、涂等方法进行防护处理。应对进行过防护处理的彩画部位进行一定时间的遮护和养护，直至表面防护层形成。彩画表面的防护处理不应在彩画表面形成斑痕。表面防护中使用有机溶剂时，应注意消除对古代建筑、工作人员和周边环境的安全隐患。

4.3.7.2　木构件断白的修缮技术

所谓断白就是在木构件的表面，用色油涂刷 1～2 道，掩盖原来的木料本色，主要是保护木材，同时也适当地照顾到外观。效果较好的断白有以下两种：

① 通刷红土，也可称作"单色断白"。历史上有些古建筑在修理时，由于经费所限，没有能力重新彩画一新，采取了此种简易的方法。将新更换和无油漆彩绘的旧构件，包括连檐、瓦口、椽子、望板、斗栱、柱、梁、额枋、门窗等全部用土红油涂刷 1～2 道。由于土红比朱红色暗一些，在观感上也保持了与古建筑时代相协调的艺术效果。单色断白通常是在构件安装之后，先在构件上通刷生桐油一道，然后刮细腻子一道，干后打磨，刷土红色（或其它色）油 1～2 道，柱子、门窗为 2～3 道，表面用土擦拭退光。如今施工中采用此种方法，通常是在构件（构件表面无任何油饰彩画）安装后，通刷生桐油一遍，然后刮细腻子一道，干后刷土红色油 1～2 道（熟桐油内加红土掺以适量的黑烟），柱子、门窗为 2～3 道，表面用青粉擦拭退光。

② 分色断白。考虑到古建筑物中的油饰彩画自连檐、瓦口向下直到柱子、门窗原有色彩并不一致，为了达到近似原状，采用分色断白。全部新旧构件（构件表面无任何油饰彩画）钻生桐油上细腻子，最后上色油时，连檐、瓦口、柱子、门窗用暗色红土油涂刷，干后用青粉擦拭退光。檩子、椽子、斗栱、额枋等用灰绿或灰蓝色油涂刷 1～2 道退光。

4.3.7.3　油漆地仗的修缮技术

由于各地传统、气候条件不同，地仗使用材料和做法并不一样。如北京用血料砖灰，做"一麻五灰"或"单皮灰"地仗；南方一般只用油灰（生漆调兑土子面或用桐油调石膏）填补木构件表面细缝，然后有的刷白色地仗二至三遍，再在上边进行油漆。修补油漆地仗要根据地仗做法和损坏程度，决定是否全部砍净或局部修补。

表面清理是进行保护处理的最基础工作，如果处理不好，接下来的保护层就难以与旧有材料获得很好的衔接。表面清理对象一般来说是那些松动、破损的地仗和浮尘。传统清理方法采用表面刮扫、吹、粘等方法，清理深度要根据实际损坏程度而定，或清到表面牢固层，或直接清到木基层。

木基层处理大体有四道工序：一是斩砍见木。将木料上的旧油灰全部砍净，并在木料表面砍出斧痕。二是撕缝。用铲刀将木构件上的细缝撕开，剔除旧油灰，裂缝宽者下竹钉，并用新油灰重新填缝。三是砍出修补搭接面。四是以上三道工序完成后，在基层上通刷汁浆一道，既有利于油灰与木骨的结合，也是油漆层与地仗结合的介质。

对于修补地仗，北京古建筑地仗有麻地仗和单皮灰地仗之分。地仗所用材料主要有：熬制桐油、面粉、血料、砖灰、石灰水等。地仗是通过很多工序来完成的，每一道工序的用料、做法、用途都有差异，因此在材料配兑上也有很多讲究，比如：通常在一麻五灰中，常规配比的油满用量是要逐层减少的，但有人发现油漆表面产生龟裂的原因可能与油满用量逐层减少的配比有关（也与钻生不透有关），故尝试逐层调整油满用量配比。但一般油工对此非常规的做法大多持否定态度。实际上，影响油漆质量的因素不仅来自油漆材料本身（如熬制光油的火候掌握情况），还有操作工艺（如搓油手法）、气候条件（如温湿度）、木构件的含水率，甚至干燥过程的自然条件，如是否被太阳直射等，每个环节都可能对整个油漆效果产生不良影响。由于整个油漆形成过程复杂，因此，对传统做法的分析和评估比较困难。当然，传统配比未必就是完美无缺的，应当在实践中不断总结经验，才可能在修复时有目的地取长补短，提高修复水平。

地仗修补，基本是按照原做法，如麻地仗或单皮灰地仗。修补时要注意新旧接缝错开，即新旧要有一定搭接（基层处理时要预留搭接面）。

4.3.7.4　油漆彩画做旧的修缮技术

木结构古建筑修理后，个别梁、柱、枋等构件更换新料，其它旧构件的油漆彩画尚基本完整。更换构件上应按原样补绘，但施工后好像旧衣服上补了新补丁。新旧色调悬殊，不相协调，这时就要求将修补的油漆彩画的色彩做得旧一些。

做旧的方法有两种。一种是比较简单的做法，调色时在青、绿、红等色内加以适量的黑烟色，刷色后旧色均匀、整洁，不同于自然陈旧的深浅不匀的状态。另一种是比较复杂的办法，完全依照旧构件的陈旧状态，一丝不苟地进行复制，裂痕污迹等如实描绘，完工后可以达到乱真的效果。第二种做法，由于绘画者需掌握一定的做旧技术，一般很少采用。

4.3.8　屋面的维修加固技术

屋面维修主要包括屋面保养和屋面修缮。屋面维修主要因为存在以下病害类型：①瓦垄或瓦缝内积土、植物根部生长造成屋面灰背破坏，最终导致屋面漏雨、望板椽子糟朽，更严重时则导致屋顶坍塌；②之前的工程质量存在问题，防水措施不合理、防护不当引起屋面渗水；③结构性破坏，如下部梁架出现歪闪、下沉等残损导致屋面破坏。

维修瓦顶时，应勘察屋顶的渗漏情况，根据瓦、椽、望板和梁架等的残损情况，拟订修理方案，并进行具体设计。凡能维修的瓦顶不得揭顶大修。屋顶人工除草后，应随即勾灰堵洞，松动的瓦件应坐灰粘固。对灰皮剥落、酥裂而瓦灰尚坚固的瓦顶维修时，应先铲除灰皮，用清水冲刷后勾抹灰缝；对琉璃瓦、削割瓦应捉节夹垄，青筒瓦应裹垄，均应赶压严实平滑。对底瓦完整，但盖瓦松动、灰皮剥落的瓦顶维修时，应只揭去盖瓦，扫净灰渣，刷水，将两行底瓦间的空当用麻刀灰塞严，再按原样冠盖瓦。

瓦顶揭冠工程，应遵守下列规定：①拆卸瓦件、脊饰前，应对垄数、瓦件、脊饰、底瓦搭接等做好记录；②揭除灰背时，应对灰背层次、各层材料、做法等做好记录，待屋面灰渣清理干净后，按原样分层苫背，对青灰背尚应赶光出亮；③冠时应根据勘察记录铺冠瓦件、安装脊饰，新添配的瓦件应与原瓦件规格、色泽一致。

对底瓦松动而出现渗漏的维修，应先揭下盖瓦和底瓦，按原层次和做法分层铺抹灰背，新旧灰背应衔接牢固，并应对灰背缝进行防水处理。当瓦顶局部损坏、木构架个别构件位移或腐朽时，需拆下望板、椽条进行维修。黄琉璃瓦屋面瓦件的灰缝以及捉节夹垄的麻刀灰应掺5%的红土子；绿琉璃瓦和青瓦屋面，均应用月白灰。对历史、艺术价值较高的瓦件应全部保留。如有碎裂，应加固粘牢，再置于原处。对碎裂过大难以粘固者，可收藏保存，作为历史资料。阴阳瓦屋顶、干搓瓦顶，以及无灰背的瓦顶应按原样维修，不得改变形制。

对古建筑屋顶维修时，应采取有效措施进行屋顶防草。古建筑除草可根据具体情况采用人工拔草和化学除草两种方法，不得采用机械铲除或火焰喷烧方法。人工拔草要避开草籽成熟的秋季，且要斩草除根。化学除草可选择灭生性除草剂，如氯酸盐、硼酸盐等。当采用化学处理方法除草时，选用的除草剂应符合下列要求：①对人畜无害，不污染环境；②无助燃、起霜或腐蚀作用；③不损害古建筑周围绿化和观赏的植物；④无色，且不导致瓦顶和屋檐变色或变质。古建筑使用的除草剂可按表 4-22 选用，也可采用经有关部门鉴定、批准生产的其它药剂。古建筑屋顶不得使用氯酸钠或亚砷酸钠除草。

表 4-22　灭生性除草剂的性能及用量（GB 50165—92）

药剂名称	剂型	有效成分用量/(g/m²)	使用性能
草甘膦[①]	10% 的铵盐或钠盐水溶液	0.2～0.3(使用时化成 1% 浓度水溶液)	易溶于水,不助燃,对钢材略有腐蚀性。只能由芽后绿色叶面吸收,内吸至根部奏效
敌草隆	25% 可湿性粉剂	0.9～5.0(使用干粉)	难溶于水,不助燃,无腐蚀性。芽前、芽后均可使用,由根部进入机体,导致缺绿枯死
西马津	50% 可湿性粉剂	1.1～5.6(使用干粉)	同敌草隆
六嗪同	90% 可溶性粉剂	0.6～1.2(可使用 1%～3% 浓度水溶液或干粉)	可溶于水,系芽后接触型药剂,能有效防除多种杂草

① GB 50165—92 中为"草甘胩",现常用"草甘膦"。

化学除草可采用喷雾法或喷粉法，并应符合下列要求：①大面积除草宜应用细喷雾法。其雾滴直径应控制在 $250\mu m$ 以下，宜为 $150\sim200\mu m$，操作时应防止飘移超限。对小范围局部除草，可采用粗喷雾法。雾滴直径宜控制在 $300\sim600\mu m$，并应使用带气包的喷雾器进行连续喷洒。②在取水困难地区，或使用难溶于水的药剂时，宜采用喷粉法。粉粒直径宜小于 $44\mu m$，不应超过 $74\mu m$。③除草的时间，宜在 4、5 月份或 7、8 月份，并在喷洒后 10h 内不得淋雨。喷粉时间宜在清晨或傍晚。④有条件时，喷洒后可采取塑料薄膜覆盖。在设备和人力缺乏情况下，可采用颗粒撒布方法除草。其药物颗粒的大小宜与古建筑屋顶常见草籽粒径相仿。药粒可从屋脊撒下，顺垄滚落，滞留在杂草丛生部位。

4.3.9　墙体的维修加固技术

木结构古建筑的墙体是围护结构，多数情况下不承重，由于年久失修会出现各种残损。墙体残损的原因主要包括以下几个方面：①地下水返潮或雨水导致墙体根部砖体酥碱；②干湿变化或受力不合理造成墙身裂缝；③基础不均匀沉降造成歪闪或坍塌。

对古建筑墙壁的维修，应根据其构造和残损情况采取修整或加固措施。当允许用现代材料进行墙壁的修补加固时，可用于墙体内部，不得改变墙壁原砖的尺寸和做法。当拆砌砖墙时，应符合下列规定：在清理和拆卸残墙时，应将砖块及墙内石构件逐层揭起，分类码放；重新砌筑时，应最大限度地使用原砖，并应保护原墙体的构造、尺寸和砌筑工艺。当墙壁主体坚固，仅表面层酥碱、鼓闪，需剔凿挖补或拆砌外皮时，应做到新旧砌体咬合牢固，灰缝应平直，灰浆应饱满，外观应保持原样。当墙体局部倾斜，需进行局部拆砌归正时，宜砌筑 $1\sim3m$ 的过渡墙段，应与微倾部分的墙壁相衔接。对有历史价值的夯土墙、土坯墙维修时应按原墙壁的层数、厚度、夯筑或砌筑方式，以及拉结构件的材料、尺寸和布置方法进行。对墙面抹灰维修时，应按原抹灰的厚度、层次、材料比例、表面色泽，赶压坚实平整。刷浆前应先做样色板，有墙边的墙面应按原色彩、纹样修复。对有壁画的墙壁应妥善保护，当发现灰皮里有壁画时，应由壁画保护专业人员进行处理。

4.3.10　地面的维修加固技术

砖墁地的修缮方法一般分为剔凿挖补、局部揭墁、全部揭墁和钻生养护。剔凿挖补适用于地面较好，只需零星添补的细墁地面。揭墁时必须重新铺泥、揭趟和坐浆。钻生养护，是指砖表面泼生桐油保护。

对文物价值较高的地面，可进行现状保护，喷涂防护层以增加耐磨性。对于室外地面的处理，清理地面杂草、灰土，清除原地面损毁严重的阶砖、水泥地面，恢复原地面的铺砖。对于室内地面的处理，清除原地面损毁严重的阶砖、水泥地面，恢复原地面铺砖。对于散水的处理，结合院落地势高差，院内增设排水系统，用砖砌排水道，散水缺失的按原形制定补配。踏跺缺失的用环氧树脂按原形制定粘接补配。对于阶条石断裂，采用水泥涂抹的，应铲除水泥修补，采用环氧树脂粘接。

4.4　木构件的防腐和防虫处理技术

古建筑上的木构件属于生物质材料，在一定的环境条件下存在被微生物和昆虫侵害的可能。在使用前以及使用过程中如发现被侵害，均需对其进行一定的防腐处理，以避免或减少被侵害的风险。对于被生物侵害严重的构件，为满足其正常的承受能力，需进行一定的化学加固处理，以提高其力学强度。

4.4.1　木材的化学防腐

理想的防腐剂，须具备下列的条件：①对破坏木材的虫菌具毒性；②在木材使用情况下具稳定性和持久性；③无不良的反效应，如对木材与金属的腐蚀性；④对人畜的毒性低，并且不造成重大的环境冲击；⑤成本低。要防腐剂全部具备这些条件，当然只是一个理想。

4.4.1.1　化学防腐剂的种类

木材的化学防腐剂可分为防腐油、油溶性防腐剂和水溶性防腐剂三大类。

(1) 防腐油

防腐油的配方有多种，统称为杂酚油（creosote）。杂酚油的来源：煤焦油（coal tar）、油焦油（oil tar）、木焦油（wood tar）。但现代的杂酚油是从煤焦油以 250～350℃ 分馏而得。杂酚油内有数百种有机化合物，分子量颇大，许多成分对虫菌有毒性，如：环烷酸（naphthenic acids）、萘（naphthalene）及酚类等。

不同的杂酚油配方，是用不同温度分馏得来。以较低温分馏出来的油，较易挥发，水溶性也较高，处理木材后其持久性较差；用较高温分馏得到的油，持久性强。

杂酚油处理后的木材不易潮湿，所以其尺寸稳定性好，可减少表面干裂，同时也可减缓风化腐蚀。但刚处理好的产品气味重、表面油腻，会导致皮肤过敏的现象，颜色深和表面油腻会影响到表面的上漆和胶合剂胶合效果。

(2) 油溶性防腐剂

常见的油溶性防腐剂有五氯苯酚、环烷酸铜、喹啉铜等。

① 五氯苯酚。五氯苯酚为无色结晶，有气味，溶于各类有机溶剂，熔点为190℃，沸点309℃。使用 5％溶液处理木材。优点：对昆虫、真菌和细菌的毒性都非常高，为一个单独使用的有效防腐剂；油溶性防腐剂一般不渗入细胞壁，但五氯苯酚却能大量进入细胞壁（因为五氯苯酚的分子结构与木质素相似，五氯苯酚与细胞壁接触时，可被细胞壁里的木质素吸着而进去，这种现象被称为固体溶解）。缺点：五氯苯酚对人畜的毒性很高，其沸点虽然超

过 300℃，但在常温下有微量挥发，在屋内积少成多造成毒害。

② 环烷酸铜。环烷酸铜是源自石化工业的环烷酸与 Cu 的螯合物，为绿色蜡质物。环烷酸本身就具有抗虫菌毒性，与 Cu 离子互相螯合，不但加强抗菌性，还增进稳定性。环烷酸铜的处理液浓度为 0.5%～0.75%，处理得当则木材可使用 50 年，渐渐取代五氯苯酚。优点：环烷酸铜对哺乳类动物的毒性远小于五氯苯酚，但其对虫、菌的毒性都佳。缺点：价格比五氯苯酚高很多。

③ 喹啉铜。喹啉铜是炼油产物喹啉醇与 Cu 离子的螯合物，为黄色蜡质物。优点：和环烷酸铜一样有良好的抗菌性，毒性低。缺点：防虫性稍差。喹啉铜在一般载体溶剂里的溶解度低，必须加已烷系列的溶剂才能完全溶解。如先溶于十二烷基苯磺酸调成水溶性处理液，这个配方因含磺酸，对金属有锈蚀性。喹啉铜比环烷酸铜贵而且防虫性也稍差，因此限于一些特殊用途。喹啉铜的动物毒性低，处理后的木材也呈绿色，但没有用环烷酸铜处理者的气味，最适合用于温室建材、蔬菜水果木箱等。喹啉铜处理液，也常用来浸泡处理去皮原木和生材以防止真菌蓝变，也可当作已干燥板材和角材的防霉剂。

(3) 水溶性防腐剂

① 酸性铬化铜砷。酸性铬化铜砷包括酸性砷酸铜 ACC 和铬化砷酸铜 CCA。调配时二价铜化合物通常是硫酸铜 [以氧化铜（CuO）计算]，六价铬化合物常用重铬酸钾（以 CrO_3 计），如含砷化物则为五氧化二砷（以 As_2O_5 计）。ACC 须含 32%CuO 和 68%CrO_3，加少许醋酸调配成 2%处理液，醋酸挥发后铜、铬盐互相作用形成水溶性低的络合物。经 ACC 处理的木材抗真菌腐朽，但不抗虫及白蚁。CCA 则有三种不同配方，分别为 A、B 及 C 三型：A 型的成分比为 CrO：CuO：As_2O_5＝65.5：18.1：16.4；B 型（K_{33}）为 35.3：19.6：45.1；C 型则为 47.5：18.5：34.0。CCA 配方含对昆虫毒性高的砷化物。配方里的六价铬化合物不是主剂，而是当作铜与砷的固着剂，六价铬与铜盐和砷盐作用后，变成毒性低的三价铬盐。CCA 通常配成 2%处理液使用，处理量视使用情形而定：地面上使用为 4kg/m³，地面下为 6.4kg/m³，海水里则为 40kg/m³。

② 碱性铜化物。碱性铜化物包括氨溶砷酸铜 ACA、氨溶砷酸铜锌 ACZA 和柠檬酸铜 CC。调配处理液时运用氨水（NH_4OH）增加铜盐的溶解度和处理液的 pH。ACA 配方的 CuO 和 As_2O_5 各占 50%，水溶液里含氢氧化铵量至少为 CuO 的 1.5 倍。ACZA 的成分为 50%CuO、25%ZnO 及 25%As_2O_5，配制时水溶液含氢氧化铵量至少为 CuO 的 1.38 倍，含碳酸氢铵（NH_4HCO_3）量至少为 CuO 的 0.92 倍以增加和保持处理液的溶解度。CC 是较新的防腐剂，其配方含 62.3%CuO 及 37.7%柠檬酸（citric acid），处理液含氢氧化铵量为 CuO 的 1.4 倍，含碳酸氢铵量为 CuO 的 0.9 倍。

ACA 和 ACZA 分别为 ACC 和 CCA 的替代配方，用来处理渗透度极低的材种如云杉、冷杉及花旗松等，碱性处理液使木材细胞壁膨胀而增加渗透度，处理后氨挥发，盐类很快互相作用形成水溶性低的络合物。木材的 ACZA 处理量与 CCA 相同。由于重金属和砷化物的一般生物毒性，加上砷化物是可疑致癌物，用含铜、铬及砷化物防腐剂处理的废弃材不得任意开放式焚烧，以免这些毒物由空气散播。处理材在完全固着前，运输和堆放期间都须防雨淋，避免防腐剂流失。

③ 烷基铵。烷基铵防腐剂 ACC 包括单独二癸基二甲基氯化铵 DDAC，以及 DDAC 与铜盐配合的氨（胺）溶性季铵铜 ACQ。烷基铵既可溶于有机溶剂，也可溶于水。AAC 的动物毒性非常低，常加入洗发液、洗衣清洁剂之内当作柔软剂。

ACQ 防腐剂又分为 A、B、C、D 四型：A 型里铜化物（CuO）与 DDAC 各占 50%，B 和 D 型的铜化物和 DDAC 的质量分数都分别为 66.7% 与 33.3%，C 型则为 66.7%CuO 和 33.3%BAC。ACQ 的 A 和 B 型处理液须含至少与 CuO 等量的氨和 0.9 倍 CuO 量的 NH_4HCO_3；C 和 D 型的处理液须含至少 2.75 倍 CuO 量的乙醇胺（ethanolamine）和 0.45 倍 CuO 量的 NH_4HCO_3，使处理液 pH=8～11。DDAC 本身抗虫性强，与硫酸铜配成 ACQ 可增强抗菌性。DDAC 和硫酸铜都是酸性物，经 ACQ 的 A 和 B 型处理后的木材，在氨挥发以后具有金属锈蚀性，因此在处理液里添加碱性的乙醇胺配成 C 和 D 型来防止其金属锈蚀性。

④ 无机硼化物（inorganic borate）。无机硼氧化物 SBX 包括硼酸（H_3BO_3）、硼砂（$Na_2B_4O_7$）、五硼酸钠（$Na_2B_5O_8$）及八硼酸钠（$Na_2B_8O_{13}$）。这些水溶性硼化物的动物毒性低，却是抗真菌及昆虫极有效的防腐剂，处理后的木材无特殊气味、无特殊颜色，可上漆、可着染和胶合。

硼化物的处理量以三氧化二硼（B_2O_3）对绝干木材质量分数计算，称之为 BAE（boric acid equivalent），如 0.25%BAE 等。硼化物可以用低浓度加压处理，但和其它的防腐剂一样不易完全渗透。因为硼化物具水溶性，可用扩散法完全渗透板材，其法大略如下：以 4 份硼酸和 1 份硼砂调成浓度约 25% 的 $Na_2B_8O_{13}$ 水溶液（$4H_3BO_3+Na_2B_4O_7 \longrightarrow Na_2B_8O_{13}+6H_2O$），把生板材浸泡在该溶液后无间隔堆集，并将整堆包扎防止水分蒸发，大约六星期后即可完全渗透 50cm 厚的板材。

价廉的硼化物唯一的缺点是，处理材必须在干燥处所使用，防腐剂才不致流失。这些硼化物对虫菌的毒性来自未配对的电子，采取变性方式固着变成非水溶性会使硼化物失去毒性。目前的防止流失的办法主要是表面上漆，也有人设法把排水物如石蜡等灌注到木材里，形成内部排水。

⑤ 铜硼唑化合物。铜硼唑 A 型（CBA-A）和 B 型（CBA-B）分别于 1995 年和 2002 年登上 AWPA 标准。CBA-A 型含铜盐（以 Cu 计）49%、硼盐（以 H_3BO_3 计）49% 及铁布可唑 2%，调配处理液时，加铜量（CuO 质量）3.8 倍的乙醇胺；CBA-B 型含铜盐（以 Cu 计）96.1% 及铁布可唑 3.9%，处理液也加含铜量 3.8 倍的乙醇胺。这两型防腐剂如用来处理难渗透材种，可另加氨，使处理液变成碱性。

4.4.1.2　化学防腐处理的方法

(1) 常压处理法

木材化学防腐剂常用的常压处理方法有：

① 涂刷法。用刷子或相应的工具把防腐溶液涂刷到木材表面。这种方法药剂进入不深。

② 喷淋法。用喷雾器将配成一定浓度的药液直接喷洒在木构件的表面。其与涂刷相比，处理效率有所提高，缺点是喷淋时药液损失较大。

③ 浸泡法。使木材完全浸没在防腐溶液中。需要一个固定的槽子。

喷淋、涂刷、浸泡都是在常压下的表面涂布，防腐剂渗透浅而且处理量低，因而不能长期保护木材。这样的处理材只能在生物腐朽可能性低的地方使用。

④ 扩散法（diffusion treating）。利用水溶性药剂的分子从高浓度向低浓度扩散的作用达到防腐剂进入木材的目的。要求木材具有比较高的含水率。木结构古建筑中如发现有腐朽的现象，可用八硼酸钠（octaborate，$Na_2B_8O_{13}$）干棒就地做弥补处理。在木建筑与土地接触处钻洞，塞入硼棒后予以封闭即可，因该木建筑该部分湿润，八硼酸钠可借水分慢慢扩

散。处理程序简单又不需要设备，往往可因地制宜利用。

（2）加压处理法

加压处理法的原理是在压力下使防腐剂与木材间产生压力差，这种压力差迫使防腐剂进入木材组织内。防腐处理中的压力一般控制在 1.5MPa 以下，超过此值会引起木材结构的破坏（图 4-36）。

防腐处理常用正压和负压（真空），根据真空和加压顺序的不同，一般把加压法分为满细胞法、空细胞法、半空细胞法、真空法等几种形式。

① 满细胞法（full cell process）。满细胞法又叫贝塞法、真空-加压法。用满细胞

图 4-36　原木加压至 1.5MPa 引起的
木材破坏（陈允适，2007）

法处理是希望把木材的细胞充满处理液而得到较高处理量。分 5 个阶段（图 4-37）：

前真空阶段：已干燥的木材放入压力浸渍罐中，关好门；开启真空泵，抽真空 ［−0.08～−0.098MPa，15～60min（30min）］，以抽出木材细胞腔中的空气，使得木材容易被防腐剂浸注，减少在卸压时反冲出来的防腐剂，保留较多的防腐剂。

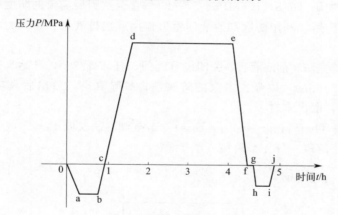

图 4-37　满细胞法压力-时间图

0→a→b—前真空；a→b—注入药液；b→c—解除真空；c→d—加压；
d→e—保压；e→f—卸压；f→g—排液；g→h→i—后真空；i→j—解除真空

加防腐剂阶段：不关闭真空泵，保持一段时间的真空，加入防腐剂溶液至满。

加压阶段：关闭真空泵，开始加压（0.8～1.5MPa，2～6h），直至达到所需要的防腐剂载药量；卸压。

排液阶段：卸压后，利用防腐剂溶液的重力作用或用排液泵，将压力罐中的防腐剂排回到防腐剂溶液槽中。

后真空阶段：排完防腐剂溶液后，关闭所有阀门，打开真空泵，开始真空阶段（−0.08～−0.098MPa，10～30min）；解除真空，放出后真空阶段抽出的防腐剂溶液；打开罐门，取出木材。

② 空细胞法（empty-cell process）。空细胞法又叫 Rueping 法（吕宾法）。该方法处理

后木材细胞腔内是空的。分 5 个阶段（图 4-38）：

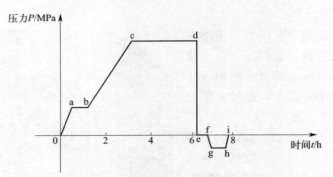

图 4-38　空细胞法压力-时间图（曹金珍，2018）

0→a→b—前空压；a→b—压力下注入药液；b→c—加压；c→d—保压；

d→e—卸压；e→f—排液；f→g→h—后真空；h→i—解除真空

前空压阶段：已干燥的木材放入压力浸渍罐中，关好门；加压（0.2～0.4MPa，10～60min），所加入的压缩空气进入木材细胞，并压缩细胞中原有的空气，让细胞腔中保留大量的空气，从而阻碍防腐剂的进入。

加防腐剂阶段：保持前空压一段时间，加入防腐剂溶液至满。

加压阶段：再加压（0.8～1.5MPa，2～6h），直至达到所需要的防腐剂载药量；卸压。

排液阶段：卸压后，利用防腐剂溶液的重力作用或用排液泵，将压力罐中的防腐剂排回到防腐剂溶液槽中。

后真空阶段：排完防腐剂溶液后，关闭所有阀门，打开真空泵，开始真空阶段（−0.08～−0.09MPa，30～60min），以吸去多余的防腐剂；解除真空，放出后真空阶段抽出的防腐剂溶液；打开罐门，取出木材。

③ 半空细胞法（half empty-cell process）。半空细胞法又叫 Lowry 法（劳里法、半定量浸注法），无前空压阶段。分 4 个阶段（图 4-39）：

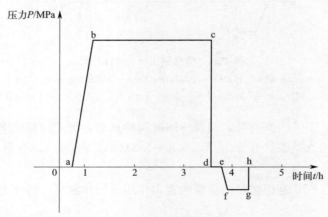

图 4-39　半空细胞法压力-时间图（曹金珍，2018）

0→a—常压下注入药液；a→b—加压；b→c—保压；c→d—卸压；d→e—排液；

e→f→g—后真空；g→h—解除真空

加防腐剂阶段：已干燥的木材放入压力浸渍罐中，关好门；加入防腐剂溶液至满。

加压阶段：加压（0.8～1.5MPa，2～6h），直至达到所需要的防腐剂载药量；卸压。

排液阶段：卸压后，利用防腐剂溶液的重力作用或用排液泵，将压力罐中的防腐剂排回到防腐剂溶液槽中。

后真空阶段：排完防腐剂溶液后，关闭所有阀门，打开真空泵，开始真空阶段（−0.08～−0.09MPa，30～60min），以吸去多余的防腐剂；解除真空，放出后真空阶段抽出的防腐剂溶液；打开罐门，取出木材。

④ 双空细胞法（double empty-cell process），即进行两次空细胞法处理（图 4-40）。此法主要适用于较潮湿的和较难浸注的木材。

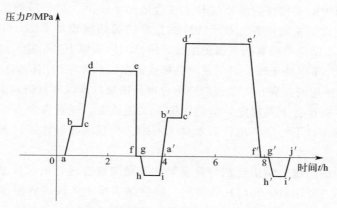

图 4-40　双空细胞法压力-时间图（曹金珍，2018）

0→a→b, 0→a′→b′—前空压；a→b, a′→b′—压力下注入药液；b→c, b′→c′—加压；

c→d, c′→d′—保压；d→e, d′→e′—卸压；e→f, e′→f′—排液；f→g→h, f′→g′→h′—后真空；

h→i, h′→i′—解除真空

⑤ 真空法（vacuum process）。在真空下木材细胞中的空气逸出，木材细胞中气压成为负压，防腐剂在大气压下进入木材细胞，这一过程中利用了大气压与真空的压力梯度差。分5 个阶段（图 4-41）：

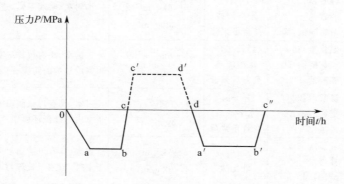

图 4-41　真空法压力-时间图（陈允适，2007）

0→a→b, d→a′→b′—前真空；a→b, a′→b′—注入药液；b→c, b′→c″—解除真空；

c→d—1 个大气压下加压；c′→d′—高于 1 个大气压下加压

初始真空阶段：已干燥的木材放入压力浸渍罐中，关好门；开启真空泵，抽真空[−0.08～−0.098MPa，15～60min（30min）]，以抽出木材细胞腔中的空气，使得木材容易被防腐剂浸注，减少在卸压时反冲出来的防腐剂，保留较多的防腐剂。

加防腐剂阶段：保持真空，加入防腐剂溶液至满。

大气压阶段：关闭真空，置于大气压下 0.5～1h，直至达到所需要的防腐剂载药量。

排液阶段：利用防腐剂溶液的重力作用或用排液泵，将压力罐中的防腐剂排回到防腐剂溶液槽中。

后真空阶段：排完防腐剂溶液后，关闭所有阀门，打开真空泵，开始真空阶段（－0.08～－0.09MPa，30～60min），以吸去多余的防腐剂；解除真空，放出后真空阶段抽出的防腐剂溶液；打开罐门，取出木材。

古建筑木结构中的木构件为木质材料，在合适的条件下，腐朽菌和昆虫会快速滋生，特别是柱根，最易遭受生物的侵害。对于构件的化学防腐处理非常重要（GB 50165—92）。

为防止古建筑木结构受潮腐朽或遭受虫蛀，维修时应采取下列措施：从构造上改善通风防潮条件，使木结构经常保持干燥；对易受潮腐朽或遭虫蛀的木结构用防腐防虫药剂进行处理。

古建筑木结构使用的防腐、防虫药剂应符合现行国家标准《木材防腐剂》（GB/T 27654—2011）的规定，并应符合下列规定：应能防腐，又能杀虫，或对害虫有驱避作用，且药效高而持久；对人畜无害，不污染环境；对木材无助燃、起霜或腐蚀作用；无色或浅色，并对油漆、彩画无影响。

古建筑木结构的防腐、防虫药剂与防腐剂载药量应符合现行国家标准《防腐木材的使用分类和要求》（GB/T 27651—2011）的规定。防腐剂表层透入深度宜根据木材树种及生物危害程度确定。当用桐油作隔潮防腐剂时，宜添加 5％的三氯酚钠或菊酯，也可添加现行国家标准《木材防腐剂》（GB/T 27654—2011）中的其它防腐剂。当需用熏蒸法进行防腐处理时，可采用氯化苦作为防腐、杀虫的熏蒸剂。

古建筑木结构常用的防腐、防虫药剂，宜按表 4-23 选用，也可采用其它低毒高效药剂。

表 4-23　古建筑木结构的防腐、防虫药剂（GB 50165—1992；GB/T 50165—2020）

药剂名称	代号	主要成分组成/％	剂型	有效成分用量（按单位木材计）	药剂特点及适用范围
二硼合剂	BB	硼酸：40 硼砂：40 重铬酸钠：20	5％～10％水溶液或高含量浆膏	5～6kg/m³ 或300g/m²	不耐水，略能阻燃，适用于室内与人有接触的部位
氟酚合剂	FP 或 W-2	氟化钠：35 五氯酚钠：60 碳酸钠：5	4％～6％水溶液或高含量浆膏	5～6kg/m³ 或300g/m²	较耐水，略有气味，对白蚁的效力较大，适用于室内结构的防腐、防虫、防霉
铜铬砷合剂	CCA 或 W-4	硫酸铜：22 重铬酸钠：33 五氧化二砷：45	4％～6％水溶液或高含量浆膏	9～15kg/m³ 或300g/m²	耐水，具有持久而稳定的防腐防虫效力，适用于室内外潮湿环境中
有机氯合剂	OS-1	五氯酚：5 林丹：1 柴油：94	油溶液或乳化油	6～7kg/m³ 或300g/m²	耐水，具有可靠而耐久的防腐防虫效力，可用于室外，或用于处理与砌体、灰背接触的木构件
菊酯合剂	E～1	二氯苯醚菊酯（或氟胺氰菊酯） 溶剂：10 乳化剂：90	油溶液或乳化油	0.3～0.5kg/m³ 或300g/m²	为低毒高效杀虫剂，若改用氟胺氰菊酯，还可防腐。本合剂宜与"7504"有机氯制剂合用，以提高药效持久性
氯化苦	G-25	氯化苦	96％药液	0.02～0.07kg/m³（按处理空间计算）	通过熏蒸吸附于木材中，起杀虫防腐作用，适用于内朽、虫蛀中空的木构件

古建筑中木柱的防腐或防虫，应以柱脚和柱头榫卯处为重点，并采用下述方法进行防腐、防虫处理：

① 不落架工程的局部处理应符合下列规定：对于柱脚表层腐朽的处理，剔除朽木后，用高含量水溶性浆膏敷于柱脚周边，并围以绷带密封，使药剂向内渗透扩散；对于柱脚心腐处理，可采用氯化苦熏蒸。施药时，柱脚周边须密封，药剂应能达柱脚的中心部位。一次施药，其药效可保持 3～5 年，需要时可定期换药；对于柱头及其卯口处进行处理时，可将浓缩的药液用注射法注入柱头和卯口部位，让其自然渗透扩散。

② 落架大修或迁建工程中的木柱处理应符合下列规定：不论是继续使用旧柱还是更换新柱，均宜采用浸注法进行处理。一次处理的有效期应按 50 年考虑。

对于古建筑中檩、椽和斗栱的防腐或防虫，宜在重新油漆或彩画前，采用全面喷涂方法进行处理；对于梁枋的榫头和埋入墙内的构件端部，尚应用刺孔压注法进行局部处理。

对于屋面木基层的防腐和防虫，应以木材与灰背接触的部位和易受雨水浸湿的构件为重点，并按下列方法进行处理：

① 对望板、扶脊木、角梁及由戗等的上表面宜用喷涂法处理；

② 对角梁、檐椽和封檐板等构件，宜用压注法处理；

③ 不得采用含氟化钠和五氯酚钠的药剂处理灰背屋顶。

对于古建筑中小木作部分的防腐或防虫，应采用速效、无害、无臭、无刺激性的药剂，处理时可采用下列方法：

① 对门窗，可采用针注法重点处理其榫头部位，必要时还可用喷涂法处理其余部位，新配门窗材。若为易虫腐的树种，可采用压注法处理。

② 对天花、藻井，其下表面易受粉蠹危害，宜采用熏蒸法处理；其上表面易受菌腐，宜采用压注喷雾法处理。

③ 对其它做工精致的小木作，宜用菊酯或加有防腐香料的微量药剂以针注或喷涂的方法进行处理。

4.4.2　木材的非化学防腐

化学防腐剂产生一些有毒成分，在某些场合下使用受限；防腐油及油溶性防腐剂可能会引起木构件的变色和污斑，产生难闻的气味；水溶性防腐剂引起木构件的干缩和湿胀现象；多数防腐剂可起到防腐的作用，但有些在防虫上效果不佳。所以，化学防腐剂在使用上受到一定的限制。

常用的非化学防腐方法有木材害虫的生物防治、物理方法消灭木材害虫、改进结构设计以避免菌虫危害等。

4.4.2.1　木材害虫的生物防治

木材害虫的生物防治是指用生物或生物技术消灭有害生物的方法。如以虫治虫、以微生物治虫等，还包括使用一些生物性制剂〔如：各种激素、外激素、植物性制剂（除虫菊酯）、微生物性毒剂和化学不育剂等〕。

木材害虫的生物防治的优点：不使用有毒物质，可以避免对人畜、环境的危害和污染。它适用于古建筑木结构害虫的防治，例如：

(1) 生物制剂在防白蚁上的应用

经过大量的研究，证明白蚁腹腺的跟踪信息素具有引诱白蚁的独特功能，利用这一点可以把白蚁集中杀死。白蚁的保幼激素可以干扰白蚁的发育，从而达到消灭白蚁的目的。白僵菌、黄曲霉菌可以使白蚁患病死亡。白僵菌在真菌、杀虫应用上具有诱人的前景。在我国，白僵菌主要用于防治白蚁、松毛虫、玉米螟和蛴螬等。除虫菊酯类药物植物性制剂，如二氯苯醚菊酯、三氯杀虫酯、杀灭菊酯、氯菊酯等，对防治白蚁有效果。

(2) 以虫治虫方面

肿腿蜂是一种幼虫寄生蜂，它在蠹虫（窃蠹、长蠹、粉蠹等）幼虫体内产卵，卵在幼虫体内孵化长大使蠹虫幼虫死亡。只要掌握好放蜂的时期和数量，便能达到理想的效果。

生物防治不使用有毒物质，可以避免对环境的污染。但某一种生物制剂只灭杀单一的害虫，不能做到灭杀所有的害虫；另外，由于涉及生物技术学、昆虫学等学科相关知识，处理工艺相对比较复杂。

4.4.2.2　物理方法消灭木材害虫

(1) γ 射线

辐射作用与放射源和被照射物体的距离有关，不是所有的害虫危害部位都能照射到；一部分木材可能由于照射剂量过高而产生结构的改变，使木材遭到破坏。

(2) 高频电磁波

采用 50～70℃ 进行局部加热。如：在 2450MHz、3～7min 的条件下就可杀死桦木中的窃蠹，37.5MHz、40s 可杀死栎木中褐粉蠹虫幼虫。处理的过程对木材的损害很小。

(3) 热处理

木材害虫的幼虫对温度的升高是很敏感的，60～90℃ 的温度就可杀死害虫。如：在55℃、20min 的条件下可杀死松树中的家天牛。

(4) 冷冻

木材害虫在 0℃ 以下不能正常发育。−16～−17℃、48h 条件下，可以杀死木材内部3cm 深处的害虫幼虫；−15～−17℃、8h 条件下，靠近木材表面的窃蠹可被杀死。

物理方法的优点是不破坏木材，某些方法杀虫效果好过化学防腐剂，处理后没有残留物，不造成环境污染。但物理方法不能完全代替化学防腐的方法。使用化学防腐防虫药剂进行杀虫、防菌，在目前仍然是广泛应用的主要方法。

4.4.2.3　改进结构设计以避免菌虫危害

木材生物损害的两个重要影响因子就是温度和湿度。建筑物内的温度变化不大，而湿度对危害生物的生长和发育影响突出，因此降低木材含水率（20% 以下）是关键。为了使建筑物防潮，原则上应该考虑以下几个方面（图 4-42）：①突出的屋顶，以避免建筑物直接淋雨；②特殊的基础结构，避免地下潮气上侵；③木柱与基础的隔离层，避免湿气对木柱的侵蚀；④墙壁的隔离层，避免地下潮气上升。

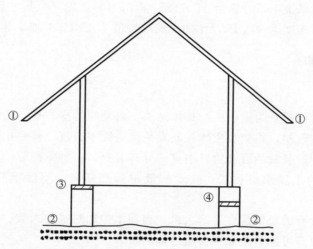

图 4-42　建筑物防潮的几个原则（①～④对应于正文）（陈允适，2007）

4.5　木构件的化学加固处理技术

木材的化学加固指通过化学加固剂的处理，使遭受菌、虫和机械损害的木材性能得以增强的一种方法。优良的木材加固剂应该具有下列条件：处理后能提高木材的耐久性；确保木材的良好的尺寸稳定性；具有较强的防腐、防虫效果；尽量不改变木材的外观；加固后，不影响木材的再加工、黏合和油漆彩绘；加固反应可逆。以上条件全部满足也只是一种理想，不同的化学加固剂具有特定的性能。

4.5.1　木材的化学加固药剂

4.5.1.1　无机化合物

（1）铝化物

十八水硫酸铝 $Al_2(SO_4)_3 \cdot 18H_2O$，为白色斜方晶系结晶粉末，密度 $1.61g/cm^3$（25℃）；易溶于水。硫酸铝最早用于湿材的保护，优点是处理后木材不皱、不变色，对人畜无毒。缺点是仍受空气湿度变化的影响，处理材表面发乌，所以很少用。

十二水硫酸铝钾 $KAl(SO_4)_2 \cdot 12H_2O$，又叫明矾，无色结晶或粉末，熔点 92.5℃，密度 $1.76g/cm^3$（25℃）；易溶于水，不溶于酒精。优点是处理后木材不皱、不开裂，对人畜无毒。缺点是仍受空气湿度变化的影响，处理材易碎、易断裂，会腐蚀金属材料。

（2）硅化物

硅酸钠 Na_2SiO_3，其水溶液俗称水玻璃，无色正交双锥结晶或白色至灰白色块状物或粉末，熔点 1088℃；易溶于水，溶于稀氢氧化钠溶液，不溶于乙醇和酸，对人畜无毒。优点：处理干燥木材可以起到阻燃效果，处理湿材可以增加木材硬度和强度，可使木材裂缝密合。缺点：处理后木材的外观不佳。

邱坚课题组采用 25% 的硅酸钠对剑川海门口遗址的木构件进行了加固，弦向、径向、轴向三个方向的干缩率很小，分别为 11.60%、3.05%、2.24%，尺寸稳定性能得到较大程度的提高；顺纹抗压强度达 30MPa，比加固前的均值 7.4MPa 增加了 305%。

4.5.1.2 有机化合物

（1）天然胶

皮胶、骨胶。主要成分为蛋白质。具体制法：将动物的皮、骨、筋等脱去油脂，与酸或碱一起放入水中加热熬制，得到胶质物。缺点是渗透性差，抗气候变化能力差，不耐水。

明胶。它为各种氨基酸的混合物，主要成分有甘氨酸、脯氨酸等。具体制法：由废弃的骨头、皮革等制成的土胶水解而成；在水溶液中强烈膨胀，不溶于酒精和乙醚，对人畜无毒。

鱼胶。鱼皮中含有的长键蛋白不溶入水，当在水中加热或加入酸、碱后，可使长键断裂而溶于水中。水溶液即可作为胶黏剂使用，称为鱼胶。

豆胶。它是一种植物蛋白胶。制作方法：溶液萃取法提取大豆油后的豆渣中，约含有90%的大豆蛋白质，经低温处理后，可得水溶性的、类似于酪素的大豆蛋白，作胶黏剂使用，称作豆胶。

（2）油类

干性油。常用的干性油有亚麻籽油、桐油、罂粟籽油等。

半干性油。常用的半干性油有菜籽油。

非干性油。常用的非干性油有蓖麻籽油、松节油、樟脑油。

（3）羊毛脂

主要成分为各种油脂酸与胆固醇、羊毛脂醇和羟基化合物的混合物。制作方法：将羊毛用肥皂水和苛性碱溶液处理，得到粗油脂，再用氯化钙或硫酸镁沉淀并清洗。用酒精、乙醚和无水羊毛脂的乙醚溶液逐次浸泡潮湿木材，通过酒精和乙醚的浸泡，置换出木材中的水分，再使羊毛脂浸注入木材内。此方法适用于潮湿木材的加固保护。

（4）蜡

常用的蜡有巴西棕榈蜡、蜂蜡、石蜡等。其中，石蜡白色、无味，在 47～64℃熔化，密度约 0.9g/cm³，溶于汽油、二硫化碳、二甲苯、乙醚、苯、氯仿、四氯化碳、石脑油等一类非极性溶剂，不溶于水和甲醇等。

（5）树脂和虫胶

山达树脂，主要成分为游离树脂酸和类似醚的油类的混合物，是生长在西班牙南部和北非的山达树的树脂，直接收集即得。树脂呈淡黄色，熔点 135～145℃，密度 1.05～1.15g/cm³；溶于甲醇、乙醇、丙酮、醋酸乙酯等；对人畜无毒。用山达树脂和亚麻子油（1∶2～1∶3）配成油-脂清漆，在催干剂存在条件下蒸煮木材。缺点是处理木材久后木材会变脆，易碎。

达玛树脂，主要成分为醇溶、非醇溶达玛树脂和达玛树脂酸及少量杂质和醚化油类。从产自东南亚的达玛树上直接采集树脂。产品为亮黄色透明块状，大约 90℃时软化，熔点 150～170℃，密度 1.04～1.07g/cm³。它溶于乙醚、氯仿、苯、甲苯、二甲苯、松节油等；对人畜无毒。达玛树脂的四氯化碳溶液可作木材的加固剂，25%和 40%的二甲苯-达玛树脂溶液可用于对害虫蛀蚀损坏严重的木制品进行浸泡或涂刷处理。达玛树脂：蜂蜡＝1：2混合后，溶于热松节油中，可用于木质文物的加固处理。现在通常将达玛树脂与松节油以（1：3）～（1：6）的比例混溶，再加入蜂蜡、酮树脂和玛蒂树脂等制成树脂清漆。

玛蒂树脂，主要成分为游离树脂酸和氧化树脂混合物，是地中海区域生长的玛蒂树树皮的分泌物。浅黄色树脂，熔点 $105 \sim 120℃$，密度 $1.04 \sim 1.07g/cm^3$。它溶于甲醇、乙醇、乙醚、氯仿、醋酸乙酯、苯、甲苯、四氢化萘、松节油等；对人畜无毒；一般很少单独使用，大多是与其它成分配制成清漆。

琥珀，是不同化合物的混合物，主要成分有琥珀酸氧化酶、琥珀精油、琥珀酸和少量含硫化合物。其为琥珀松树树脂的化石，大约形成于地质年代的第三纪。琥珀呈透明或不透明状，颜色从亮黄色、黄白色、橘黄色、黄红色至棕色。熔点 $340 \sim 386℃$，密度 $1.075 \sim 1.096g/cm^3$。它微溶于乙醇、乙醚、氯仿和松节油；对人畜无毒。琥珀处理木材后，使木材变为棕色，但干燥后非常坚硬，耐候性强。

松香，为固体，透明，亮黄色至暗褐色结晶，$70℃$软化，熔点 $100 \sim 130℃$，密度 $1.07 \sim 1.08g/cm^3$。它溶于甲醇、乙醇、乙醚、丙酮、苯、汽油和松节油，不溶于水，对人畜无毒。松香可提高木材的耐久性，被认为是天然的木材防腐剂。松香制备：松树在受伤时分泌松脂，以松树松脂为原料，通过不同的加工方式得到非挥发性天然树脂（松节油和结晶松香）。松香可作遭害虫严重损坏的干木构件的加固剂，常见的配方如：甲基纤维素＋醇酸树脂＋松香制成乳浊液；松香＋汽油＋五氯酚；蜂蜡：松香＝1：2制成硬质蜡，用来填塞木制品上的虫眼；松香的汽油溶液；松香＋蜡的1,1,2-三氯乙烯溶液。它也可用于湿木材，如：明矾脱水后，用温度为 $90℃$ 的 50% 亚麻油籽＋50%松节油溶液（松节油溶液为松香：煤焦油＝5：2的混合物）在木材上每天涂刷 $2 \sim 3$ 次，连续涂刷数天。松香的优点是耐热、拒水；缺点是加固效果差，易变脆。

紫胶（虫胶），是指紫胶虫吸取寄主树树液后分泌出的紫色天然树脂，又称虫胶、赤胶、紫草茸等；主要含有紫胶树脂、紫胶蜡和紫胶色素；能溶于醇和碱，耐油、耐酸，对人畜无毒；紫胶（虫胶）用于干木材，如虫胶的酒精溶液；用于湿木材，如脱水处理—其它加固处理—虫胶涂刷。紫胶（虫胶）的优点：处理后的木材能耐受一定的机械损害，不起皱。缺点：仅在短时间内拒水。

邱坚课题组采用"松香＋虫胶"混合法对剑川海门口遗址木构件进行了加固，加固的实验步骤如下：

① 脱色处理。将试样浸泡在浓度 2% 草酸溶液中，在常压 $60℃$ 的条件下进行脱色处理，$2 \sim 3h$（可更换草酸溶液 $1 \sim 2$ 次），直至草酸溶液的颜色不再加深。

② 清洗残留草酸。将试样放入蒸馏水中浸泡洗去残留草酸，一共清洗 $3 \sim 4$ 次。脱水处理：将试样浸泡在甲醇溶液中，逐级进行脱水。

③ 脱水流程。浓度 30% 甲醇溶液（0.5h）—浓度 50% 甲醇溶液（0.5h）—浓度 70% 甲醇溶液（0.5h）—浓度 90% 甲醇溶液（0.5h）—浓度 95% 甲醇溶液（0.5h）—无水甲醇（饱和处理，时间为 $2 \sim 3$ 天）。松香和虫胶在甲醇、乙醇中的溶解性良好，且溶解度相同，但甲醇的表面张力稍小，为避免溶剂的表面张力对试样的损坏，小试件实验时采用甲醇作为溶剂，但后期大规模处理时，从安全角度考虑，采用乙醇作为溶剂。

④ 加固剂填充。将脱水后的试样浸泡于松香（12%）和虫胶（8%）的甲醇混合溶液，直至试样的重量不再增加。

⑤ 干燥处理。取出加固后的试样，放在不通风的地方自然阴干。

经"松香＋虫胶"天然树脂加固后的古木表面色泽浅淡，保持了木材原有的色泽、纹理和质感（图 4-43）。未加固思茅松古木样品细胞形状变形严重，呈被挤压、塌陷状；加固后的木材细胞壁光滑、平整、无破损现象，细胞腔呈圆形、卵圆形，细胞腔内细腻光滑（图 4-44）。基本密度从 $0.312g/cm^3$ 增加到 $0.437g/cm^3$，增加了 40.06％，加固后古木试样的基本密度已接近现代材的基本密度（思茅松健康材的基本密度为 $0.45g/cm^3$），尺寸稳定性（表 4-24）和力学强度（表 4-25）均得到较大程度的提高。这说明"松香＋虫胶"混合法能有效提高木质文物的基本密度。

(a) 加固前　　　　　　　　　　　(b) 加固后

图 4-43　使用天然树脂加固前后思茅松古木样品的表面色泽（傅婷，2014）

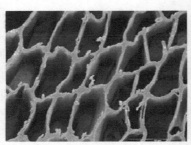

(a) 加固前　　　　　　　　　　　(b) 加固后

图 4-44　使用天然树脂加固前后思茅松古木样品的扫描电镜 SEM 图（傅婷，2014）

表 4-24　天然树脂加固前后思茅松古木的各向全干干缩率（傅婷，2014）

项目	弦向全干干缩率/％	径向全干干缩率/％	纵向全干干缩率/％
未加固古木试样	18.04	11.43	4.71
加固后古木试样	7.73	3.54	2.22
健康木材	6～12	3～6	0.1～0.3

表 4-25　使用天然树脂加固后顺纹抗压强度统计分析结果（傅婷，2014）

实验组别	样本数量/个	含水率/％	最大值/MPa	最小值/MPa	平均值/MPa	标准差	变异系数/％
对照组	20	0	20.59	6.44	13.67	4.15	30.37
12％松香＋8％虫胶处理组	20	0	29.15	10.37	17.03	4.75	27.92

(6) 多元醇和糖

聚乙二醇，也写作 PEG，化学式为 $HO(CH_2CH_2O)_nH$，由环氧乙烷与水或乙二醇聚合而成；为无色、无臭、黏稠液体至蜡状固体；溶于水、乙醇和许多其它有机溶剂；对热稳定；无毒，对眼睛和皮肤无明显刺激。PEG 具有不同分子量（200、400、600、1000、1500、2000、4000、6000），PEG 分子量越小，稳定性越差；当分子量小于 500 时，环境湿度过大，则 PEG 呈液态，起不到加固的目的。PEG 分子量越高，加固后木材越脆。

PEG 加固一般采用分段式处理，即先选用低分子量（或低浓度）的 PEG 进行渗透，再逐渐改变，用分子量较大（或高浓度）的 PEG。采用两步处理法：①用 PEG 200 对饱水古木加固，采用 TEM 观察，发现 PEG 200 对没有腐朽的细胞组织填充；②用 PEG 3000 对饱水古木加固，采用 TEM 观察，发现 PEG 3000 对所有类型的腐朽组织细胞均填充。李昶根等采用两步处理法：①用 PEG 400 对饱水古木加固，采用 TEM 观察，发现 PEG 400 对腐朽较轻的部位有填充；②用 PEG 4000 对饱水古木加固，采用 TEM 观察，发现 PEG 4000 对腐朽较重的部位有填充。

蔗糖。蔗糖为无色结晶或白色结晶性的松散粉末；无臭，味甜；在水中极易溶解，在含水乙醇中微溶，在无水乙醇中几乎不溶。蔗糖也是一种很好的饱水古木加固材料。它可以提高古木的强度及尺寸稳定性；处理后古木仍能保持自身颜色；同时还具有很强的耐腐性能；而且无毒、无腐蚀性、易溶于水、不挥发、廉价易得；另外已经渗入古木内部的蔗糖可以用水重新溶解出来，实现加固的可逆。蔗糖属低聚糖，其分子体量与 PEG 400 相近，很容易渗透到古木内部。

(7) 甲醛类

甲醛类如甲醛树脂、酚醛树脂、脲醛树脂、间苯二酚甲醛树脂、三聚氰胺甲醛树脂、醛酮树脂等。

邱坚课题组采用酚醛树脂对剑川海门口遗址木构件进行了加固，加固的实验步骤如下：

① 配制加固剂：根据实验需求将实验室制备的低分子酚醛树脂稀释成实验所需的浓度，即 20%低分子酚醛树脂；

② 加固剂填充：将试样浸泡在浓度为 20%的酚醛树脂溶液中进行浸渍填充直至饱和；

③ 低温干燥处理：将被酚醛树脂饱和的试样放在 60℃的烘箱中进行低温干燥处理；

④ 脱色处理：试样浸泡在 2%的草酸溶液中进行脱色，2～3h 更换一次草酸溶液，直至试样表面的紫红色完全褪去，并且内部也不再有红色物质析出；

⑤ 干燥处理：采用低温慢速干燥法。将试样在常温下气干两周，然后放于烘箱当中缓慢升温，40℃两周，60℃两周，80℃两周，90℃两周，进行干燥及木材内部酚醛树脂的固化。

酚醛树脂加固后的试样经 2%草酸溶液处理后，颜色基本恢复到木材本身的材色（图 4-45）。这说明在此条件下，本方法对酚醛树脂的脱色效果理想。未加固古松木样品细胞变形严重，呈被挤压、塌陷状。加固后的木材细胞壁光滑、平整、无破损现象，细胞腔呈圆形、卵圆形，细胞腔内细腻光滑，细胞壁有明显增厚（图 4-46）。基本密度从 $0.312g/cm^3$ 增到 $0.622g/cm^3$，增加了 99.36%，也远远高于思茅松健康材的基本密度 $0.45g/cm^3$。这说明低分子量的酚醛树脂容易扩散到思茅松古木的细胞壁中，并能大幅度地提高其基本密度。尺寸稳定性和力学强度得到较大程度的提高（表 4-26 和表 4-27）。

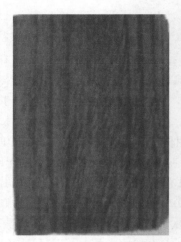

(a) 加固前　　　　　　　　　　　(b) 加固后

图 4-45　使用酚醛树脂加固前后思茅松古木样品的表面色泽（傅婷，2014）

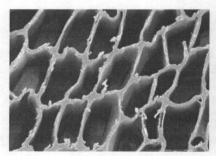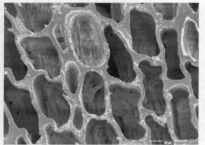

(a) 加固前　　　　　　　　　　　(b) 加固后

图 4-46　使用酚醛树脂加固前后思茅松古木样品的扫描电镜 SEM 图（傅婷，2014）

表 4-26　使用酚醛树脂加固前后思茅松古木的各向全干干缩率（傅婷，2014）

项目	弦向全干干缩率/%	径向全干干缩率/%	纵向全干干缩率/%
未加固古木试样	18.04	11.43	4.71
加固后古木试样	10.88	6.53	2.93
健康木材	6～12	3～6	0.1～0.3

表 4-27　使用酚醛树脂加固后顺纹抗压强度统计分析结果（傅婷，2014）

实验组别	样本数量/个	含水率/%	最大值/MPa	最小值/MPa	平均值/MPa	标准差	变异系数/%
对照组	20	0	20.59	6.44	13.67	4.15	30.37
20%酚醛树脂处理组	20	0	82.15	55.96	67.34	9.35	28.73

4.5.2　化学加固药剂的固化方法

　　化学加固药剂的固化在古建筑维修和木质文物的保护中，对于确保工程进度和加固质量有重要意义。固化方法的选择与木材、加固药剂的性质和现有设备条件的状况有关。对加固药剂还要看单体或溶解的聚合物在木材中预聚合的情况，对木材还要考虑处理后对木制品表面的要求等。药剂的固化应该是充分的、持久的。固化过程应尽可能对木材不产生其它不利的影响。常用到的固化方法有：真空法、热（催化）固化法和光化学固化法（辐射固化法）等。

（1）真空法（图 4-47）

设备包括真空泵、排气装置。处理工艺：使经聚合物溶液浸注的木材中的溶剂在真空下尽快挥发；或在处理湿木材时，用聚合物水溶液转换木材中的水分后，在真空下使木材内溶液中的水分尽快移出。优点是方法简单。缺点是：移出过程缓慢；已固化部分通过溶剂有重新溶解的危险；在没有安全的排气系统时，挥发的某些有机溶剂对人畜有毒；多用于小件木质文物，如木雕及板式文物等。此方法一般只能用于表层的加固。

（2）热（催化）固化法（图 4-48）

设备包括干燥箱、保温罩、坚固的加热带和盛导热液体（如油等）的容器。处理工艺：浸注处理前，加固剂溶液中加入相应的催化剂，一定时间内，在室温下，木材中的药剂在催化剂作用下会逐渐固化。对于某些加固剂来说，单纯地加入催化剂（或引发剂）已足够完成固化过程（这一过程称为化学固化）。但一般情况下，对于热固性树脂来说，加热是必要的，或起码可以起到促进作用。固化时间一般从数小时到数天。优点是该方法固化时间比光化学固化短，设备投资成本低。缺点是只能在室内小规模地进行；固化过程中材料会产生热应力，因此，对油漆彩绘物件要小心损伤。此方法可用于破损严重并需要深层固化的木件。

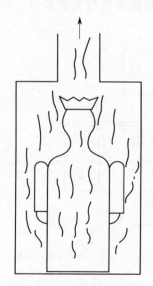

图 4-47　真空法模式图（陈允适，2007）

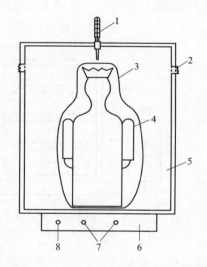

图 4-48　热（催化）固化法模式图（陈允适，2007）
1—调控温度计；2—通风孔；3—塑料薄膜；4—待处理木件；
5—干燥箱空间；6—温度选择钮；7—指示灯；8—电源开关

（3）光化学固化法（辐射固化法）（图 4-49）

设备包括辐射装置（放射性同位素 ^{60}Co 或 ^{137}Cs）、电子加速器。处理工艺：将用单体或预聚物浸注的木件用铝箔或聚乙烯薄膜包裹，或放在相应的容器中，通入保护气体（纯氮、氩气）；置入辐射装置中，在室温或稍高温度下，用辐射源照射。要求剂量 10～100（最大）kGy。只有在处理极薄物件（如浸注的单板）时，才使用电子加速器。在辐射下加固药剂在木材中固化。优点是不需加催化剂，固化优良。缺点是设备和射线防护费昂贵；辐射量过大的话，会造成木材结构的破坏。此方法可用于板材、珍贵木质文物等。

（4）冷冻干燥固化法

此方法为使木材中水分结冰，冰直接升华而使木材干燥的方法。它能最大限度地减少潮湿木材干燥过程中的开裂和变形，有时也用于经加固药剂溶液浸注木材的固化处理。冷冻干燥又可分为真空冷冻干燥、常压冷冻干燥、天然冷冻干燥三种情况。

① 真空冷冻干燥。冷冻设备：装干冰的冷冻容器，或深冻冰箱。升华设备：带加热管的真空容器，真空泵。有时需要附加热源或红外线灯，专门用于处理木材容器的加热。冷凝设备：带有真空容器的冷凝器，或专门的成套冷凝设备。温度测量设备：温度计和记录器。压力测量设备：压力表和真空表。

② 常压冷冻干燥。带有放置湿木材及用于温度、压力和湿度测量仪表的支架的密封干燥窑。

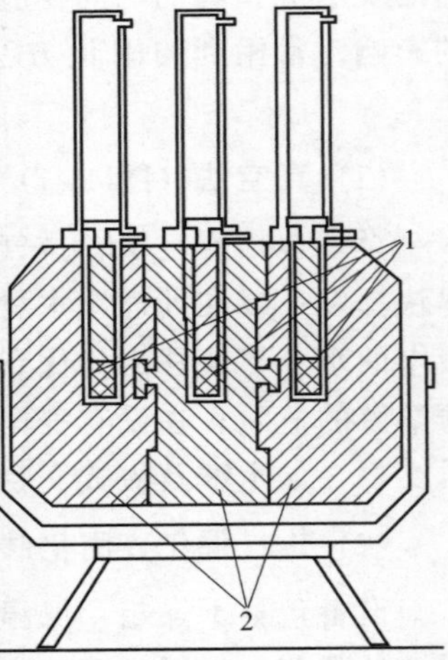

③ 天然冷冻干燥。冷冻物容器、薄膜帐篷或支盖物。根据需要设置鼓风机。冷冻干燥设备模式图如图 4-50 所示。处理工艺包括：

图 4-49 可移动式 γ 射线辐射装置示意图（陈允适，2007）
1—辐射源（^{137}Cs），静止状态；
2—铀整流子板，可以围绕中央安装的射线管彼此旋转

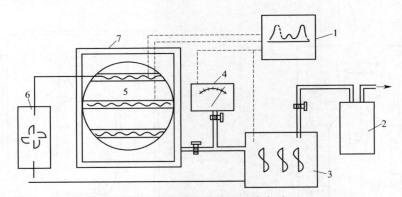

图 4-50 冷冻干燥设备模式图（陈允适，2007）
1—记录器；2—真空泵；3—冷凝器；4—真空表；5—处理物件；6—冷冻源；7—处理物件容器

a. 湿木材：用 10％ PEG-400 水溶液浸注或用叔丁醇 PEG-400 溶液置换木材中水分后，将木件放在冷冻容器中，用干冰冷冻或放在深冻冰箱中冷冻；然后，放在真空容器的加热管上，使木材加热，并抽真空；到达规定的工作压力后，木材中的热量随真空散去，同时冰或叔丁醇升华，并被冷凝器截获，为此，冷凝器温度应达到 20℃；当木材温度达到 0℃时，木件干燥；然后升高真空容器的压力。真空干燥的持续时间视木件大小而不同，由数小时至数天，也可能数周。

b. 将待处理木件放在干燥窑内的木支架上，并通入冷的氮气，使木材中的水分结冰。强烈的干燥气流（速度 20km/h）从木材表面吹过，使冰结晶直接升华为气体散去。在处理过程中有规律地测量木材中水分的减少。干燥后，木件保持在低温、低湿环境中。

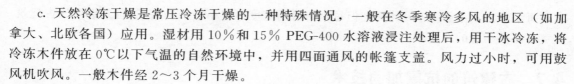

c. 天然冷冻干燥是常压冷冻干燥的一种特殊情况，一般在冬季寒冷多风的地区（如加拿大、北欧各国）应用。湿材用 10％和 15％ PEG-400 水溶液浸注处理后，用干冰冷冻，将冷冻木件放在 0℃以下气温的自然环境中，并用四面通风的帐篷支盖。风力过小时，可用鼓风机吹风。一般木件经 2～3 个月干燥。

优缺点：

a. 干燥木件很少起皱和变形。不成形或严重破损的木材用该方法处理可以得到满意的结果，木件表面颜色可保持不变，木件上的文字经处理后仍清晰可辨。在木材干燥情况下可以做木材解剖学的研究。木材在冷冻干燥前不加入任何加固药剂，处理后木质文物可以用^{14}C测定年代。单纯冷冻干燥的木材一般都很轻且易破损，故干燥后应做加固处理。处理设备的费用相对较贵，因此，一般只能应用于珍贵的小件木质文物。

b. 处理后不改变木材颜色和结构；适用于较大件木制品的处理。但处理后有时木材会起皱。应用范围：小件、中等含水率木件，如书写板、木浆、古文字书写残片及木制工具等。另外，木制品残损件及纤维编织品等处理后也可获得满意的结果。用鼓风机的强制天然冷冻干燥可处理大件木制品，如长达 30m 的古代木船残骸。

4.6　木构件的防火处理技术

以木构架为承重结构的古建筑的耐火等级，应按现行国家标准《建筑设计防火规范》（GB 50016）的规定，定为民用建筑四级。

在修缮古建筑木结构时，对顶棚、藻井以上的梁架宜喷涂防火涂料；顶棚、吊顶用的苇席和纸、木板墙等应进行阻燃处理，并应达到 B2 级以上阻燃要求。阻燃处理应不改变文物原状。

800 年以上及其它特别重要的古建筑木结构内严禁敷设电线。当其它古建筑木结构内需要敷设电线时，须经文物主管部门和当地公安消防部门批准。电线应采用铜芯线，并敷设在金属管内，金属管应有可靠的接地。

允许敷设电线的重要古建筑木结构，宜安装火灾自动报警器；若室内情况许可，尚宜安装自动灭火装置。其设计应符合下列规定：①火灾自动报警，宜采用图像式感烟探测器。其具体安装要求应符合现行国家标准《火灾自动报警系统设计规范》（GB 50116）的有关规定。②有天花板的古建筑，应在天花板的里外分别设置探头。③对需要安装自动喷水灭火设备的古建筑，其设计应符合现行国家标准《自动喷水灭火系统设计规范》（GB 50084）的规定，并应结合各地古建筑形式安装，不得有损其外观。

国家和省、自治区、直辖市重点保护的古建筑群或独立古建筑物，应配置消防车道，但不应破坏古建筑的环境风貌。

在古建筑保护范围内，必须设置消防给水设施，其水量、管网布置、增设等要求应按现行国家标准《建筑设计防火规范》（GB 50016）的规定执行。

当古建筑处于偏僻地区，无法设置给水设施时，对有天然水源的地方，应修建消防取水码头。无天然水源的地方，应设消防蓄水设施。

对外开放的古建筑，其防火疏散通道的布置应符合下列规定：①应设两个以上的安全出口，并按每个出口的紧急疏散能力为 100 人计算所需的安全出口数量，当实际情况不能满足计算要求时，则应限制每次进入的人数；②作为展览厅的古建筑，应有室内疏散通道，其宽度按每 100 人不小于 1.0m 计算，但每个出口的宽度不应小于 1.0m；③游人集中的古建筑，其室外疏散小巷的净宽不应小于 3.0m。

4.7 古建筑的抗震加固技术

古建筑的抗震加固，除应符合现行国家标准《建筑抗震设计规范》（GB 50011—2010）及《建筑抗震鉴定标准》（GB 50023—2009）的要求外，尚应遵守下列规定：①抗震鉴定加固烈度，应按本地区的基本烈度采用。对重要古建筑，可提高一度加固，但应经上一级文物主管部门会同国家抗震主管部门批准。②古建筑的抗震加固设计，应在遵守"不改变文物原状"的原则下提高其承重结构的抗震能力。③对 800 年以上或其它特别重要古建筑的抗震加固方案，应经有关专家论证后确定。④按规定烈度进行抗震加固时，应达到当遭受低于本地区设防烈度的多遇地震影响时，古建筑基本不受损坏；当遭受本地区设防烈度的地震影响时，古建筑稍有损坏，经一般修理后仍可正常使用；当遭受高于本地区设防烈度的预估罕遇地震影响时，古建筑不致坍塌或砸坏内部文物，经大修后仍可恢复原状。

古建筑木结构的构造不符合抗震鉴定要求时，除应按所发现的问题逐项进行加固外，尚应遵守下列规定：①对高大、内部空旷或结构特殊的古建筑木结构，均应采取整体加固措施。②对截面抗震验算不合格的结构构件，应采取有效的减载、加固和必要的防震措施。③对抗震变形验算不合格的部位，应加设支顶等以提高其刚度。若有困难，也应加临时支顶，但应与其它部位刚度相当。

古建筑的抗震加固施工，应纳入正常的维修计划，分期分批有重点地完成，但对地处 8 度Ⅲ、Ⅳ类场地和 9 度以上的古建筑应优先安排。

第 5 章

砖石砌体结构古建筑的损坏及保护技术

砖石砌体结构建筑是由单块的砖或石，用泥浆、灰浆或砂浆铺垫、黏结、砌筑而成的砌体结构。如：我国特有的、举世闻名的世界最浩大的砖工程之一——万里长城（图 1-9）；我国最古老的砖塔——河南登封嵩岳寺塔（图 1-8）；我国现存最高的砖塔——河北定州市料敌塔（84m）（图 5-1）；全石结构哥特式教堂建筑——广州圣心大教堂（图 5-2）；山东历城四门塔（图 1-14）；河北省石家庄市赵县赵州桥（图 1-12）。

砖石砌体结构建筑在我国有悠久的历史，与木结构并列成为中国古代建筑中最主要的两大结构类型。由于砖石材的坚固与耐久，因此留存在中国大地上至今依然完好的砖结构古建筑的数量很多。这些驰名世界的伟大建筑工程，充分显示了古代建筑工人的智慧和创造才能。

图 5-1　河北定州市料敌塔　　　　　　图 5-2　广州圣心大教堂

砖石砌体结构能够建造出规模宏伟的大体量建筑，在自然界中易于就地取材，施工简便，材料稳定性好，还具有耐火、耐久、保温以及隔热等多种优点；但同时具有自重大，材料抗拉、抗剪强度低，延性差，抗震性能弱等缺点，而且有些材料材质孔隙率大，较疏松、易于风化。对于砖石砌体结构古建筑来说，最常见的病害有材料表面的风化酥碱、砖砌体的裂缝、结构的变形倾斜，其中以开裂（裂缝）更为普遍。开裂（裂缝）不仅会削弱结构的整体性，影响其耐久性，让人看上去感到不安全，严重的还会出现突然坍塌破坏。

5.1　砖石的种类及性能

5.1.1　砖材

根据生产工艺的不同（是否经过焙烧的过程），砖砌体可分为烧结砖和非烧结砖两大类型（图5-3）。烧结砖需要经过焙烧的过程，且根据焙烧条件的不同又可分为正火砖、欠火砖和过火砖三种类型；非烧结砖则不需要经过这一过程而直接被压制成型。

(a)烧结砖　　　　　　　　　　　　(b)非烧结砖

图5-3　烧结砖和非烧结砖（刘明飞，2017）

根据使用原料的不同，烧结砖又可分为黏土砖、页岩砖、煤灰砖、炉渣砖、灰砂砖等；非烧结砖包括土坯砖、草砖等。

按照颜色的不同，黏土砖分红砖和青砖两种（图5-4）。在 O_2 气氛中焙烧出窑，则制成红砖；在 O_2 中焙烧后，再经浇水闷窑，使窑内形成还原气氛，可促使砖内的红色高价 Fe_2O_3 还原成低价氧化铁（FeO），冷却后出窑，即可制成青砖。两者物理性质相似，在抗性上青砖的性能要优于红砖，也即青砖一般比红砖更结实、耐碱、耐久。

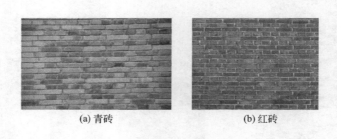

(a)青砖　　　　　　　　　　　　(b)红砖

图5-4　青砖和红砖（刘明飞，2017）

砖材根据制作工艺和方法的不同，又分为手工砖和机制砖（图5-5）。手工砖是通过手工压制而成的；机制砖则是通过机械压制成型。

(a) 手工砖　　　　　　　　　　　(b) 机制砖

图 5-5　手工砖和机制砖（刘明飞，2017）

　　古建筑中所使用的砖的种类很多。不同等级、不同形式的建筑所选用的砖也多不相同。清式建筑常见砖的规格如表 5-1 所示。

表 5-1　清式建筑常用砖的规格（郭志恭，2016）

名称	规格/(cm×cm×cm)	常用部位
停城	47×24×12	大式院墙,城墙,下碱
沙城	47×24×12	随停城背里
大城样	45.4×22.4×10.4	大式糙墁地面,基础,混水墙,小式下碱
二城样	45.1×22.1×10.1	大式糙墁地面,基础,混水墙,小式下碱
大停泥	41×21×8	墙体上身,小式下碱
小停泥	27.5×14×7	大式杂料
大开条	28.8×16×8.3	小式下碱,墙身,杂料
小开条	24.3×11.2×3.8	大式檐料,墁地,小式墙身
斧刃	24×12×4	大式檐料,墁地,小式下碱,杂料
二尺四方砖	76.8×76.8×14.4	大式墁地,大、小式杂料
二尺二方砖	70.5×70.5×12.8	大式墁地,大、小式杂料
二尺方砖	64×64×12.8	大式墁地,大、小式杂料
尺七方砖	54×54×8	大式墁地,大、小式杂料
金砖	尺七至二尺四	宫殿室内墁地
尺四方砖	44×44×6.4	小式墁地,大、小式杂料
尺二方砖	33.4×38.4×5.76	小式墁地,大、小式杂料
大沙滚	28.8×16×8.3	随其它砖背里,糙砖墙
小沙滚	24.3×11.2×3.8	随其它砖背里,糙砖墙

5.1.2　石材

　　岩石是由一种或几种矿物组成的集合体。构成石质建筑的石材有砂岩、石灰岩、大理石、汉白玉、板岩、页岩、凝灰岩、安山岩、花岗岩、伟晶岩、流纹岩、玄武岩等。常见的石砌体建筑的种类有石桥、石塔、石牌楼、石城墙、石殿堂、石碑等。按加工后的外形规则程度，石材分料石和毛石两类。

　　料石为较规则的六面体石块，根据加工后的外观规则程度，又分为细料石、半细料石、粗料石和毛料石四种。细料石通过加工，外表规则，叠砌面凹入深度不应大于 10mm，截面的宽度、高度不宜小于 200mm，且不宜小于长度的 1/4。半细料石规格尺寸同细料石，但叠砌面凹入深度不应大于 15mm。粗料石规格、尺寸同半细料石，但叠砌面凹入深度不应大于 20mm。毛料石外形大致方正，一般不加工或仅稍加修整，高度应不小于 200mm，叠砌面凹入深度不应大于 25mm。毛料石形状不规则，中部厚度不应小于 200mm。

古建筑中对石材的加工是根据用途、部位的不同来确定其粗细程度的，对于台基、须弥座、阶条、踏步、栏板、望柱等石构件的加工通常是要求很高、很讲究的。加工的分类是以最后一道加工工序的传统做法来区分和定名的，一般分为砸花锤、打道、剁斧和磨光四种，每种都有固定的做法和严格的要求。砸花锤后，平面凹凸应小于 4mm。打道也是根据需要而加工的一种形式，道的排列可直可斜，道的密度分为"一寸七""一寸九"等，深度多为3mm。剁斧根据需要分为"两遍斧""三遍斧"加工，斧印要均匀、深浅一致，三遍斧后平面凹凸应小于 2mm。磨光则要求将石面打磨平光，根据要求还可擦蜡打磨至油光锃亮。

5.1.3 砖石材的各项性能

(1) 孔隙率

砖石材和木材一样，属于多孔性材料。孔的多少和大小，决定了它对水的吸收能力的高低，也决定了它的力学强度的高低。总孔隙率是指材料中孔隙部分所占整体的比例，通常用于材料多孔性的评价。总孔隙率决定了材料的强度，总孔隙率高，材料较轻，强度一般比较低，但是隔热效果好。

根据天然石材孔隙大小的不同，将其孔隙划分为三个等级：

① 微孔隙：微孔隙非常细小，孔隙直径 $< 10^{-4}$mm；

② 毛细孔隙：毛细孔隙介于微孔隙、气孔隙之间，孔隙直径介于 10^{-4}mm 和 10^{-1}mm 之间；

③ 气孔隙：较大的孔隙，孔隙直径 $> 10^{-1}$mm。不同的石材孔隙率不同（表 5-2）。

表 5-2 一般石材的孔隙率（中国文化遗产研究院，2009）

石材	花岗岩	砂岩	石灰岩	大理岩	板岩	玄武岩
孔隙率/%	0.5~1.5	0.5~25	5.0~20	0.5~2.0	0.1~0.5	0.1~1.0

(2) 砖石材中水的种类

和砖石有关的水的类型是多样的，除雨水、融雪外，还有地下毛细水、毛细凝结水、含盐砖石中的潮解水等（图 5-6）。其中，雨水在风的作用下使立面的潮湿程度大大增加。水沿表面流动，沿裂隙进入墙体内；同时，雨水还会携带酸和可溶盐等大气污染物，导致建筑砖墙体的加速老化。因此，防雨水是修缮设计的重要内容。地下水通过毛细作用渗透到砖的毛细管中。

砖石材料的含水量还和空气相对湿度有关。在特定条件下，当周围的相对湿度未达到100% 时，气态的水进入到砖材内部，就凝结成液态水，即产生毛细凝结水现象。如果是直径为 5mm 的毛细孔隙，在 75% 的相对湿度时，就可以产生凝结水。所以，矿物材料在特定的温湿度条件下，均含有一定的水分，即平衡水。一般情况下，当温度降低，如从 20℃ 降低到 5℃ 时，空气的含水量超过该温度时的饱和含量，多余的水将以液态的形式出现，即结露。开始结露的温度称为露点温度。如材料中含有盐分，特别是含吸湿的 Cl^- 和 NO_3^- 时，在空气相对湿度未达到饱和时，其相对含水率就可以达到 100%。含有盐分的材料从空气中吸收的水分称为潮解水。

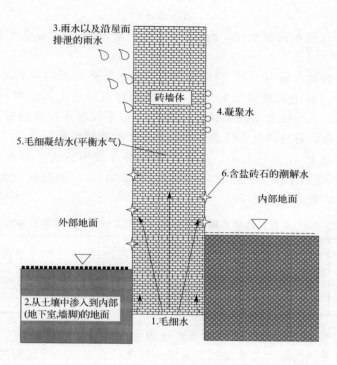

图 5-6　潮气的成因示意图（中国文化遗产研究院，2009）

(3) 相关物理指标

① 饱和吸水率。饱和吸水率是指无机矿物材料在正常大气压下吸水达到饱和时的吸水量与其干质量的比值。饱和吸水率与总孔隙率、孔隙大小有着一定的关系，即材料的孔隙率越高、尺寸越大，饱和吸水率越高，而该材料的耐久性也更差。

② 毛细吸水系数。在毛细作用条件下，液体的水上升的高度 H_{max} 和毛细孔隙的半径 r 成反比 [式(5-1)、式(5-2)]。

$$H_{max} = K \times 1/r \tag{5-1}$$

$$K = 2\sigma\cos\theta / \eta\rho g \tag{5-2}$$

式中，H_{max} 为上升的高度；r 为毛细孔隙的直径；K 为液体的常数；σ 为液体的表面张力；θ 为润湿角；η 为黏度；ρ 为液体的密度；g 为重力加速度。把水的常数代入式(5-1)，即得到式(5-3)：

$$H_{max} = 0.15/r \tag{5-3}$$

从式(5-3)可以看出，毛细孔隙直径越小，水上升的理论高度越大。但是，毛细孔隙吸收的水量较少，如同时有蒸发作用存在的话，毛细水的上升高度是有限的。

从式(5-2)即毛细定律中可知，毛细水上升高度和水与毛细孔隙壁的润湿角 θ 有关。对于未处理的矿物材料，$\theta = 0°$，可上升很高。但是，如果毛细孔隙壁采用诸如有机硅材料处理后，$\theta \geq 90°$，水将不能够沿毛细孔隙上升。这是进行憎水处理以防止雨水或修复防潮层的基本原理。另外，水在毛细孔隙中的上升高度，还和水的表面张力 σ 有关，如果通过添加某些化学试剂如液体肥皂，表面张力 σ 降低，$\theta < 90°$，憎水效果也会得到提升。

矿物材料的吸水量 W 可以描述为式(5-4)：

$$W = \omega \sqrt{t} \tag{5-4}$$

式中，W 为单位面积的吸水量，kg/m^2；t 为吸水时间，h；ω 为矿物材料的毛细吸水系数，$kg/(m^2 \cdot h^{0.5})$。

无机矿物材料的吸水量 W 与矿物材料的毛细吸水系数 ω 及时间 t 的平方根成正比。毛细吸水系数 ω 用来定量地描述单位时间、单位面积材料通过毛细作用所吸纳的水分的量。与饱和吸水率相比，毛细吸水系数 ω 的优点在于，它不仅描述材料的吸水率，而且还描述材料的吸水速度，是砖石材料吸水性表述的一个重要的物理参数。

按照毛细吸水系数 ω 值的大小，可将矿物材料分成不透水、憎水、厌水、透水四类（表5-3）。砖石材料经憎水保护处理后，毛细吸水系数 $\omega < 0.5 kg/(m^2 \cdot h^{0.5})$ 时，该材料具备很好的抵抗雨水的能力。

表 5-3 矿物材料吸水能力的分类（中国文化遗产研究院，2009）

级别	毛细吸水系数 $\omega/[kg/(m^2 \cdot h^{0.5})]$	分类
1	<0.1	不透水
2	$0.1 \sim <0.5$	憎水
3	$0.5 \sim 2$	厌水
4	>2	透水

③ 透气性。矿物材料的透气性可以用透气阻力系数 μ（阻汽系数）描述，指的是水蒸气穿透这层材料所遇到的阻力与水蒸气穿透同一厚度的静态空气所遇到的阻力的比值。设定静态空气透气阻力系数 $\mu = 1$，矿物材料的透气阻力系数 $\mu > 1$。矿物材料的透气阻力系数 μ 值越大，反映该材料的透气性越差，说明外面的水蒸气越不容易进入墙体内，墙体内的毛细凝结水的量就越低。但是，透气性还与材料的厚度有关，同一材料，厚度越大，水汽透过该层材料所需要的时间越长、透气能力越差。

s_d 值是透气阻力系数 μ 与厚度 s 的乘积，反映水蒸气通过一定厚度的某一材料时所遇到的阻力。某一材料的 s_d 值越小，表明水蒸气越容易穿过该材料，也就是说该材料的透气性能越好。

$$s_d = \mu s \tag{5-5}$$

式中，s_d 为相对空气厚度，m；μ 为透气阻力系数；s 为材料的厚度，m。

与 s_d 值相对应的另一物理概念为水汽渗透指数 WDD，指材料单位面积、单位时间（一般规定 1h 或 24h）的透水量，单位为 $kg/(m^2 \cdot h)$ 或 $kg/(m^2 \cdot 24h)$。

常见矿物材料毛细吸水系数 ω 和透气阻力系数 μ 见表5-4。

表 5-4 常见材料的毛细吸水系数 ω 和透气阻力系数 μ（中国文化遗产研究院，2009）

材料	毛细吸水系数 $\omega/[kg/(m^2 \cdot h^{0.5})]$	透气阻力系数 μ
一般混凝土	$0.5 \sim 5$	35
石灰水泥砂浆	$5 \sim 10$	$10 \sim 15$
黏土砖	$5 \sim 15$	10
乳胶漆	$0.1 \sim 0.5$	$1000 \sim 50000$
装饰砂浆	$0.1 \sim 0.5$	$35 \sim 200$
天然岩石	$0.5 \sim 10$	$8 \sim 40$
聚合物薄膜	—	$1000 \sim 100000$

④ 亲水与憎水性能。亲水与憎水性能描述的是材料与水接触时能否被水湿润的性质。毛细水上升高度和水与毛细孔隙壁的湿润角（即接触角）有关。湿润角为 0° 的为亲水材料；

湿润角大于 90°的为憎水材料。历史建筑保护修缮中，常将有机硅材料或植物油等憎水材料注射到砖材内部，构建防潮层，水将不能沿毛细孔隙上升，可大大降低其亲水性。

⑤ 耐水性。岩石的耐水性可用软化系数来表示。软化系数（softening coefficient）是表示岩石吸水前后机械强度变化的物理量，指岩石饱含水后的无侧限抗压强度（一般指饱和单轴抗压强度）与干燥时的无侧限抗压强度（单轴抗压强度）之比，是评价天然建筑石材耐水性的一项重要参数，反映了岩石或岩体的工程地质特性。计算公式如下：

$$K = f/F \tag{5-6}$$

式中，K 为材料的软化系数；f 为材料在水饱和状态下的极限抗压强度，MPa；F 为材料在干燥状态下的极限抗压强度，MPa。

软化系数的取值范围在 0～1 之间，其值越大，表明材料的耐水性越好。软化系数＞0.9 的为高耐水性岩石；软化系数为 0.75～0.9 的为中耐水性岩石；软化系数为 0.6～＜0.75 的为低耐水性岩石；软化系数＜0.6 者，则不允许用于重要建筑物中。

软化系数的大小常常被作为选择材料的依据。长期处于水中或潮湿环境中的重要建筑物或构筑物，必须选用软化系数大于 0.85 的材料；用于受潮湿较轻或次要结构的材料，则软化系数不宜小于 0.70。

⑥ 抗冻性。石材抵抗冻融破坏的能力是衡量石材耐久性的重要指标。其值用石材在水饱和状态下按规范要求所能经受的冻融循环次数表示。先将石材在 -15℃ 的温度下冻结后，再在 20℃ 的水中解冻，这样的过程为一次冻融循环。能经受的冻融循环次数越多，则抗冻性越好。一般室外工程饰面石材的抗冻循环应大于 25 次。石材抗冻性与吸水性有密切的关系，吸水率大的石材，其抗冻性也差。根据经验，吸水率＜0.5％的石材，则认为是抗冻的，可不进行抗冻试验。

⑦ 耐热性。石材的耐热性与其化学成分及矿物组成有关。如：含有石膏（$CaSO_4 \cdot 2H_2O$）的石材，在 100℃ 时就开始被破坏；含有碳酸镁（$MgCO_3$）的石材，温度高于 725℃ 时会被破坏；含有碳酸钙 $CaCO_3$ 的石材，温度达 827℃ 时开始被破坏。石材经高温后，由于热胀冷缩、体积变化而产生内应力或因组成矿物发生分解和变异等而产生结构破坏。如：由石英和其它矿物所组成的结晶石材，像花岗岩等，当温度达到 700℃ 以上时，由于石英受热发生膨胀，强度迅速下降。

⑧ 导热性。石材的导热性用热导率表示，主要与其致密程度有关。相同成分的石材，玻璃态比结晶态的热导率小。具有封闭孔隙的石材，导热性差。

5.1.4　砌筑砂浆

砌筑砂浆是由凝胶材料（如：黏土、石灰、石膏、水泥等）、细骨料（如砂）和水按一定的比例配制而成。凝胶材料也称胶结材料、粘接材料。砌筑砂浆可将砖块黏结为整体，均匀传递荷载，填缝保温，使整体不透风、不漏雨。砌筑砂浆的名称以胶结材料的名称而定，如：黏土砂浆、白灰砂浆、水泥砂浆、混合砂浆等。混合砂浆是由两种或两种以上胶结材料组成的，如：石灰黏土砂浆、水泥石灰砂浆等。

5.1.4.1　砌筑砂浆的技术性能

（1）流动性（稠度）

流动性是指砂浆在自重和外力的作用下产生流动的性质，以标准的圆锥体自由落入砂浆中的沉入深度表示。流动性反映出拌和物的稀稠程度。若混凝土拌和物太干稠，则流动性差，难以振捣密实；若拌和物过稀，则流动性好，但容易出现分层离析现象。

流动性大时易铺垫成厚度较均匀和密实性较好的灰缝，在一定程度上能够提高砌体强度。混合砂浆的强度虽然不如纯水泥砂浆高，但因其流动性比纯水泥砂浆好，所以砖砌体强度提高到 1.08～1.21，而用纯水泥砂浆砌筑的砖砌体强度反而降低到 0.85。所以，现行《砌体结构设计规范》（GB 50003—2019）规定：当用水泥砂浆砌筑时，砌体抗压强度要降低 10%（调整系数为 0.9），抗拉、抗剪强度要降低 20%（调整系数为 0.8）。

(2) 保水性

保水性是指新拌砂浆在存放、运输和使用过程中，保持其内部水分均匀一致、不溢出流失的能力。保水性以"砂浆分层度"来衡量，即：砂浆分层度＝新拌制砂浆的稠度－同批砂浆静态存放达规定时间后所测得下层砂浆稠度。保水性如果不好，砂浆沉底，水分上浮，产生分层离析，使砂浆的黏结力和强度下降，导致砌筑质量下降。

(3) 砂浆强度

抗压强度是砂浆的主要强度指标，是用试样进行抗压试验后确定的。用 6 块标准试件（70.7mm×70.7mm×70.7mm），测定其抗压强度的平均值（MPa）。按照《砌体结构设计规范》（GB 50003—2011）的规定，砂浆强度等级按抗压强度可分为 M15、M10、M7.5、M5、M2.5。

(4) 黏结力

砌筑砂浆须有足够的黏结力，黏结力的大小与砂浆强度等级成正比，但同时与砖表面的粗糙、清洁、潮湿等状况均有关。在砌砖前需浇水湿润，使砖的含水率控制在 10%～15%，能提高砂浆与砖之间的黏结力。

(5) 砂浆的配合比

砂浆的配合比指砂浆中各种材料（黏土、石灰、石膏、水泥等、砂和水）的用量；一般根据设计要求和工程条件确定，也经常根据经验或初定的配合比在现场经过实验后再做适当调整来确定（表 5-5）。

表 5-5　每立方米水泥砂浆材料用量

强度等级	水泥/(kg/m³)	砂的堆积密度值	用水量/(kg/m³)
M5	200～230		
M7.5	230～260		
M10	260～290	普通硅酸盐水泥:1350kg/m³	
M15	290～330	黄砂:1450kg/m³	270～330
M20	340～400	碎石:1550kg/m³	
M25	360～410		
M30	430～480		

5.1.4.2　砌筑砂浆材料的要求

① 砌筑砂浆常用天然砂，砌砖砂浆宜选用中砂，毛石砌体宜选用粗砂。因含泥量过大，耐水性降低，影响砌筑质量，所以砂的含泥量要有所控制。砂的含泥量应满足：用于强度等级不小于 M5 的砂浆时，不应超过 5%；用于强度等级小于 M5 的砂浆时，不应超过 10%；

对人工砂、山砂及特细砂，应经试配达到技术要求。

② 砌筑砂浆掺加石灰时，需将生石灰熟化成石灰膏后方可使用。生石灰熟化成石灰膏时，应用孔径不大于 3mm×3mm 的网过滤，熟化时间不得小于 7 天。沉淀池中储存的石灰膏要保持清洁，防止干燥，不得采用脱水硬化的石灰膏。生石灰的主要成分是氧化钙和氧化镁，其技术指标应符合氧化钙和氧化镁的含量之和不小于 85% 的标准。

③ 砌筑砂浆掺加黏土时，需要采用黏土或亚黏土加水用搅拌机搅拌成黏土膏，并通过孔径不大于 3mm×3mm 的网过筛，还要控制黏土中有机物的含量。

④ 砌筑砂浆掺加水泥时，由于水泥质量对砂浆性质影响大，国家标准《砌体工程施工质量验收规范》（GB 50203—2002）有强制性条文的要求：a. 水泥进场使用前，应分批对其强度、安定性进行复验。b. 检验批应以同一生产厂家、同一编号为一批。当在使用中对水泥质量有怀疑或水泥出厂超过三个月时，应复查试验，并按其结果使用。c. 不同品种的水泥，不得混合使用。

因水泥比传统砂浆材料的强度高得多，以及它的不可逆性，在古建筑维修中除特别加固需要外，应尽可能不用或少用。

⑤ 拌制砂浆应采用不含有害物质的洁净水或饮用水。

⑥ 古建筑用的掺灰泥、桃花浆等用白灰、黄土掺和的灰浆中，白灰的用量不应小于总量的 3/10。其它灰浆的材料及配比可按各地经验或参照《中国古建筑瓦石营法》。

5.1.4.3 灰浆灰缝

灰浆灰缝是指墙体砌筑时两块砖间的砂浆层，其主要作用是均匀传递墙体压力和黏结力，加强墙体的整体性。灰缝的面积一般占整个墙体面积的 20%～30%。常用的灰浆材料如表 5-6 所示。

表 5-6 常用灰浆的配制（郭志恭，2016）

灰浆种类	配制方法
泼灰	生石灰块用水反复均匀地泼洒成粉状后过筛
泼浆灰	泼灰过筛后用青浆泼洒而成
青浆	青灰加水调成浆
老浆灰	青灰加水搅匀后，再加入生石灰块(质量比为青灰∶白灰＝7∶3)，搅拌成稀糊状过筛发胀而成
麻刀灰	麻刀灰由泼浆灰或泼灰：麻刀＝100∶4(质量比)，加水搅匀而成； 若泼浆灰或泼灰：麻刀＝100∶5(质量比)，称大麻刀灰； 若泼浆灰或泼灰：麻刀＝100∶4～100∶3(质量比)，称小麻刀灰； 若白灰∶青灰∶麻刀＝100∶8∶8(质量比)，称青白麻刀灰
煮浆灰	也称灰膏或青浆，由生石灰块加水搅拌成稀浆状，过筛发胀而成
油灰	面粉∶细白灰∶烟子∶桐油＝1∶4∶0.5∶6(质量比)，烟子用胶水搅成膏状
纸筋灰	先将草纸用水焖烂，再放入煮浆灰内搅匀
砖药	砖粉∶白灰膏＝4∶1(质量比)，加水调匀
糯米浆	生石灰∶糯米＝6∶4(质量比)，加水煮(糯米应预先加水发胀)至糯米煮烂为止
白灰浆	泼灰或生石灰加水调成浆状。 若生石灰改用青灰，则为月白浆

灰缝工艺有"填缝"和"勾缝"两种形式。"填缝"是指垫层砂浆的成形；"勾缝"是指

在"填缝"的基础上做更为精细的造型处理，剔出不必要的砂浆灰缝，以得到所需要的外形。"填缝"一般用在建筑的背面或者侧面这种相对隐秘的立面，而"勾缝"则更多地用在正立面。建筑上特别注重灰缝的处理方式，因其非常影响墙体的整体特征。一般在重要的历史性建筑中，砖材常用的灰缝外形如图5-7所示。

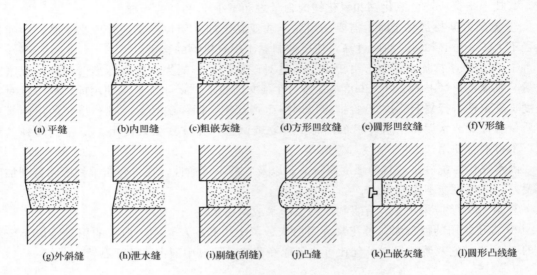

(a) 平缝 　(b)内凹缝 　(c)粗嵌灰缝 　(d)方形凹纹缝 　(e)圆形凹纹缝 　(f)V形缝

(g)外斜缝 　(h)泄水缝 　(i)剔缝(刮缝) 　(j)凸缝 　(k)凸嵌灰缝 　(l)圆形凸线缝

图 5-7　砖砌体常见的灰缝外形（成帅，2011）

5.1.5　砖砌体常见的砌筑方式

砖材有两种比较常见的砌筑形式：清水砖墙和混水砖墙。清水砖墙是指外表面不做任何的粉刷或者贴面；混水砖墙则与之相反，在表面进行抹灰、粉刷涂料或者进行贴面等处理。由于清水砖墙外面没有任何装饰，故选择砌筑方式时除了考虑砖的用量之外，对于美学的装饰效果也应该考虑。

古建筑墙体中砖的排列通常有以下几种形式［图5-8（a）～（e）］：一顺一丁式、梅花丁

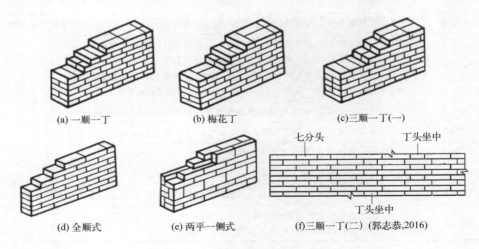

(a) 一顺一丁 　(b) 梅花丁 　(c)三顺一丁(一)

(d) 全顺式 　(e) 两平一侧式 　(f)三顺一丁(二) (郭志恭,2016)

图 5-8　古建筑墙体中砖的几种排列

式、三顺一丁式、全顺式、两平一侧式、全丁式等。其中，一顺一丁为明式砌法。三顺一丁式还有一种形式，如图 5-8(f) 所示，丁头必须安排在上、下层"三顺的中间"，绝不可"偏中"（角砖除外）。操作时应先试摆，即"样活"。两种主摆法中选哪种都可以，以能摆成"好活"即排出整活为准。如实在赶不上"好活"，可用一个"一顺一丁"调整。除山尖外，一顺一丁墙必须安排在墙体的中间。三顺一丁墙可用"七分头"（为普通砖长 7/10）进行调整。如所用材料须经砍制加工，可在砖的长度上进行调整。

5.2　病害原因与病害类型

5.2.1　砖石砌体结构的受力特点

砖石砌体作为建筑的受压构件，承受垂直压力，同时还处于受弯、受剪、受拉等复杂的应力状态之中。后者产生的原因有砂浆材料的非均匀性、砖石和砂浆的横向变形差异两个方面。

(1) 砂浆材料的非均匀性

砂浆铺砌时厚度不一，而且不一定能饱满和密实，使凝固硬化后的砂浆变得不平并形成许多小凸起。同时，砖石表面不平整，砖石与砂浆并非全面接触，而是支承在不规则的、凹凸不平的砂浆层上。当承受竖向荷载时，砌体中的砖石就会处于受弯、受剪和局部承压大等复杂的受力状态中，使砖石块受到弯曲与剪切力。

(2) 砖石和砂浆的横向变形差异

砌体受压时，不仅沿竖向（压力方向）会产生压缩变形，在横（侧）向也会产生变形。砖石的横向变形小，而砂浆的横向变形大，砖石便会受到砂浆对它的横向拉力，而这种横向受拉将降低砌体的承载能力。

砖石砌体处于受压、受弯、受剪、受拉等复杂的应力状态之中，又由于砖石的抗弯、抗剪、抗拉强度很低（砖的抗弯强度约为抗压强度的 20%，抗拉强度仅为抗压强度的 8%），所以，砌体在远小于砖块或石块的极限抗压强度时就出现了裂缝。随着裂缝不断扩展增多，砌体开裂成为许多独立的小柱体，损坏了砌体的整体性；然后会在荷载作用下发生横向膨胀而完全破坏，甚至出现坍塌危险。砌体的破坏不是由于砖石耗尽了抗压强度，而是由于开裂成一个个小的个体后失稳造成的。

因为砌体的抗压强度远低于单块砖石的抗压强度，所以在《砌体结构设计规范》（GB 50003—2011）中，对烧结普通砖砌体抗压强度设计值做了强制性要求，古建筑砌体的计算和验算应以此为参考依据（表 5-7、表 5-8）。

表 5-7　烧结普通砖的抗压强度设计值（中国文化遗产研究院，2009；GB 50003—2011）　　单位：MPa

砖强度等级	砂浆强度等级					砂浆强度
	M15	M10	M7.5	M5	M2.5	
MU30	3.94	3.27	2.93	2.59	2.26	1.15
MU25	3.60	2.98	2.68	2.37	2.06	1.05
MU20	3.22	2.67	2.39	2.12	1.84	0.94
MU15	2.79	2.31	2.07	1.83	1.60	0.82
MU10	—	1.89	1.69	1.50	1.30	0.67

表 5-8　毛石砌体的抗压强度设计值（中国文化遗产研究院，2009；GB 50003—2011）　单位：MPa

毛石强度等级	砂浆强度等级			砂浆强度
	M7.5	M5	M2.5	
MU100	1.27	1.12	0.98	0.34
MU80	1.13	1.00	0.87	0.30
MU60	0.97	0.87	0.76	0.26
MU50	0.90	0.80	0.69	0.23
MU40	0.80	0.71	0.62	0.21
MU30	0.69	0.61	0.53	0.18
MU20	0.56	0.51	0.44	0.15

此外，砖石在受压破坏时的应变值很小，属于脆性材料。当砌体出现较大受力裂缝而荷载继续加大时，有可能会迅速发展为脆性（突然的）破坏，这是一种危险的现象（图 5-9）。

5.2.2　砖石砌体结构常见的损坏类型

文物保护工程专业人员学习资料编委会组织编写的《文物保护工程专业人员学习资料古建筑》（2020）中，将砌体结构及构件的主要病害类型分为四类：

图 5-9　砖石砌体结构建筑倒塌前的状况
（中国文化遗产研究院，2009）

①结构变形类病害，包括倾斜、歪闪、沉降、错位等。结构变形类病害主要成因为地面沉降或鼓胀，导致砖石砌体随之产生沉降挤压，产生错位与歪闪等情况。

②机械损伤类病害，包括开裂、破损、断裂、局部缺失等。机械损伤类病害主要因受外力作用如撞击、挤压、地震，砖石构件产生破损开裂、局部缺失等情况。

③表层风化类病害，包括酥碱、鼓胀、剥落等。表层风化类病害，主要成因为自然环境影响：常年风雨侵蚀、温湿度变化与光照原因，使得砖石砌体发生热胀冷缩、冻融、结晶与潮解等现象，继而使得表皮风化、剥落、鼓胀、酥碱、盐析。

④污染及变色类病害，包括积尘、污染物附着、生物侵蚀等。污染与变色类病害主要由于空气中粉尘、污染物质停留或吸附于砖石表面，形成积尘积垢，部分不当的人类活动如涂鸦、书写、烟熏，以及不当的保护行为如铁箍、扒钉，都会使表面损坏、变色，同时由于微生物繁衍生长及动物活动，也会有苔藓、动物排泄物等污染物附着于表面。

5.2.2.1　结构变形类病害

结构变形特指承重结构砌体受外力影响后整体发生的种种破坏现象，包括倾斜、歪闪、沉降、错位等。造成砌体结构变形的原因主要有地基基础不均匀沉降、温度变化、连锁反应、水体侵入、冻胀和冰劈作用、建筑材料性能的影响、年久失修等。砌体结构变形往往是多种因素叠加形成的。不同程度的砌体变形及其稳定与否，会对文物建筑安全和使用安全产生不同程度的影响，严重时会给古建筑带来毁灭性破坏。局部变形多为空鼓和倾斜，严重的会发生局部坍塌；整体变形倾斜多发生于高耸独立的砖石塔或较单薄的牌坊，整体变形倾斜会带来建筑整体坍塌。

5.2.2.2　机械损伤类病害

砖石砌体机械损伤类病害包括开裂、破损、断裂、局部缺失等。其中，砖石砌体结构开裂现象极其普遍，甚至可以说，没有一座建筑物是没有裂缝的。许多结构的破坏倒塌也是从裂缝的扩展开始的，所以砌体裂缝是砖石砌体结构的主要缺陷和通病，也可以说是这类材料的固有特性。相比之下，砖石砌体结构的倾斜变形就远不如裂缝那样普遍。查明、确定裂缝的类型、原因以及有害的程度，以便通过适当的技术措施，控制其发展，避免成为危害。

（1）砌体开裂

砌体开裂的原因主要有以下几个方面：①结构变形引起的裂缝，占到90%。结构变形裂缝是温湿度变化、地基基础不均匀沉降及材料自身收缩变化等原因使结构变形而产生的。砖石砌体结构建筑的基础由于年久、地下水位的变化、周围环境的影响、基础承载力发生不均匀变化，而产生裂缝。②受力引起的裂缝，约占10%。受力裂缝是荷载过重（截面过小）、强度不足、结构稳定性不够造成的。如：许多砖石建筑（无梁殿等），年久失修而漏雨，雨水将砖缝内泥浆或灰浆冲掉，影响墙体的强度，遇强大外力振动后发生裂缝。③内外墙体连接结构不好引起的裂缝。许多套筒式砖塔，塔心部分与塔外套筒之间的砖砌拱券强度不足，遇强大外力导致塔身开裂。

根据开裂的形式不同，裂缝分：斜向裂缝、竖向裂缝、水平裂缝等。裂缝按形态分主要有：正"八"字型、倒"八"字型、倒"Z"型、倒"S"型等裂缝（图5-10）。裂缝按力学成因机制可分为：水平张拉型、剪切型、综合型及碎裂型裂缝（图5-11）。裂缝按走向特征分为：垂直型裂缝（与水平地面呈80°～90°）、倾斜型裂缝（45°～80°）、异形裂缝及组合型裂缝（图5-12）。裂缝按照宽度特征分为：上宽下窄型、上窄下宽型、中宽端窄型和等宽型裂缝（图5-13）。根据产生原因的不同，常见的开裂裂缝基本可以分为：温度裂缝、沉降裂缝、受力裂缝、地震裂缝、冻融裂缝以及非承重墙裂缝等。

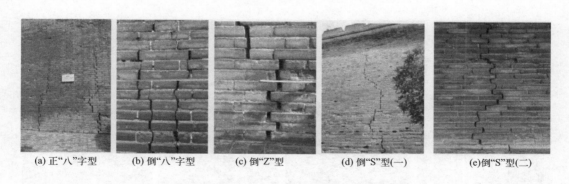

| (a) 正"八"字型 | (b) 倒"八"字型 | (c) 倒"Z"型 | (d) 倒"S"型(一) | (e)倒"S"型(二) |

图 5-10　不同的裂缝形态（周远强，2018）

① 温度引起的裂缝。由于外界温度变化对建筑中不同材料和不同部分的影响不同，所以墙体和墙体之间、墙体与屋顶之间、墙体与基础之间等的变形不协调。当变形受到制约时在建筑不同部位产生较大的拉、剪应力，造成裂缝。温度引起的裂缝通常为八字形裂缝和水平裂缝，常在顶层出现两端斜裂或在檐口下出现水平裂缝，以及在墙角下出现八字形裂缝。

斜裂缝有时会对称出现，向阳面严重，背阳面较轻；有时只有一面出现，顶层两端严重，中间较轻。裂缝多由顶部向下延伸。

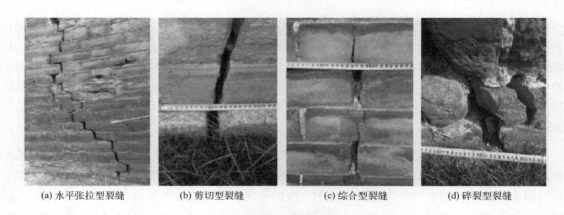

(a) 水平张拉型裂缝　　(b) 剪切型裂缝　　(c) 综合型裂缝　　(d) 碎裂型裂缝

图 5-11　不同力学成因导致的裂缝形式（周远强，2018）

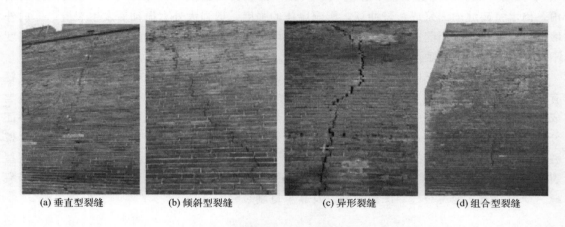

(a) 垂直型裂缝　　(b) 倾斜型裂缝　　(c) 异形裂缝　　(d) 组合型裂缝

图 5-12　按裂缝走向特征分类（周远强，2018）

(a) 上宽下窄型　　(b) 上窄下宽型　　(c) 中宽端窄型　　(d) 等宽型

图 5-13　按裂缝宽度特征分类（周远强，2018）

② 沉降引起的裂缝。土质差别、地基土层分布不均匀、建筑长度较大或结构有差别、上部建筑荷载分布不均匀、地下水发生、附近有大面积基坑开挖等，都有可能引起地基基础不均匀沉降而产生裂缝。沉降引起的裂缝多以斜向裂缝为主，有时有竖向裂缝，很少有水平裂缝。大部分裂缝出现在建筑的中下层，有时仅在底层出现，向上伸展。斜向裂缝在窗口两对角或从墙角开始，呈 45°向外发展，靠近洞口处的裂缝较宽。斜裂缝向上的指向为地基沉降大的一侧，裂缝向下的指向为沉降小的一侧。此外，裂缝所在部位总是在沉降较小的部位，但靠近沉降较大处。

③ 受力（荷载）引起的裂缝。受力裂缝又称荷载裂缝或强度裂缝。产生原因主要是荷载较大而砌体截面偏小，在长期荷载作用下或自然力影响下，砖和砂浆材料强度降低较多，当应力超过了砌体的抗压强度时就会出现裂缝。受力（荷载）引起的裂缝多为沿受力方向产生竖向裂缝。应力集中导致的裂缝多出现在结构薄弱处，如门窗洞口、墙体转角、随墙柱、梁端、窗间墙 3～5 皮砖的竖裂等。对于拱壳结构，会出现支座部位的水平、竖向裂缝和壳体下边缘的径向（竖向）受拉裂缝；古塔会出现塔身的竖向裂缝等（图 5-14～图 5-17）。

图 5-14　基础墙偏心受压裂缝
（中国文化遗产研究院，2009）

图 5-15　窗户开动处裂缝
（中国文化遗产研究院，2009）

图 5-16　墙角裂缝（故宫午门城台西北角）
（中国文化遗产研究院，2009）

图 5-17　高平开化寺（拱券脚裂）
（中国文化遗产研究院，2009）

④ 地震裂缝。地震波在地基中传播引起地面震动，通过基础传给上部的建筑结构，在建筑上产生水平方向和垂直方向的惯性作用。由于惯性原因，砌体运动不同步，造成开裂或坍塌。地震裂缝受不同震级、烈度、震中位置、地质构造等影响，表现出的破坏程度也不同。水平方向惯性力是主要的，会引起斜向裂缝，反复震动垂直作用导致交叉裂缝，严重时造成坍塌（图5-18）。

图5-18 尼泊尔砖木结构古建筑震害（史博元，2017）

⑤ 振动裂缝。同一频率振动波反复作用于砌体，长久会引发振动疲劳，产生开裂现象。在一些修建了地铁的大型城市和能够产生较大振动的厂房周边，砌体出现振动裂缝的现象尤其突出。振动裂缝的表现形式是多样的，很难通过裂缝形式直接判定。

⑥ 冻融裂缝。由于温度的变化，砌体表层所含水分在冬季时结冰，夏季时融化，反复交替产生裂缝；冻融裂缝多发生在温差变化较大的北方。冻融裂缝多为不规则和破碎状，或是出现表层砖块的整层开裂、剥落现象。虽无倒塌的危险，但严重削弱和降低了整体性和承载能力（图5-19）。

（2）坍塌

坍塌是指砌体在外力作用（如洪水、地震等）或重力作用下，受到超过自身极限的强度或结构稳定性遭到破坏而发生的失稳现象。坍塌是砌体比较严重的破坏现象，对价值影响较大。通常情况下，砌体地基基础下沉会造成砌体上部结构发生严重变形，从而引起坍塌。瞬间的外力作用于砌体，当超过砌体的最大承载能力时，也会造成坍塌。另外，如果砌体本身强度较低，荷载长期超负荷作用于砌体上，时间长了也容易造成坍塌。还有，较差的施工工艺和不合理的构造措施，也是造成坍塌的重要原因。

图5-19 十三陵庆陵宝城的冻融分层剥裂（中国文化遗产研究院，2009）

5.2.2.3 表面风化类病害

砌体表面的风化是指砖石材料在温度变化、水及水溶液、大气和生物等作用下发生的机械崩解及化学变化过程。表面风化类病害包括酥碱、鼓胀、剥落等。

（1）表面的风化酥碱

风化酥碱是指由于材料的本质性能和环境潮湿等因素，材料中的碱和盐类物质溶出，聚集在砌体表层，在化学和物理双重作用下，材料逐层酥软脱落的一种现象。表面风化酥碱的原因主要有下几个方面：

① 水汽渗透侵蚀（水分）。它指来自雨水、融雪、地下毛细水（含盐）、毛细凝结水、含盐砖石中的潮解水等的侵蚀。水汽渗透侵蚀的危害先是使外表面受损，然后延伸至墙内，最后墙体彻底毁坏。

② 暴晒和高温（光照）。砖材长时间暴晒，材料中的颜色有机分子被太阳的紫外线分解，从而使砖材颜色变淡。因此，在容易被光照到的部分出现了砖材褪色的情况。此外，紫外线的照射会加速砖材的老化，因为材料本身有很多细孔，对水有较强的吸收性，紫外线促进水分的蒸发，而水分中一般会携带对砖材有侵蚀作用的某些物质，这样也会加快材料被侵蚀的速度，从而导致砖材的老化。另外，建筑砖材长期暴露在空气中，加上紫外线的照射，会发生相应的氧化反应，形成风化或者沙化的现象。暴晒和高温作用会给不同外墙以不同的影响：南立面和西立面被侵蚀较多；东立面和北立面受影响程度较低。日照和昼夜温差（冻融循环）导致材料热胀冷缩，如果砖和砂浆热胀冷缩性质不一致，会产生剥落或分离。

③ 风荷载和机械摩擦。强风经常吹在墙体表面，同时使飞起的材料与墙体产生摩擦，均会导致其不同程度的风化。

④ 污渍与饰面损坏。环境中的有害气体等，均会造成墙体表面甚至内部的破坏。

（2）表面的鼓胀及松散

砌体受温度的影响，内部材料变大占据了额外空间，对紧邻部分造成挤压，此现象称为表面的鼓胀（图 5-20）。其中，砌体受热时发生的膨胀称为热胀，砌体受冷时内部水分结冰发生的膨胀称为冻胀。

图 5-20　鼓胀（周远强，2018）

当砌体灰浆黏结力下降时，砌块间产生缝隙，无法整体传递荷载，砌体则会出现松散现象。

（3）表面的剥落

剥落是指砌体受自然环境及自然力的影响，在物理和化学双重作用下，表面有不同形式的脱落的现象（图 5-21）。剥落可分为表皮层剥落、抹灰层剥落、灰缝剥落、片状和块状剥落、整体剥落等。

(a)层状剥落(一)　　(b)层状剥落(二)　　(c)粉状剥落(一)　　(d)粉状剥落(二)　　(e)层状剥落(三)

图 5-21　墙体表面的剥落（冯楠，2011；周远强，2018）

（4）灰浆流失

灰浆流失是指砌体之间起黏结作用的砂浆（砖缝胶结料）在水蚀、风化等作用下逐渐流失，致使砖石块之间失去连接的现象（图5-22）。灰浆流失在影响墙面美观的同时也使墙面的承载力大大减小。灰浆流失的病害表现有灰浆粉化、勾缝灰脱落、灰浆松散等。

图 5-22　砂浆流失现象（周远强，2018）

（5）泛潮及泛碱

当环境温湿度发生变化时，气体渗透到墙体表面或抹灰层，造成墙身潮湿、抹灰层脱落现象，严重时可形成水渍。当环境中的水蒸气侵入砌体内部，砌体内的可溶盐溶解在水中，当蒸发时溶解的可溶性盐被带出，遗留在砌体表面产生盐析现象，即形成可溶性盐结晶，形成"白霜"（图5-23）。泛潮是泛碱发生的前提。

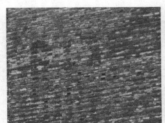

图 5-23　墙体的泛碱现象（周远强，2018；冯楠，2011）

GB/T 2542—2012《砌墙砖试验方法》对"泛碱"（或称"泛霜"）程度划分如下：①无泛碱。试样表面的盐析几乎看不到。②轻微泛碱。试样表面出现一层细小明显的霜膜，但试样表面仍清晰。③中等泛碱。试样部分表面或棱角出现明显霜层。④严重泛碱。试样表面出现起砖粉、掉屑及脱皮现象。

一般对建筑物有害的、易溶于水的盐类有硫酸盐、硝酸盐、氯化物、碳酸盐等（表5-9）。有害盐类的来源主要有建筑材料本身含有的盐类、外来盐类（海盐、肥料、路盐）、建筑材料与有害气体（酸性气体）发生化学反应生成的盐类、不合适的修复产品等（表5-10）。

表 5-9　对砖材有害的可溶性盐（刘明飞，2017；焦杨，2016；孙书同，2015；包晓晖，2016）

种类		化学分子式
硫酸盐	泻盐、硫酸镁	$MgSO_4 \cdot 7H_2O$
	石膏、硫酸钙	$CaSO_4 \cdot 2H_2O$
	芒硝、硫酸钠	$Na_2SO_4 \cdot 10H_2O$
	钙矾石	$3CaO \cdot Al_2O_3 \cdot 3CaSO_4 \cdot 32H_2O$
硝酸盐	硝酸镁	$Mg(NO_3)_2 \cdot 6H_2O$
	硝酸钙	$Ca(NO_3)_2 \cdot 4H_2O$
	硝酸铵钙	$5Ca(NO_3)_2 \cdot NH_4NO_3 \cdot 10H_2O$

种类		化学分子式
氯化物	氯化钙	$CaCl_2 \cdot 6H_2O$
	食盐、氯化钠	$NaCl$
碳酸盐	苏打、碳酸钠	$Na_2CO_3 \cdot 10H_2O$
	钾碱、碳酸钾	K_2CO_3

表 5-10 可溶性盐的主要来源（刘明飞，2017；焦杨，2016；孙祝强，2014）

盐的来源	具体表现
建筑材料本身含有的盐类	含有水泥的砂浆、砖块和天然岩石中的硫酸盐，由于水分而激活，并能够由此而提高浓度
外来盐类（海盐、肥料、路盐）	①溶解于地下水中的外来盐类进入墙体，通过各种不同的水传播机理进行传播，并由于水的蒸发而析出成为晶体； ②通过喷洒水进入建筑物的墙基区域，如冬天为防止路面结冰喷洒的盐溶液
建筑材料与有害气体（酸性气体）发生化学反应生成的盐类	①二氧化硫在潮湿空气中氧化成三氧化硫，与水化合生成硫酸，硫酸在潮湿环境中与建筑材料发生化学反应； ②大气中的二氧化硫等污染物附着或溶于雨水中形成可溶盐离子渗入墙体； ③石灰质的黏结剂是石灰质的砂岩、砂浆和石灰质涂层中的敏感成分，石灰石以同样的方式与硫酸发生化学反应，生成石膏，可由水分激活
不合适的修复产品	不当地选择了碱性产品，如水玻璃或基于 $CaCl_2$ 的岩石防腐剂，使得对建筑有害的盐类进入墙体

5.2.2.4 生物风化类病害

生物侵蚀是指各种动植物等对砖石材的化学分解和机械破坏。生物对建筑砖石材造成的腐蚀和破坏并非独立存在，而是与其它因素（物理、化学或者物理化学腐蚀过程）相结合，在诸多因素的共同影响下形成复杂的劣化现象（表 5-11）。

表 5-11 砖石材劣化中常见生物类型及其劣化机理（孙书同，2015；刘明飞，2017）

生物类型	劣化机理
自养细菌	棕黑色表层、黑色破裂、粉化、片状剥落
异养细菌	黑色表层、黑色破裂、白色表面风化、变色
霉菌	黑色表面、灰白色粉状、变色
蓝菌	形成不同色彩表层
真菌	片状剥落、彩色斑块、凹陷
高等植物	裂缝、材料剥蚀、倾倒
地衣	破裂、色块、凹陷
藻类	形成不同色彩的表层
苔类、藓类	变色、绿-灰色块
昆虫、爬行动物	腐蚀、棕黑色斑块
鸟类、鼠类	腐蚀、灰白色斑块、塌陷

（1）细菌、霉菌等微生物

微生物引起的砖石材劣化直接表现在距材料表层不足 20mm 的部位，砖石材表面主要会出现一些色斑、泛霜、开裂、剥落等现象，这与微生物参与劣化有直接的关系（表 5-12，图 5-24）。

表 5-12　微生物引起的劣化（孙书同，2015；刘明飞，2017）

活动方式	活动过程
直接分解矿物	1. 通过分泌有机酸和释放酶提高化学反应速度，形成螯合作用（由中心离子和某些合乎一定条件的同一多齿配位体的两个或两个以上配位原子键合而成的具有环状结构的配合物的过程称为螯合作用）； 2. 分泌无机酸，与黏土砖内的矿物发生化学反应
参与结晶（细菌可以沉淀在方解石和其它矿物质上）	1. 直接参与盐结晶过程，是盐类的载体； 2. 加速砖体吸收水分子
菌株生长	1. 微生物生长在空腔或裂缝中，所产生的应力对砌体造成机械破坏； 2. 微生物因渗透、保水作用参与冻融、干湿循环等过程
微生物群落及其分泌物	1. 微生物死亡之后发生碳化，造成污染； 2. 微生物代谢产生的叶绿素、黑色素等物质导致变色； 3. 微生物产生具有腐蚀性的分泌物

(2) 植物（树、草）

植物对建筑产生的破坏主要表现在植物的根系对建筑的根劈作用。如果植物生长在建筑的裂缝中，随着根系逐渐变大，对裂缝产生的作用力也越来越大，使得裂缝逐渐增大。较大的乔木植物的根系会造成对建筑墙体的破坏［图 5-25 (a)］，使墙体开裂；枝叶距离建筑物过近，在摇晃中对墙体砖石材表面形成剐蹭。较小的草本植物会在砖石材的灰缝之间或者开裂部位生长，一方面产生根劈作用，另一方面构成了湿润阴潮的

图 5-24　低等植物及微生物（焦杨，2016）

环境，为细菌等微生物生长创造了条件，也使墙体的潮气加重，对古建筑砖石材都会造成不利影响［图 5-25(b)～(e)］。

(a) 高等植物(焦杨，2016)

(b) 低等植物

(c) 中国科学技术研究所植物病害
（申彬利，2017；包晓晖，2016）

(d) 清华大学土木工程馆植物病害
（申彬利，2017；包晓晖，2016）

(e) 北京朝内大街81号植物病害
（申彬利，2017；包晓晖，2016）

图 5-25　植物对墙体的破坏

（3）生物有机体（地衣、藻类）

生物有机体主要生长于潮湿的环境之中，通过化学和物理两种机制共同作用破坏砖石材表层。其作用的过程主要有以下四点：①生物有机体在进行光合作用的时候释放 CO_2，与周围环境中的水形成酸性溶液，分解砖石材中的矿物质。②生物有机体释放的有机酸会与矿物质中的某些阳离子发生一定的螯合作用，生成相应的盐类。③有些生物有机体分泌物会呈现出各种各样的颜色，而且湿度越大，颜色也会越深。此外，显色的生物铜绿颜色也不相同。④地衣等生物的菌丝也会导致微结构的破坏（图 5-26）。

图 5-26　地衣生长（孙书同，2015）

（4）苔藓

苔藓对建筑砖石材的破坏机制与地衣基本相同，其也主要生长于砖石材的空腔内。其孢子和种子通过气体来实现自身的转移，并能够存在于砖石材的内部或者表面，而其分泌的有机酸将对砖石材内外造成侵蚀破坏（图 5-27）。

(a) 苔类生长（孙书同，2015）　　　(b) 藓类生长（孙书同，2015）　　　(c) 苔类生长（周远强，2018）

图 5-27　苔藓类生长

（5）昆虫

昆虫粪便附着于砖石材表面，一方面影响了建筑的外观，另一方面，粪便中的水分渗入砖石材，引起表面的颜色变化，并有可能产生一定的化学反应，形成腐化、空洞或者变形等（图 5-28）。另外，有的昆虫遗体会遗留在砖石材表面或者内部，在腐烂的过程中产生物理或者化学的反应，对砖石材表面或者内部也会造成不良影响，造成材料轻微的腐蚀和污染。

图 5-28　昆虫和鼠类等在石材
表面排泄物污染（包晓晖，2016）

5.2.2.5　人为破坏

人为破坏主要是指在建筑使用或者保护过程中，由于保护意识的缺乏或者相应的劣化机理诊断不当，而导致的对建筑的再破坏。或者城市交通规划的不合理，导致周边出现过多的机械振动，都会对建筑造成一定的不利影响（表 5-13）。另外，人为刻画也是古建筑砌体中常见的破坏现象，主要表现为乱写乱画、硬物割划、喷涂油漆等。

表 5-13　人为破坏的主要表现（刘明飞，2017）

类型	表现
修复不当	1. 诊断不当造成的修复方式选择错误，导致对古建筑的二次伤害； 2. 修复过程中对方式方法选择不当，造成遗产建筑失真，改变了建筑的原貌等
后期改建、附加设备	1. 设备家装在古建筑墙体上任意钻孔，直接造成砖材的破坏； 2. 金属构件接触墙体表面和内部，造成砖材表面和内部锈蚀，并会引发潮气的侵入
城市发展规划	1. 周边有大型现代建筑，在施工时或者建成之后导致古建筑基础下沉、墙体开裂等问题； 2. 周边的交通或者施工等活动产生的振动引起古建筑墙体裂缝、变形以及砖材表皮的脱落等问题

5.3　砖石砌体结构古建筑的勘察工作

5.3.1　勘察的目的

对建筑的现状进行勘察和检测的目的主要体现在以下几个方面：①收集、查明建筑物的时代特征、法式特征、文物价值，收集、了解古建筑携带的各种传统工艺、技术信息，明确维修过程中需要最大限度保留、保护的内容与部分；②查明建筑残损的状态、程度、原因以及发展的趋势；③正确评估建筑的现状，为保护维修工程设计提供基础资料和必要的技术参数。

5.3.2　勘察检测的内容

（1）对建筑物所在环境条件的勘察

建筑物所在环境条件的勘察主要包括：气象资料和环境污染监测资料；区域地质构造及工程地质、水文地质资料；场地土类别、地震基本烈度以及地震活动的历史资料；自然灾害史料及近期活动资料。

（2）对建筑构造的勘察

对建筑构造的勘察主要包括：砖石砌体砌筑的方式和工艺、做法；构件连接部分砌筑的方式；基础的形式及埋深；屋顶的形式与连接等。

（3）对承重结构及构件残损的勘察

对承重结构及构件残损的勘察主要包括：结构布置和结构各部分尺寸，构件和连接的几何参数；结构的受力状态及稳定性、整体性情况；"墙体、柱、梁、拱券"的变形、倾斜、开裂、错位、局部坍塌等情况；基础的沉降、变形；历史维修加固的内容及目前的状况。

（4）对砌体材料的勘察

对砌体材料的勘察主要包括：砖、石、砂浆等材料的品种和规格；砖、石、砂浆以及砌体的现有强度状况；砖、石、砂浆等材料的风化、酥碱、剥落状况等。

（5）勘察的要求

勘察的要求主要包括：评定结构及构件承载力是否足够；评定结构整体变形或倾斜是否在允许范围之内、发展速度如何；评定砖石砌体结构的裂缝是受力裂缝还是变形裂缝；评定砖石砌体结构局部膨胀、下沉、坍塌是否存在危险，危险程度如何；查明砖拱券的开裂、错位和拱脚位移的原因；评定砖风化、酥碱、剥落以及局部缺失对结构的影响；查明地基基础的沉降变形是否会引起上部结构的倾斜和开裂；查明内外墙体抹灰开裂起鼓是否与内部墙体变形、开裂有关；查明屋面、外墙是否渗漏水，楼、地面是否有变形开裂并引起受力墙、柱的损害。

5.3.3　勘察检测的无损方法

对明显的残损和缺陷可采用目测，但对于结构构件产生的较大变形、倾斜等，应借助检测仪器取得数据。仪器检测应以非破坏检测方法为主。如：对于砖石墙体、柱或塔的倾斜和凹凸变形，通常采用吊线锤、经纬仪检测；对于砖石墙体裂缝变化的检测，可采用贴石膏条的方法；对裂缝的位置、数量、走向的检测，可目测或用照相机拍摄；用直尺测量裂缝长度；用铁丝、超声波、内窥镜或雷达探测仪等测裂缝深度；对建筑沉降的检测，采用水准仪和水准尺；对砖石和砂浆强度的检测，采用冲击动能小的回弹仪检测砖石表面硬度，间接确定其抗压强度。还可采用应力波、超声波、管道镜、红外热像等无损探测方式。

目前，可用于建筑砖石材的无损检测技术或设备主要有以下种类：三维激光扫描、建筑摄影测绘、红外热像技术、探地雷达检测法、应力波、回弹法、超声回弹综合法、内窥镜、岩相分析、水渗透试验、核磁共振法、X 射线荧光检查、扩孔式膨胀仪、探针式针入度仪、填缝砂浆硬度测试、砖材吸水性能测试等。

5.3.3.1　三维激光扫描

仪器首先向被检测物体发射高密度的脉冲激光束，之后被检测物体将这些光束发射回来，仪器通过捕获这上万个脉冲数据而获得被检测物体的数码图像。激光扫描仪器获得的图像是以三维数据的形式在空间呈现的，即得到的是一个三维图像。当光束扫过建筑之后，仪器就会获得建筑表面上三个维度的尺寸数据，这些点不断堆积之后便以"点云"的形式呈现。所有的点都有非常精确的三维坐标，直接测量点与点之间的距离便可以知道物体的实际距离。该技术突破了只能通过手绘或者照相的方式获得的二维图像来保留遗产建筑信息的局限，可以通过被测物体的三维图像得到更大的信息量。

5.3.3.2 建筑摄影测绘

建筑摄影测绘主要是指一般在距离被拍摄物 100m 范围内，对其进行全方位的拍摄，之后通过解析制图仪构建出建筑物的立体图像，随后通过取得更多的数值资料来完成最终的建筑立体图像模型的建立。建筑摄影测绘一般主要包括以下三个步骤：首先要获取合适的图像；其次需要建立必要且合理的控制点或线；最后开始进行摄影测绘的工作。被拍摄测量的建筑物数据的获取，主要通过将两张成对立体图像放在相关的专业仪器上面，通过调节仪器便可观看到与实际相同的三维模型，然后利用其它相关仪器将测量出来的每个点的数据转化为三维的点或线，之后再对所有的点进行调节，最终由仪器自动生成可直接观看和利用的 CAD 数据。

5.3.3.3 红外热像技术

红外热像技术通过红外探测器来检测物体，并由光学成像物镜对物体进行成像显示，之后利用物体散发出的红外辐射现象来检测、反映和记录其细微的变化。在建筑上则是利用各种材料成分以及温度的不同所造成的不同的辐射程度来对建筑的结构以及内部的情况进行检测，从而提供大量的相关信息。检测仪器对建筑材料进行检测并取得大量的信息，然后借助红外照相机对材料的红外辐射做出相应的感应，并将其热量分布的结果以彩色电子图像的形式呈现出来，非常直观。专家可以通过这种图像对建筑物或者材料的热传导以及热对流情况进行了解和分析，从而可以知道建筑的能效以及建筑墙体或者材料中湿度的分布情况，并且能够获得建筑结构变化等相关信息。

5.3.3.4 探地雷达检测法

探地雷达检测法也被称为微波法，其工作原理主要是通过频率较高的电磁波来明确被测物体的介质分布。仪器通过地面发射天线，将电磁波以一定的形式传入被检测物体内部，一旦碰到有不同电阻抗介质的目标体，能量中的一部分就会返回而被地面天线接收，检测仪器根据波返回来的信号以及其往返的时间来探测地下目标体。探地雷达仪器以电子形式将现场探测的信息储存起来，也可以通过电脑对信息进行进一步的优化，不仅能够计算出反射物体的空间形态，还可以了解到物体的介质性质，进而区分不同介质层以及深度。

5.3.3.5 回弹法

表面硬度作为材料的一个物理特性，代表着材料均匀程度。硬度的变化在一定程度上说明了材料是否发生了损坏，而回弹法是检测材料硬度相对快速经济的方法。回弹法是一种比较常用的能够检测砂浆以及砖石材强度的方法，它主要是将一个重锤在撞击被检测物体之后反弹回来的距离与被检测物体的强度建立一定的数值关系，如此便可直接检测物体表面硬度。通过对回弹值与砖石材以及砂浆的强度建立一定的相关性联系，使前者能够直接反映后者，甚至能够在现场直接读出后者的数值，进而直接判断砖石材或者砂浆是否出现了劣化。

5.3.3.6　内窥镜（管道镜）

内窥镜是由冷光源镜头、纤维光导线、图像传输系统以及屏幕显示系统等组成。内窥镜通过光导纤维将人的视线延长，并能够随意改变视线方向；通过小空隙或者缝隙伸入被检测物体内部，观测其有无劣化情况。在对砖石材的劣化情况进行检测时，可以通过砖石材或者灰缝劣化形成的缝隙、孔口探测其内部的情况，能够比较清楚地了解有无裂缝、潮湿、腐蚀、起皮起泡、凹窝凸起等劣化现象。内窥镜的端口一般会有一个光源以便照亮内部的结构，然后通过目镜或小型的显示器来对整个检测过程进行录像记录或者照相记录，并能够对发现的劣化进行定量分析，测量劣化影响的长度、面积等一系列数据。

5.4　砖石砌体结构建筑的维修加固技术

5.4.1　砖石砌体结构变形的维修技术

5.4.1.1　整体加固

当裂缝较多、较宽，墙体变形较明显，对结构整体刚度、强度削弱较大时，仅用封堵或灌浆等修补方法难以取得理想加固效果，应考虑采用封闭交圈的腰箍或圈梁等进行整体加固。整体加固对增强结构的整体性、抗震性，抗不均匀沉降，防止或减轻墙体开裂均有较好的效果。

圈梁指沿建筑外墙周圈和部分内墙连接设置的连续闭合的梁。古建筑中，砖石塔、楼阁常采用茶石檐口和交圈地栿石，对增强建筑物的整体性发挥了重要作用。

① 圈梁的类型、位置、尺寸、做法应视具体情况而定。经过验算，传统的圈梁加固无法满足结构稳定要求时，可选择钢筋砼圈梁、配筋砖圈梁和型钢圈梁等。

② 圈梁宜连续地设在同一水平标高，且要交圈闭合。圈梁的位置应尽量靠近檐口或者结构层部位。

③ 相关规范强制性条款对圈梁的要求如下：砖石砌体结构房屋，檐口标高为 5～8m 时，应在檐口标高处设置圈梁一道；檐口标高大于 8m 时，应增加设置数量。

④ 钢筋砼圈梁的宽度宜与墙厚相同，当墙体厚度较大时，其宽度不宜小于 2/3 墙厚，高度按砌体砖石的模数，但不应小于 120mm。纵向钢筋不应小于 4Φ10，绑扎钢筋接头的搭接长度按受拉钢筋考虑（$40d$——40 倍钢筋直径），箍筋间距不应大于 300mm。砼强度等级不小于 C20。圈梁转角要按构造配置附加钢筋。钢筋砼圈梁是外墙圈梁的首选形式，但应根据实验情况选择在隐蔽处。钢筋砼圈梁多数情况下应设置于砌体内，剔出梁槽，外留一皮砖的厚度，待钢筋砼圈梁现浇完毕，外面贴砌原砖石或用原样砖石封护砌实。

⑤ 钢筋砖圈梁应采用 M5 以上的砂浆砌筑，圈梁高度为 3～4 皮砖（300～400mm），纵向钢筋不小于Φ6，钢筋水平间距不大于 120mm，分上下两层设置在圈梁的上下水平灰缝内。

⑥ 圈梁加固应根据实际情况选择在隐蔽处。多数情况下应设置于砌体内，剔出梁槽，外留一皮砖的厚度，待圈梁加固完毕后，外面贴砌原砖石或用原样砖石封护砌实。

5.4.1.2　增设扶壁柱或扶壁墙

对于砌体结构变形还可采用增设扶壁柱或扶壁墙的方法，以增加墙的强度或刚度。由于后砌筑的扶壁柱或扶壁墙属于二次受力构件，不易与原墙体共同工作，以发挥补强作用，所以必须与原墙体有可靠连接。后砌的扶壁柱或扶壁墙的基础埋深应与原砌体基础相同，且底面与顶面应与原基础平齐。原砌体之间，沿高度和长度，每隔 500～600mm 应设置 2 根长度不小于 1m 的锚拉钢筋，或采用咬砌的方式，或加预制砌块连接。后砌扶壁柱或扶壁墙的砂浆等级应比原砌体提高一级，不应低于 M2.5。

5.4.2 砖石砌体裂缝修补技术

5.4.2.1 封堵法

砌体灰缝脱落和出现细小裂缝时，应采用与原砌体相同的勾缝材料进行封堵。如：青白麻刀灰（质量比为，白灰∶青灰∶麻刀＝100∶8∶8）、油灰（质量比为，白灰∶生桐油∶麻刀＝100∶20∶8）、黄泥、混合砂浆［质量比为，黄泥/石灰膏∶水泥∶沙＝1∶1∶（8～6）］、改性黄泥等。使用以上材料将砖石表面的砌缝重新勾抹严实。封堵的目的是减少砌体的透风性，减少灰浆的老化、粉化，保护砌体强度不受损害，延续其完整性和耐久性。

5.4.2.2 压力灌浆修补

对已开裂且裂缝较大的墙体、砂浆饱满度差的砖石砌体可采用压力灌浆修补的方法。浆液的强度和配比要与原材料近似和匹配。

（1）灌浆材料配制

常用的灌浆材料有两类：一类为无机材料，如白灰膏（或黏土膏）、沙以及少量水泥按合适比例配制而成的混合砂浆浆液，水玻璃砂浆做黏合剂等；另一类为有机材料，如硅酸乙酯等。另外，还可将无机材料和有机材料相结合使用，如 107 胶（聚乙烯醇缩甲醛）结合水泥浆（或水泥砂浆）做黏合剂。如无特别需要，灌浆材料采用无机材料为宜，这是由于无机材料能够与砖、石、土等原料匹配，易与原砌体强度、刚度相协调；无机材料成本低。如有特别需要，经试验后可采用适宜的有机材料。应注意浆液具有良好的流动性，以保证灌浆的质量。

为防止灌浆材料的收缩，可根据裂隙的宽窄选用不同粒径的砂、不同浓度的浆液，细缝用细沙，宽缝用中沙。先用碎石填补隙后再灌浆，细缝用稀浆、宽缝用稠浆。如果需添加少量水泥，建议采用微膨胀水泥或硫铝酸盐水泥，以减少收缩。裂缝宽度为 0.2～<1mm 时用水泥稀浆，裂缝宽度为 1～5mm 时用水泥稠浆，裂缝宽度为 >5～15mm 时用水泥砂浆。应该注意控制浆液的水灰比，一般采用水灰比为 0.6～0.7，可减少收缩。灌浆材料的最佳配比，应在现场根据具体情况进行试验后，筛选确定。

无机材料最常用的就是水泥灌浆。水泥灌浆是将纯水泥浆、水泥砂浆、水泥黏土浆或水泥石灰浆灌入砌体（或墙体）的裂缝及孔洞中，达到填实砌体内的缝隙和空隙，恢复其强度、整体性、耐久性的目的。在砌体裂缝修补上，宜采用纯水泥浆，因为纯水泥浆的可灌性较好，可顺利地灌入贯通外露的孔隙、空洞及宽度大于 3mm 的裂缝中去（对于灌注体积较大的灌浆，可用水泥砂浆，必要时可掺入黏土、石灰等），但对于宽度在 0.3mm 以下的裂缝，水泥灌浆就难以压入。砌体灌浆一般采用不低于 325 号的普通硅酸盐水泥，纯水泥浆的水灰比应按照硬化后的强度、密实度以及输送方便等要求，综合考虑确定，宜取 0.3～0.6，以避免产生水灰分离现象。为了提高浆液的扩散半径，可采用缓凝剂、塑化剂或加气剂；灌浆用的水泥、黄砂（当用水泥砂浆灌注时）等材料，在使用前均需过筛，以防夹杂块粒，造成管道阻塞。

（2）施工设备

灌浆机械应根据需要选择专业设备。工程量较大时，宜采用灌浆机、灌浆泵，或用空气压缩机（空压机）及储气罐［图 5-29(a)］。工程量不大时，可使用手压泵施工［图 5-29(b)］。此外，设备还包括送气管、输浆管、灌浆桶、灌注枪、灌注嘴等。灌注嘴可用金属管或塑料管，布设于砌体的灰缝处；布嘴距离根据实际情况，一般以 0.5～1m 为宜。

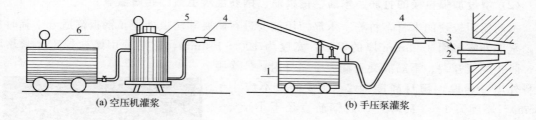

(a) 空压机灌浆　　　　　　　　　　　　　　(b) 手压泵灌浆

图 5-29　压力灌浆设备示意图（郭志恭，2016）
1—手压泵；2—灌注嘴；3—灌浆；4—灌注枪；5—灌浆桶；6—空压机

（3）灌浆工艺

灌浆的工艺依以下顺序进行：清理裂缝—布设灌注嘴—封闭裂缝—检查封闭程度—灌浆。

① 清理裂缝。灌浆前应注意避免碎屑堵塞裂缝。可用空压机清除浮土灰尘，并用水冲洗或湿润裂缝，然后用黄泥或砂浆封堵裂缝表面。

② 布设灌注嘴。在砌体上沿裂缝的一定位置埋设灌注嘴、排气管和出浆嘴。

③ 扩缝并封闭裂缝表面。先用手锤和钢钎将裂缝的必要部位扩大，以利于浆液贯通。再对裂缝表面用水泥砂浆勾缝或抹灰嵌补封闭，勾缝可用水灰比小于 0.3 或 1：2 的水泥砂浆。抹灰可用 1：2.5、1：3 或 1：4 的水泥砂浆。

④ 检查封闭程度。封缝处涂肥皂水，然后用 $1kg/cm^3$ 压缩空气试验。

⑤ 灌注浆液：

a. 控制灌浆压力。砌体裂缝的水泥灌浆，通常使用 1～3 个大气压，砌体存在脱层现象时，则不应大于 1 个大气压；混凝土墙体的水泥灌浆，一般使用 4～6 个大气压。

b. 当灌浆量不大或裂缝宽度比较均匀时，一般使用同一压力、同一种浆液稠度一次灌成。如灌浆量较大或裂缝宽度不均，一般分两个阶段进行：第一阶段使用较低的压力和较低的稠度先把孔隙和空洞填塞，第二阶段使用较高压力和较高的稠度再灌满缝隙。但两个阶段之间不要间歇，以免浆液凝固而导致阻塞。

c. 在灌浆过程中，出现冒浆、串浆等情况时，应在不中断灌浆情况下采取堵漏、降压、改变浓度、加促凝剂等方法进行处理。如果灌浆被迫中断，应争取在凝固前及早恢复灌浆，否则宜用水冲洗以后重灌。

d. 在灌浆中，当排气管溢出浆液时，其排气任务即完成，可用木栓堵塞。如分段灌浆，则上一段的排气管可用作下一段的灌注嘴。

e. 灌浆结束的标准是在没有明显吸浆的现象下，再保持压力 2～10min。

5.4.2.3 局部补强

当墙体裂缝贯通或开裂较严重时，除采取压力灌浆修补外，还应沿裂缝进行挖镶或增设加强拉接的竹筋、木筋、钢板筋、钢筋混凝土箍、砖筋箍等。

（1）挖镶

挖镶是将裂缝处断裂、酥碎的砖石块及松散砂浆剔除干净，镶砌整块长砖、长石料。

（2）增设加强拉接的竹筋、木筋、钢板筋、钢筋混凝土箍、砖筋箍等

木筋要用较硬的木材，竹筋、木筋使用前要进行防腐和防虫处理。钢板箍适合于临时加固，全部外露，用 3～5mm 厚的钢板，宽度为 100～150mm，转角处用螺栓拧牢，紧靠墙身，防止继续开裂。钢筋混凝土箍埋于墙身内，外缘距墙身外皮一砖厚，箍身高度为 2～3 皮砖（不应小于 15cm），厚度为 1～2 砖厚，纵向钢筋直径不小于 4～8mm，箍筋间距不宜大于 300mm，混凝土标号不低于 C20。施工时先将设置钢筋混凝土箍的部位砖块取出，取出以后按原来式样补砌整洁。在有瓦顶的砖石塔中，箍可置于瓦顶的根部靠近塔身处，上面盖瓦后，箍本身被埋于瓦顶下，这种情况为加固提供了更为方便的条件。在各种情况下，箍本身要隐蔽而不要露明。砖筋箍适于单层砖结构建筑，在墙顶需要拆砌的情况下采用。砖筋箍的高度一般为 4～6 皮砖，每层水平钢筋应置于砖缝内，直径不宜小于 4mm，水平间距不宜大于 120mm；设置钢筋层数至少应为上下两层，一般情况下可隔层设置或每层设置，视墙身砖的质量，或按抗震要求而定。

图 5-30　铁扒锔（文物保护工程专业人员学习资料编委会，2020）

（3）增设铁扒锔

当墙体裂缝贯通或开裂严重时，还可增设铁扒锔，即沿裂缝每 4～5 皮砖或每 2～3 层砖的灰缝处，剔净灰缝，钉入扒锔（图 5-30）。扒锔可用 ϕ6～8mm 钢筋弯成，长度应超过裂缝两侧各 40cm，两端弯成 10～15cm 的直角钩，然后用石灰浆、M7.5～M10 水泥砂浆等填缝塞实，灰缝厚度不小于 15mm，并注意湿润养护。

5.4.3　砖石砌体表面风化酥碱的维修技术

针对砌体风化酥碱，一般采用脱盐处理、灰浆打点、表面固化、剔补修缮等方法。

5.4.3.1 脱盐处理

若砌体表面析出可溶盐，应及时进行脱盐处理，避免物理及化学作用后对砌体形成的伤害。脱盐可采用清洗法、敷剂法等，以浸透和吸附方式降低表面可溶盐的含量。可重复多遍。

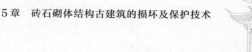

5.4.3.2　灰浆打点

对于砖砌体表面的修缮，灰浆打点可采用"砖药"找补墙面坑洼不平处，再刷一遍砖面水，俗称墁水活。"砖药"的配方为：七成白灰，三成古砖面，少许青灰加水调匀。

石砌体打点可采用"补石配药"进行，配方为白蜡：黄蜡：芸香：木炭：石面＝3：1：1：30：56（质量比）。打点后进行轻微打磨即可。

5.4.3.3　剔补修缮

当砌体整段墙体完好，仅局部表面风化酥碱十分严重时，可采取剔补修缮方式（图 5-31）。剔补是将原砌体表层剔除一定的深度，采用与原材料相同的新材料修补，材质的颜色与现在实物相同或近似。剔补时先用錾子将需修复的地方凿掉，凿去的面积应是单个整砖的整倍数，然后按原砖的规格重新砍制，砍磨后按照原样用原做法重新补砌好，里面要用砖灰填实。剔补修缮对砌体伤害比较大，价值丧失较多，剔补量过大会破坏其沧桑的历史风貌，剔补措施不合理会影响砌体的安全性，实施时应慎重。依据最小干预原则，应严格控制剔补量。在无安全风险的前提下应尽量保持现状，不剔或少剔。

(a) 酥碱　　　　　　　　　　　　　(b) 条砖剔补

图 5-31　酥碱及条砖剔补

5.4.3.4　表面渗透化学增强

对砖石砌体表面进行化学增强，可预防其风化酥碱的发生。砖石表面渗透化学增强方法有以下几种。

（1）浸渍

浸渍是指化学试剂进入到表面的毛细孔隙中，在不改变基面颜色的前提下，使其具备某些特殊性能。浸渍处理包括防霉浸渍处理、浸渍增强处理、浸渍憎水处理等。浸渍处理在表面不形成膜，一般不堵塞毛细孔隙，不改变颜色。

（2）封护

封护是指用化学试剂堵塞毛细孔隙而达到保护的目的。封护处理一般产生薄膜，但膜的厚度很小，基面的颜色一般会加深，材料的透气性会明显地降低直到接近零。由于封护在很多情况下会加深材料的颜色，改变材料的质感，维护十分困难，现在越来越少应用到历史建筑保护中去。

（3）涂装

涂装是指在基面上涂刷成膜的涂料，基面的颜色被涂料部分或完全遮盖，材料的透气性会降低，直到接近不透气。涂装后透气性和涂料的类型有很大关系，如：仿古石灰涂料的水汽渗透指数可达 $100\sim500g/(m^2\cdot24h)$，而弹性涂料的水汽渗透指数一般小于 $10g/(m^2\cdot24h)$。性能良好的涂料应具有很好的憎水功能，防止雨水进入墙体和建筑物内，毛细吸水系数 ω 小于 $0.1kg/(m^2\cdot h^{0.5})$；有很好的透气性，水汽渗透指数大于 $200g/(m^2\cdot24h)$（$s_d<0.1m$）；涂料和基材有很好的黏结性，抗拔强度需要大于 $0.3N/mm^2$；涂料须为中性或弱碱性，和基材无不利的化学反应；涂料表面呈现天然的矿物效果，自然亚光，不发亮；环保、水溶性，有机挥发组分（VOC）含量低；具有低的热膨胀系数，耐老化性能好，不变色等。

按照涂料的黏结剂类型，现代水性建筑涂料分四大类：有机硅涂料、硅酸盐涂料、石灰涂料、水性丙烯酸（又分普通丙烯酸建筑涂料、混凝土丙烯酸涂料、弹性丙烯酸涂料）。在欧洲砖石文物建筑中，比较多地采用有机硅涂料、硅酸盐涂料和石灰涂料。

① 有机硅涂料。水性有机硅涂料是由有机硅树脂乳液（为主要黏结剂）、其它有机聚合物乳液、矿物质颜料、填料以及助剂组成的，以下简称有机硅涂料。其成膜以物理作用（水分挥发、乳液聚合）和化学作用（硅树脂的聚合）相结合，达到既憎水又透气和耐风化的效果。

有机硅涂料有以下特征：毛细吸水系数 ω 小于 $0.1kg/(m^2\cdot h^{0.5})$，具有很好的憎水性；s_d 小于 $0.1m$，水汽渗透指数大于 $200g/(m^2\cdot24h)$，有很好的透气性；具有极佳的黏结强度，特别是在矿物质基材上，在灰砂砖上测得的黏结强度可达 $2.5N/mm^2$；1000h 人工老化实验无明显黄化、粉化特征，憎水效果不改变，耐磨可达 20000 次以上；有机硅涂料表面具矿物特征，亚光，和普通的乳胶漆涂料有明显的区别。

德国研发的有机硅树脂"拉素尔"具有低遮盖率，并具有有机硅憎水剂和有机硅涂料双重优点，即遮盖力可以根据需要调配，保留基面的颜色和结构，颜色可以根据基面的本色调配，涂层很薄，但仍然是涂料的效果。有机硅树脂"拉素尔"的毛细吸水系数 ω 小于 $0.1kg/(m^2\cdot h^{0.5})$，具有很好的憎水性；s_d 小于 $0.1m$，有很好的透气性；耐久性好，寿命至少 15 年。涂刷有机硅树脂"拉素尔"的基面的质感、颜色得到保留，色彩的整体性较好，体现出历史风貌。

目前较好的有机硅涂料有以下两种：a. 甲基硅醇钠 $[(CH_3)_3SiONa]$，为无色、透明、无味、无毒、呈碱性的水溶性溶液，具有耐高低温、透水、防水、防污染、防老化等性能。应用时，用 $9\sim11$ 倍质量的水稀释后（简称硅水），即可直接使用，渗入深度为 $1\sim2mm$，防水效果十分明显。b. 甲基硅酸钠 0.3% 的水溶液，简称 851，也是无毒、无味、透明、呈碱性（pH 值为 13）的水溶液。它与弱酸作用时，产生甲基硅醇，然后很快地聚合成甲基聚硅醚，形成防水膜。甲基硅酸钠是新型刚性建筑防水材料，具有良好的渗透结晶性。其分子结构中的硅醇基与硅酸盐材料中的硅醇基反应脱水交联，从而实现"反毛细管效应"，形成优异的憎水层，同时具有微膨胀、增加密实度功能。

② 硅酸盐涂料。欧洲的硅酸盐涂料是由钾硅酸盐为黏结剂制成的涂料。其又分成两类：一类为双组分硅酸钾和粉料在现场混合、配制；另一类是目前使用最多的硅酸盐涂料，为单组分硅酸盐，其中添加一定含量的丙烯酸分散乳液（有机树脂的含量需小于 5%）及有机硅憎水剂。

硅酸盐涂料成膜主要依靠硅酸盐和空气中的 CO_2 反应，形成 SiO_2 胶体，其次为有机树脂乳液的聚合。如：基材中含有 $Ca(OH)_2$（如：石灰、水泥抹灰），硅酸盐涂料也和基材发生反应，产生 $CaSiO_3$ 水合物，形成非常牢固的结合。反应的副产物是 K_2CO_3，一般不结晶，通过自然循环而被植物吸收。硅酸盐涂料与其它涂料比较，最大优点在于高透气性（$s_d < 0.05m$）、高附着力（抗拔强度约 $0.5N/mm^2$）和低热膨胀率，还具有非常好的自清洁能力。

③ 石灰涂料。石灰涂料是以石灰为黏结剂，添加填料、颜料及助剂而成。传统的石灰涂料黏结性能差、掉粉、耐久性差。欧洲成功研发的"分散石灰"，是通过特殊的分散技术将熟石灰 $Ca(OH)_2$ 进行处理，处理后其比表面积大大增加。由于 $Ca(OH)_2$ 的颗粒细，有很高的内能，碳化快，因此在和大气结合后，快速结晶成 $CaCO_3$ 晶体。这种"分散石灰"保留了传统石灰的优点，即纯无机、透气性非常好、不燃烧，同时又具备特殊的优点，如不掉粉、附着力特别好、耐水、耐气候变化（表 5-14）。

表 5-14　石灰涂料特点（中国文化遗产研究院，2009）

特点	分散石灰涂料	普通石灰涂料
200min 碳化程度	>95%	35%
抗拔强度/(N/mm²)	最大可达 0.55	最大可达 0.05
抗盐(10 循环质量损失程度)	15%～38%	100%
抗冻融(15 循环质量损失程度)	3%～15%	100%

5.4.4　表面的鼓胀及松散的维修技术

当砌体局部鼓胀或松散严重时，对局部濒临坍塌或已出现坍塌的部分，应进行局部拆砌维修。拆砌维修时，将残损、坍塌的砌体拆除至完好部分，并应拆出槎子，以便新老砌体能搭接严密。所拆下的整砖应清理留作回砌使用，并按原规格式样补配缺失的相同式样，其强度等级不应低于原材料。

重新砌筑时，如原结构无构造上的明显缺陷，仅为年久失修的残损，则可按原状用原材料、原工艺回砌。为了提高安全度，也可在薄弱处适当增设拉接钢筋或增补少数质好和长度大些的砖块等措施，以维持原状为好。

如果承载力不够，危及结构的安全，在重新砌筑时，应注意新老砌体之间强度和刚度的协调，可参照《砌体结构设计规范》（GB 50003—2011）对砖石建筑构造的要求，即五层及五层以上房屋的墙，以及受震动或层高大于 6m 的墙、柱所用材料的最低强度等级，应符合表 5-15 所示要求。砖采用 MU10，石材采用 MU30，砂浆采用 M5。

表 5-15　地面以下的砌体所用材料的最低强度等级（中国文化遗产研究院，2009）

基土的潮湿程度	烧结普通砖		石材	水泥砂浆
	严寒地区	一般地区		
稍潮湿的	MU10	MU10	MU30	M5
很潮湿的	MU15	MU10	MU30	M7.5
含水饱和的	MU20	MU15	MU40	M10

重新砌筑砖砌体结构工艺如下：①砌筑应上下错缝，内外搭砌，砖柱不得采用包心砌法。砖应提前 1～2 天浇水湿润。②水平灰缝的砂浆饱满度不得小于 80%。③砖石砌体结构的灰缝应横平竖直，厚薄均匀，水平灰缝厚度宜为 10mm（8～12mm 之间）。④转角处和交

接处应同时砌筑，否则要留斜槎（踏步槎），斜槎的长度不应小于高度的 2/3。⑤墙体转角处和纵横交接处，为了补强，最好能够沿墙高度每 400～500mm 设拉接钢筋，其数量为每 120mm 墙厚使用 1 根（Φ6），长度从转角或交接处算起，每边不小于 600mm。⑥如果是外墙，应注意表层用砖与原砖一致，灰缝形式一致。所用新砖要留有标记，表明与古砖有区别。

重新砌筑石砌体结构工艺如下：①砌筑应上下错缝，内外搭砌，拉结石、丁砌石交错设置。②灰缝厚度宜为 20～30mm，砂浆饱满度不应小于 80%。③每 0.7m² 毛石墙面至少设置一块拉结石，且同层内的间距不大于 2m。拉结石长度宜为 300～400mm，且不应小于 2/3 墙厚。④毛石砌体的第一皮及转角处、交接处和洞口处均应选用较大的平毛石砌筑。每个楼层（包括基础）砌体的最上一皮，宜选用较大的毛石砌筑。⑤石墙砌筑高度应以每日不超过 1.2m 为宜。

5.4.5 泛潮及泛碱的维修技术

泛碱的内因是砖体和砌筑材料自身中存在可溶盐成分，而水是外因。因此，根据内因靠外因起作用的原理，针对砌体的泛潮或泛碱现象，一般采取的措施有预防（隔潮法、防水法）和治理（排盐法、中和盐法、清洁法和吸附法）。

5.4.5.1 隔潮法

上升毛细水以及与之有关的泛碱导致的古建筑危害十分普遍，这常常是结构倒塌损坏的主要原因之一。地下水含有一定量的盐，这些盐随毛细水上升，蒸发带结晶泛碱，出现多种粉化。随着工业化程度的提高，地下水和地表水中盐含量有明显增高的趋势，这也是近年来墙体泛碱越来越严重的原因。古代多采用致密的青石或花岗岩作为基座，以防止毛细水上升。但这些岩石本身仍具有一定的孔隙，毛细水可以沿其上升。此外，大量水溶盐聚集，导致这些岩石或多或少失去防水功能。

墙体隔潮可采用以下几种措施：

（1）机械物理方法

机械物理方法即采用人工或机械方法打开基础，置换成不吸水的新基础，或打入金属钢板等，可以有效地隔断毛细水的上升。缺点是结构稳定性会在施工过程中受到影响。

（2）抽砖砌筑法

抽砖砌筑法即把旧的砖块抽掉后重新安装防水层。该方法的破坏性很大，影响结构的稳定性，不适合承重墙体和外墙体的避潮层的防水。

（3）化学注射原位修复防潮层

将墙体打孔，注射防水试剂以达到防止毛细水上升的效果。可以采用在砖缝内注射有机硅类物质的方法，阻隔竖向毛细水上升，使可溶盐无条件析出，从而达到治理泛碱的目的。化学注射的优点还在于能立体防水，墙体内部注射水平防水（避潮层修复）、垂向封护以及地面防水可设计为同一系统，治表又治里。化学注射方法在施工时破坏性最小，并具有可续性，是古建筑、历史建筑保护最常用的方法。在材料选择上，需采用与古砖、砖缝砂浆等有很好的物理化学亲和性的材料，符合古建筑、历史建筑保护的基本原则，耐久性很好。防水效果较好的材料为特种有机硅复合材料，如：硅烷、硅氧烷等。用硅烷、硅氧烷注射处理后砖石及砂浆的毛细吸水系数 ω 小于 $0.5\text{kg}/(\text{m}^2 \cdot \text{h}^{0.5})$。有机硅＋硅酸盐的复合水剂也是良好的注射防水剂，有机硅＋硅酸盐水性浓缩剂的固含量高，强度可增加 $2\sim5\text{N}/\text{mm}^2$，毛细吸水系数 ω 小于 $0.5\text{kg}/(\text{m}^2 \cdot \text{h}^{0.5})$，这种复合材料在相对湿度较高的墙体中也可以施工。

采用液体防水剂时，钻孔角度为 $25°\sim30°$，保证至少穿透一砌筑砂浆层，孔的直径以 $10\sim30\text{mm}$ 为宜，钻孔高度为距地面 $300\sim500\text{mm}$，终孔的高度应高于地面至少 100mm。当墙体厚度大于 600 时，建议从两侧打孔。如果采用膏状防水剂，可以水平沿砌筑砂浆打孔（图 5-32），终止于距对面 $20\sim50\text{mm}$ 为宜。孔直径为 $10\sim12\text{mm}$，间距 $100\sim120\text{mm}$。注射 $2\sim3$ 次，每次间隔时间至少 24h。

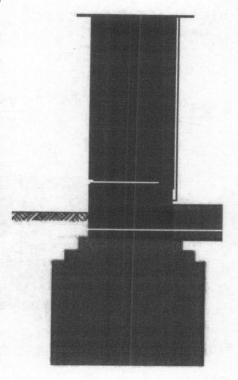

图 5-32　膏状防水剂从室外水平注射，液体防水剂以 $25°\sim30°$ 角度注射（中国文化遗产研究院，2009）

5.4.5.2　泛碱的处理

当砌体表面出现泛碱时，可采用排盐法、中和法、清洗法、吸附法等方法进行处理。排盐法即让盐析出，是一种主动治理泛碱的方法，用化学试剂涂抹于墙面，使砌体内可溶盐物质提前析出。中和法即指施工中为降低灰层中的孔隙率，在抹灰材料和砌筑浆料中添加一定比例的抗碱添加剂，抑制灰层内部的化学反应，此法适用于新砌筑墙体和抹灰层，属于提前预防。清洗法是对砌体表面析出的可溶盐结晶用清水清洗，用柔性材料擦拭。吸附法是用纸浆等专用材料贴附于砌体表面，对可溶盐进行吸附。

5.4.5.3　泛潮及泛碱的预防

（1）新建保护棚

古代许多帝王、大臣、名士撰文或书写的大型石碑，在立碑之时多建碑亭或牌楼加以保护，现存实物多为明、清两朝遗物，当时建立碑亭或牌楼的目的可能是树立威信，但实际上起到了较好的保护作用。在石刻、石建筑物保护中，近些年来，也新建了一些保护棚。山东嘉祥武氏墓群的石阙、长清孝堂山郭氏墓石祠，在 20 世纪 60 年代都新建了较宽敞的保护房，便于参观，通风也较好，多年的实践证明，其保护效果较好。西安碑林是历史上集中保存石刻最早的实例之一，均保存在建筑物内。近年来，各地兴建石刻艺术馆或展室，对石质文物起到了很好的保护作用。

（2）勒脚处理

通常情况下，墙体 1m 以下受雨水侵蚀最为严重。勒脚处理的作用是保护墙体，防止地面水、屋檐滴下的雨水溅到墙身，或地面水对墙脚的侵蚀。勒脚常用的做法有：抹灰、贴面、石材砌筑。其中，抹灰应用最为广泛，采用 20mm 厚 1∶3 水泥砂浆抹面（图 5-33）。

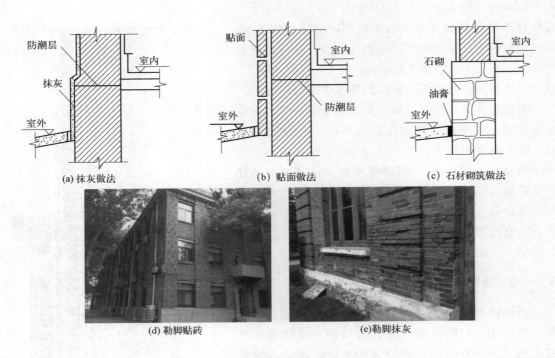

(a) 抹灰做法　　　　　　　(b) 贴面做法　　　　　　　(c) 石材砌筑做法

(d) 勒脚贴砖　　　　　　　　　　　(e) 勒脚抹灰

图 5-33　勒脚处理（孙书同，2015）

5.4.6　变色及污染物的清洗技术

砌体表面受到紫外线照射，很容易发生变色现象。由于砖石表面均存在大量孔隙，非常容易遭到污染。砖石材墙体的表面通常会有泛白的盐类、锈斑、灰尘、烟尘、污物，以及苔藓、地衣、藻类等生物等。变色和污染对砌体的强度无影响，但对砌体的风貌影响较大，需对其进行清洗。清洗时，严格依据《文物保护法》规定和可逆性原则，不能给砖石材建筑造成破坏，不能留下潜在危害。

通常采用的清洗技术包括：水洗法、喷砂法、化学试剂法、敷剂法、激光法、超声波法、生物降解法、机械法等。

在清理砖石结构表面污染物时应遵循以下规定：不应伤害文物本体，不引进有害物质，无不良残留，清洗过程中不影响后期保护；清洗方法应在标准区试验的基础上，通过论证后再实施；表面活性剂或其它与污垢起作用的水溶液清洗，不应大面积使用；挥发性有机溶剂应在清洗中限制性使用；清洗过程中应避免大量用水；采用蒸汽清洗方法时应注意选择合适的湿度与压力。

5.4.6.1　清水清洗法

清水清洗法是指用水或者水蒸气对墙面进行清洗，清洗主要针对墙体表面的灰尘以及比较容易清洗的污垢、沥青，真菌、苔藓等有机生物，微生物群落等对象。它是最廉价、成熟和破坏性（图 5-34）最小的清洗方法。该方法对墙面不会有太大的影响，清洗之后也不会有什么残留物；对去除大理石等较为光滑表面的污垢很有效，但对于有机色斑、油斑等渗透性较强的病害就无法快速去除。由于砖材属于多孔材料，清洗的时候砖材会大量吸水，致使墙面由于潮气的增加而产生其它的劣化现象，因此，在清洗过后应尽快吸干残留在石材表面孔隙中的水分。它适用于孔隙率较小、密封性能好的墙体；不宜在冬天使用，否则会因砖材的吸水而造成冻融循环破坏，导致墙体或者砖材的开裂。

(a) 产生水渍　　　　　　　　　　　　　　(b) 再次引起泛白现象

图 5-34　水洗法造成的损伤（刘明飞，2017）

清水清洗法主要包括：低压喷水清洗法、高压喷水清洗法、高压蒸汽清洗法、雾化水淋清洗法四种方法。

（1）低压喷水清洗法

此方法是指用常压下喷出来的水对墙面清洗。此方法水流比较柔和，易控制。但用水量较大，同时也比较耗时，这样也会导致砖材吸水增多。此方法一般用于普通尘土的清洗。

（2）高压喷水清洗法

此方法是对低压法的改进，在提高了清洗效率的同时，又降低了对水的消耗，是一种高效廉价的清洗技术。它是指在高压条件下将水喷射至墙面，通过冲击作用将墙面上的污垢除去。该方法易操作、费用低，被广泛使用。但这种高压状态对砖石材的磨损非常大，故在实际操作过程中，应控制好压力和喷口与墙面的距离。

（3）高压蒸汽清洗法

此方法是指先向被清洗的砖材喷温度较高的蒸汽，使气孔张开，再利用高压将气孔中的污物冲洗干净。此外，高温下能够有效去除藻类、真菌等生物以及沥青、油漆，尤其是光滑表面的油污等污垢。但如果操作不当，可能也会引起砖石材内部受热膨胀不均，因热应力效应而造成墙体裂缝。

（4）雾化水淋清洗法

该方法是指将水从窄小的喷口喷出，形成水雾的形状，附着在砖石材表面。这种清洗手法轻柔，不会产生冲击作用，而且覆盖面积大，效果较好，能够减少水入侵的危害。建议使用去离子水，以加速盐分的溶解和消除。它是近年来较为提倡使用的一种良好的清洗技术。

5.4.6.2　喷砂法

喷砂法主要通过在高压下将石英砂等颗粒喷射在被清洗的墙面上，利用外力将污垢从墙面清除（图 5-35）。该方法相对成本较高，并且需要专业人员操作。此外，还需要墙面具有足够的回弹性。清洗对象为墙体表面的灰尘、褪色或者多余涂料等劣化现象。该方法能够迅速有效地清除一些比较难清除的劣化现象，比如陈年的污垢、难清除的污染以及发生劣化的抹灰或者涂料层等。但对墙面的干预度很大，如若操作不当，会对墙体表面造成较大的损伤。常用的方法有：干喷砂、湿喷砂、旋转高压喷砂。

图 5-35　喷砂清洗（刘明飞，2017；孙书同，2015）

（1）干喷砂

一般会采用石英砂或者钢珠等不同大小的颗粒进行清洗。在清洗前除了需要在实验室进行实验外，还需要在现场进行实验，以确定喷射距离、角度等问题。但此方法扬尘比较大，会造成环境污染，对操作人员的健康造成损伤，并且对砖材的表面磨损比较严重。

（2）湿喷砂

湿喷砂是指将砂与水混合对墙面进行清洗。一般有两种清洗方式：一种是以喷砂为主，利用水束抑制扬尘现象；另外一种是以高压或者低压喷水，在水中掺入研磨颗粒，通过控制颗粒数量和水压来调整喷射强度。由于水的作用，一方面会减少环境污染，另一方面也会减缓研磨颗粒对砖材表面的磨损。

（3）旋转高压喷砂

旋转高压喷砂是指在旋转的过程中通过高压将砂喷射出来，利用剪切力的作用清洗墙面，减少对墙面的损伤。旋转高压喷砂是一种比较新的墙面清洗方法，目前没有大范围使用。

5.4.6.3　化学试剂法

化学试剂法可针对不同的病害污垢，采用与之相对应的试剂，通过物理或化学作用达到清除效果，对于渗入砖石材内部的顽固污迹清洗效果明显。原理是利用相应的化学溶剂与污物发生化学反应，使其转变为易溶于水的物质。清洗对象主要包括墙面的污垢、油泥、锈斑、结壳、微生物色斑以及地衣、藻类等生物劣化现象。进行化学清洗时，对周边无需清洗部位需要遮蔽保护（图 5-36），以免受到腐蚀损伤，同时要及时处理清洗后的残液，以免对环境造成破坏。

常用的化学清洗溶剂主要有：中性溶剂、酸性溶剂、碱性溶剂和有机溶剂等。

(a) 塑料膜保护管件　　　　　(b) 不需要清洗的部分应用棚布屏障

图 5-36　施工过程中的保护措施（刘明飞，2017）

① 中性溶剂：阴离子表面活性剂，如硬脂酸，十二烷基苯磺酸钠；阳离子表面活性剂，如季铵化合物，主要使污物发生湿润、溶胀以及乳化等变化，适用于表面污染范围和程度较小且光滑的墙体。在选择溶剂时，尽量使用挥发性较强的，以保证在溶剂蒸发之后不会有残留物质。

② 碱性溶剂，如肥皂、洗衣粉、皂粉，主要与污物发生化学反应致使其变成可溶性的物质。

③ 酸性溶剂，如草酸、乙酸、柠檬酸等，与碱性溶剂的清洗方法相似，都是通过与污物发生相应的化学反应而使其转化为易溶物质。该方法适用于致密度及硬度相对较高的墙体。

④ 有机溶剂：卤代烃以及烃类，比如丙酮溶液等。

其中，酸性溶剂和碱性溶剂能够对砖石材表面出现的锈黄斑、油污等顽固污迹有较好的清除作用；但会对砖石材产生腐蚀，且有化学残留或者改变砖石材色彩，加速砖石材的劣化。表面活性剂一般呈中性，对各种类型的油脂有较好的清除能力，尤其是对不可皂化油的清除。清除过程是通过降低被清洗物体的表面张力，从而使污垢分散、脱离，清洗效率高且不会随外界温度的降低而下降。有机溶剂对油脂的溶解能力较强，可去除各种砖石材上的油迹；但在清洗过程中会释放有毒气体，应选择毒性小、挥发度小、溶解油污能力强，同时在水中的溶解度大的有机溶剂，以便于后续的水清洗。

利用化学溶剂清洗建筑墙面的步骤一般包括三个部分：首先，向被清洗墙面喷洒相应的化学溶剂，并使溶剂渗入砖材孔隙之中；其次，等待 2～5min，使溶剂与污物以及微生物等充分发生反应，转化为易于清理的可溶性物质；最后，通过吸出或者用水稀释的方式清除残留物质。

化学试剂清洗方法根据化学成分以及发生的反应类型，又可以分为：螯合清洗法、氧化还原清洗法、有机溶剂清洗法、电解质活性离子清洗法等。

(1) 螯合清洗法

螯合清洗法主要指使污物中的金属类离子与清洗剂发生螯合作用而转变为易溶解、易清洗的化学物质。部分螯合溶剂属于有机磷酸盐类，与 Mg^{2+}、Ca^{2+}、Cu^{2+} 等金属离子能发生比较强烈的螯合反应，而且本身的化学性质比较稳定，很适合做清洗溶剂。实际工程中可以使用 5%～10% 六偏磷酸钠、含有 EDTA 二钠盐的膏状物（如 AC322、AB56 可以清除微生物）清洗剂，其中 EDTA 是螯合剂的代表性物质。

但含磷的清洗剂会在化学反应过后生成磷离子滞留在砖体的孔隙中，为生物的生长提供必要的营养元素，使生物在砖体孔隙和表面大量繁殖。例如磷酸盐可以和砖中的氧化铁反应，从而留下很多含磷化合物。

（2）氧化还原清洗法

氧化还原清洗法主要是指污物与溶剂发生氧化还原反应而转化为易溶、易清洗的物质。比较常用的清洗剂是双氧水、氨水等。国外有人将 H_2O_2 溶液用作清洗墙体表面出现的死亡微生物留下的有机色斑，以及由于微生物生长繁殖而出现的生物铜绿；氯气或次氯酸盐（次氯酸钠溶液）以及 2%～5% 的氨水可以清除墙体表面的微生物遗留色斑，同时杀灭还在生长的微生物。

（3）有机溶剂清洗法

有机溶剂清洗法主要是指污物被有机溶剂溶解、溶胀而脱离墙体表面。常用的有机溶剂为卤代烃以及烃类，比如：可以使用 5%～10% 丙酮溶液等。环烷铜和苯酚可以清除地衣、苔藓等生物铜绿。但大部分有机溶剂是有毒、易挥发的液体，不但污染环境，还对人体健康产生不利影响。

（4）电解质活性离子清洗法

电解质活性离子清洗法主要是指污物化合物中的离子被酸性或者碱性溶剂中的 H^+、OH^- 离子置换出来而被分解，从而剥落于墙体表面。氢氟酸与氟化铵反应生成的酸性缓冲溶液（二氟化铵，NH_4HF_2 溶液）的化学性质较为温和，比较适合作为建筑砖墙的清洗溶剂。

用于墙面清洗的化学溶剂中比较常见的见表 5-16。无论使用何种化学清洗剂，都应该在清洗之前进行实验室验证以及现场验证，现场验证先是小面积进行操作，在确保真实可行之后再进行大面积的清理。

表 5-16　常见的建筑墙面清洗剂（孙书同，2015）

类型	成分	质量分数/%
配方一：通用外墙清洗剂	聚氧乙烯烷基酚醚	2
	乙二醇单丁醚	1～2
	异丙醇	0.5
	草酸	适量
	十二烷基苯磺酸钠	10～15
	乙二胺四乙酸钠	4
	水玻璃	0.5～1
	水	余量
配方二：外墙酸性清洗剂	盐酸	5～15
	聚氧乙烯辛基醚	5～10
	氟离子（氢氟酸）	0.05～2.7
	草酸	2～8
	月桂酸辛铵钠	1.5～5.0
	缓蚀剂	0.01～0.1
	增效剂	0.1～3
	水	70～88

类型	成分	质量分数/%
配方三:外墙酸雨痕迹清洗剂	盐酸 氢氟酸 缓蚀剂 水	3～5 1～2 0.2～0.5 余量
配方四:污垢、油泥、锈斑、微生物色斑清洗剂	有机酸 双氧水 水	1～40 5～30 余量
配方五:地衣、苔藓、铜绿、锈迹清洗剂	环烷铜,或者苯酚,或者丙酮 水	5～10 余量
配方六:藻类、苔藓等植物清洗剂	阿摩尼亚四元素化合物与三丁烯及氧化锡	适量
配方七:霉菌、微生物色斑清洗剂	氨水 水	2～5 余量
配方八:结壳清洗剂	海泡石纸浆 碳酸铵 水	适量 15 余量

在对溶剂进行选择的时候,主要以副作用小、易于挥发、无毒害的溶剂为佳。尽量选择偏中性的溶剂,防止酸性或者碱性溶剂对材料表面或者内部造成腐蚀。此外,残留的化学物质可能还会使砖材发生泛白的现象,甚至某些化学清洗溶剂还有可能是促进微生物生长的营养成分。因此,相应的操作人员一方面应了解化学溶剂的特性,另一方面还应通晓砖材、砂浆等成分及其属性。

5.4.6.4　敷剂法

水溶性盐类是建筑砌体墙劣化的一个非常重要的原因,因其对材料的破坏之大、影响之广,素有"癌细胞"之称。因此,对其清洗方法的选择非常重要,敷剂法则是针对材料内部的盐进行清洗的重要方法之一。通过将敷剂涂抹在被清洗墙面,将砖石材等材料内部的盐类吸出来(图 5-37～图 5-39)。

(a) 清水砖墙面析出的盐分　　　　　　　　(b) 施工过程

图 5-37　敷剂法清除墙体盐分(刘明飞,2017)

图 5-38　上海理工大学思晏堂石材柱敷剂排盐修复过程（申彬利，2017）

图 5-39　国外某历史建筑敷剂排盐修复（申彬利，2017）

（1）化学作用敷剂法

化学作用敷剂法是将表面活化剂或者溶剂用敷剂的形式（一般为黏土或者纤维材料）均匀涂抹于被清洗墙面上，厚度基本保持在 15～20mm。通常在敷贴完成后用塑料薄膜将其覆盖起来，防止干透。

常用的敷剂材料有黏土类、纤维类（纸、脱脂棉、棉布等）、多孔材料（活性炭、活性白土等）以及凝胶胶体类等。其工作原理与化学试剂相同，利用活化剂或者溶剂与污物发生化学反应，进而转化成易溶、易清理的物质。可直接通过低压水枪喷射浓度较低的试剂对墙面进行清洗，不需要对墙体进行浸透，也不会对砖材表面产生磨损。

另外，离子交换树脂的敷剂也比较适合墙面清理，主要是在湿润环境下，离子交换树脂的活性化学基团与墙面污染物分子发生相互作用而达到清除建筑砖石材表面污垢的效果。通常的做法是将离子交换树脂制成糊状（膏体）贴敷于污垢处，根据离子交换树脂活性化学基团的性质，可以选择性地溶解某些特定的污染物（如硫酸盐、硅酸盐、硅石等）。该方法对于石材表面薄层钙质污垢和由可溶性盐类及碱类引起的病害（泛碱、盐碱斑、水斑）有很好的清除效果。去除敷剂之后反应也立刻停止。该方法需要在湿润的环境下进行，故具有一定的可控性，而且避免墙体被药物过多渗透而遭到破坏，但相应的清洗成本也较高。

（2）物理作用敷剂法

物理作用敷剂法主要有三种方式：纱布敷贴排盐法、灰浆敷贴排盐法以及新型敷剂无损排盐法。

① 纱布敷贴排盐法。纱布敷贴排盐法虽然工作过程比较复杂，但是其工作原理相对简单些。这种方法不添加任何药剂而完全依靠毛细作用吸盐，故不会对墙体造成腐蚀等。当用去离子水浸泡过的纱布敷在墙体表面时，水和盐会在毛细作用下向墙内渗透，纱布表面的水蒸发时盐分会在毛细作用下向墙外渗透而进入纱布中，这样便将盐类排了出来（图 5-40）。但向内部渗透的盐被留在了孔隙内，造成了二次结晶盐现象。

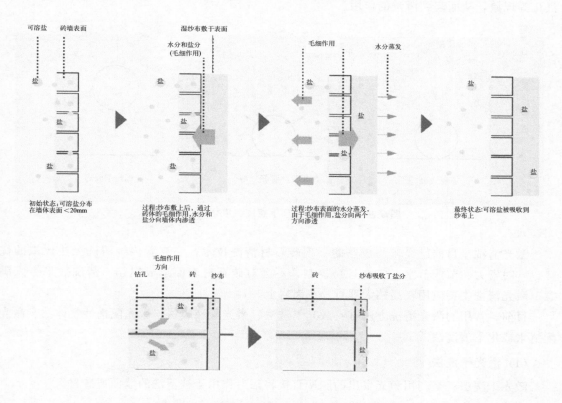

图 5-40　纱布敷贴排盐原理示意图（刘明飞，2017）

② 灰浆敷贴排盐法。灰浆敷贴排盐法的敷贴材料由多种纤维等材料复合而成，这种敷剂的孔隙率和表面积都较高，排盐效果好，操作后 1～4 周就可以达到效果，具有一定的可逆性。其原理是当采用灰浆敷贴时，敷料可以吸收砖砌体墙内的盐分，从而使砖砌体内部的无机盐析出，黏附到灰浆之中，最后清理掉灰浆即可。排盐灰浆中不允许添加任何胶凝材料以及无机或者有机盐类。

③ 新型敷剂无损排盐法。新型敷剂无损排盐法的敷剂由黏土和木质纤维等构成，具有较强的附着力，在去除灰浆的时候不会对墙面造成损伤。

敷剂无损排盐法可以在不破坏砖石材结构及性能的前提下，有效去除其表面及内部的可溶盐。敷剂无损排盐法的效果好，但是操作过程往往要重复进行几次乃至几十次，因此需要找到吸附性能更加优越的吸附材料，并提高清洗效率。

5.4.6.5 激光法

激光法主要是用能量很高的激光束对墙面或者砖材进行照射，污物在这种作用下会瞬间蒸发掉或者剥落。其作用原理如下（图 5-41）：

① 激光脉冲产生振动波。即利用高频率脉冲激光冲击被清洗物的表面，通过共振使污垢层或凝结物从建筑砖砌体表面剥离或者碎裂。

② 热膨胀。激光产生的热能使表面污垢受热膨胀，克服对砖石材的吸附力而脱落。

③ 分子光分解或相变。即在激光喷射的瞬间，污垢分子的液膜受激光冲击会产生液化、汽化等现象，从而起到清洗的作用。

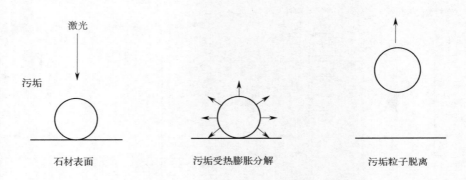

图 5-41 激光清洗原理示意图（申彬利，2017）

激光清洗是目前已经较为成熟的一项砖石材清洗技术，它有着传统清洗无法比拟的优势、省时省力、节能节水，安全且易控制，不会对砖石材表面造成损伤，清洗效果令人满意。激光清洗主要应用在高档大理石及花岗岩上。

目前，常用的激光清洗方法有：激光干洗法、激光配液膜法、激光配惰性气体法、激光配清水或化学清洗法。

(1) 激光干洗法

激光干洗法就是利用激光发出的脉冲直接将辐射作用于被清洗的墙面或砖材。

(2) 激光配液膜法

激光配液膜法即在被清洗部位覆盖液膜，利用激光辐射作用于液膜，液膜会在该作用下发生非常剧烈的瞬间汽化，产生较大的冲击力，致使墙面或砖材表面的污物发生松散和脱落。该方法是目前清洗效果较好的一种。

(3) 激光配惰性气体法

激光配惰性气体法主要是利用惰性气体吹散在激光辐射作用下变得松散的污物，利用惰性气体不易发生反应的特点，防止被清洗物的表面再次发生污染或者氧化。

(4) 激光配清水或化学清洗法

激光配清水或化学清洗法即先使污垢被激光照射后变得松散，再用低压水或非腐蚀性化学试剂进行清洗。

清洗对象主要为墙体表面的污物、锈斑或锈黄以及各种涂层、色斑等劣化现象。该方法操作便捷、易控制，经济环保，比较安全，属于非损伤清洗，可清洗不同厚度及成分的涂层；且可以远距离操控，比传统的清洗方法使用得更加广泛。但激光对色彩的损伤程度较大，会造成墙面或者砖材褪色；每平方米的成本较其它传统的清洗方法要高，推广度较低；在使用范围上具有一定的局限性。

5.4.6.6　超声波清洗法

超声波清洗法的清洗对象为砖材表面或缝隙内部的污垢，以及微生物等。原理是采用特殊的电机产生高频声波，利用超声波的空化作用，产生瞬间、连续的高压，在与水接触时，水剧烈震动破碎成许多微小的雾滴，从而使砖石材表面污垢被震碎，在强大的冲击力下剥落，同时也能够使清洗液与污物充分接触并发生反应，达到清除目的。一般微生物细胞在频率为 $20\sim50kHz$ 的超声波作用下会破裂死亡。因此，该方法对微生物等劣化现象的清洗效果较为明显。目前有高频、聚焦式和多频三种超声波清洗方式。

超声波清洗法去污效果明显，室温或适当加温（60℃）即可进行清洗工作，设备轻便，机动灵活，经济环保，节省人力、物力。超声波清洗法对石英砂表面吸附的杂质元素，尤其是对形状复杂、难以清洗的石质雕刻构件上的病害的去除效果显著。由于超声波清洗法可以不受石材形状的限制，因而较之其它清洗方法有明显优势。由于该方法需要强大的冲击力作用于砖石材或墙体表面，故不适宜用于表面已经出现风化、松动、剥落、脱落、起泡、腐蚀等劣化现象的砖材或墙面，否则会造成二次损坏。

5.4.6.7　生物降解法

生物降解法的工作原理主要有三种：

① 生物的物理作用。通过生物的繁殖导致结壳以及劣化表层的水解、电离或者质子化等，将其降解为对墙面没有损坏作用的低聚物等物质。

② 生物的化学作用。通过微生物的新陈代谢反应，与污渍产生化学作用，生成新物质。

③ 酶的直接作用。利用蛋白酶直接分解污物（图 5-42）。

图 5-42　仿古墙清水砖微生物治理

生物降解法的清洗对象为砖石砌体表面由硫酸盐或者碳酸盐造成的结壳，以及微生物污染、昆虫与鸟类的排泄物等。该方法效果好、速度快、操作方便，如果配置方法和操作方法合理，可实现无损清洗，不会造成任何污染。常见的生物清洗试剂及其使用范围见表 5-17。

表 5-17 部分常见的生物清洗试剂及其适用范围（刘明飞，2017；孙书同，2015）

清洗剂配方	清洗对象
5％胰蛋白酶＋清洗剂稀释液	霉菌、霉斑
红茶菌发酵液	以 $CaSO_4 \cdot 2H_2O$ 为代表的结晶盐
龙虾属（*Palinurus*）、迎风海葵属（*Anemonia*）器官中提取的水解蛋白酶	鸟、昆虫的分泌物、排泄物
施氏假单胞菌	砖、石墙体上的有机物
糜蛋白酶盐水溶液	血迹
脱硫弧菌（硫酸盐还原细菌）	墙体内的无机硫酸盐

空气中的二氧化碳和硫微粒等污染物能在碳酸盐石质表面形成硫酸钙层（$CaSO_4 \cdot 2H_2O$），硫酸钙层（$CaSO_4 \cdot 2H_2O$）又因风吹雨淋而脱落，易造成石质的风化破坏。在修复硫酸化的碳酸盐类古建筑方面，常采用微生物转化法，利用脱硫弧菌（又称硫酸盐还原细菌）在缺氧环境中发生的一系列化学反应，最终将硫酸钙转化为方解石［碳酸钙（$CaCO_3$）］。该方法是一种利用微生物手段的新型清洗技术。为清洗技术的研究提供了一条新的思路。在清除碳酸盐类古建筑表层的硫酸盐垢方面，该方法是清洗和修复合二为一的过程，具有很大潜力和前景。

5.4.6.8 机械清洗法

机械清洗法的清洗对象为砖石表面的结壳、污垢等劣化现象，尤其对顽固的结垢清除非常有效。直接对污垢进行清理，不会有任何残留，且不会改变砖石材的化学成分，但干预度过大（图 5-43）。机械清洗法所用的机械设备主要包括：转轮、砂轮机、钢丝刷、带式打磨机等。

(a) 工人用砂轮打磨外墙　　　　　　　　　　(b) 机械切割对砖面的破坏

图 5-43 机械清洗现场及造成的损坏（刘明飞，2017；孙书同，2015）

5.4.7 砖石塔的维修技术

由于塔类结构塔身高耸且砌体材料自身存在抗压强度高、抗拉和抗剪强度较低的特点，砖塔结构在受地基基础不均匀沉降、风荷载、震动影响（地震过程中）时容易因受弯、受剪复合作用而出现塔身倾斜、塔身劈裂、局部倒塌、整体倒塌，以及塔檐残损、坍塌等（图5-44）。

(a) 塔身倾斜　　　　(b)塔身劈裂　　　　(c)局部倒塌　　　　(d)整体倒塌

图5-44　砖塔典型震害（唐磊，2018）

5.4.7.1　塔体倾斜

塔体倾斜较普遍，凡砖石高塔都或多或少有些偏斜。原因多为始建时的施工误差和建成后短期内地基沉降不均。但绝大多数塔至今已有数百年历史，虽有偏斜但绝大多数早已稳定。如果观测数据表明近期倾斜变形有所发展或有明显变化，则应查明变化的原因。塔体倾斜多数是地基基础发生变化引起的，对于此种情况应首先解决和处理地基的稳定问题，再考虑塔体的加固和补强。

如南京定林寺斜塔的倾斜。当年建塔时工人们"偷懒"没有打地基，将塔直接建立在极不牢固的火山滚岩上。常年雨水冲刷，造成了基岩南高北低，塔因此逐渐向北倾斜。工程人员在塔的南面掏土、北面灌浆（灌注水泥），围绕塔基一圈，共打下16根20多米深的钻孔桩，终于使塔身回复到5°25′的"安全倾斜角度"。

5.4.7.2　塔身开裂

塔身的裂缝处理参照砖石砌体裂缝修补的各项措施，选择实施。

5.4.7.3　塔檐残损、坍塌

塔檐属于悬挑构件，受雨水冲刷，承受倾覆荷载，进而发生坍塌。尤其是一些楼阁式的砖石塔，出檐较大，虽檐下有叠涩或斗栱承托，有的还特别设置一些木制的华栱、角梁或飞椽等构件增强抗剪和抗倾覆能力，帮助悬挑檐部，但挑檐的后尾部分砌体在竖向荷载作用下，仍然易发生齿缝和通缝开裂。出现裂缝后，在雨水的侵蚀下，砌体裂缝发展扩大，灰缝风化脱落，木构件将很快腐朽，进而就会发生檐部的坍塌。

对残损塔檐的修复处理措施一般如下：①按原制修复木制悬挑构件，木构件要进行防虫、防腐处理，尤其要确保埋入塔身砌体部分药效的耐久性，使木构件与塔身砌体连接可靠，如需要可增加锚固。②增设悬挑木构件挑檐，随塔檐放射形敷设于灰缝中，后尾埋入塔身长度不小于400mm。③如果塔身需增设圈梁，圈梁的位置尽量靠近楼层檐口处，并可与挑檐构件连接。④做好塔檐顶部的防水抗渗是保护措施中重要的环节，也是减轻砌体开裂和材料风化的有效方法。可用有机硅类无色透明液体抗渗剂对砖体表面进行涂刷或浸泡，一般情况下4h后可固结，12h后可正常使用，不会改变砖的质地和颜色。试验结果表明：涂刷这类抗渗剂后，砖的吸水率能降低90％，同时还保留了30％的透气率。有效期为4～5年。

5.4.8　砖石拱券及穹窿的维修技术

拱券是以承受单方向的轴向压力为主的结构；穹窿则是空间的拱券，是在曲面内承受双向轴向压力的结构。拱券受竖向荷载作用，拱脚会产生侧向（水平方向）的推力，而穹窿下部会产生环向拉力。因此，在这些结构薄弱的地方和应力集中的地方，容易产生支座部位墙体的水平裂缝或穹窿支座径向的受拉裂缝。另外，由于砖石拱券对不均匀沉降比较敏感，对震动的抵御能力比较差，易出现开裂和错位。因此，对于拱顶松动和脱落砖石处，应及时修补，此处的每块砖石都要挤紧砌实，但砖石不能干挤，一定要满铺灰浆。砖的强度等级不应低于MU10，砂浆的强度等级不低于M5。对较大裂缝可采用局部剔补和拆砌，新老砌体要搭砌紧密严实。对拱脚处开裂裂缝治理的有效措施，为在拱脚标高处设置水平封闭圈梁一道。对于穹窿的开裂裂缝治理，则是在穹窿下部增设支座环梁，予以加固和补强。

《 第 6 章 》

石质文物建筑的
损坏及保护技术

石质文物是指在人类历史发展过程中遗留下来的具有历史、艺术、科学价值的，以天然石材为原材料加工制作的遗物，包括石刻文字、石雕（刻）艺术品与石器时代的石制用具三大类别，以及各类文物收藏单位收藏的建筑石构件、摩崖题刻、石窟寺等。石质文物历史悠久，早在石器时代之前人们就已经掌握了石头的加工利用方法。石质文物的类型多，分布广，如：崖洞、石棚、石殿、石窟寺、摩崖造像、石塔、石桥、石阙、经幢、石牌坊、墓葬、陵墓及周围的石构物（如雕塑）、碑碣、题记、岩画等。其中，石窟寺是在山崖陡壁的原状山体岩石上开凿而成的洞窟形的佛寺建筑，是一种特殊的建筑形式，是中国建筑史上用石头写成的独特一章，无论在哪一方面的意义都是十分深远的。我国的石窟寺主要分布于"丝绸之路"、黄河流域和长江流域。如我国著名的四大石窟，即河南洛阳龙门石窟（图 1-16）、甘肃敦煌莫高窟（图 1-17）、山西大同云冈石窟（图 1-18）、甘肃天水麦积山石窟（图 1-19），它们已有千余年的历史，是珍贵的石窟艺术宝库。

由于大多数石质文物暴露在室外，千百年来的日晒雨淋等自然营力的长期侵蚀，以及近代工业、基本建设的发展与环境污染等，使得石质文物风化破损的速度日益加快，已经到了有可能大量失去的程度。大规模的城市建设、交通业的飞速发展，导致一些地方上空尘土飞扬、烟雾弥漫，这种恶劣环境对祖先留下的优秀文化遗产造成了极大的破坏，特别是露天的石质文物正以惊人的速度风化，导致石质文物剥蚀脱落、酥粉，甚至整体性破坏。

6.1 岩石的种类和性质

岩石是天然产出的矿物或矿物与其它物质（火山玻璃、生物骨骼、胶体和岩屑等）组成的固态集合体，具有一定的化学成分、结构和构造。岩石的基本组成单位是矿物，尤其是硅酸盐造岩矿物。构成石质建筑的岩石有：砂岩、石灰岩、大理石、汉白玉、板岩、页岩、凝灰岩、安山岩、花岗岩、伟晶岩、流纹岩、玄武岩等。

6.1.1 岩石种类

岩石根据成因分为岩浆岩、沉积岩和变质岩三大类（表6-1）。

表 6-1 岩石分类及特性（申彬利，2017）

项目	岩浆岩	沉积岩	变质岩
概念	又称火成岩，是由岩浆或熔化的岩石冷却形成的岩石	又称水成岩，是由海底、湖底、河底或大陆架上的其它岩石风化物或火山喷发物，经搬运、沉积、成岩作用形成的岩石	是原来的岩石受到地球内部温度、压力、应力变化，化学成分等改变而成的岩石
特性	耐磨性好，耐酸性好，抗风性好，耐久性好，强度较高	密实性较差，密度较小，孔隙率及吸水率较大，耐久性较差，强度较低	由岩浆岩变质而成的石材，性能减弱，耐久性差；由沉积岩变质而成的石材，性能提高，坚固耐用
建筑常用石材	花岗岩、玄武岩、安山岩等	砂岩、石灰岩等	花岗岩变质成片麻岩；石灰岩变质成大理岩等
主要成分	花岗岩的主要成分是石英、长石和少量云母	砂岩的主要成分是石英或长石，石灰岩的主要成分是方解石	大理岩主要成分是方解石或白云石

（1）岩浆岩（火成岩）

地壳内的熔融岩浆，在地下或喷出地面后冷却凝结而成的岩石叫岩浆岩，它经历了熔融的液态岩浆因温度降低而发生向固态转化的全过程。由于岩浆固结时的温度、压力及冷却速度的不同，可生成各种不同化学成分的岩石。岩浆岩根据冷却条件的不同，分为：

① 深成岩：地壳深处的岩浆在上部覆盖层压力的作用下，经缓慢且比较均匀的冷却而形成的岩石；

② 喷出岩：熔融的岩浆冲破覆盖层喷出地表后，在压力急剧降低和迅速冷却的条件下形成的岩石；

③ 火山碎屑岩：火山爆发时喷到空中的岩浆急速冷却而形成的岩石。

火成岩中含量较多的元素有 O、Si、Al、Fe、Mg、Ca、K、Na 等，其中 O 的含量最高，占火成岩总质量的 46% 以上，其次为 P、Ti、Mn、H、C 等。在研究岩石化学成分特征时，通常用氧化物的质量分数表示，而较少使用单元素的百分比的形式。火成岩主要由 SiO_2、Al_2O_3、Fe_2O_3、FeO、MgO、CaO、Na_2O 和 K_2O 八种氧化物组成，其总量占岩石质量分数的 98% 以上。由于 SiO_2 是火成岩氧化物中最重要的一种，因此常以此来划分火成岩类型：SiO_2 含量<45% 的为超基性岩（橄榄岩），含量 45%～53% 的为基性岩（辉长岩、玄武岩），含量>53%～66% 的为中性岩（闪长岩、安山岩），含量>66% 的为酸性岩（花岗岩、流纹岩）。

岩浆岩（火成岩）具有构造致密、抗压强度高、吸水率小、抗冻性好等特征。常见的岩浆岩有花岗岩、橄榄岩、玄武岩、安山岩、凝灰岩、伟晶岩、流纹岩等。其中，花岗岩是由火山喷发而形成的一种构造岩，由没喷出的岩浆冷却而成，是一种深成酸性火成岩。它的主要成分是 20%～40% 的石英、40%～60% 的长石和少量云母，其岩石的颜色取决于所含成分的种类和数量。优质的花岗岩结构致密、晶粒细而均匀，吸水率低，石材的表面硬度大，耐腐蚀性及耐磨性较好，非常坚实耐用。岩浆岩型石窟较少，因为这类岩石比较坚硬，开凿困难。典型的岩浆岩型石窟如江苏连云港孔望山摩崖造像（结晶岩型摩崖石质文物）

（图 6-1）修建于汉代，距今有上千年历史，开凿在花岗岩中，岩石坚硬，开凿困难。泉州老君岩造像材质为伟晶花岗岩，这类岩石抗风化能力较强，但是因为岩石坚硬，难于雕刻，所以现存石窟文物较少，不具有代表性和典型性。

图 6-1　江苏连云港孔望山摩崖造像

（2）沉积岩（水成岩）

沉积岩（水成岩）是由露出地表的各种岩石，经过自然界的风化、搬移、沉积并重新成岩（压实、胶结、重结晶等）而形成的山石。根据沉积岩的生成条件，沉积岩分为：

① 机械沉积岩：由自然风化而逐渐破碎松散的岩石及砂等，经风、雨、冰川等作用的搬运逐渐沉积，在覆盖层的压力下或由自然胶结物胶结而成，如砂岩、页岩。

② 化学沉积岩：由溶解于水中的矿物经聚积、反应、重结晶等沉积而形成的岩石，如石膏、白云岩。

③ 有机沉积岩：由各种有机体的残骸沉积而成的岩石，如贝壳岩、硅藻土、生物碎屑灰岩等。

沉积岩（水成岩）具有构造疏松、孔隙率高、抗压强度低、吸水率大、耐久性较差、加工容易等特点。常见的沉积岩有砂岩、砾岩、页岩、石灰岩（俗称"青石"）、粉砂岩、化学岩等。其中，砂岩是由砂粒经过长时间堆积胶结而成的石材。砂岩由石英颗粒（沙子）形成，质地坚硬、结构稳定，因为含有氧化铁，所以通常呈淡褐色或红色。主要成分为石英（52％以上）、黏土（15％左右）、铁（18％左右）、其它物质（10％以上）。砂岩的表面粗糙，纹理朴素大方，具有良好的抗压、耐磨性；但是其内部结构孔隙率较大，微孔中很容易残留冷凝水、灰尘、油渍等，石材的清洗比较麻烦，而且在清洗之后需要及时养护，避免出现脱落、水迹、盐碱斑等石材劣化现象。云南安宁的法华寺石窟（图 6-2）为宋代大理段氏政权所建，原寺毁于清咸丰七年（1857），红砂岩上凿有 24 个洞窟。全国范围内，开凿在砂岩或砂岩夹薄层泥岩、页岩中的石窟约占总数的 80％以上。砾岩石窟，岩体完整性较好，但比较疏松，成岩程度差，风化严重。石灰岩主要成分为方解石或白云石，化学成分本质是钙的碳酸盐。内部结构致密，颗粒小且黏性强。

图 6-2　云南安宁的法华寺石窟

(3) 变质岩

地壳中原来的岩石（岩浆岩、沉积岩）受到构造运动、岩浆活动或地壳内热流变化等内动力的影响，会使其中的矿物成分和结构构造发生不同程度的变化。即在高温高压和矿物质的混合作用下由一种石头自然变质成另一种石头。这种由原来的岩石经变质形成的岩石叫变质岩。

原来的岩石变质后性能会发生不同的变化。根据原来的岩石种类不同，一般将由岩浆岩变质而成的称为正变质岩，如花岗岩变质成片麻岩；由沉积岩变质而成的称为副变质岩，如石灰岩和白云岩变质成大理岩、砂岩变质成石英岩等。原岩为变质岩的变质岩称为复变质岩。

常见的变质岩有大理岩、片麻岩、石英岩、板岩等。

板岩是具板状构造的浅变质岩，它多由泥质岩、粉砂岩或中酸性凝灰岩经轻微变质作用形成。原岩的矿物成分基本上没有重结晶或只有部分重结晶，岩石脱水且硬度增大，其外表呈致密隐晶质，矿物颗粒很细，肉眼难以鉴别。

片麻岩由花岗岩变质而成，其矿物成分与花岗岩相似，结晶颗粒是等粒的或斑纹的，呈片麻状或带状构造，因而在各个方向的物理、力学性质不同。在垂直片理方向有较高的抗压强度，可达 $120\sim200\mathrm{MPa}$，沿片理方向易于开采加工，但在冻融循环的过程中易于剥落分离成片状，抗冻性差，易于风化，性能变差。

石英岩是一种石英含量大于 85% 的变质岩，它由石英砂岩或硅质岩经区域变质作用或热接触变质作用形成。变质后，原来的砂岩中的石英颗粒和天然胶结物重新结晶，因此，石英岩的质地均匀致密，抗压强度高，达 $250\sim400\mathrm{MPa}$，耐久性好，但硬度大，加工困难。

大理岩是一种碳酸盐矿物［成分以方解石 $CaCO_3$、白云石 $CaMg(CO_3)_2$ 为主］含量大于 50% 的变质岩。它是由石灰岩、白云岩等碳酸盐岩经区域变质作用或热接触变质作用而成的。它一般具粒状变晶结构和块状构造，有时可具条带状构造。通常白色和灰色大理岩居多。其中质地均匀、细粒、白色者，又称汉白玉。白色细粒大理岩——汉白玉因其品质温润，深得皇族喜爱，加之北京房山大石窝有着得天独厚的汉白玉采石场，因此，汉白玉也成为明清两代皇家宫殿、陵寝和园林中石构件的首选石材。如故宫、天坛、天安门金水桥、十三陵陵寝石刻等。

6.1.2 岩石的物理性质指标

天然石材因形成条件不同，常含有不同种类的杂质，矿物成分也会有所变化。所以，即使是同一类岩石，它们的性质也可能有很大的差别。物理性质指标主要包括孔隙率、表观密度、吸水率、耐水性、抗冻性、耐热性等。

(1) 孔隙率

孔隙率是指孔隙占整体的百分比。孔隙的大小和多少直接影响着石材其它性能的高低。根据天然石材孔隙大小的不同，将其孔隙划分为三个等级：

① 微孔隙：孔隙直径 $<10^{-4}\mathrm{mm}$；

② 毛细孔隙：孔隙直径介于 $10^{-4}\mathrm{mm}$ 和 $10^{-1}\mathrm{mm}$ 之间；

③ 气孔隙：孔隙直径 $>10^{-1}\mathrm{mm}$。

不同的石材孔隙率不同。

（2）**表观密度**

根据石材表观密度的高低，将其分为：轻质石材（表观密度≤1800kg/m³）、重质石材（表观密度＞1800kg/m³）。表观密度越大，抗压强度越高，耐久性越好。

（3）**吸水率**

岩石的吸水性与其孔隙率、孔隙特征有关。岩浆深成岩以及许多变质岩，它们的孔隙率很小，所以吸水率很小，如：花岗岩的吸水率通常小于 0.5%。不同沉积岩，由于形成条件、密实程度与胶结情况有所不同，因而孔隙率与孔隙特征的变动很大，导致岩石吸水率的波动也很大，如致密的石灰岩，它的吸水率可小于 1%，而多孔贝壳灰岩吸水率可高达 15%。

根据吸水率的高低可将岩石分为：①吸水率低于 1.5% 的岩石，称为低吸水性岩石；②吸水率介于 1.5%～3% 的岩石，称为中吸水性岩石；③吸水率高于 3.0% 的岩石，称为高吸水性岩石。石材的吸水性对其强度与耐水性有很大影响。石材吸水后，颗粒之间的黏结力会降低，从而使强度降低，抗冻性变差，导热性增强，耐水性和耐久性下降。

6.2　病害原因与病害类型

石质文物建筑病害是指在地质营力作用、生物活动、人为活动等影响下形成的，对石窟寺及石刻环境与载体岩体造成破坏的地质病害现象；以及对石窟寺石雕像、石刻、壁画、塑像等造成材料劣化、微观结构损伤、形态及形制破坏、结构失稳、颜色变化等，影响石质文物本体安全和文物价值的破坏现象。

6.2.1　石质文物建筑病害的影响因素

古代石质文物的保存环境分：露天环境、室内环境以及地下环境。储存的环境不同，所面临的病害原因也不同。

露天环境下的石质文物的病害因素，如：地质环境、大气环境、水文环境、生物环境、人文环境等。其中，地质环境与石质文物的关系很密切，它是石质材料形成的决定因素。不同的石材来源于不同的地质环境，如：花岗岩、凝灰岩等由岩浆作用形成；石灰岩、白云岩、砂粒岩等经历了原岩破碎、搬运、堆积和胶结、压密等一系列的成岩过程；大理岩、石英岩等则是前两类岩石在高温、高压等内外应力作用下，经变质形成的。一般而言，露天石质文物赋存的地质环境比较稳定。大气环境包括温度、湿度、光辐射、大气运动等基本因子，影响着气候类型的基本特征。一个地区的光、热、大气降水条件是决定气候类型的主要因素。在干旱地区，水的吸收和蒸发作用、盐分的结晶与潮解，对石质文物的保存起决定性作用；在潮湿地区，植被的生长、化学侵蚀表现突出；在寒冷地区，冻融作用明显。水文环境是由各种水体及其分布、运动形态组成的，主要包括地表水体、地表径流、地下水及其地下径流等基本因子。这些水体的存在，诱发了石质文物的许多类型病害。如：静水压力、水的化学作用和冰劈效应会导致岩体裂隙扩张；水的溶解和水化作用又会导致岩石胶结组分的破坏等。生物环境主要由动植物和微生物及其活动构成。不同的植物会给文物带来不同的危害，成片成带分布的植物群落会改变小气候环境，如相对湿度、风速等；对石质文物危害的动物主要是鸟类、鼠类等；微生物、低等植物等对石质文物的危害是普遍的，地衣、藻类、苔藓、菌类等可附着在石质表面和裂隙深处，其生长和繁殖会导致石质材料的劣化。人文环境即社会环境因素，包括工农业生产带来的环境污染和不当的人为干预活动，是室外石质文物病害加剧的重要因素。近年个别地方过度开发旅游资源，带来的不良后果直接影响着露天石质文物的保存状况。

室内环境即博物馆环境，主要针对收藏在库房里和陈列在展厅或展柜之中的佛像、碑刻等可移动的石质文物。室内温度、湿度、空气流通、光照、粉尘、有害气体、参观游客量等是构成博物馆环境的重要因子。其中，温、湿度影响较大。一般条件下馆藏环境的室内温度变化在 5～30℃，此范围内温度变化对石质文物不会产生迅速而直接的危害。

引起石质文物建筑破坏的原因很多。按照病害源的性质，石质文物病害分两大类：

一类是由自然营力的作用引起的病害。如：石雕溶蚀、由岩土裂隙切割及风化营力作用引起的崩塌脱落、渗水病害、风化剥蚀、地震坍塌、冲沟切割、沙漠粉尘风蚀掩埋等。

另一类是人类生产或工程建设引起自然环境的改变，在改变后的自然环境营力作用下，原有病害加剧或诱发新的文物环境病害。如：爆破振动、采矿引起地面和边坡文物建筑的变形破坏、兴建水库引起小气候环境改变而使文物风化加剧、酸雨与煤尘引起文物蚀变、改变河道而引起洪水淹没等。

通常情况下，露天环境下的石质文物，经受着风、紫外线、酸雨、酸雾、雨水等的不断侵蚀，风化现象比室内快得多。

6.2.1.1　矿物与地层岩性

不同矿物本身的抗风化能力是不同的，一般来说，在抗风化稳定性方面，氧化物＞硅酸盐＞碳酸盐和硫化物。矿物的溶解性的高低是其抗风化能力的一个重要指标，常见矿物溶解性顺序（由易溶到难溶）为：食盐、石膏、方解石、橄榄石、辉石、角闪石、滑石、蛇纹石、绿帘石、正长石、黑云母、白云母、石英。

对于岩浆岩来说，其在自然环境中的稳定性与岩石形成顺序相反，越早、温度越高形成的岩石，抗风化能力越低。一般认为岩浆岩抗风化能力为：酸性岩＞中性岩＞基性岩＞超基性岩（橄榄岩）。对于沉积岩来说，单从矿物成分上看，其更能适应地表环境，化学风化相对要弱。但沉积岩类型众多，在风化过程中，风化机理有显著差别。砂岩和砾岩的风化主要受控于胶结物，泥质胶结最弱，其次为钙质胶结，最好的为硅质胶结。碳酸盐岩的风化主要发生在表面，以溶蚀为主。凝灰岩的风化更是复杂，但一般类似于岩浆岩中的喷出岩。高温高压下形成的变质岩在地表稳定性相对要差一些。从抗风化能力上看，其顺序从大到小为：浅变质岩、中等变质岩、深变质岩。

另外，单一矿物的岩石抗风化能力要好于复合矿物岩石；当矿物成分相同时，等粒结构比不等粒结构抗风化能力要强。

6.2.1.2　各种形态水的危害

自然界中对石质文物最具破坏性的就是水。在漫长的岁月里，它可使岩石中的多数矿物溶解、变质或碎裂，使稳定的物质转变为离子溶剂。水溶解一些有害物质被岩石吸收后会产生盐类结晶、水解的病害；提高吸湿作用而产生的水汽压力；形成各种酸类腐蚀石质；使胶结物转变为可溶性盐等。水吸收气态有害物质使石质表面污染腐蚀。水还由于膨胀与收缩的水力，使石质冻胀破裂；水中还有大量微生物等。总之，石质文物的各种破坏形式与水的媒介直接有关。化学风化、物理风化以及生物风化作用均是与水分不开的。

　　岩土体中水的类型包括气态水、固态水、液态水和结晶水，其中液态水为主体，也是对石质文物建筑影响最大的水。与石质文物建筑病害关联性最为密切的水有裂隙水、凝结水、毛细水、雾水等。裂隙水是存在于岩石裂隙中的地下水。裂隙水按含水介质裂隙的成因，可分为风化裂隙水、成岩裂隙水和构造裂隙水；按埋藏条件，可以分为上层滞水、潜水或和承压水。在自然环境中，由于石质表面辐射冷却，岩石表面空气温度下降到露点以下，在岩石表面上凝结而成的水，称为凝结水（图 6-3）。毛细水的运动会和各种岩土相互作用，岩土中的可溶性物质随水迁移，诱发可溶盐沉积，造成可溶盐循环结晶破坏作用；使岩体长期处于潮湿状态，加剧材料劣化、微观结构损伤；北方地区冰冻季节，还会产生冰冻破坏。空气中的水汽超过饱和量，凝结成水滴，形成特定条件下的雾水。雾有较强的吸附性，雾滴在低空飘移时，不断与污染物碰撞，能使污染物积聚。

(a)何家　埚窟窟内层间裂隙及凝结水　(b)万安禅院石窟西南支顶处凝结水　(c)万安禅院石窟中心柱西北角凝结水

图 6-3　石窟中的凝结水（张伏麟，2019）

6.2.1.3　自然风化的作用

　　自然风化按其作用方式可以分成物理风化、化学风化和生物风化三类。

（1）物理风化作用

　　物理风化作用是一种纯机械的破坏作用，主要受大气环境影响因素（空气的温度、湿度、风速、气压和降水）的影响。主要破坏作用方式有：温度因素诱发的温差循环作用、湿度因素诱发的干湿循环作用、水及温度因素诱发的冻融循环作用、风因素诱发的风蚀作用、雨水因素诱发的雨蚀破坏作用等。

　　① 温差循环作用。由于岩石材料是热的不良导体，热量在岩石内部传递较慢，当外界的温度发生较大变化时，表层温度变化比内部敏感，使内外膨胀不同步，导致局部温度不均匀而产生温差应力。若温差引发的应力状态多频次循环发生，将诱发表层岩石微观结构的损伤、破坏。温差循环作用引发的岩体风化破坏作用，称为温差循环破坏作用。温度梯度变化越大，岩石内部产生的温度应力就越大。随着温度应力拉压循环次数的增多，损伤的累积导致"热应力疲劳"效应，表层岩体产生空鼓状、片状破坏。

　　② 干湿循环作用。岩石具有吸湿膨胀的性质，材料吸收一定水分后，材料的体积发生膨胀，有效应力降低；而当材料失去水分时，材料的体积减小，有效应力增加。当空气湿度动态变化以及地下水季节性动态变化时，石质文物岩体含水量会动态变化，从而引发岩石微观结构、力学状态变化。若干湿引发的应力状态多频次循环发生，将诱发表层岩石材料劣

化、胶结物流失、微观结构损伤和力学性能的降低等,造成岩体风化破坏作用,称为干湿循环作用。

③ 冻融循环作用。岩石内分布有连通孔隙,水分可以通过这些通道进出岩石,当水侵入石材孔隙结构或石材裂隙中时,常常是充满孔隙结构和裂隙。如果出现冰冻现象,水由液态水向固态水转化时,体积增大 1/11,而石材内部已无多余空间,随着时间的推移在石材内部产生挤压作用,产生相应的压力达 96~200g/cm²,造成岩石颗粒空间加大,使其开裂、脱落,降低强度,增强了水的渗透性。在寒冷气候条件下,石质文物岩石中冻结的冰随着昼夜和季节变化发生的融化-冻结过程称为冻融作用。随着昼夜或季节的交替,冻融作用会反复发生,引发岩石裂隙或孔隙中应力状态发生改变,造成岩石微观结构损伤、结构破坏,以及文物价值遭到破坏的作用,称为冻融循环作用。常见的病害有风化脱落、断裂和裂缝、缺失、变形等。

④ 风蚀作用。风蚀作用是指风作为破坏营力,直接依靠气流的冲击力和紊流作用,把石质文物表面的松散细小碎屑吹离,或风吹起沙粒并挟带沙粒形成的风沙流对其产生冲击、摩擦作用,对石窟寺及石刻表面形态、外貌及结构造成破坏。

风的侵蚀作用包括吹蚀作用、掏蚀作用以及磨蚀作用。其中,吹蚀作用是指风的机械力直接作用于露天文物建筑的表面;掏蚀作用是指对石质文物的凹处、坑窝、裂隙不断加深破坏;磨蚀作用是指风沙对石质文物表面的击打磨蚀。风的吹蚀作用和磨蚀作用是互相关联的过程,针对露天保存的石窟寺及石刻,磨蚀的作用较为明显。如莫高窟邻近的鸣沙山是连绵的沙丘(图 6-4),遇到大风、沙尘暴时,沙石、尘土源源不断地刮到崖下,使得洞窟内尤其是上层洞窟内的壁画、彩塑受到严重磨蚀,导致变色、褪色甚至脱落。广元千佛崖处在嘉陵江风口上,风吹雨淋全作用在千佛崖壁上。而大多数龛窟进深浅,无遮护措施,风、雨水、阳光直接作用在石刻上,窟外侧及部分石窟的石刻造像遭受风化破坏的危害日趋严重,许多造像失去原有的风采甚至剥落殆尽,失去宝贵的文物价值。石刻造像在风的吹蚀、磨蚀作用下,呈粉末状、颗粒状剥落(图 6-5)。

图 6-4 风沙对莫高窟的吹蚀作用

图 6-5 风蚀对造像的破坏(宗静婷,2011)

⑤ 雨蚀破坏作用。强烈的雨水会导致洪水的发生,洪水可以单独形成自然灾害,也会衍生形成泥石流灾害(图 6-6~图 6-8)。我国西北地区的石窟寺,比如新疆克孜尔千佛洞、

库木吐拉千佛洞、森姆塞姆千佛洞、甘肃敦煌石窟等均存在河流、山间沟谷洪水及泥石流冲刷、淹没的地质病害。新疆克孜尔千佛洞的渭干河水系，洪水多发于 6～8 月，为融雪与暴雨混合型，具有忽涨忽落特征。由于第三纪砂岩、泥岩内有大量易溶盐和蒙脱石，雨水岩体极易崩解。暴雨、洪水冲刷崖壁形成大量冲沟是引发洞窟大面积崩塌的重要原因。

图 6-6　新疆克孜尔石窟受冲沟、
　　　　地震危害（黄克忠，1988）

图 6-7　甘肃炳灵寺石窟因特大暴雨遭受损失

(a) 崖顶冲沟　　　　　　　　　　(b) 坡水的冲刷痕迹

(c) 崖壁坡面受水影响情况　　　　(d) 雨水对窟龛的影响

图 6-8　雨水对石质文物的影响（宗静婷，2011）

　　降水、河水、地下水造成文物建筑的漏水、渗水和积水是最常见的，也是对岩石文物建筑危害最大的病害（图6-9～图6-11）。漏水、渗水和积水的来源主要有：a. 洪水冲刷、淹没所造成的危害；b. 雨水从顶部或从地面灌入建筑物内；c. 地下水从山体壁面渗入，根据渗水的严重程度可分为潮湿、滴水、涓流、积水。

图6-9　四川大足宝顶卧佛渗水侵蚀
（黄克忠，1988）

图6-10　四川王建墓内渗水滴水侵蚀
（黄克忠，1988）

图6-11　云冈石窟渗水

　　⑥ 可溶盐结晶-潮解循环破坏作用。石质文物中的盐分会随着环境湿度的变化发生结晶-潮解循环作用，从而引发岩石裂隙或孔隙中应力状态发生改变，造成岩石微观结构损伤、结构破坏，即可溶盐结晶-潮解循环破坏作用。可溶盐结晶-潮解循环破坏作用主要表现在三个方面：可溶性盐的溶液在结晶以及生长时产生的应力、可溶盐水合作用生成的应力、盐结晶的受热膨胀。其中，可溶性盐在结晶生长时所产生的应力破坏作用最大。一般情况下，可溶盐分为易溶盐、中溶盐和难溶盐三种类型。常见的易溶盐有钠、钾、镁和钙的氯化盐（$NaCl$、$MgCl_2$）、碳酸（氢）盐（Na_2CO_3、$NaHCO_3$）和硫酸盐（Na_2SO_4、$MgSO_4$），氯化盐类的溶解度大。中溶盐如石膏（$CaSO_4 \cdot 2H_2O$），难溶盐如碳酸钙（$CaCO_3$）。

　　(2) 化学风化作用

　　化学风化是岩石在水、氧气（O_2）、二氧化碳（CO_2）、二氧化硫（SO_2）、有机体等作用下所发生的一系列化学变化过程，引起岩石结构、矿物成分和化学成分的变化。其中水是最大的风化营力，水岩作用是岩石化学风化最主要的作用方式，主要的水岩作用方式有：水解作用、溶解作用、碳酸盐化作用、碳酸风化作用、水化作用和氧化-还原作用。

溶解作用是指易溶岩中有些矿物能溶于水，会发生溶解反应。岩石分易溶岩和非易溶岩。易溶岩包括碳酸盐岩（如石灰岩和白云岩等）和硫酸盐岩，非易溶岩有花岗岩、玄武岩、石英岩、片麻岩等。易溶盐遇水溶解是岩石的一个极大威胁。另外，环境中酸性污染会加剧溶解作用，如酸雨对难溶的花岗岩产生溶蚀破坏。SO_2 长期的作用还会使坚硬的石灰岩（$CaCO_3$）变成疏松、粉末状的石膏 [式(6-1)]。

$$2CaCO_3 + 2SO_2 + O_2 + 4H_2O \longrightarrow 2CaSO_4 + 2H_2O + 2CO_2 \tag{6-1}$$

水合作用是指岩石中的矿物与水接触后，吸收一定的水到矿物中，并形成一种含水的新矿物的过程 [式(6-2)、式(6-3)]。比较典型的是无水石膏（$CaSO_4$）和生石膏之间（$CaSO_4 \cdot 2H_2O$）的转化 [式(6-2)]。无水石膏在潮湿环境下，吸水可以形成生石膏，并导致晶体体积膨胀，而在干燥环境下，脱水导致体积收缩。这种水化作用将在岩石内部形成反复的挤压破坏作用，导致岩石破坏。除了石膏，水泥中钙矾石、易溶盐芒硝等发生这种现象也非常普遍。在新的矿物形成过程中会产生极大的膨胀压力，而造成岩石的崩裂、剥落和粉化。

$$CaSO_4 + 2H_2O \Longrightarrow CaSO_4 \cdot 2H_2O \tag{6-2}$$

$$Fe_2O_3 + 3H_2O \Longrightarrow Fe_2O_3 \cdot 3H_2O \tag{6-3}$$

水解作用是指岩石中的矿物遇水后发生离解，并与水中 H^+ 和 OH^- 分别结合形成新的化合物，使原矿物的结构被分解，反应中形成弱酸或弱碱 [式(6-4)、式(6-5)]。在文物保护中，最典型的是砂岩矿物中的长石的蚀变现象，长石中的 K^+ 被水电离的 H^+ 置换，并导致长石矿物结构由架状矿物向层状的高岭土、蒙脱石等更稳定的矿物转换，这种变化是不可逆的。水解出的 K^+、Na^+、Mg^{2+} 等离子又为盐害的发育提供了物质基础。硅酸盐和铝硅酸盐是弱酸强碱型化合物，易发生水解作用而破坏，而这两者是地壳中含量最多的矿物。如：钠长石 $Na(AlSi_3O_8)$ 水解 [式(6-4)] 后，一部分易溶离子随水消失，析出的二氧化硅部分呈胶体随水流失；一部分形成蛋白石 $SiO_2 \cdot nH_2O$ 和高岭石 $Al_4(Si_4O_{10})(OH)_8$ 留于原地。正长石 $K(AlSi_3O_8)$ 的水解如式(6-5) 所示。以上反应中，$NaOH/KOH$ 和 SiO_2 呈溶液或溶胶状随水迁移，一部分会向文物表层聚集，和难溶的高岭石呈粉末状残留在岩石上，形成表层的酥粉或空鼓。

钠长石水解反应：

$$4Na(AlSi_3O_8) + 6H_2O \Longrightarrow 4NaOH + 8SiO_2 + Al_4(Si_4O_{10})(OH)_8 \tag{6-4}$$

正长石水解反应：

$$4K(AlSi_3O_8) + 6H_2O \Longrightarrow 4KOH + 8SiO_2 + Al_4(Si_4O_{10})(OH)_8 \tag{6-5}$$

碳酸化作用指大气和土壤中的 CO_2 与水化合形成碳酸，并在水溶液中部分电离出 H^+ 离子，增加了水溶解能力，加速岩石的蚀变作用。正常情况下，雨水为酸性，主要是因为空气中的 CO_2 的含量为 0.0314%（体积分数），在 $25℃$ 时，由于碳酸化作用，雨水的 pH 值为 5.67。另外在土壤中（或山体内部），CO_2 的分压远高于大气环境，对岩石的溶蚀能力更强。在长期遭受雨水冲刷部位，岩石主要受水解作用、碳酸化作用。岩石中的斜长石和正长石，在碳酸型的水中会发生如式(6-6)～式(6-8) 所示反应。除了生成新矿物外，可溶盐离子 Na^+、Ca^{2+}、K^+ 等会逐渐向文物表面迁移，形成可溶盐的表面结晶，产生硬壳。

$$2Na(AlSi_3O_8) + 2H_2CO_3 + H_2O \Longrightarrow 2Na^+ + 2HCO_3^- + 4SiO_2 + Al_2(Si_2O_5)(OH)_4 \tag{6-6}$$

$$Ca(Al_2Si_2O_8) + 2H_2CO_3 + H_2O \longrightarrow Ca^{2+} + 2HCO_3^- + SiO_2 + Al_2(SiO_5)(OH)_2 \tag{6-7}$$

$$2K(AlSi_3O_8) + CO_2 + 2H_2O \longrightarrow K_2CO_3 + 4SiO_2 + Al_2(Si_2O_5)(OH)_4 \tag{6-8}$$

氧化作用是矿物中元素与空气中的氧结合，形成新矿物的过程。一些岩石在缺氧、还原环境下形成，元素以低价态为主，而在地表，空气中的氧化环境下，低价态元素转变为高价态，矿物结构破坏、种类转换。长期以来，氧化作用被认为是石质文物变色的主要原因，氧化使岩石的表面产生黑褐色浸染，影响艺术品的美观。因此，加固石质文物时切忌使用铁质材料。如沉积岩中在还原环境下形成的黄铁矿（FeS_2）在地表受氧与水的作用，向褐铁矿（$Fe_2O_3 \cdot nH_2O$）转换［式(6-9)］。磁铁矿（Fe_3O_4）也会转化为褐铁矿。从宏观上看，岩石整体由还原色（灰色、黑色等）向氧化色转换（褐黄色、紫红色等）。很多露天石质文物表面颜色自然泛红（黄），与岩石氧化有密切关系。

$$4FeS_2 + 15O_2 + mH_2O \Longrightarrow 2Fe_2O_3 \cdot nH_2O + 8H_2SO_4 \qquad (6-9)$$

(3) 生物风化作用

生物风化作用是指矿物、岩石受生物生长及活动影响而发生的风化作用。其中，微生物（细菌和真菌）是矿物风化的最重要的因素之一，微生物的活动可以导致硅酸盐、磷酸盐、碳酸盐、氧化物和硫化物矿物被破坏并使一些重要元素（Si、Al、Fe、Mg、Mn、Ca、K、Na、Ti 等）从矿物中溶出。

生物风化分为物理与化学两种形式：①物理作用破坏。生物通过生命活动的黏着、穿插和剥离等机械活动使矿物颗粒分解，是生物物理风化作用。如植物根系在岩石缝隙中生长变粗，对裂隙两壁产生巨大的压力，据测算这种压力可达 1～115MPa，最终会导致岩石破裂，从内部破坏岩石的完整性，降低结构强度，造成岩石的破碎或变形；另外，动物爪蚀破坏、动物排泄物以及飞虫等动物巢穴破坏形式是露天文物特有的破坏形式，钻缝动物如蚂蚁、蚯蚓等钻洞可以扩大岩石缝隙，对岩石进行机械破碎；裂隙还会成为雨水和地下水渗流的通道。②化学作用破坏。生物通过自身分泌及死后遗体析出的酸等物质，对岩石的腐蚀称为生物化学风化。植物生长过程中分泌排出各种酸性的物质（如有机酸、碳酸、硝酸等），可溶解并吸收矿物中的某些元素（P、K、Ca、Fe、Cu 等）作为营养，使岩石遭到腐蚀；动植物死亡后腐烂分解产生有机酸以及二氧化碳、硫化氢等酸性的气体，也会腐蚀岩石；微生物产生有机酸、无机酸等。微生物通过酸的溶解作用、胞外聚合物的作用、生物膜的作用、酶解作用、碱解作用和氧化还原作用等方式进行化学作用破坏。

6.2.1.4　地震因素

地震造成文物建筑大面积崩塌，往往是致命的。甘肃凉州天梯山石窟，就因当地频繁强烈的地震，被认为无法保存而于 20 世纪 50 年代进行了搬迁。麦积山石窟历史上几次大面积崩塌都是自然地震引起的。有记载的 1900 多年以来，地震在麦积山附近的天水相当频繁，有严重破坏性的达 15 次。公元 602 年的大地震，使开凿于公元 566～568 年的上七佛阁前廊柱和石雕龛檐及下约 $1000m^2$ 的崖壁震塌，此处的洞窟几乎全部崩毁殆尽，后人便有东崖和西崖之称。敦煌莫高窟地区属于地震活动频繁的地带。自公元 417 年以来，可查考的地震现象有 11 次，其中，1927

图 6-12　地震将莫高窟内壁画与
塑像破坏（黄克忠，1988）

年、1932 年和 1952 年的地震较强烈。1927 年的地震将莫高窟第 196 窟洞顶的一块壁画震落，并将佛龛上的塑像砸坏（图 6-12）。地震会造成文物建筑产生新的裂缝、原有裂缝扩张延长、片状剥离、坠落等显性震损破坏（图 6-13）。

(a) 佛像的新裂隙　　(b)岩石的新裂隙(一)　　(c)岩石的新裂隙(二)

(d)岩石的原有裂隙扩张　　(e)边坡岩石片状脱落　　(f)窟龛造像表面片状脱落

(g)岩石坠落现象　　(h)边坡岩石坠落现象

图 6-13　地震对广元千佛崖的破坏（宗静婷，2011）

6.2.2　石质文物建筑病害的主要类型

石质文物建筑病害按照其具体表象分为三类：①结构失稳；②渗水侵蚀；③表面劣化。

石窟寺、摩崖、岩画等存在的病害，按照损坏原因，概括为四类：①水的危害（渗水、凝结水、地下水）；②岩体失稳的危害（崩塌、倾覆、垮塌等）；③地震及其它外力的危害（地震、爆破振动、车辆运营振动、采矿塌方、风蚀等）；④环境污染的危害（大气污染、酸雨、粉尘等）。

《石质文物病害分类与图示》（WW/T 0002—2007），将石质文物病害分为七类：①文物表面生物病害；②机械损伤；③表面（层）风化；④裂隙与空鼓；⑤表面污染与变色；⑥彩绘石质表面颜料病害；⑦水泥修补。

文物保护工程专业人员学习资料编委会组织编写的《文物保护工程专业人员学习资料 石窟寺和石刻》（2020）中，依据石窟寺及石刻赋存环境与文物本体特点，首先从石窟寺及石刻环境和文物本体两个维度划分两个类别病害：第一类别病害是石窟寺及石刻环境与载体岩体地质病害；第二类别病害是石窟寺及石刻本体病害。依据影响因素、作用方式、破坏特征，每个类别病害分为不同的病害类型，总计 10 种病害类型：第一类别病害按地质营力和破坏特征分为危岩体（崩塌、倾覆、垮塌等）病害、滑坡病害、地下水渗水病害、洪水及泥石流病害、地震病害 5 种类型；第二类别病害按影响因素的作用方式和破坏特征分为开裂失稳病害、水岩作用病害、风化作用病害、生物作用病害、人为活动诱发的病害 5 种类型。

6.2.2.1　结构失稳病害

结构失稳指的是文物主体结构所产生的变形、坍塌等现象。该类问题直接关系到文物的安全性，如果不控制将直接导致文物主体的毁灭性破坏。中国石窟寺和摩崖造像多开凿在依山傍水的河谷一侧或两侧的陡崖上（图 6-14），陡峻的边坡岩体因河流冲蚀卸荷，发育岸边卸荷裂隙，常常构成石窟寺所在边坡岩体失稳的滑移面或崩落破坏面。

岸边卸荷裂隙是影响边坡岩体稳定的主导性因素，边坡岩体失稳是岩体失稳的主要危害。这类裂隙与崖面基本平行，倾角等于或略大于坡角，裂隙面陡立，下延深度大，在地震诱发因素作用下很容易发生崩塌、倾倒和垮塌破坏。其次是构造裂隙的危害，构造裂隙与卸荷裂隙或边坡走向呈近直角相交状，将边坡岩体切割成许多碎块，破坏了边坡岩体完整。此外，层面裂隙和风化裂隙等也是边坡岩体失稳的重要因素，这些裂隙具有切割面和滑移面的破坏作用。

各种不同成因的岩体裂隙的相互切割，使石窟寺窟室岩体形成了可能变形、滑移、倾倒、错断、坠落、弯折的分离体（称之为危岩体）（图 6-15），导致石窟寺窟室岩体的坍塌。几乎每一处石窟寺、摩崖和岩画都存在由岩体失稳引起的破坏。

图 6-14　石寺河石窟山体（张伏麟，2019）

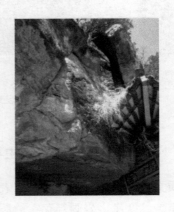

图 6-15　万安禅院石窟龙王庙处危岩体
（张伏麟，2019）

（1）滑坡

滑坡是石窟寺及石刻岩体，受河流冲刷、地下水活动、雨水浸泡、地震及人工切坡等因素影响，在重力作用下，沿着某一明显的节理面、软弱面或者软弱带，整体地或者分散地顺坡向下滑动的破坏现象。我国石窟寺及石刻地质环境条件总体较好，不存在大规模山体滑坡地质灾害，但部分石窟寺及石刻仍存在小规模的滑坡病害，对石窟寺、石刻环境及载体岩体造成威胁。

（2）崩塌

危岩体在重力、风化营力、地应力、地震、水体等作用下与母岩脱离并以垂直位移运动为主，以翻滚、跳跃、坠落方式而堆积于坡脚，这种现象和过程即称为崩塌。危岩体的崩塌破坏现象是石窟寺及石刻常见的病害类型。麦积山石窟、克孜尔千佛洞、须弥山石窟、龙门石窟、乐山大佛、炳灵寺石窟等大部分石窟崖壁岩体都存在危岩体病害的安全威胁。

（3）错断

错断是指危岩体在自然或人为因素的影响下沿某一明显的软弱面或接触面发生剪切破坏，发生局部变形的现象。

（4）倾倒

倾倒是指陡坡或悬崖上的危岩体在自然和人为因素作用下，发生横向变形并伴随坠落的现象。倾倒多发生在高边坡，卸荷裂隙发育地带，且危岩体多呈板状结构。

（5）顶板塌落

该类问题主要发生在石窟、岩墓等大型的以天然岩体建造的洞窟类文物上（图 6-16）。顶板塌落多表现为在薄层岩体中裂隙相互交切，形成顶板塌落的潜在问题。

6.2.2.2　机械损伤病害

机械损伤主要指在外力作用如撞击、倾倒、跌落、地震及其地基沉降、受力不均等因素的影响下，发生的石质文物的断裂与残损、开裂现象。

图 6-16　石寺河石窟窟内顶部藻井崩落
（张伏麟，2019）

（1）断裂

断裂是受外力和自身结构影响，石质建筑物的完整性遭到破坏而产生的机械破裂的总称，特指有贯穿性并且出现明显位移的断裂与错位的一些现象（图 6-17、图 6-18）。按构件破坏的受力状态，断裂分压裂、拉裂、剪裂三种基本形式：

① 压裂：石质建筑构件在垂向受压状态下开裂的现象，多集中在墙体底部沉降处和柱头，表现为压碎带和压裂缝的形式。

② 拉裂：石质建筑构件在垂向受拉状态下开裂的现象，多集中在梁体的底部，表现为拉裂缝的形式。

③ 剪裂。石质建筑构件在水平向推力作用下，产生断裂并伴随横向位移的现象。水平向裂缝是指石质建筑构件在水平挤压状态下，沿原有水平结构面断裂的现象。

图 6-17 断裂现象

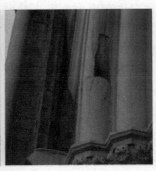

图 6-18 北京西什库教堂西立面檐部的大理石出现断裂（申彬利，2017）

（2）局部缺失

局部缺失指由断裂原因造成的石质文物部分或全部脱离部件的现象。例如：柱头花式缺损一块花纹，雕像上出现的无头、无脚等劣化。它容易发生在最暴露的、凸出的、比较脆弱的部位（图 6-19）。

(a)北京东交民巷11号院东楼　　(b)北京西什库教堂东立面　　(c)勒脚处石材出现
　的柱头处石材局部缺失　　　　上龙头局部缺失现象　　　　局部缺失现象

图 6-19 局部缺失（申彬利，2017；包晓晖，2016）

（3）开裂失稳病害

石质文物裂隙主要分为浅表性风化裂隙、机械裂隙以及构造裂隙三大类型。浅表性风化裂隙是指由自然风化、溶蚀现象导致的沿石材纹理发育的裂隙，除薄弱夹层带附近呈条带状分布且较深外，一般比较细小，延伸进入石质文物内部较浅，多呈里小外大的 V 字形。机械裂隙即应力裂隙，是指因外力扰动、受力不均、地基沉降、石材自身构造等而产生的石质文物开裂现象，一般多深入石材内部，严重时会威胁到石质文物整体稳定，裂隙交切、贯穿会导致石质文物整体断裂与局部脱落。构造裂隙即原生裂隙，是指石材自身带有的构造性裂隙，其特点是裂隙闭合、裂隙面平整、多成组出现。

裂隙分岩体内的裂隙和岩块构件内的裂隙两种：

① 岩体内的裂隙（图 6-20）。岩体内的裂隙包括原生结构面（在岩体形成过程中形成的，包括沉积结构面、火成结构面和变质结构面）、构造结构面［岩体受地壳运动（构造应力）的作用所产生的破裂面，包括断层面、节理面和劈理面］、次生结构面（岩体受卸荷、地下水等次生作用形成的，包括卸荷裂隙）、软弱夹层（具有一定厚度的岩体结构面）等的裂隙。

(a)2号窟东壁裂隙　　　　　　　(b)3号窟西壁裂隙

图 6-20　马蹄寺罗汉堂石窟裂隙（张伏麟，2019）

② 岩块构件内的裂隙（图 6-21）。岩块构件内的裂隙是指因受力不均、外力扰动、石材自身构造等而产生的岩块开裂现象。这类裂隙深入岩块内部，严重时会威胁到整体稳定，最终导致岩块整体断裂与局部脱落。

图 6-21　石材表面裂缝（王铮，2017）

6.2.2.3　表面风化类病害

石质文物风化指在大气营力（包括温度、降水、风等）、生物活动以及人类活动等因素的影响下，表层岩石发生机械破坏或化学分解变化等风化作用，引发文物本体岩体矿物成分、微观结构、结构损伤、外貌形态变化，以及颜色变化等多个方面变化，影响了文物安全和文物价值的破坏现象。

中国北方岩体风化以冻融、温差、干湿交替作用等引起的物理风化为主；而位于雨量充沛、湿热条件下的中国南方，则是以含有盐类的地下水渗入石雕岩体的孔隙和裂隙中，使岩石中的矿物产生以化学风化作用为主的破坏，植物根系的腐殖酸损害石雕岩石的生物风化作用也很明显。

从基本形态出发，表面风化类病害大体可分为以下几类：

（1）分离与空鼓

分离与空鼓指表面层与内部岩石间分开，但未脱离。

分离指岩石石材表层部分与母体分离，但未完全脱离的现象。与裂隙的区别在于，裂隙是切穿构件，而分离只发生在构件的表层。分离又分均匀状分离和不均匀状分离。

均匀状分离按形态可分为：

① 单层起皮（刀片状），即石材表面平行于壁面，以单层形式呈薄皮或薄片分离的现象；厚度小于5mm，与盐-岩交互作用有关，进一步发展导致均匀剥落。

② 多层起皮（洋葱皮状），即石材表面平行于壁面，以多层形式呈薄皮或薄片分离的现象；厚度小于5mm，与盐-岩交互作用有关，进一步发展导致均匀剥落。

不均匀状分离按形态可分为：

① 破裂，即石材表面平行于壁面开裂的现象，是长期应力腐蚀的结果。

② 破碎，即石材表面除平行于壁面开裂外，还有垂直于壁面开裂的现象，是长期应力腐蚀的结果，进一步发展将导致崩落。

破裂、破碎进一步发展为不均匀剥落。

空鼓是指石材表层一定厚度的片板状体发生隆起变形，在片板状体后形成空腔且未完全脱离的现象；状态较脆弱，易剥落。空鼓是片状剥落的中间过程。腔内石材呈粉末状，并伴生虫害。空鼓破坏现象主要指砂岩类石质文物的风化破坏现象。通常空鼓空腔内填充的松散物质中，含有较多的膨胀性矿物（如石膏、芒硝、泻利盐等），其形成机制为温差作用形成界面应力集中与表层岩石水渗流使得可溶盐积聚于界面的共同作用。

（2）剥落

剥落是指岩石石材表层全部或部分平行于壁面脱离母体的现象，按表面剥落层厚度的均一程度可分为均匀剥落和不均匀剥落两种形式。

均匀剥落按剥落厚度和形态可分为六种类型：

① 板状风化剥落：石材表层以厚大于5mm的单层形式剥落的现象（图6-22）。一般剥落板状体轴向最大长度大于50mm。剥落方向多与构件受力状态有关。

② 片状风化剥落：石材表层以厚小于5mm的平行薄层形式剥落的现象（图6-23～图6-25）。一般剥落片状体轴向最大长度30～50mm，易碎。剥落体表现厚度较均一，完整性较好。这类病害多发生在岩石纹理较为发达、夹杂较多的沉积岩的石质文物的表层，且多伴随有表面空鼓起翘现象。

图 6-22　边坡岩石板状剥落（宗静婷，2011）

图 6-23　石材表皮片状剥落现象（王铮，2017）

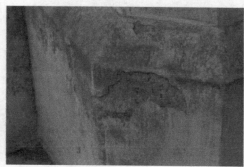

图 6-24　北京西什库教堂基座部位出现的片状剥落现象（申彬利，2017；包晓晖，2016）

(a)陕西万安禅院石窟中心柱

(b)陕西钟山石窟3号窟北壁

(c)陕西城台石窟外廊窟顶

(d)陕西石寺河石窟北壁

图 6-25　片状剥落（张伏麟，2019）

③ 鳞片状风化剥落：石材表层以厚小于 2mm 的平行薄层形式剥落的现象（图 6-26）。一般剥落鳞片状体轴向最大长度小于 30mm，易碎。鳞片状起翘与剥落这种现象非常典型，常见的有原状是岩浆岩的花岗岩、原状沉积类型的砂岩。鳞片起翘剥落的原因是石材内部产生的不均匀膨胀和收缩。

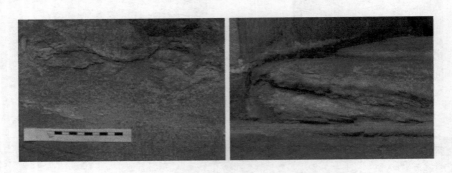

图 6-26　鳞片状风化剥落（申彬利，2017；包晓晖，2016）

④ 粉末状风化剥落：石材表层发生化学和物理病变，导致石材结构变弱，大大降低了石材本身的坚硬度，石材表面出现松散的、多空的粉状材料；是一种达到深处的劣化冲击的状态（图 6-27、图 6-28）。剥落物呈细粒粉末状，直径小于 0.2mm，触摸无摩擦感，石材在水饱和状态时与土壤接触，就会出现粉化剥落现象，即遇水泥化。它常发生在质地较为疏松的沉积岩类文物表面，较为容易发生在建筑物背阴处和遭受大气降水侵蚀严重的部位。这种剥落现象常与鳞片状剥落伴生。

图 6-27　陕西钟山石窟 1 号窟西壁
粉末状剥落（张伏麟，2019）

⑤ 颗粒状风化剥落：剥落物呈细粒状，直径大于 0.2mm，触摸有摩擦感，遇水无泥化倾向。这种剥落现象常与鳞片状剥落伴生。

(a)北京西什库教堂基座处石材　　　　　　(b)北京大学红楼入口石柱

图 6-28　粉末状剥落（申彬利，2017；包晓晖，2016）

⑥ 块状风化剥落：剥落物呈小块状，一般剥落小块轴向最大长度小于 2mm。这种剥落现象多发生于凝灰岩、角砾岩等材质不均的石材表面，剥落物的大小受角砾和胶结颗粒的大小和性质控制，风化面多呈点坑状。

不均匀状剥落按形态可分为三种类型：

① 条带状风化剥落：由于石材内层理发育，导致岩石表面沿层理风化的速度远高于相对均一介质，从而形成的呈条带状发育的剥落现象。

② 蜂窝状风化剥落：受石材内部成分和结构控制，岩石表面剥落速度不均，呈蜂窝形态。多见于玄武岩和砾岩。

③ 点坑状风化剥落：剥落后表面呈点坑形态，与生物作用有关。

通常情况下，风化破坏面积达 80％ 及以上为剧烈风化，破坏面积达 40％～＜80％ 为严重风化，破坏面积达 10％～＜40％ 为弱风化，破坏面积＜10％ 为轻微风化。

6.2.2.4　表面污染及变色类病害

表面污染与变色类病害指由于灰尘、污染物和风化产物的沉积而导致的石质文物表面污染和变色现象。表面污染及变色即表面形态和颜色的变化，分沉积与蚀变两类。

沉积指外来物质在岩石表层上的附积和渗入现象。按外来物质的附着程度不同，沉积可分附积、结壳和浸渍三类：

① 附积即外界物质在其表面堆积的现象，不与其组分发生反应，如尘埃、粉尘、鸟粪等；

② 浸渍即外界物质在其表面渗入的现象；

③ 结壳（图 6-29）即外界物质在石材表面渗入并在表面形成一定厚度（大于 1mm）硬壳层的现象，小于 1mm 厚的也可称为结膜。结壳的最主要原因是大气污染，主要是来自工业排放的废气、汽车尾气、未燃烧的颗粒等粉尘。结壳刚开始表现的形式是室外石制品上的灰尘，松散地沉积在石材表面，之后越来越厚，表层发生硬化，并通过一系列化学反应过程而填满孔隙。它经常发生在石灰石上，常见颜色多为黑色或暗灰色，使石材表面发生了微形态改造。首先在美观上发生变化，严重时石材表面发生物理、化学反应，石材下层发生侵蚀，时间久了会导致结壳脱落。

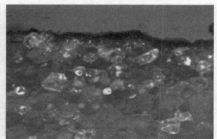

(a) 北京林业大学林学院建筑墙壁结壳　　(b) 万能材料显微镜下结壳物质附着

图 6-29　结壳（申彬利，2017；包晓晖，2016）

蚀变指岩石内部成分和结构发生变化，在其表面产生的种种现象。按形态不同，蚀变可分淀积、盐析、表面溶蚀和色变等。

① 淀积（结核）即碳酸盐重结晶现象，在石材表面钙化沉积而形成的凝结物（图 6-30）。如：碳酸钙沉积导致石灰石表面出现结核现象。碳酸氢钙与水发生溶解反应，这时物理条件或环境条件发生了变化，结果出现碳酸钙沉淀物，其结构不再是稳定的。除了可溶性矿物，因水的作用，石材在原地或在其它材料上形成再沉积。因沉积的起因不一样，

结核的表面形态、颜色也是不同的。常见的石灰石结核有白色的、纯石灰石的、棕色的、淡黄色的等等。

图 6-30　北京辅仁大学汉白玉须弥座结核（申彬利，2017；包晓晖，2016）

②　盐析即水通过毛细管作用，渗透到石材的内部，将其可溶盐类和碱析出富集到石材表面，从而形成白色的晶析的现象，产生泛碱、盐碱斑（图 6-31）。这类病害在石材质地较为疏松的砂岩、泥灰岩与凝灰岩文物表面较为常见，该类病害与毛细水活动密切相关。可溶性盐的常见来源如下：室外环境的溶盐迁移，Ca^{2+}、K^+、Na^+、Mg^{2+}、NO_3^-、SO_4^{2-}、HCO_3^-、Cl^- 等离子迁移至建筑结构内部，并滞留；石材及胶结物成分中的可溶性盐；不当的修复手段携带的可溶性盐。

(a) 陕西万安禅院石窟西南窟壁

(b) 陕西石泓寺石窟5号窟

(c) 陕西马渠寺罗汉堂石窟北壁

(d) 陕西城台石窟外窟北壁窟顶

图 6-31　可溶盐析出所引起的泛碱（张伏麟，2019）

③　表面失光、溶蚀即石材因长期遭受酸雨等酸性环境影响，碳酸盐类被腐蚀，使石材表面形成坑窝状或沟槽状溶蚀现象，伴随溶蚀现象还会产生硫酸钙，吸附灰尘后形成黑垢层。

④　色变即化学组分发生氧化等产生颜色变化，包括有机色斑和锈黄斑。

有机色斑是指石材表面受到有机物的附着，而形成的顽固的病害（图 6-32）。有机色斑的病因有两种：一种原因是石材被雾气或雨水等浸湿后，其内部的天然色素物质容易被析出，发生类似于黄斑的现象；另一种原因是微生物的侵蚀，如动物排泄物、地衣中真菌等微生物的繁殖分泌物在自然环境中在石材表面产生有机色斑。

(a) 北京王府井教堂

(b) 清华大学生物学馆

(c) 清华大学土木工程馆(一)

(d) 清华大学机械工程馆入口

(e) 清华大学土木工程馆(二)

(f) 北京西什库教堂

图 6-32　有机色斑（申彬利，2017；包晓晖，2016）

锈黄斑是指石材表面形成的顽固的、黄色的斑痕（图 6-33）。病变原因是石材内所含的亚铁离子 Fe^{2+} 被氧化后会形成 Fe^{3+}，这是石材发生锈斑的主要原因。部分石材铁元素含量较高，容易发生锈斑。如：砂岩，其氧化铁（Fe_2O_3）含量高达 18%，一旦发生黄斑，很难清洗。锈斑的另一种来源是石材周边的金属构件所留下的铁锈。对于部分石材如浅色大理石，如果加固剂或防护剂使用不当也会造成顽固的颜色病变，难以清理掉。油脂物质也很容易渗透到石材内部，造成均匀的棕色色彩病害。

(a) 北京西什库教堂

(b) 清华大学近现代历史建筑群(一)

(c) 清华大学近现代历史建筑群(二)

图 6-33　锈黄斑（申彬利，2017；包晓晖，2016）

6.2.2.5　生物风化类病害

受生物生长及活动影响，石质表层岩石的矿物、微观结构，以及外貌等发生物理性质或化学性质的变化，引发岩石材料劣化、微观结构损伤、文物形态变化、色泽变化等，影响了文物安全和文物价值的破坏现象，称为生物风化类病害。依据生物的种类，生物风化类病害主要划分为 3 种类型：植物作用病害、地衣及微生物病害、动物活动病害。

（1）植物作用病害

植物包括乔木、低等灌木、草本植物等。乔木、灌木等植物根系进入石质文物裂隙之中，通过生长产生根劈作用的压力，对岩体结构造成破坏，导致石质文物的开裂（图 6-34～图 6-36）。另外，石质文物所含养分不易直接被被子植物根系所吸收利用，因此在植物生长发育过程中，根系不断向生长介质中分泌质子（H^+）、无机离子（HCO_3^-、OH^-）、气态分子（CO_2、H_2）以及糖、氨基酸、有机酸等各种有机物，这些有机物通过改变根系的物理化学及生物学性质来加速风化，改变岩石的生物有效性，使养分呈离子状态释放出来，维持植物对养分的需求，这一过程扩大了文物基质已有裂隙，增加了岩体湿度，加速了石质文物的溶蚀进程。

图 6-34　柬埔寨吴哥窟被树包围

图 6-35　植物对文物基质的影响（宗静婷，2011）　　图 6-36　植物在造像区的生长情况（宗静婷，2011）

(2) 地衣及微生物病害

地衣及微生物病害是苔藓、地衣与藻类中的菌群、霉菌等微生物菌群在石质文物表面及其裂缝中繁衍生长，导致石质文物表面变色及表层风化的现象。地衣与真菌等微生物常常共生，是共生复合体。生长在岩石表面的地衣及微生物根系穿插在岩石孔隙中，使岩石表面逐渐产生龟裂、破碎，同时根系所分泌的多种腐殖酸加剧岩石矿物成分劣化和微观结构松散、损伤（图 6-37～图 6-41）。

图 6-37　陕西石泓寺石窟 5 号窟门上的地衣（张伏麟，2019）

(a) 地衣对文物本体的影响　　　　　　　(b) 地衣对文物基质的影响

图 6-38　地衣对文物的影响（宗静婷，2011）

图 6-39　藻类对摩崖造像外观的影响（宗静婷，2011）

(3) 动物活动病害

动物活动病害是指昆虫、鼠类等在石质文物表面、空鼓及其裂隙部位筑巢、繁衍、排泄分泌物污染或侵蚀石质文物的现象（图 6-42、图 6-43）。

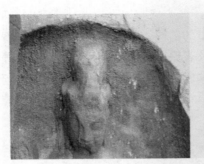

图 6-40 苔藓对造像的表面污染（宗静婷，2011）

图 6-41 陕西马渠寺罗汉堂石窟西壁北侧苔藓（张伏麟，2019）

图 6-42 甘肃麦积山石窟泥塑受松鼠、　　　　　　图 6-43 陕西云岩寺石窟卸荷裂隙内昆虫
　　　蝙蝠危害（黄克忠，1998）　　　　　　　　　　　　（张伏麟，2019）

6.2.2.6 人类活动诱发的病害

（1）大型水利工程建设导致文物建筑遭受淹没或被迫迁移

大型水利工程的建设，改变了石窟寺及石刻的自然环境条件、水文地质条件，诱发地下水、毛细水运移、小环境空气湿度等恶化，引发多种破坏问题。比如：刘家峡水电站的修建，造成炳灵寺石窟淤积了 30～40m 冲积物，掩埋了部分位置低的石窟，而且淤积还在不断升高，对石窟安全保存构成巨大威胁（图6-44）。1965 年，新疆渭干河上修建东方红引水

枢纽和电站，负责施工的单位不顾上游的全国重点保护文物，在不做任何保护措施的情况下，擅自决定将水位抬高 2.5m，致使千佛洞一片汪洋，20 多个洞窟倒塌，31 个洞窟的珍贵壁画全部被毁（图 6-45）。

图 6-44　刘家峡水库建设造成炳灵寺石窟淤积　　　图 6-45　新疆库木吐拉千佛洞受水库危害
（文物保护工程专业人员学习资料编委会，2020）　　　　　　　（黄克忠，1988）

（2）小气候环境改变引起的风化损害

1976 年，在甘肃炳灵寺石窟旁边兴建刘家峡水电站，小气候的改变使原来常年干燥的环境湿度骤然加大，水位的频繁变化使窟内环境干湿交替，使石雕发生膨胀收缩变形，加速了表面风化，原来光滑圆润的石雕开始掉粉，变得粗糙模糊（图 6-46）。

图 6-46　甘肃炳灵寺石窟，小气候的改变造成石雕表面开始掉粉（黄克忠，1998）

（3）采矿引起地面塌陷

连云港将军崖岩画是四千年以前的一幅星象图，有"东方天书"之美称。但岩画所在岩体位于锦屏磷矿矿床之顶板，磷矿的开采造成大面积的采空区，采空区的坍塌、崩落导致地表岩体产生裂隙，而这些裂隙已经切割星象图所在岩体，危及岩画的安全（图 6-47）。另外一个典型例子是湖北大冶铜绿山古矿遗址，采矿的影响威胁着该遗址的长期保存。

图 6-47　连云港将军崖岩画产生裂隙

（4）人工爆破振动对文物环境的危害

人工爆破振动对文物环境的危害也时有发生。最典型的事例如龙门石窟保护区，保护区内有洛阳水泥厂及乡镇企业的采石场，连年放炮采石；另外，焦枝铁路及穿越石窟区的洛临公路的火车、汽车行驶的振动，也是造成石窟岩体分离、失稳的动力源。

（5）大气污染及酸雨的危害

如今大气污染已成为石材劣化的主要原因之一，大气污染的强烈侵蚀性大大加速了石材的腐蚀劣化速度。如：酸雨、有害飘尘（粉尘污染）、游客参观和汽车燃油等带到空气中的二次污染等；大气中的 NO、NO_2、N_2O_5、SO_2、SO_3、CO_2 和 CO 等一系列有害气体极易在露天的石质文物建筑表面遇水形成无机酸，快速腐蚀建筑石材（图 6-48）。酸溶液腐蚀石材，使其产生黄锈、花斑、水渍。

图 6-48　意大利佛罗伦萨大理石像受污染形成黑斑纹（黄克忠，1998）

① 酸雨。工农业生产生活中排放废气、烟尘、SO_2 和其它硫性物质，空气中水蒸气冷凝会吸附溶解 SO_2，在金属离子的催化作用下，容易形成酸雾或酸性的气态环境。雨雪与 SO_2 相遇，则能形成含有酸性的降水，即酸雨。酸雨是一种灾害性较强的雨水，酸雨病害是露天石质文物最具代表性的环境污染病害类型。当含有酸性的雨水渗透或冲刷石雕造像表面时，在酸性环境下，砂岩的钙质胶结物发生变化，形成石膏 $CaSO_4 \cdot 2H_2O$（式 6-10）：

$$2CaCO_3 + 2SO_2 + O_2 + 4H_2O \longrightarrow 2CaSO_4 \cdot 2H_2O + 2CO_2 \tag{6-10}$$

硫酸钙中结晶水的含量与温度变化有着密切的关系。在高温干旱期间，石膏可脱水生成硬石膏，体积收缩；在常温常压下，硬石膏又可水化成石膏[式（6-11）]。由此造成片状剥落或粉末脱落，致使石质文物表面产生严重风化。此可逆过程如下：

$$CaSO_4 \cdot 2H_2O \Longrightarrow CaSO_4 + 2H_2O \qquad (6-11)$$

酸雨加速露天岩石表面矿物成分溶解，出现空洞和裂缝，导致强度降低，文物表层岩石结构损伤，同时出现变脏、变黑的黑壳效应，影响文物价值。

② 粉尘的侵蚀。大气污染源主要有风沙尘土、燃煤低空排放、汽车燃油和人为二次污染等。大气颗粒物中含有工业废气等人为污染的成分，其中就有燃煤排放出的 SO_2、NO_x 和汽车废气排放的苯溶有机物。

大气中的粉尘黏附或沉降在石雕造像表面后，由于粉尘对大气中的 SO_2 气体有一定的吸附作用，因此石雕造像表面的粉尘及粉尘周围含有大量 SO_2 的气体，又因大气粉尘中含有大量的铁离子，在铁离子的催化作用下，SO_2 氧化成 SO_3，SO_3 再与岩石内部的渗水或石雕造像表面的凝结水结合成硫酸，硫酸与钙质胶结物反应，形成石膏（$CaSO_4 \cdot 2H_2O$），导致风化，危及文物。化学反应方程式如下：

$$2SO_2 + O_2 \Longrightarrow 2SO_3 \qquad (6-12)$$
$$SO_3 + H_2O \Longrightarrow H_2SO_4 \qquad (6-13)$$
$$2CaCO_3 + 2H_2SO_4 \Longrightarrow 2CaSO_4 \cdot 2H_2O + 2CO_2 \qquad (6-14)$$

（6）对文物建筑进行保护时的损坏

历史上许多重要的文物建筑内的塑像、石刻、壁画等，在重修时被破坏。如在防风化化学喷涂过程中，对化学材料的性质了解不够所造成的破坏：意大利一处教堂内的石刻风化严重，由于对化学材料的性质了解不够，用水玻璃喷涂了石刻浮雕，发现全部酥碱粉化（图6-49）。另外，四川成都附近的宝光寺里有一块千佛碑（公元 540 年），寺僧为了好看便把碑加深凿刻，艺术价值一落千丈，属于无知的破坏。

(a) 摄于1881年　　　　　　　　(b) 摄于1969年

图 6-49　意大利一处教堂石刻因使用化学涂料不当而损坏（黄克忠，1998）

（7）人为破坏

人为破坏如有意刻画、人为盗窃等。人为盗窃如龙门石窟的古阳洞内的高树龛佛头失窃（图 6-50）、甘肃东千佛洞盗割破坏（图 6-51）。

6.3　石质文物建筑的维修加固技术

石质文物建筑的岩性和构造不同，所处的自然环境复杂多变，决定了环境地质病害类型各异，从而所采用的保护方法也不尽相同。

对于石窟寺、摩崖来说，最常遇到的加固是危岩的加固、陡崖边坡的加固、洞窟的加固等。

(a) 失去头部　　　　　　　　　　(b) 流失海外的头部　　　　　　　　　(c) 电脑合成后

图 6-50　龙门石窟的古阳洞内的高树龛佛头失窃

图 6-51　甘肃东千佛洞盗割破坏（文物保护工程专业人员学习资料编委会，2020）

6.3.1　危岩的加固

节理裂隙把石窟切割成大小不规则的块体，在渗水、风化以及地震力等的作用下，这些岩体有滑塌、坠落的可能，便称这些岩体为危岩。窟区内的岩体是石窟的载体，只有保持岩体的稳定，才能保证石窟的稳定和安全。危岩体在各类石窟窟区普遍存在，几乎存在于所有的石窟、摩崖中，是石窟岩体病害最常见的一种形式，对石窟和文物的安全构成了极大的威胁。对于不同情况的危岩，处理的方法通常也各异。常用的危岩的加固方法有局部锚固、黏结、灌浆等。

（1）位于陡崖外侧的危岩

危岩在陡崖外侧，根部与地面相连，上部已完全开裂，但它又是石窟原状的一部分，不能将它清除，而应对其进行锚固或灌浆加固保护。在锚固或灌浆黏结前，应采用安全措施，如做钢筋箍将它与后部岩体相连。要逐个锚固，达到锚固强度后再进行下一个。同时，顶部应做好封护措施，避免雨水灌入（图 6-52）。

（2）危岩位于下部，但又处悬空状态

部分石窟及石刻的下方岩体中存在岩洞、溶洞，或由于部分窟区岩性较软，尤其是泥岩等软弱夹层遇水易崩解，长期经受雨水冲刷和洪水掏蚀，在坡脚部位或其它部位形成多处悬空或空洞。对于危岩位于下部，但又处悬空状态的情况，在危岩可能滑动的方向上采用浆砌块石或素混凝土填塞滚石间空洞，扩大基础的承载面积，增强其稳定性。也可采用钢筋混凝

图 6-52　位于陡崖外侧的危岩的加固处理（张伏麟，2019）

土挡墙支挡突出危岩。

（3）位于陡崖、洞窟顶部的危岩

当危岩位于陡崖、洞窟顶部时（图 6-53），小块的采用锚网支护为宜，也可在裂缝中植筋加固。危岩体量大时，要采用预应力高强锚索进行加固，局部可用浆砌片石支撑墙、钢筋混凝土支撑墙、钢筋混凝土立柱等多种形式支撑危岩。当陡崖直立时，高度超过 50m、体量大的不稳定危岩体，可分别采取锚、灌、托、捆、吊等相结合的综合措施。锚即用锚杆将危岩与母体连接，抵御危岩自重及地震力造成的拉、剪应力；灌即使用化学树脂、水泥等灌浆材料灌注裂缝，防止雨水渗入，防止裂隙开裂发展及岩体物理、力学特性的恶化；托即下部使用"牛腿"、锚杆悬臂梁之措施，对危岩起抗剪支托作用；捆即在危岩外周加箍，将危岩与母岩"捆绑"成一体；吊即采用隐蔽式钢筋将危岩悬吊在顶部坚固的陡崖上。

(a) 窟门上部悬空的危岩　　(b) 2号窟外崖体蜂窝状风化及悬空　　(c) 龙王庙顶部危岩体

图 6-53　位于陡崖、洞窟顶部的危岩（张伏麟，2019）

6.3.2　陡崖边坡的加固

对陡崖边坡的加固，可采用排水、稳脚、抗滑、锚固、支挡、补强、消塌等综合治理手段。具体的方法有：

(1) 对河水冲刷陡崖坡角的加固

当陡崖坡底基础被水冲刷淘空时，便形成陡崖坡底失稳条件，应沿陡崖坡角构筑防冲刷挡墙（图6-54）。可用浆砌块石或混凝土构筑，后部要填土，也可利用大滚石作为挡墙的一部分。既利用自然景观，又减少工程量。

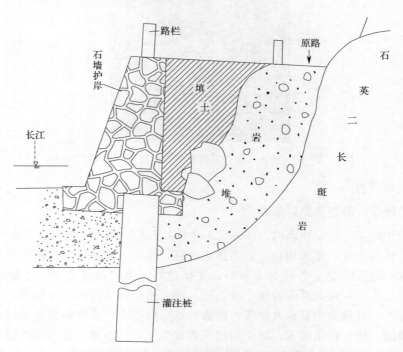

图 6-54　构筑防江水冲刷挡墙（黄克忠，1998）

(2) 对破碎岩体整体稳定性差的部分的加固

对破碎岩体整体稳定性差的部分的加固可采用抗滑桩加锚拉杆的综合方法。抗滑桩采用钻孔钢筋混凝土灌注桩，桩顶附近加锚杆拉结，要求锚杆设置在未风化基岩内。

(3) 对高陡边坡的加固

对高陡边坡的加固可使用锚杆加长锚索加固软岩边坡。边坡疏干排水减压，坡顶地表排水，喷射混凝土护坡。尽量不扰动原有岩体结构，采用增强岩体结构的方法加固。

(4) 对表面风化严重的处理

如果表面风化严重，且又需避免水的侵蚀，可在表面用钢筋加混凝土喷层。当表面有文物遗迹时，则要求不改变原貌，可采用造价较为昂贵的防风化化学涂料喷涂，但要求有一定的渗透深度及固结强度。

6.3.3　洞窟的加固

(1) 洞窟分散，窟形基本完整，位于陡崖下部的情况

可以锚固为主，锚固深度一般要穿过主裂隙面，锚入稳定岩体1m为原则。间距要根据锚固拉拔试验而定，同时应考虑岩体破碎的程度，适当调整间距。

（2）洞窟密集，前室基本塌毁的部位（或者洞窟顶部极薄，裂隙发育的情况）

可采用挡墙支顶为主，锚固为辅。有考古依据的部分要很慎重地恢复其前室形状。为了结构安全的需要，可以用钢筋混凝土来建造洞门墙，或以少量锚杆将洞门墙与岩体连为一体，使洞窟的局部复原与加固结合起来。

（3）洞窟前部坍塌，原貌无从考证

当洞窟前部坍塌，原貌无从考证时，多数情况下是保持现状，不添加新的东西。但如果不加保护有可能损害石窟整体安全或损害窟内的壁画、塑像等易损文物，可采取以下保护措施：

① 修建窟檐。为防止窟内文物受紫外线辐射，阻挡飘尘、风沙及雨雪的侵蚀，改善温差骤变引起的干湿交替变化等，可在敞开的洞外修建窟檐。窟檐的形式要与环境协调，可采用仿古建筑，也可用现代轻质建筑材料，如轻合金支架和土工织物（图 6-55）。

② 参照保存完好的其它洞窟进行恢复。当有些洞门墙是后人用土坯、草泥临时修复的，既不起加固作用，形制上也与原洞窟不符时，可考虑予以拆除，清理出原有遗迹时使用新材料、新工艺，结合窟的形制进行修补加固。洞门墙要避免凸出生硬，内部力求与原窟形制一致，窟外要与自然山体形状和谐一致。

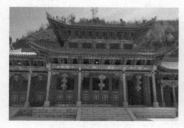

图 6-55 洞外修建窟檐

6.3.4 石窟水患的治理

地下水的出露和大气降水等原因，会导致窟内和崖面出现水害。水与岩石在相互作用的过程中，存在物理、化学的复杂作用，使岩石出现不同形式和不同程度的劣化。为防止各种形态的水对石窟及石雕艺术品的侵蚀，一般采用的方法有：在窟顶修筑防渗排水工程，改变并疏通地表水的流向，切断水与洞窟的联系；查清裂隙走向、范围，杜绝地表水沿裂隙渗入窟内；窟前地面排水，降低地下水位；窟内渗水采用疏堵结合的综合措施；排除窟内潮湿结露等。

（1）窟顶基岩裸露或有明显渗水地段的治理

对于窟顶基岩裸露或有明显渗水地段的，可进行土工织物的防渗铺盖。具体工艺：将顶部的碎石、杂草清除；然后铺一层厚约 5cm 的亚黏土或黄土，使它有一定的坡度；然后一道压一道地铺设土工织物，接缝处可用热压法黏合，也可将土工织物叠压式（叠压部分超过30cm）铺盖；最后在土工织物上覆盖 15cm 以上的黄土或亚黏土。为避免水土流失，上面可植草皮。如果是石灰岩地区，可以在基岩裂隙内填塞或涂刷防渗材料，如乳化沥青膨胀土等；对部分直接影响窟内的大裂隙，可以采用化学灌浆封闭。对有些岩体破碎很严重的地段，可喷射或浇筑一层混凝土防护层。

（2）防止雨水下泄对洞窟崖壁产生冲刷、入渗的方法

为防止雨水下泄对洞窟崖壁产生冲刷、入渗，应在顶部设立排水系统（干渠、支沟、毛沟等），汇集雨水，集中排泄。所在排水沟均应有防渗和防冲刷措施，以保证排水和防渗的效果。常用的方法有以下几种：

① 崖顶设置截排水沟（管）和挡水坝。对于汇水面积较大的斜坡，可在坡口附近设置挡水坝，坝长根据现场具体情况而定；对于汇水面积较小，坡面无明显沟槽但崖壁受冲刷严重的部位，可采用"V"字形挡水坝和排水沟（管）相结合的方法对地表水进行截排疏导、引离崖面（图 6-56）。截排水沟和挡水坝结构可采用钢筋混凝土和浆砌片石等组成。

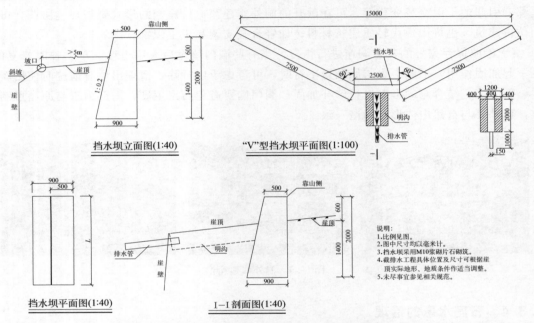

图 6-56　截排水沟和挡水坝工程结构示意图（文物保护工程专业人员学习资料编委会，2020）

② 崖顶敷设隔水层。开挖崖顶地表覆盖层，敷设隔水层（如防渗土工布或防水片材等）。但该方法在施工过程中严重扰动原覆盖层，而且一旦局部损坏，不易及时发现和维修，地表水如进入覆盖层下则难以蒸发，可产生顶板效应，最终导致洞窟潮湿。

③ 崖顶设置架空雨篷。在崖顶可设置架空雨篷（图 6-57）。该方法不扰动地表覆盖层，且工程设施便于维护。根据地形变化，遮雨篷设置为若干单元，雨水经雨篷遮挡后流入侧面地表排水沟排至区外。

④ 崖顶表面平整。以填高地表洼地为主，将地面略加整平，然后将防水片材直接敷设在地表，并与地表排水沟连接。该措施的缺点是施工过程中严重扰动原覆盖层，但优点是施工简便，造价较低且便于维修。

⑤ 冲沟整治及充填封闭崖顶裂隙。对于规模较大的冲沟，选择持力层较好的区域进行岩块砌补，然后进行汇水区和排水通道整治，形成一定坡度利于排水。部分石窟窟区岩体裂隙发育，而裂隙是大气降水向岩体深部渗入的通道，渗水使岩体的潮湿程度增大，加速风化，因此对崖顶裂隙应进行充填封闭。

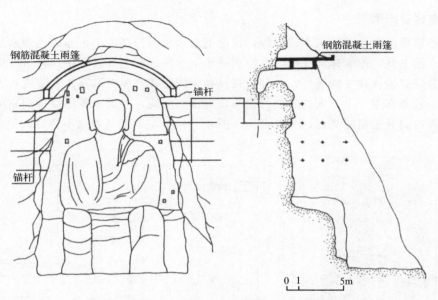

图 6-57　宁夏须弥山石窟第 5 窟维修工程示意图（中国文化遗产研究院，2009）

（3）窟内顶部或壁面有成组构造裂隙内的渗水治理

对窟内顶部或壁面有成组构造裂隙内的渗水，应进行防渗堵漏灌浆处理。要选择出最适宜的防渗灌浆材料，采用压力注浆的方法，封闭洞窟围岩体中的各种渗水通道。有时要通过多次灌浆方能见效。灌浆材料应与岩体强度相近，并有一定韧性。南方潮湿地区需用潮湿环境下的灌浆材料。

（4）洞窟内后壁面渗水治理

洞窟内后壁面的渗水往往是风化裂隙岩体内的上层滞水，或者是被截断的潜水，应考虑用导与堵相结合的方法：一方面埋设暗管、暗沟导流渗水（图 6-58）；另一方面与隔断渗水的补充灌浆或堵漏的方法结合起来治理。当窟内渗水较普遍且水量较大时，可考虑在洞窟的后部或下部开凿截水廊道，集中排水。

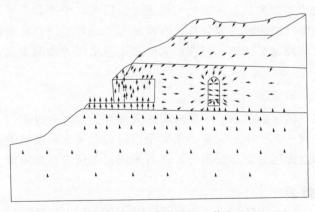

图 6-58　四川大足北山渗水隧洞（黄克忠，1998）

(5) 窟区前排水

部分石窟窟区由于地下水水位较浅，其地下水水位埋深高度小于窟区毛细水强烈上升高度。毛细水的上升，使岩体湿度增大，特别是地下水在运移上升过程中，将岩体中的可溶盐如硫酸钠等带到岩体和文物表层，盐分运移及晶体膨胀和收缩对石窟文物造成较大破坏。因此，整个区域要有主、干、支沟组成的统一合理排水系统，使雨水能尽快排到窟区之外。排水沟底高程均需低于窟底高程，并以盲沟（图 6-59）为主，避免观众不慎掉入沟内。

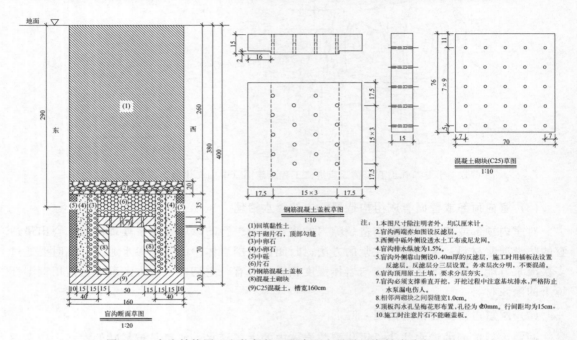

图 6-59　盲沟结构图（文物保护工程专业人员学习资料编委会，2020）

(6) 高耸陡立的石灰岩崖壁上的石刻、岩画等渗水的治理

高耸陡立的石灰岩崖壁上的石刻、岩画渗水主要是通过各种岩溶裂隙渗入形成的暂时水流，其中，落水洞与溶蚀裂隙是最主要的直接通道。因此，使用黏土等防渗材料堵塞各种大小的落水洞和溶蚀裂隙是防渗的主要任务。在明显渗水的地表进行防渗铺盖是防止雨水入渗的有效措施。为配合防渗堵漏措施，可在较大的渗水点采用导水的方法，以排除积蓄在岩体中的集中水流。

(7) 石窟内凝结水的防治

对于大型洞窟内凝结水的防治，主要应阻止大量湿热空气通过洞门、窗户进入窟内，同时加强窟内空气的流通。对于小型洞窟，尤其是当对温湿度十分敏感的壁画存在时，则需要严格控制参观人数和温湿度的剧变。另外，还可采用去湿机进行窟内湿气的去除。

6.3.5　表面裂隙修复

石质文物表面裂隙修复技术主要包括裂隙勾缝、裂隙灌浆、粘接修复等。

常用灌浆材料有改性环氧树脂、中国传统水硬性石灰、PS 系列灌浆材料。其中，PS 系列灌浆材料固结体是以高模数（3.8～4.2）的硅酸钾（$2K_2O \cdot SiO_2$）为主剂、氟硅酸镁

（MgSiF$_6$）为固化剂，再加交联剂以提高浆液的稳定性、加减水剂（表面活性剂）以提高浆液的渗透能力，通过一定的配比，并用水稀释而形成的一种无色透明液体。PS浆液渗透到岩石裂隙中能与泥质的胶结物和风化产物起作用，形成难溶的硅酸盐。

通常情况下，裂隙修复工艺包括支护、裂缝封闭、埋设注浆管、钻灌浆孔或预留观察孔、灌浆、灌浆效果检查、修复锚固孔、补色做旧等。

6.3.6　表面空鼓病害修复

对石质空鼓的修复加固，一般采用灌浆—修复加固—回贴的方法，必要时增加临时性锚固。

空鼓修复常用修复材料有：空鼓粘接材料［动物胶如鱼鳔胶、猪血、兽皮胶、虫胶，植物胶如树胶、树脂和矿物胶（如沥青、石蜡等）］、结构性加固粘接材料（有机材料如改性环氧树脂、丙烯酸乳剂和硅树脂的合剂等）、超细水泥粘接材料、水硬性石灰等。

通常情况下，空鼓修复工艺包括除尘、开设注浆孔、埋设注浆管、勾缝、灌浆、支顶、修补注浆孔等。

6.3.7　表面残损修复

对于石质表面残损，常用修复材料有以下几种：原石材、石膏、灰浆、传统水硬性石灰材料、现代材料（环氧树脂胶泥、玻璃钢等新型材料）等。其中，原石材性能要与原始部分一致，可作为大块的补砌材料，粉碎后可作为填料或灌浆骨料。石膏可用水调和成糊状，直接进行修复。灰浆是常用的传统补全材料，粉状石灰用水调和后成为有可塑性的灰浆，灰浆中可调入不同的大理石粉调节颜色，也可以添加其它的纤维、有机或无机的材料来改善使用性能。

通常情况下，表面残损修复工艺包括表面清洗、脱盐、表面预加固、回贴、补色等。

6.3.8　石构件维修技术

古建筑中常用的石构件有：

① 台基及踏跺：土衬石、方角柱石、陡板石、压面石、平头土衬石、象眼石、垂带、砚窝石、御路石、如意踏跺石等。

② 须弥座及勾栏：土衬石、圭角、上下枋、上下枭、束腰、栏板、望柱、地栿、抱鼓石、螭兽等。

③ 柱顶石及山墙石作：柱顶石、石柱、槛垫石、廊门桶槛垫石、分心石、门枕石、八字角柱石、角兽、腰线石、挑檐石、石榻板、各种形状门口圈口石、各种形状露窗圈口石、滚墩石、石过梁等。

④ 地面及甬路：地面石、甬路石、甬路牙子石。

⑤ 桥梁及涵洞：撞券石、券脸石、拱口、侧墙石、桥墩石、分水石、金刚墙石、伏石、仰天石、桥面石、地栿、栏板、望柱、抱鼓石。

⑥ 其它石构件：夹杆石、墙角柱带拔檐扣脊瓦、水簸箕滴水石、棚火石、沟漏石、水沟门石、水沟石、沟盖石、井口石、井盖石、栅栏石等。

常用的维修技术如下。

6.3.8.1 打点勾缝

(1) 传统勾缝材料

打点勾缝应采用与原砌体相同的勾缝材料。通常情况下，小式建筑和青砂石多以大麻刀月白灰勾抹，叫作"水灰勾抹"。青白石、汉白玉等宫殿建筑的石活多用"油灰勾抹"做法，油灰配比为白灰：生桐油：麻刀＝100：20：8（质量比）。虎出墙勾缝多用青白麻刀灰，配比为白灰：青灰：麻刀＝100：8：8（质量比）。古代临水石墙勾缝用1：2白灰砂浆内掺猕猴桃、江米法。据明代《天工开物》记载，用此材料勾石缝，可防止渗水，"经筑坚固，永不隳坏"。

(2) 现代材料

现代维修时常以(1：3)～(1：1)水泥砂浆代替古代的油灰，对汉白玉或艾草青石等勾缝，一般用白水泥或加适当的色料，以求与原石料色泽协调。打点勾缝前应将松动的灰皮铲净，浮土扫净，必要时可用水洇湿。勾缝时应将灰缝塞实塞严，不可造成内部空虚。灰缝一般应与石活勾平，最后要打水槎子并应扫净。

6.3.8.2 石构件的补配

当石活出现缺损或风化严重时可进行补配。补配包括剔凿挖补和补抹两种方法。

(1) 剔凿挖补

剔凿挖补即将缺损或风化的部分用錾子剔凿成易于补配的形状，然后按照补配的部位选好荒料。

(2) 补抹

补抹是将缺损的部位清理干净，然后堆抹上具有黏结力并具有石料质感的材料，干硬后再用錾子按原样凿出。

传统的"补石配药"的配方是：每平方寸用白蜡一钱五分、黄蜡五分、芸香五分、木炭一两五钱、石面二两八钱八分，白蜡：黄蜡：芸香：木炭：石面＝3：1：1：30：56（质量比）。这几种材料拌和后，经加温熔化即可使用。补抹材料还可以用现代材料，如用水泥拌和石渣和石面，可掺入适量粘接材料（如107胶等），用粘接材料（如环氧树脂等）直接拌和石粉或石渣。

6.3.8.3 石构件的粘接

对于断裂或残缺的构件，需要进行粘接修补。粘接可采用焊药、漆片、现代粘接材料等。

(1) 焊药

古代焊药粘接有两种配方：

配法1：每平方寸用白蜡或黄蜡二分四厘，芸香一分二厘，木炭四两，白蜡/黄蜡：芸香：松香：木炭＝2：1：1：33（质量比）；

配法2：每平方寸用白蜡或黄蜡二分四厘、松香一分二厘、白矾一分二厘，白蜡/黄蜡：松香：白矾＝1.5：1：1（质量比）。

"焊药"具有较好的粘接石料的效果，将任意一种配方的材料拌和均匀，加热熔化后，涂在断裂石构件的两面，趁热黏合压紧即可。

（2）漆片

民间俗语"漆粘石头，鳔粘木"，说明漆粘石料是一种简易的传统方法，通常按生漆∶土籽面＝100∶7（质量比）掺和。漆片粘接是将石料的粘接面清理干净，然后将粘接面烤热，趁热把漆片撒在上面，待漆片熔化后即能粘接。生漆需要一定的温度和湿度才能干燥，一般要求最低温度为20～25℃，相对湿度不低于70％。使用焊药粘接、漆片粘接两种方法粘接后，用石粉拌和防水性能较好的黏结剂将接缝处堵严，并用錾子修平。这样既能使粘接部位少留痕迹，又可以保护内部的黏结剂不受雨水侵蚀。

（3）现代粘接材料

传统粘接方法只适用于小面积的粘接，较大的石料还应同时使用铁活加固或使用现代粘接材料。现代粘接材料有素水泥砂浆和高分子化工材料（如环氧树脂黏结剂）两种。环氧树脂配方如下：环氧树脂（♯6101）∶乙二胺＝（100∶8）～（100∶6）（质量比）；环氧树脂（♯6101）∶二乙烯三胺∶二甲苯＝100∶10∶10（质量比）；环氧树脂（♯6101）∶活性稀释剂（♯501）∶多乙烯多胺＝100∶10∶13（质量比）。

通常情况下，根据石构件的质地、气候等来选择材料。能修补的，都尽可能不要补配更换；需要补配更换时，新的构件材料要和原材料在规格尺寸、质感、雕刻纹样等外观方面相配。

《| 第 7 章 |》

生土建筑的
损坏及保护技术

生土指的是在自然界经过若干万年的沉积，自然形成的原生土壤，它颜色均匀、结构细密，质地紧凑、纯净。生土建筑主要是指用未焙烧而仅做简单加工的原状土为材料营造主体结构的建筑。以生土为材的建造传统，自原始社会开始，伴随着中华文明的孕育和发展，延绵传承至今，至少已有 8000 年的历史。生土建筑最初出现在中国中西部，这里土质肥沃、土层丰厚、干燥少雨，是天然的穴居佳地。

中国生土建筑结构体系大概经历了掩土结构体系（穴居、窑洞）、夯土结构体系及土坯结构体系三个阶段。早在石器时代，原始人就建造了各种生土建筑，距今 7000 年前的磁山文化、裴李岗文化、大地湾文化时期，已有圆形、方形的半地穴式房址。大约 4000 年前人类初步掌握夯土技术，最具有特征的便是以夯土墙建造的村社与城墙。土坯结构的出现，满足了普通民众自由而灵活的建造形式，是建筑与建材发展历史上的革新。随着时代的进步、社会经济的发展，广大农村建房已逐步用黏土砖代替土坯、土夯墙体。

作为人类最早的建筑方式之一，生土建筑在很多地方的古文化遗址中，都有其文物遗留，像古长城的遗址、墓葬以及故城遗址等，其中都可以看到古人用生土营造建筑物的痕迹。生土建筑是人类从原始进入文明的最具有代表性的特征之一，是中华民族历史文明的佐证与瑰宝，也是祖先留给我们丰富遗产中一个重要的内容。

7.1 生土材料及物理属性

7.1.1 生土材料

构成生土结构建筑的土质可分为：黄土、黏土、亚黏土、红土、高岭土、含砾黏土、三合土、灰土、蛎灰钙质土、风化岩残积土等。

按土壤质地，土壤一般分为三大类：砂质土、黏质土和壤土。砂质土中含沙量高，颗粒粗糙，渗水速度快，保水性能差，通气性好；黏质土中含沙量低，颗粒细腻，渗水速度慢，保水性能好，通气性差；壤土中含沙量一般，颗粒一般，渗水速度一般，保水性能一般，通气性一般。

7.1.2　生土的物理属性

生土性能主要包括：可塑性、黏结性、收缩性和压实性。

（1）可塑性

通常情况下，土壤适宜进行何种生土营建与其含水量有着直接的关系。土壤会随着含水量由高到低依次呈现出流动态、可塑态、半固态、固态等几种不同的状态。而我国的生土营建工艺多种多样，对于生土材料的可塑性有着不同的要求，是影响我国传统生土营建工艺产生与发展的重要因素。

（2）黏结性

黏结性是生土营建的重要性质之一。土壤之中土粒与土粒之间由于分子引力的相互作用而黏结在一起，土粒与土粒之间形成水桥，因此土壤的黏结性与含水量有着密切的关系，这也直接导致不同的土质适用于不同的生土营建，因此我国生土营建工艺的产生与发展有着明显的地域划分。

（3）收缩性

土壤的收缩性差异直观地表现为生土完成面的表面裂缝的多少与强弱，黏粒含量较高的土壤中其蓄水能力亦较强。因此当营建完成后生土墙体的含水率会发生变化，水分逐渐散发导致体积减小而发生收缩，因而产生裂缝。

（4）压实性

压实性是生土的另一重要物理特性，是生土墙体具有一定结构性的基础与前提。压实强度与墙体的物理强度在一定范围内成正相关，我国生土营建工艺的发展中不同工具的使用决定了其压实强度不同，这也印证了我国生土营建工艺的发展变化。

7.2　生土建筑的种类

（1）窑洞

窑洞主要分布在中国西北黄土高原地区，一种是在天然的山崖开挖洞穴，另一种是带天井庭院的下沉式窑洞。

（2）夯土墙建筑

夯土墙建筑分布在中国黄河以北的干旱地区，如河北省、东北三省一些地区和内蒙古自治区等地。这些地区冬季气温低，而土是保温性能良好的材料。夯土的施工技术可以用在建筑的许多部位，南方的版筑墙体甚至可做到二层楼高。

（3）土坯建筑

中国北方的土坯技术采用的是典型的构造方式，天然的、干燥的土坯砖是由黏土、草泥胶合在一起用手工在砖模中制造的。

7.3　土遗址的类型

由于生土材料的抗弯、抗剪、抗折强度很低，因此生土建筑在抗震能力方面存在着先天性不足。生土结构建筑很难保存，千百年来，由于风吹、雨水冲刷及其它自然因素的侵蚀破坏，大批生土结构建筑已不同程度地遭到破坏，甚至坍塌。目前所见到的大都是土建筑群体的残迹。

土遗址是指以土为主要建筑材料的人类文化遗存，包括历史遗留的地上或地下的生产、生活、军事设施等土质遗址及其内部所附属的艺术品等文物。这些遗存蕴含着丰富的历史、艺术和科学价值，承载了中国古代文明和悠久历史。土遗址在古丝绸之路、黄河流域和长江流域广泛分布，其中西部地区干燥少雨的气候有利于遗址土保持较高强度，人迹罕至有利于土遗址保存相对完整，丝绸之路上的土遗址因此遍布陕、甘、宁、新、青西北五省（自治区），尤以地面以上夯土遗址最为常见，如：高昌故城，城墙、烽燧等长城遗址（包括秦长城、赵北长城、隋长城、汉长城、明长城、清长城），佛寺，石窟等。

保存在我国西北古丝绸之路上的土遗址，一部分是埋在地下的，如发掘出的殿堂、居住房屋遗址、坑、窑、窖、穴等；大部分土遗址是保存在地面上的，如古城、长城、关隘、烽燧及陵墓等。

7.3.1　古建筑土遗址

相当一部分的土遗址是古代建筑被毁后遗存下的土建筑部分。中国古建筑中，一大类是木构建筑，但木构建筑最难保存。绝大多数木构建筑已毁，只遗存下夯土、土坯墙体及室内地面等。古建筑的另一大类是砖石建筑，但其基础大多以生土或夯土建造。

在古建筑土遗址中，著名的如我国新石器时代的两处人类居住遗址——西安东南郊的半坡遗址（图7-1）以及甘肃秦安县的大地湾遗址（图7-2）。

图 7-1　西安东南郊的半坡遗址　　　　　图 7-2　甘肃秦安县的大地湾遗址

半坡遗址是我国黄河流域的一个典型的原始母系氏族社会繁荣时期遗留下的公社聚落遗址，距今已有6000多年的历史，建筑土遗址主要包括房屋遗址、圈栏遗迹、窑穴和窖址等。1953年春，西北文物清理队在西安东部浐河东岸的二级阶地上发现了半坡遗址，该遗址有着非常重要的考古、历史和科学价值。

甘肃秦安县的大地湾遗址是仰韶时期一处人类生活居住遗址，距今8000~4800年，是发现的中国新石器时代较早期的遗址。其中最著名和最具有科学价值的是1978年发掘的F901、F405房间遗址和F403陶窑。在F901、F405房间遗址中，有夯土墙体以及体量较大的夯土和外敷泥层的柱洞等，还发现了世界上最早的相当于100度水泥和人造轻骨料建筑的混凝土地面。另外，相关建筑中还有重要的一部分是保存在新疆维吾尔自治区、甘肃省以及陕西省境内的许多汉唐时期的殿堂遗址。

7.3.2　古城土遗址

古城土遗址是以生土、夯土、土坯等建筑的墙体、墙基、窑穴等。著名的古城土遗址，如：新疆吐鲁番的高昌故城（图7-3）、交河故城（图7-4）和河北易县的战国古城遗址等。

图 7-3　高昌故城

图 7-4　交河故城

7.3.3　长城、关隘、烽燧、土塔等土遗址

这一类型的土遗址以敦煌西北的汉长城（图7-5）、阳关（图7-6）、玉门关（图7-7）以及其附近的烽燧、土塔最具有代表性。玉门关是以粉质土夯筑基础或墙体，其夯筑层非常均匀，每层一般为8~10cm，夯筑密实。汉长城是由原地含有较多碎石的沙土夯筑，由于沙土黏性较差，在夯筑时先夯筑一层沙土，再铺一层芨芨草、芦苇或灌木枝条等，这正如现代混凝土建筑中的钢筋，起到了增强土建筑物物理、力学强度的作用。烽燧和土塔也是以粉质黏土或沙土夯筑基础和部分墙基，然后以土坯砌筑墙体和塔体。

图 7-5　敦煌西北的汉长城

图 7-6　敦煌阳关

图 7-7　敦煌玉门关

图 7-8　西夏王陵

7.3.4 陵墓土遗址

宁夏回族自治区东部贺兰山下的西夏王陵最具有代表性，西夏王陵土遗址包括巨大的粉质沙土夯筑的坟土、陵院的墙体、土塔和部分木构件遗迹等（图7-8）。

7.3.5 出土的坑、穴、窑、窖等土遗址

出土的著名坑土遗址，如：陕西省西安市临潼区的秦始皇陵兵马俑土坑（图7-9）、河南三门峡的虢国墓地车马坑（图7-10）等。秦始皇陵兵马俑土坑坑道是在生土层中挖建，上面是木构建筑，木构建筑被烧毁后留下土坑遗址。部分坑壁被火烧后呈土红颜色，坑壁上残留木构件遗迹。河南三门峡的虢国墓地车马坑于1990—1992年被发掘，整个坑长67m，宽18m，呈"凸"字形，坑内出土了17辆完整的和一些部分残缺的战车，战车现以土构外形保存，具有很高的历史价值和科学价值。遗址土质属黄土类粉土，出土后由于干缩作用，遗址表层严重风化开裂，对车马土体外形损坏严重。

图 7-9 陕西省西安市临潼区的秦始皇陵兵马俑土坑　　图 7-10 河南三门峡的虢国墓地车马坑

7.4 土遗址的建造方式

土遗址的建造方式主要有生土挖造、粉土夯筑、土坯筑砌、湿土和泥垛筑，以及生土、夯筑、土坯、泥垛的综合方法。

7.4.1 生土挖造

古代建筑一般都建造在地势较高的台地上或山坡上，先在生土层上挖造基础，然后营造建筑。坑、穴、窑、窖等是直接在土层较厚的生土中挖掘建造而成（图7-11）。新疆吐鲁番的交河故城中的地穴、半地穴、窑洞式房屋及街道、围墙基础，城中大部分建筑物，多数寺院、佛塔、民居等的墙基等都是在生土层上挖掘建造而成，上面分别用夯土、垛泥、砌土坯等方法建造建筑物墙体。敦煌的玉门关、河仓城、汉长城以及烽燧都用同样的方式建造，即先在较高台地的生土上挖造基础，之后再以夯筑、坯砌等方式建筑建筑物墙体。

图 7-11　生土中挖掘建造的窑洞

7.4.2　粉土夯筑

夯土即使用工具，通过外力的作用，将松散的原状土或其它生土材料压缩密实，以达到要求的使用强度及加工方法。夯土工艺是我国历史最为悠久、应用最为广泛的生土加工工艺之一。现存的多数古城遗址中都有一定的夯土墙体的存留，其被广泛使用于筑城、造房等早期的建筑活动之中。我国的夯土技术可以分为直接夯筑和版筑夯筑两种方式。

（1）直接夯筑

直接夯筑的方式多被用于城墙筑造及局部地面加固的建造活动之中，依据土壤特性无须在土的周围进行支挡。目前发现的遗址中有两种应用方式：一种为在拟建城墙墙体的位置开挖倒梯形深沟，然后将土壤逐层回填夯实作为墙体的基础；另一种为堆土夯筑，在拟建墙体处直接堆土逐层夯筑，土体自然成坡，因此形成截面为梯形的夯土城墙，此种方法在现代夯土建造活动中仍有使用。

（2）版筑夯筑

版筑夯筑即使用模板（如木板或木椽）作为限制边框，在框内使用工具夯打密实，然后将模板拆除，重新向上架设的夯筑方式（图 7-12）。我国传统的夯筑工艺，按模板的选材和固定方式的不同，可分为椽筑法和版筑法两种夯筑类型。版筑夯筑在农村称为打土墙或干打垒。目前我国遗存的大部分生土建筑遗址均为此法建造完成。

图 7-12　版筑夯筑

夯筑时如果土质较好，黏性强，整个墙体可完全采用分层夯筑而成。如果土中含沙、碎石较多，黏性差，可先除去碎石、杂物，将土拌和到适当的含水量，在上面遮盖一层草或树叶，堆放闷揭一些时间，待土湿润后分层夯筑。夯筑时，采用石础夯或木夯夯筑，每层夯土的厚度一般在8～12cm。大多数古建筑的墙体，如古城墙、长城、烽燧及陵墓的墙土，都是就地取土夯筑而成；高昌故城、敦煌汉长城、敦煌的玉门关和河仓城就是以黏质黏土夯筑的基础和墙体。敦煌地区的戈壁上，土中含有较多的沙和碎石，因此，在建筑汉长城时，铺撒一层沙土，再铺一层芦苇或红柳（图7-13），目的就是增强每层夯土的连接力，以增大墙体的强度和整体性，类同于现代的混凝土建筑中的钢筋。敦煌牛头墩烽火台也是采用这种工艺方法建造的（图7-14）。

图7-13　敦煌汉长城中，铺撒有芦苇或红柳　　　　图7-14　敦煌牛头墩烽火台

7.4.3　土坯砌筑

　　土坯是将原本松散的生土材料加工成块，再通过黏结材料砌筑成生土墙体。土坯的做法有两种：一种是将土用水拌和到一定的含水量，反复拌和均匀，盖上一层遮盖物堆放适当时间，以防止水分大量蒸发，让土体的颗粒充分吸水崩散，然后在木模具中夯筑而成；另一种是将土用水拌和成泥，一些地区习惯在泥浆中加入秸秆或草筋等植物纤维起到拉结作用，加强土坯的抗压和抗剪能力，混合好后盖上一层遮盖物堆放适当时间，再挤压至木模具中，拆模后，晾晒数周便可用于生土墙体的砌筑。这种做法叫"脱土坯"，也称"水脱坯""水制坯"（图7-15）。

(a) 模具　　　　　(b) 和好的泥放入模具中　　　　(c) 晾晒土坯　　　　(d) 砌筑土坯墙

图7-15　土坯的制作

　　保存在地上的许多土遗址是以粉土夯筑和土坯砌造相结合建造而成的。先在生土层挖造基础，然后建造一定高度的夯土墙体，之上用土坯砌建墙体。如：交河故城佛塔的圆柱形塔身、覆钵式塔顶部都是以土坯建造的，敦煌地区的部分烽燧也是用土坯建筑的（图7-16）。

7.4.4　湿土和泥垛筑

　　湿土和泥垛筑（垛泥营建）主要出现在我国早期的生土建筑遗址中，按照施工方式的不同可以分为两种：一种是直接用手工控制形态进行堆垛，堆垛完成后进行表面铲平修整；另一种则是利用木模具来控制形态进行堆垛，此法无须进行表面修整，堆垛完成后只需利用草泥进行表面涂抹处理即可，同时表面的草泥处理对于堆垛间隙产生的收缩缝起到了修饰与加强的作用。湿土和泥垛筑这一建筑形式在新疆较为常见，如：交河故城的部分佛殿寺院的墙体（图 7-17）。

 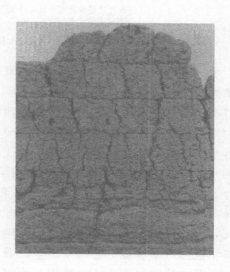

图 7-16　用土坯砌筑的敦煌墩子湾烽燧
（中国文化遗产研究院，2009）

图 7-17　用湿土和泥垛筑的交河故城
的部分佛殿寺院的墙体
（中国文化遗产研究院，2009）

7.4.5　生土、夯筑、土坯、泥垛的综合方法

　　土遗址中，有相当一部分是直接在生土上挖造而成，如坑、穴、窑、窖等；有一些是完全以粉沙土夯筑而成，如汉长城；有一些是完全用土坯砌建而成，如敦煌地区的部分烽燧；有一些是完全用泥垛堆垒而成，如交河故城的部分佛殿寺院的墙体等；但有许多土遗址是生土挖、夯筑、土坯砌、泥垛堆垒等综合建造而成的，即先在生土层中挖造基础，之上夯筑一定高度的墙体，之上再用土坯砌筑。

7.4.6　其它构造方式

　　土遗址中，还能见到两种特别的做法：一种是木骨架泥墙或木骨架夯土墙，另一种是泥石混合砌建。如：西安半坡遗址中的部分房屋和甘肃秦安大地湾遗址 F901 房屋的墙体都是木杆或木桩作骨架，粉土夯筑而成。新疆阿尔金山、昆仑山北麓，塔克拉玛干沙漠南缘的若羌县、民丰县、于田县和策勒县一带，建造古城中不是很大的寺庙和居室时，采用的是以大木材作框架，编红柳、胡杨或芦苇成夹壁，其外再抹草泥而成墙壁的一种因地制宜、快捷方便的建筑方法。民丰县的汉—晋时期的尼雅遗址（图 7-18）和若羌县汉代楼兰古城的墙体都是用这种方法建筑的。

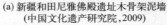

(a) 新疆和田尼雅佛殿遗址木骨架泥墙
(中国文化遗产研究院,2009)

(b) 木骨架夯土墙

图 7-18　木骨架泥墙或木骨架夯土墙

木/竹骨架泥墙（图 7-19），是我国史前人类从穴居到半穴居直至地上建筑过渡阶段所掌握的核心建造工艺之一。初唐之前，木/竹骨架泥墙在民宅、宫殿、官署等绝大多数建筑类型中，一直扮演着承重墙和室内隔墙的角色。随着版筑、土坯砌筑技术和木构技术的发展，在北方地区木/竹骨架泥墙作为外墙的角色，逐渐被热工性能更好的夯土、土坯等重型墙体取代；但因其占地小的优点，仍多用于室内隔墙的修筑。而在气候相对温暖的南方，以木/竹骨架泥墙协同木构架技术的建造系统，一直被广泛应用，传承至今。而今，木/竹骨架泥墙的常见做法是基于隔墙木框架或连续的原竹或木柱，以木条、竹条或藤条编织成网，以此为骨架用草泥将空隙挤压填满，其表面再用草泥抹平（图 7-20）。草泥，属《营造法式》中的泥作，是应用最为广泛的传统生土工艺之一，也是史前人类最早掌握的房屋修造工艺之一。草泥需黏粒含量较高的土料，加水混合成泥状，起粘接作用，混入其中的秸秆作为植物纤维起抗拉防裂作用。二者结合形成互补，广泛地用于砌块粘接、墙体抹面、木骨架泥墙等泥作工艺。草泥工艺的应用除上述木/竹骨泥墙外，还有草泥抹面与垛泥营建。草泥抹面工艺是我国发现最早的生土工艺应用类型之一，在史前时期的遗址中往往应用于穴壁内外两侧的墙体修饰，既能够起到修饰的作用，还能起到一定的加固作用。木/竹骨架泥墙作为一种轻质隔墙，木骨架起到骨架支撑作用，草泥的黏结性增加了结构的稳定性，同时有效地提升了其内部木或竹骨的防腐和防蛀能力，使整个结构更为耐久。

图 7-19　我国传统的木/竹骨架泥墙（李广林，2020）

图 7-20　草泥加工工艺（李广林，2020）

7.5　土遗址病害类型

遗存在我国西北地区的古建筑土遗址按所处的环境分为两类：一类是露天的，另一类是保存在室内的。土遗址保存的环境不同，所存在的病害及破坏因素也是不同的。

7.5.1　露天土遗址病害类型

露天土（建筑）遗址以交河故城、高昌故城、汉长城、玉门关和西夏王陵最有代表性。对于露天土遗址，病害的原因主要有以下几个方面：物理方面，主要来自强暴雨、强风、水的冻融、大的日温差等；化学方面，主要来自溶解反应、水合反应等；另外，还有生物方面的影响以及人为破坏等。露天土（建筑）遗址主要的病害类型有风蚀、雨蚀、墙体开裂等。

7.5.1.1　风蚀

我国西北多沙漠地区，常年在 8～12 级强烈的西北风的吹蚀下，特别是西北向的墙面，被风吹得千疮百孔，有的墙面凹凸不平，呈蜂窝状，或鳞片状龟裂剥落；有的墙体甚至局部被风蚀穿透（孔洞）；有的墙体变小、逐渐消失（图 7-21～图 7-23）。敦煌地区的汉长城及烽燧也遭到风蚀的严重破坏。据调查，该地区原有汉长城 136km，烽燧 80 多座。因风蚀及雨蚀的破坏，现遗存较完整的汉长城不到 2km，留有遗迹的为 20～30 公里，其余完全消失在戈壁中。保存较完整的烽燧有 20 多座，其余已变成一堆沙土。

7.5.1.2　雨蚀

我国西北地区虽然主要属于干旱性气候，但强暴雨却时有发生，常常是一场大雨的降雨量几乎接近年降雨量。表现为集中式的强降雨，降雨历时短，降雨强度大。在这种历时短、强度大的降雨作用下，墙体表层遭受溅蚀作用，吸力锐减；随着降雨的持续，土体中的较大团体被打散并进入土体，堵塞孔隙，雨水入渗浅，致使土体表层饱和，变成流动土体，抗剪强度大幅度降低，与下覆土体间形成了水力梯度和抗剪强度的优势面。表层土体沿优势面在重力作用下剥落。夯土墙间、版筑泥墙间的衔接处是力学性能相对较弱的地方，溅蚀、冲刷破坏更强。溅蚀量随雨滴大小、雨滴速度和降雨强度的增加而增加。很多土遗址墙面会形成许多凹凸不平的蜂窝状小块，凸出的小块是耐水性强的钙结核，沙土则被冲刷而凹进（图7-24）。

图 7-21　风蚀严重的交河故城墙体　　　　图 7-22　风蚀严重的高昌故城墙体

图 7-23　风蚀严重的河仓城墙体

图 7-24　墙体表面的雨蚀

7.5.1.3 墙体开裂

室外土遗址长期在内外应力的作用下，裂隙密布，主要表现形式是构造裂缝和生土节理。构造裂缝是新构造活动的结果，延伸长，分布广，多见于城墙之上，张开度不一，部分裂隙与生土、夯土连通。生土节理是原生土的原生结构面，多以近直立状出现，这种类型的结构面多以数条为一组的形式，小间距出现，有很大概率与构造裂缝连通，对建筑物的稳定性构成极大的威胁。再加上强烈温差作用所引起的反复胀缩、冻融和卸荷、地震、不均匀沉降等自然因素影响，会使墙体生成纵横交错的裂缝，长期经雨水侵蚀、冲刷，裂隙逐渐发育并进一步延伸扩展（图 7-25～图 7-28）。

(a)夯土墙裂缝　　　　　　　　(b) 土坯墙开裂　　　　　　　(c) 墙体残蚀

图 7-25　高昌故城墙体裂缝（郝宁，2007）

(a) 墙端部不均匀沉降斜裂缝　　　　　　(b) 纵墙不均匀沉降垂直裂缝

图 7-26　不均匀沉降引起的墙体裂缝（高鑫，2012）

(a) 沿门窗角斜裂缝　　　　　(b) 向阳山墙"倒八字"裂缝　　　　(c) 屋顶下水平裂缝

图 7-27　温度差引起的墙体裂缝（高鑫，2012）

(a) 檩条下裂缝　　　　　(b) 纵横墙交接处垂直裂缝　　　　(c) 转角处垂直裂缝

图 7-28　荷载引起的墙体裂缝（高鑫，2012）

　　此外，土遗址中盐的结晶也会产生裂缝。盐在孔隙内结晶，随着晶体慢慢长大，晶体会超过孔隙的尺寸，孔隙尺寸被晶体撑大，对垂直的孔隙壁产生一种压力，这样就会在平行于被结晶盐填满的孔隙的表面产生小裂缝。晶体继续生长，会使裂隙撑大变宽，裂隙经扩展会变得越来越宽，最终形成裂缝。土遗址裂隙发育，降低了其抵御自然侵害的能力，加速了土遗址其它病害的发生。裂隙发育切割墙体是开裂坍塌的一个重要原因，导致墙体开裂坍塌后的残垣断壁随处可见。对土遗址裂隙的处理，也是土遗址保护加固中一重要环节。

7.5.1.4　冲沟发育

　　集中式降雨会形成强大的洪水冲刷。敦煌地区和贺兰山下每年 7、8 月的暴雨汇集成水流，水流冲刷致使遗址表面形成冲沟，严重毁坏遗址。西夏王陵三号陵台北侧的水沟最具有代表性（图 7-29）。

7.5.1.5　夯土墙泥皮片状剥离

　　干、湿作用下的墙表面上形成片状硬壳（泥皮）附着在墙体上，在风力或其它应力作用下墙体表面泥皮呈片状剥离。泥皮片状剥离主要由雨蚀、风蚀等造成，对遗址稳定性影响不大，但影响文物的完整性。我国西北地区土遗址周边大风和沙暴出现频率高，大风携带沙粒年复一年地对遗址的磨蚀破坏非常严重，加之雨蚀的交替作用，使遗址墙面产生各种形式的片状或块状剥离（图 7-30）。尤其是含沙量较高的生土挖造和版筑建造的墙体，片状或块状剥离最为常见；版筑墙面上的草泥层被磨蚀殆尽，使遗址墙体被剥蚀得凸凹不平而呈蜂窝状，有的呈鳞片状龟裂剥离，墙面上形成许多龟裂和即将剥离的小块，以迎风面墙体最为严重。

图 7-29　西夏王陵三号陵台北侧的冲沟
（中国文化遗产研究院，2009）

　　西北干旱地区集中式强降雨后便是强烈的蒸发作用，使在雨水中软化的墙体急剧变干。在这种强烈的干、湿作用下，墙（台）表面土形成片状硬壳附着在墙体上，与外界接触的表面土体强度变得越来越低，在重力及外界其它力作用下，松散的表层部分就会自然剥落。由于泥皮和内部夯土在变形、抗冻胀能力、耐盐碱等诸多方面的差异，在外界条件循环变换的情况下，外层表面的泥皮常常会在其受力薄弱的部位发生碎裂。墙面泥皮片状剥离是土遗址最普遍的病害之一。

图 7-30　高昌故城墙体泥皮剥落（郝宁，2007）

7.5.1.6　泥坯破碎

由温差交替、冻融和卸荷等自然外力的作用等造成的泥坯的开裂与破碎（图 7-31），对结构整体性影响严重，并易引起局部坍塌。

图 7-31　泥坯破碎（郝宁，2007）

7.5.1.7　墙体坍塌

风蚀、水蚀、强烈日夜温差所引起的反复胀缩、地震、冻融等诸多自然因素的长期作用，最终会导致墙体的坍塌（图 7-32）。残留的完整度、残留的高度等均可以反映坍塌破坏的程度。

自然原因引起的坍塌大部分由土体承受重力荷载所导致，在结构上分为两种主要形式：受拉破坏（即崩塌破坏）[图 7-33（a）]和受剪破坏（即滑塌破坏）[图 7-33（b）]。土体的风蚀、流水侵蚀、生物侵蚀等作用，造成图 7-33（a）所示的上大下小的不均匀形状，图中阴影部分受重力荷载而在土体上部产生弯曲拉应力，使土体开裂崩落。图 7-33（b）所示阴影部分土体由于受各种因素影响，土体抗剪强度降低，使上部土体在重力作用下沿滑移面滑落。最大强度与残余强度的差值越大，表明所具有的势能越大，一旦破裂，该势能立即转变为动能，从而使滑塌岩土体获得较大的加速度，造成滑落破坏。

(a) 宫城北墙大规模坍塌

(b) 北部遗址区倾倒性失稳破坏

(c) 北墙残余西段大规模失稳

图 7-32　高昌故城墙体坍塌（唐洪敏，2019）

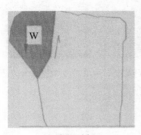
(a) 崩塌破坏

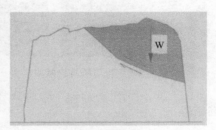
(b) 滑塌破坏

图 7-33　不同受力形式的坍塌（郝宁，2007）

7.5.1.8　墙基掏蚀凹进

墙基掏蚀凹进是一些土遗址墙体普遍存在的病害（图 7-34）。以新疆吐鲁番地区为例，形成墙基掏蚀凹进主要有以下几个方面的原因：

(a) 墙基掏蚀(侧面)(郝宁,2007)

(b) 墙基掏蚀(正面)(郝宁,2007)

(c) 墙基掏蚀(高鑫,2012)

图 7-34　墙基掏蚀凹进

① 新疆吐鲁番地区气温较高，空气相对湿度较低，降水稀少，地下水丰富，而蒸发量很高。土遗址墙体直接开挖于生土上或夯筑于生土上，由于土体中含有较多的可溶盐，在水的作用下，可溶盐迁移、富集于墙基、墙体根部及腰部。

② 墙体土体中的可溶盐，尤其是方解石、$CaCO_3$、Na_2SO_4，耐冻融性较差，随着温度、水分的变化发生周期性的溶解收缩—结晶膨胀—再溶解收缩，破坏了土颗粒骨架，导致土体结构松散、黏聚力急剧下降、强度降低，造成土体的酥碱、剥落等。

③ 新疆吐鲁番地区 8～12 级的大风经常发生，疏松的墙基及墙腰极易在风的作用下被搬运，严重之处凹进 1m 多深，使整个墙体随时有坍塌危险。在风蚀的作用下，遗址的墙基慢慢地变成上大下小的"棒槌状"（图 7-35），或墙体沿夯土层层状剥离凹进，墙体呈上大

下小之势，有的墙体甚至被局部贯通。

(a) 东部遗址区墩台　　　　　　　　(b) 可汗堡附近墩台

图 7-35　"棒槌状"墩台（唐洪敏，2019）

7.5.1.9　孔洞残损

温差交替、地震、冻融和卸荷等自然外力的作用，人为破坏、土体结构本身夯筑水平不高等，会造成孔洞缺损破坏（图 7-36）。随着时间推移，在外界自然因素以及人为破坏等因素影响下，大多数孔洞残损严重，孔洞的破坏进一步加剧了上部土体的破坏，从而增加了结构的不稳定的风险。

(a) 孔洞残损(郝宁,2007)　　　　(b) 孔洞残损(郝宁,2007)　　　　(c) 孔洞残损

图 7-36　高昌故城孔洞残损

7.5.1.10　生物破坏

在土体中，土蜂巢、鸟窝、鼠洞等形成孔洞（图 7-37），使部分遗址土体疏松，影响遗址稳定性。高昌故城发育的生物病害主要有两大类型：①生物巢穴病害，主要有鸟巢、鼠洞、蜂巢，这类病害可导致墙体结构疏松，为其它病害提供有利条件，多见于建筑基础生土部分；②生物粪便污染病害。由于生物粪便含有大量有机物和无机物，对土遗址具有很强的腐蚀作用；多见于建筑物顶端生物巢穴附近。土遗址表面较低的强度为各种生物提供了最佳的栖息的场所。鸟、虫、微生物是遗址内常见的住户，正是这些生物的存在进一步加剧了遗址破坏，其中虫子和微生物的破坏最大。这些生物为了更好地生存，在土体内部无处不在地打洞、掏蚀土体，如此一来，土体之间的连接发生了破坏，强度降低。

7.5.2　室内土遗址病害类型

博物馆遗址保护厅的室内环境很大程度地改善了土遗址的保护环境，减少土遗址的外扰因素且缓和了其影响（这些外扰因素主要包括室内空气的温度、湿度、风等），使之远不如

(a) 土蜂巢

(b) 鸟窝

(c) 鼠洞

图 7-37　生物破坏（郝宁，2007）

露天环境下那么恶劣。室内土遗址的主要病害包括严重的污染，风化酥碱、泛碱等。

7.5.2.1　严重的污染

降尘使土质文物变色、褪色、酥脆；降尘与湿空气结合，降落于遗址表面，适宜于细菌、霉菌等微生物繁殖；降尘以静电作用、极化作用、氢键、范德华力的形式附着于遗址表面，很难去除。例如：半坡遗址发掘后，虽然当时修建了保护大厅，但保护大厅比较简陋，四周有许多高大的窗户，密封条件不好。遗址附近有火力发电厂、煤场和棉纺织厂。电厂的粉尘、随风飘来的煤粉、纺织厂飘来的棉绒等，对遗址的污染十分严重。新出土的遗址表面是淡黄略带红色的黄土，但经过多年的污染，表面覆盖了厚厚的灰尘和棉绒，呈暗灰色。

7.5.2.2　风化酥碱、泛碱

受环境湿度变化和地下水的影响，可溶性盐反复溶解收缩和结晶膨胀，会使遗址受到严重的风化酥碱破坏。表面"泛碱"的驱动力亦是土体表面水汽的蒸发，随着蒸发的进行，土体里的水分不断向土体表面进行补充。在水分移动的过程中，携带了土体内部的可溶性盐类物质，如 Na_2SO_4、$NaHCO_3$ 等，这些盐类物质随着土体中水分的迁移而转移到土体表面后，在土体表面结晶即"泛碱"（图 7-38）。在封闭式遗址保护厅内，由于温、湿度条件相对稳定，空气中含湿量亦稳定，控制了土体表面水汽的迁移，泛碱通常情况下不常出现；但在半封闭的熊家冢遗址博物馆也发现有泛碱现象（图 7-39）。

图 7-38　半坡遗址壁面泛碱（许江涛，2015）　　图 7-39　湖北熊家冢壁面泛碱（许江涛，2015）

7.5.2.3　片状剥蚀

室内环境下的片状剥蚀与露天环境下有所不同，由于所处环境及影响因素的差异，室内片状剥蚀主要是由温度、湿度共同作用而产生的。温、湿度的共同作用引起土遗址表面水汽的迁移，随着表层土体水分含量的不断波动，表层土体与下层主体的连接被破坏，在相对干燥时，表层土体便与主体相分离，从而产生了片状剥蚀的病害。片状土体剥离后，在重力作用下或气流速度过大时脱落。这种病害主要出现在开敞式遗址保护厅内，如在金沙遗址的地面和壁面都有出现（图 7-40）。

图 7-40　金沙遗址壁面片状剥蚀（许江涛，2015）

7.5.2.4　表面裂隙

土遗址的表面裂隙是指在土遗址的表层出现的细小、交错的裂隙（图 7-41、图 7-42），这种病害不论是在开敞式的遗址保护厅还是在封闭式的地下遗址保护厅均有出现。这种裂隙产生的原因是土体表面的水汽蒸发和迁移，引起表层土体的收缩，在连接较弱的部位或土粒间产生开裂的现象，随着水汽的不断蒸发和迁移，很多细小的裂隙交织在一起。但在封闭式的遗址保护厅中裂隙较少，且当环境内温湿度相对稳定后，裂隙得到了有效的控制。

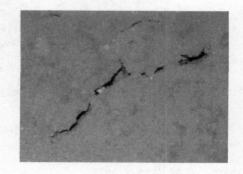

图 7-41　金沙遗址地面裂隙（许江涛，2015）　　图 7-42　湖北熊家冢遗址地面裂隙（许江涛，2015）

7.5.2.5　应力裂缝

应力裂缝主要是由于一个或多个应力作用而产生的较大的裂缝，导致裂缝产生的主要应力（包括土体内部应力重新分布产生的内部应力、自重应力、地基不均匀沉降产生的应力及地震作用产生的应力等）。在金沙遗址中，有部分遗址土体由于其中湿度的增大，增加了土体的自重应力，在超过了土体间的黏结作用时，导致在壁体的凸角部分产生了裂缝，甚至是开裂部分整体掉落的情况（图 7-43）。汉阳陵遗址由于坑体的开挖，在坑体边的土体向临空卸荷，而导致坑边土体产生了较大的裂缝（图 7-44）。

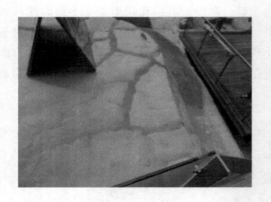 

图 7-43　金沙遗址的应力裂缝（许江涛，2015）　　　图 7-44　汉阳陵遗址的应力裂缝（许江涛，2015）

7.6　土遗址的加固技术

7.6.1　水的治理

　　水的治理包括对雨水、洪水、地下水等的治理。对水的治理可采用疏、导、排、堵等方式。另外，新建保护性的建筑物掩体，可以很好地防止雨水对遗址的冲刷破坏，如：半坡村遗址、大地湾遗址在发掘后均新建掩体（图 7-45）。

(a) 半坡村遗址　　　　　　　　　　　　(b) 大地湾遗址

图 7-45　新建保护性的建筑物掩体

7.6.2　墙基掏蚀的加固

　　针对墙基掏蚀凹陷的情况，可考虑用土砌块进行支护加固（图 7-46）。土坯加固可以在基本不改变原貌前提下，改善墙体稳定性、防止坍塌，并有效地阻止风对墙基的掏蚀，且对生物病害亦效果明显。不足之处是外观略显臃肿，砌筑时不可补砌过量，在维持稳定的情况下尽量少砌。加固时清除塌落砌块、清理杂填土。土坯采用与遗址土相近的生土制备，含盐量≤0.50%，含水量≤3.0%，干密度≥1.70g/cm³；黏结材料用改性黄土泥浆。新砌结构与原结构的缝隙用改性黄土泥浆灌实，再采用锚杆进行锚固拉接，锚杆采用复合纤维即土工长丝纤维（C-20）材料。打孔采用无振动机械打孔，钻到预定深度后，将孔内浮土清理干净，穿入锚杆，孔内用原状土捣实，孔两端用深 100mm 的灌浆材料（改性黄土泥浆）灌实锚固。

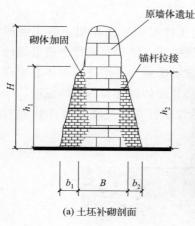

(a) 土坯补砌剖面　　　　　　(b) 外墙土坯砌筑　　　　　　(c) 扶壁土坯补砌

图 7-46　用土砌块进行支护加固（郝宁，2007）

7.6.3　墙体裂缝的加固

墙体裂缝加固处理，可采用裂缝灌浆、锚杆加固或两者结合的方法。

（1）裂缝灌浆

裂缝必须进行灌浆填充，否则一旦裂缝中入渗雨水会导致土体软化，使锚杆失去锚固作用；另外，裂隙中不断填充沙土，或裂隙两壁长期风化，会影响土体的整体性。常用的灌浆材料如：黏性土与石灰水混合（传统方法）、石灰粉/火山灰/石英砂与水混合、高模数的硅酸钾溶液（PS）为主的无机材料等。

裂缝灌浆前，先用浆液对裂缝口两侧喷洒渗透加固；然后用浆液封闭裂隙，并沿裂缝按竖向间距 500mm 埋设直径 10mm 的塑胶注浆管；先注入浆液，渗透加固裂隙中充填的沙土、碎石和裂缝两壁，然后再进行裂缝充填注浆；裂缝充填注浆采用浆液形式，按自下而上的次序通过注浆管进行；注浆时，当相邻的上方注浆管中出现浆液溢出时应停止注浆，并堵塞该注浆孔，再向上方的注浆管中注浆；若裂缝较窄小，可适当增大水灰比以减小浆液黏度，增大可灌性；充填灌浆完成并达到胶凝固化状态后，切割露出墙面的塑胶管，并用和遗址土调制的泥浆填充注浆孔，抹平做旧；施工期间对工作面采取防晒措施，使加固体缓慢阴干（图 7-47）。

(a) 预埋注浆管　　　　　　　　　　(b) 裂缝注浆

图 7-47　裂缝灌浆处理（郝宁，2007）

（2）锚杆加固

锚杆能与土体结合产生黏结力和摩擦力，对不稳定的土体起到加固作用，防止裂隙扩展，加强了土体的整体性和强度。通常可采用土工长丝纤维锚杆（C-20）进行土遗址墙体整体性改善加固，长丝外侧可用麻绳浸泡环氧树脂后缠绕以增加摩擦力。遗址内墙体普遍存在开裂、泥坯破碎等结构病害，削弱了墙体结构的整体性，部分墙体存在着倒塌的危险。采用小直径（25～45mm）、小间距（800～1600mm）布置构造性锚杆是提高墙体整体性的有效加固措施（图7-48）。

(a) 成孔 　　　　　　　　　　　　(b) 清孔

(c) 土工长丝加固 　　　　　　　　(d) 压力注入

图 7-48　墙体锚杆（郝宁，2007）

7.6.4　墙体倾斜变形的加固

墙体倾斜变形可采用扶壁柱、扶壁墙进行临时加固支撑（图7-49），留待科学技术进一步发展后，再做处理。

(a) 扶壁柱加固(郝宁,2007) 　　　　(b) 扶壁墙加固

图 7-49　墙体倾斜变形的加固

7.6.5　墙体中孔洞的加固

风蚀、人为破坏等造成的孔洞、缺损破坏，随处可见，危及遗址土体的稳定性。对这些孔洞的修复，根据其具体的特点分别采用改性黄泥填补、同类土坯补砌并用锚杆拉接等办法保证结构的稳定性（图 7-50）。修复时，应先清理表面风化浮土，清水润湿后，补砌土坯（植入锚杆使之与原有结构可靠拉接）或用改性黄泥填补，勾缝并表面做旧。此方法不仅可以改善外观，更可以保持稳定性，防止进一步破坏。

图 7-50　墙体中孔洞的修复（郝宁，2007）

7.6.6　墙顶的加固

由温差、开裂变形等造成的墙顶泥坯的破裂、破碎，对游人的安全构成了严重的威胁。采用土工织物可以有效地使墙顶原本的酥裂、散落土坯与墙体加固成一体，俗称"戴帽子"（图 7-51），从而防止雨水下渗、破坏墙体，消除安全隐患。

(a) 铺设土工格栅　　　　　　　(b) 铺设改性黄泥

(c) 避免日晒　　　　　　　(d) 保持湿度

图 7-51　土工织物加固墙顶（郝宁，2007）

《| 第 8 章 |》

中国古代壁画的
损坏及保护技术

　　我国壁画具有时代早、年代连贯、数量多、种类全、分布广、创作民族多等诸多特点，是一类极具历史价值、艺术价值、科学价值、社会价值、宗教价值的文化遗产，也是研究古代社会的重要实物资料。

　　我国是世界上壁画遗存最为丰富的国家之一，仅敦煌莫高窟就保存有四万五千多平方米的壁画。壁画是建筑物的一部分，是建筑装饰的一种。壁画不仅有装饰建筑、宣传思想、教育观众及作为宗教崇拜的对象等功能，而且还能够表现建筑物的性质、等级、用途及所有者的身份。壁画作为我国最古老的绘画艺术的实物遗存，是我国丰富的文化遗产中重要的组成部分。而壁画保护是一门跨学科的科学，涉及艺术史、工艺美术、考古、宗教、文化、民族、地质、化学、物理、建筑、生物、环境等领域。

8.1　壁画的分类和结构

8.1.1　壁画的特点

　　壁画通过图像、色彩表达作者的设计思想，以建筑物无机材料为支撑体。它具有以下特点：

　　① 壁画是建筑物不可分割的一部分。它虽然依附于建筑物，但并不是建筑物的附属品，而是建筑物不可分割的一部分。它与建筑相互依存，共同营造出设计者的设计效果。

　　② 壁画是不可移动的绘画形式。因其与建筑物具有依存关系，对壁画内涵的全面理解需要有背景的衬托，所以壁画不能像其它绘画一样被带到展览馆或画廊展出，而必须在其建筑环境中观察和欣赏。

8.1.2　壁画的基本类型

　　壁画是指建筑物墙壁上的装饰画。它通常是以绘制、雕塑及其它造型或工艺手段，在建筑物墙壁上制作的画。壁画有三个基本构成要素：以人工改造或人工构建的建筑物为支撑体，以颜料为物质载体，以绘制技术为主要手段。

8.1.2.1　按壁画创作年代划分

壁画是最古老的绘画形式，我国壁画始于先秦，跨越汉、魏、晋、南北朝、隋、唐、五代、宋、辽、金、西夏、元、明、清等各个时代，历史悠久，形成了独特的艺术风格。

8.1.2.2　按制作材料与工艺划分

壁画按制作工艺及材料又可分为干壁画、湿壁画、干湿壁画。

（1）干壁画

干壁画是世界上历史最悠久、分布最广、保存数量最多、技术最早成熟的壁画形式。干壁画的颜料层绘制在完全干燥的地仗层表面。我国现存的古代壁画全部都是干壁画。

（2）湿壁画

湿壁画是颜料用水调和后画在潮湿的石灰地仗上的壁画。

（3）干湿壁画

这是湿壁画的一种改良形式，其主要部分是采用湿壁画的方法完成的。待壁画干燥后，用干壁画的画法绘出重点强调的部分。

8.1.2.3　按建筑物性质划分

按性质分，壁画可分为宗教壁画和非宗教壁画，现存的壁画大多为宗教壁画，主要是用来营造宗教活动场所的气氛。

（1）宗教壁画

现存的石窟寺壁画大多是宗教壁画，即使其中个别情景为非宗教题材，但作为营造整个宗教环境的元素，也可以将其视作宗教壁画。宗教壁画主要用来营造宗教活动场所的气氛，同时一些绘画也是信徒朝拜的对象。

（2）非宗教壁画

非宗教壁画的内容广泛、主题多样，主要起到装饰作用。我国非宗教壁画最常见的题材内容是典型的传统吉祥图案和各种丰富的几何图案。此外，还有反映日常生活和神话传说等内容的壁画。

8.1.2.4　按建筑物类型划分

壁画是人类文化遗产中最古老的艺术形式之一，其最基本特征之一是建筑性，即任何形式的壁画总是与一定形式的建筑相联系。按照壁画所依附的建筑物形式，而将其分为墓葬壁画、石窟寺壁画、寺观壁画、殿堂壁画、民居壁画。

（1）墓葬壁画

墓葬壁画是指在古代墓葬内周壁及顶部墙壁上的绘画。目前已发现的最早的壁画是汉代作品，其分布较广，河南、山西、辽宁、河北、山东、内蒙古等地的汉墓都有壁画。河南有大量的西汉、东汉墓葬壁画，山西有汉魏墓葬壁画，河北有汉魏及宋辽墓葬壁画，吉林有高句丽墓葬壁画，陕西有隋唐皇家墓葬壁画，此外甘肃、内蒙古、辽宁等省（自治区）保存的众多墓葬壁画也都是我国壁画的精品。壁画的内容有神话传说、历史故事以及生活场景。著名的墓室壁画有：河南打虎亭东汉墓室壁画（图8-1）、河南洛阳卜千秋墓主室壁画（图8-2）、陕西乾县永泰公主墓《宫女图》壁画（图8-3）等。

图8-1　打虎亭东汉墓室壁画宴饮观舞图

图8-2　河南洛阳卜千秋墓主室壁画

图8-3　陕西乾县永泰公主墓壁画

（2）石窟寺壁画

石窟寺壁画是指在佛教石窟内周壁、披顶、甬道、藻井等墙壁上的绘画。我国石窟寺壁画数量庞大、绘制精美，特别是沿丝绸之路的众多石窟寺中的壁画，如甘肃敦煌莫高窟、榆林窟、西千佛洞，以及山西云冈石窟等存留着许多美丽的壁画，一幅幅壁画讲解着一个个神奇动人的故事。

石窟寺壁画中最具代表性的为敦煌石窟壁画。敦煌石窟始建于十六国的前秦时期，历经十六国、北朝、隋、唐、五代、西夏、元等多代的兴建。敦煌石窟包括敦煌莫高窟、西千佛洞、榆林窟，共有石窟552个，保存历代壁画45000多平方米，是我国乃至世界壁画最多的石窟群，内容非常丰富，已经成为"敦煌学"中重要的研究分支。敦煌学被称为国际显学，因为敦煌文化不仅是中华优秀传统文化的代表，更是中古时期人类文明的结晶，也是伟大的宗教文化最形象的集中表达，又是各历史时期西域民族和语言五彩世界的印证。敦煌藏经洞保留有保存很好的波罗蜜文、粟特文、梵文、于阗文、藏文等语言文字的文献，敦煌的文献和文物所蕴含的文化不仅是汉文化的精华，也是世界文明汇聚的结果。

敦煌壁画在题材上主要是佛像画、神怪画、故事画、经变画、佛教史迹画、供养人画像

（肖像画）、装饰图案等。莫高窟壁画内容之丰富，堪称"墙壁上的图书馆"。石窟壁画中有极其丰富的古代乐伎形象和乐器图像（图 8-4）；《反弹琵琶》（图 8-5）是敦煌壁画《无量寿经变》的局部，为敦煌绘画中艺术表现手法最具特点的画面，代表了敦煌艺术的最高绘画水准，其绘画色彩和舞蹈动作明显带有西域少数民族的特点，是盛唐时期对外友好交往的见证；敦煌石窟壁画中还有关于山西五台山（图 8-6）以及大佛光寺（图 8-7）的绘画；绘于敦煌 257 号洞窟的西壁中部的《九色鹿经图》（图 8-8），为北魏洞窟壁画的代表作，同时也是敦煌莫高窟最优美的壁画之一。《狩猎》（图 8-9）画面中央横贯山峦，右上角山后一骑士策马回首，张弓欲射一对奔鹿；《西方净土变》（图 8-10）是唐代的敦煌壁画中的一壁，这一场面恢宏、色彩绚烂的佛国景象，是依据《无量寿经》内容，为信众们构想出来的，也就是人们常说的西方极乐世界。

图 8-4　极其丰富的古代乐伎形象和乐器图像

图 8-5　《反弹琵琶》

图 8-6　关于山西五台山的壁画

图 8-7　关于大佛光寺的壁画

图 8-8　《九色鹿经图》局部

图 8-9　《狩猎》局部

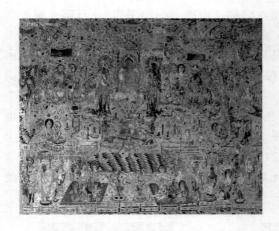

图 8-10 《西方净土变》局部

图 8-11 《朝元图》奉宝玉女

(3) 寺观、殿堂、民居壁画

寺观、殿堂、民居壁画是指在寺观、殿堂、民居等建筑物墙壁和顶棚上的绘画，也可将其统称为古建筑壁画。山西众多古建筑中保存的精美壁画是我国壁画的一大宝库。西藏林立的寺庙中数量庞大的藏传佛教壁画风格独特。河北、河南、陕西、北京、江苏、福建、青海、内蒙古等许多省、直辖市、自治区的壁画风格也各不相同。

寺观壁画中，山西寺观壁画最具代表性。山西古代壁画分布地从南到北绵延千里，目前已发现并仍然保存较好的古代壁画总面积多达 2.5 万余平方米。从汉代开始，经南北朝、唐、宋、元、明、清，其风格既有传承亦有变化，不仅体现了不同历史时期的绘画特征，而且对于美术以及社会、宗教诸方面的研究都具有无可估量的价值。山西壁画以其完整多样、典型独特、制作宏伟、自主创新且自成一体，高度反映了中国古代壁画的发展进程。山西古代寺观壁画以永乐宫壁画最为精彩。图 8-11 为《朝元图》奉宝玉女的半身像，玉女头戴花冠，上身着广袖衫，双手端装有龙旐的圆盘，褒衣博带，仪态端庄。玉女面相俊俏，双目前视，嘴唇微闭，极具温柔娴雅的神韵。玉女面部和衣纹的线描疏密有致。土黄色的衣裙，绿色的飘带，沥粉贴金的发饰和龙旐，给人高贵富丽之感。

8.1.3 壁画的结构

壁画的结构通常分为支撑体、地仗层、底色层、颜料层和表面涂层。图 8-12 为古代壁画结构示意图，图 8-13 为敦煌莫高窟第 85 窟的壁画结构。

8.1.3.1 支撑体

支撑体是指壁画附着的基础，如岩石体、木竹板、砖、土壁等材质，是壁画的骨架或支撑结构。壁画是建筑物的一部分，因此，壁画的支撑体多决定于壁画所属的建筑类型。支撑体一般为建筑结构本身，如建筑物的墙体和天花板、石窟的窟壁和窟顶、墓室或墓道的墙壁等。

石窟寺壁画的支撑体是石窟的岩壁。我国石窟寺壁画的保存总量在各种类型壁画中是最大的。石窟寺壁画的支撑体为各类崖体，但因地区不同，崖体岩石性能差别很大。即使支撑体同属砂岩，因胶结物含量、砂粒粒度和含量不同，性能差异非常巨大。寺观、殿堂、民居

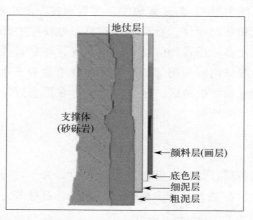

图 8-12 古代壁画结构示意图（陈港泉，2016）

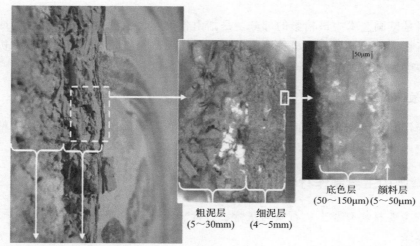

图 8-13 莫高窟第 85 窟壁画结构（陈港泉，2016）

壁画的支撑体为建筑物的墙体，如石墙、砖墙、土坯墙、夯土墙，或荆条、竹片编织的隔截编道等。墓葬壁画包括装饰墓室和墓道墙壁的壁画，墓道壁画的支撑体一般为生土，而墓室壁画的支撑体为砖壁、石板壁或石条。

8.1.3.2 地仗层

地仗层是指支撑体表面为绘画做准备的结构层，即绘制壁画的泥壁层、灰壁层或其它材质如纸、纺织品等。其作用是找平、防止开裂，和为绘画的吸水、着色提供良好的表面。

地仗层又包括粗地仗和细地仗两层。粗地仗为与支撑体紧密结合并起壁面找平作用的含较粗纤维（麦草、麻筋等）或较大粒径沙砾的黏土质结构层。细地仗是指粗地仗之上含有较细纤维（黄麻、亚麻、棉、毛、纸筋等）的平整的黏土质或灰质结构层。粗地仗起找平作用，其厚度不均，视支撑体表面情况不同而不同；细地仗的作用主要是防止开裂并为绘画提供良好的吸水和着色表面。

多数墓室壁画采用的是单层石灰地仗，石窟寺壁画和部分寺观、殿堂壁画多采用复合草泥地仗（即粗地仗和细地仗两层），即多重地仗。多重地仗一般由粗地仗和细地仗叠合而成。最常见的地仗是石灰地仗和草泥地仗。石灰地仗和草泥地仗层中都加有植物纤维等补强材料以防止地仗干裂，草泥地仗多使用谷物的秸秆、粗麻等，在靠近颜料层时也有用细麻、棉花等细纤维的。石灰地仗一般只用麻和棉等细纤维，而且用量少于草泥地仗。地仗层中加入的纤维种类及数量、比例随壁画所处地区、制作年代、存在形态以及地仗层次部位不同而呈现出较大的差异，一般遵循"因地制宜、就地取材"的原则。

8.1.3.3 底色层

底色层即粉底层、准备层，是指在壁画制作过程中，为了衬托壁画主体色彩而在地仗表面所涂的材料，常用的有熟石灰、石膏、高岭土、土红、石绿等。其作用是进一步改善绘画条件，并为绘画提供底色。

8.1.3.4 颜料层

颜料层是壁画艺术中最精彩的部分，是指由各种颜料绘制而成的壁画画面层，是壁画的主要价值所在。颜料层所用颜料按照来源可以分为天然无机矿物颜料、天然有机染料和人造颜料等；按颜色可分为红色、蓝色、绿色、白色、黄色、黑色、金色等。

8.1.3.5 表面涂层

表面涂层是涂刷在画层表面的结构层，又称封护层，其作用一方面是保护壁画，另一方面是提高壁画颜色的饱和度。

8.1.4 壁画的主要制作材料

壁画的主要材料有黏土、石灰与灰膏、石膏、纤维、沙子等。

（1）黏土

黏土是世界上分布最广、使用最早、使用范围最广的建筑材料，也是壁画制作材料中最主要、最常见的材料。黏土本身既是填料又是黏合剂。黏土可以作为支撑体的主要材料，如用作土坯墙、夯土墙、墓道的生土，砖的生坯以及砌筑墙体时的砂浆；也可以作为地仗，如草泥地仗、麻泥地仗的主要材料；还可以作为颜料，如高岭土可以作为白色颜料使用。

（2）石灰与灰膏

石灰是壁画材料中很常用的材料，仅次于黏土。石灰是通过煅烧碳酸钙质的材料如石灰石、骨骼、贝壳等而成的（$CaCO_3 \xrightarrow{\triangle} CaO + CO_2$）。

当碳酸钙被加热到 $850 \sim 900℃$ 时发生以上反应，形成氧化钙，称生石灰。生石灰加水变成熟石灰后才可以使用。生石灰加适量的水成为石灰粉（氢氧化钙）$[CaO + H_2O \Longrightarrow Ca(OH)_2]$，加过量的水成为熟石灰，俗称灰膏。

石灰粉与熟石灰主要化学成分相同，但工作性质却不同。石灰粉为固体，与填料混合后无法直接使用，需加水使之成为砂浆才可使用。而灰膏本身为膏体，易于与填料混合，使用方便；且由于水分子的存在，可排除石灰和填料之间的空气，使石灰和填料之间的结合更加紧密。熟石灰吸收空气中的二氧化碳而硬化$[Ca(OH)_2 + CO_2 \Longrightarrow CaCO_3 + H_2O]$。

（3）石膏

我国新疆地区一些石窟附近存在石膏矿，因此这些石窟的壁画和地面装饰有一部分是以石膏为地仗的。自然界的石膏有两种主要形式：透明石膏和硬石膏。透明石膏分子含有 2 个结晶水分子，密度为 $2.3g/cm^3$，其天然状态为大片的像玻璃一样透明的晶片或密实的微小晶体形成的颗粒。硬石膏又称无水石膏，密度为 $2.8\sim3.0g/cm^3$，呈密实的晶体或砂糖状。暴露在空气中的无水石膏缓慢吸收水分形成透明石膏，同时体积增加。市场供应的石膏是透明石膏经过焙烧失去结晶水而成的粉末状半水石膏和无水石膏的混合物。在使用时需在混合物中加入一定量的水使其凝固，凝固过程中温度上升，体积膨胀。这种凝固过程形成的晶体小，排列秩序混乱，因此不透明。石膏本身既是填充物又是黏合剂。

（4）岩石

岩石是最古老、最常见的建筑材料之一。作为壁画的支撑体，岩石可以是砌筑体、石窟壁或石板。我国石窟壁画的遗存量很大，以岩石为支撑体的壁画占遗存壁画的绝大部分。

（5）颜料

颜料是壁画制作材料中最重要的部分，分矿物颜料和有机颜料。其中矿物颜料分为天然矿物颜料、人工合成矿物颜料和金属（如金粉、银粉）等。

古代壁画中常用的无机矿物红色颜料有赭石（Fe_2O_3）、铅丹（Pb_3O_4）、朱砂（HgS）等，主要的有机染料有胭脂。常用青色颜料有青金石{（Na,Ca）$_{7\sim8}$（Al,Si）$_{12}$（O,S）$_{24}$[SO_4，$Cl_2(OH)_2$]}、石青[$2CuCO_3\cdot Cu(OH)_2$]、群青（$Na_6Al_4Si_6S_4O_{20}$）等。常用绿色颜料有石绿[$CuCO_3\cdot Cu(OH)_2$]、氯铜矿[$CuCl_2\cdot3Cu(OH)_2$]、巴黎绿[$Cu(C_2H_3O_2)_2\cdot3Cu(AsO_2)_2$]等。古代壁画常用黄色颜料有土黄（$Fe_2O_3\cdot H_2O$）、雌黄（$As_2S_3$）和雄黄（$As_2S_2$）以及黄丹（$PbO$）等。常用到的白色颜料有石膏（$CaSO_4\cdot2H_2O$）、硬石膏（$CaSO_4$）、方解石（$CaCO_3$）、高岭土（$Al_2O_3\cdot2SiO_2\cdot2H_2O$）等。常见的黑色颜料有炭黑。

（6）颜料中的胶结材料

胶结材料是壁画画层中极为重要的组成部分，其成分多为有机质。胶结材料的质量是决定壁画能否长久保存的关键因素之一。古代壁画使用的胶结材料分为动物胶和植物胶两大类。动物胶用马、牛、驴、猪、鱼等动物的皮、骨熬制而成。常见的动物胶有明胶、阿胶、皮胶、骨胶、鱼胶等，一般都含有胶原体蛋白质。植物胶有淀粉糊、阿拉伯树胶、桃胶、大漆等，一般含有植物蛋白质。动物胶和植物胶都是天然的有机高分子化合物的混合物，其分子量大、分子结构复杂，具有易老化、易分解，以及热稳定性和光稳定性差等特点。

（7）纤维

古代壁画在制作过程中大都掺有有机纤维，一则减少开裂，二则增加透气性。有机纤维分为动物纤维和植物纤维。动物纤维主要成分为蛋白质，植物纤维主要成分为多糖。动物纤维中常用的有头发、羊毛等；植物纤维中常用的有麦草、稻草、麻、棉、纸等。我国壁画地仗中的有机纤维主要是植物纤维。

（8）砂子

砂子的作用是作为地仗的填料，主要成分为二氧化硅，是典型的惰性材料。砂子不能单独使用，必须由黏合剂如黏土或石灰将其黏合在一起。砂子与黏合剂的比例是决定地仗性质的关键，比例过低则地仗容易开裂，过高则容易粉化。

（9）其它材料

为了显示壁画的重要性或突出某些形象，往往会在重要部位贴金或镶嵌宝石。这种情况在宗教壁画中十分普遍，寺观壁画中神、佛的脸部、皮肤许多都是贴金的，菩萨、飞天、侍女的钗环璎珞等装饰物品也有不少是沥粉贴金的，有时还镶有宝石等。

8.2　壁画的病害原因及类型

8.2.1　影响壁画的因素

影响壁画的因素总的来说主要包括自然环境（水、盐、空气污染、光、生物等）、人类活动以及自然灾害三个方面。

壁画从制作之初就受其周边环境的影响，病害的产生是离不开其所处的环境特征的。环境对壁画的影响相对人为因素和自然灾害而言，是缓慢而复杂的，各种因素相互交织，共同造成壁画的病害。了解壁画保存环境特性对壁画的影响类型，对于确定壁画病害产生的机理和从根本上治理病害是必不可少的。

8.2.1.1　水环境

在各种环境因素中水对壁画的破坏作用最大。水能够溶解壁画中的可溶性材料（如颜料层中的胶结材料），使壁画因脱胶而粉化；能够溶解地仗中的可溶盐或黏合剂，使地仗变得疏松，强度降低；能够浸胀黏土地仗，使地仗疏松，强度降低；能够为微生物的生长提供条件，使地仗中的纤维和颜料层中的胶结材料等有机材料被微生物侵蚀；能够造成对画面的冲刷，使颜料层脱落；水的冻融能够造成酥碱；水是可溶性盐造成酥碱的必要条件；水有助于各种空气污染物的沉降，有助于固定空气污染物于壁画表面；水的存在为化学反应创造有利条件，加速壁画老化。

水分的主要来源有四种：毛细作用、冷凝或结露、潮解及其它。

（1）毛细作用

绝大部分传统建筑材料都是多孔的，内部大小不等的孔隙交织错落形成立体网状结构，因而遇水都会发生毛细现象。由毛细作用传播的水沿建筑物材料的孔隙向各个方向运动，可以在墙体中运移相当长的一段距离。寺观、殿堂壁画中经常看到墙体的下部湿润，在湿润部分的顶端存在酥碱现象。这是因为毛细作用就像一个水泵，将地下水或地基附近的水不断带到壁画表面，当水分蒸发后就留下了盐的结晶，造成对壁画的破坏。

（2）冷凝或结露

冷凝或结露是气态水转变为液态水的一种过程（图 8-14）。当绝对湿度达到饱和或相对湿度达到 100％时就有可能发生冷凝或结露。冷凝或结露可以发生在壁画或墙体的任何地方。

（3）潮解

盐类从空气中吸收水分溶解自己的现象称为盐类的潮解现象。许多盐，如 $NaCl$、$NaNO_3$、$Ca(NO_3)_2$、$MgSO_4$ 等都有很强的从空气中吸收水分潮解的能力。可溶盐的潮解

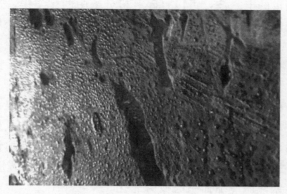

图 8-14　冷凝水（文物保护工程专业人员学习资料编委会，2020）

过程非常迅速，而反向过程却相对缓慢，这种特点对壁画的保存十分不利。

（4）其它形式的水的侵害

渗水对壁画的侵害是最直接的。屋顶破损致使雨水、雪水渗漏到墙体上，沿壁画表面流下是最常见的渗水形式；地表水通过墓室的裂隙、盗洞也可渗透到墓室。

8.2.1.2　可溶盐

壁画的制作材料和所处的环境中都存在大量可溶盐。有些壁画在制作时所用的水中就含有可溶盐；有些壁画的地仗在制作时有意加入一定量的食盐以防止开裂；有些支撑体本身含有可溶盐；空气污染、附近农田中的化肥和农药都有可能成为可溶盐的来源。

可溶盐可分为易溶盐、中溶盐和难溶盐。其中易溶盐对壁画造成的破坏作用最大。可溶盐对壁画的破坏主要是通过溶解、结晶循环实现的，正如前文述及的酥碱病害。易溶盐由于溶解度大，结晶主要在壁画表面，因此对结构的破坏较小。难溶盐几乎不存在溶解、结晶循环，因此基本上不造成破坏。中溶盐倾向于结晶在距离壁画表面 1～2mm 处，有时更深，对画层和结构层都造成破坏。

8.2.1.3　空气污染

壁画完成之日起就暴露在环境中，劣化过程涉及物理、化学、机械、生物等各个方面。随着城市的扩展和工业的发展，空气中的污染物种类和浓度急剧升高，近年来壁画劣化的加剧与空气污染物的增加是分不开的。

与壁画病害有关的污染物主要有 SO_2、H_2S、硫酸气溶胶和雾、氮氧化物、臭氧、氯化氢、氟化氢、二氧化碳、氨和悬浮颗粒物。这些污染物与壁画材料的反应机理是十分复杂的：有的直接参与反应；有的作为催化剂或络合剂；有的为生物侵害提供便利条件，如提供营养等；有的为其它污染物的沉降创造条件。

8.2.1.4　光照

光是一种电磁波，在电磁波的波谱中红外光、紫外光对壁画的影响很大。

红外光产生的危害是间接的，主要产生的是热效应，能够提高壁画表面的温度，加速化学反应和生物生长。紫外光对壁画既有直接的又有间接的危害。

紫外光是一种高能量的电磁波，可以打碎有机分子中的化学键，造成黏合剂的破坏、有机染料的褪色和颜料变色，这种危害是直接的；同时紫外光有助于光化学反应的进行，间接地对壁画造成破坏。

8.2.1.5　温湿度

温度的变化同时会引起文物的热胀冷缩，导致文物变形甚至崩裂。对于壁画这类多层复合材质而言，温度的波动必然造成不同材质胀缩的差异，进一步造成分离和脱落。此外，温度的升高会增加生物活性，加快霉菌滋生、昆虫繁殖速度，从而加快生物对壁画胶结材料（特别是有机质材料）的腐蚀。同时，文物存在于某一温度下有一缓慢的适应过程，若温度频繁波动，会使文物频繁热胀冷缩而引起疲劳老化。

湿度对文物的损害，有因其参与而产生的化学变化；也有因其急剧变化，干湿交替引发的扭曲变形等物理影响；更有其招致的二次污染，如微生物的腐蚀、昆虫的破坏等。对于壁画而言，高的相对湿度将会引起其内部的可溶盐溶解迁移至文物表面，发生腐蚀作用，或者在文物内部结晶产生压力，使壁画表面开裂和剥落。

8.2.1.6　生物

由生物造成的材料损坏称为生物劣化。危害壁画的生物有菌类、藻类、苔藓、地衣、蕨类、其他高等植物和动物等。生物劣化包括物理和化学两种过程。

（1）物理过程

菌类菌丝的生长使壁画产生裂缝并加大缝隙，其所含的水会造成冻融损害。裂隙的存在利于化学反应进行，使雨水、风蚀更容易造成破坏，使空气污染物更容易沉积，也为微生物的侵害创造了有利条件。苔藓和地衣的叶状体在潮湿环境下十分舒展，当环境湿度降低时叶状体收缩，将下面的壁画表面物质拔起，造成破坏。蕨类及其他高等植物的根系生长对壁画造成物理破坏。此外，鸽子、蝙蝠、燕子可能对壁画造成机械损害（如蹬踏、扑打等），飞翔时带起的风会吹落起甲的颜料层。鸟类及昆虫的排泄物落在壁画表面，对壁画造成污染。这些排泄物在干燥时收缩，将画层带起，造成起甲。其它动物如牛、羊、蚯蚓、老鼠、昆虫等也会造成损害。

（2）化学过程

生物新陈代谢产生有机酸/无机酸，这些酸能够直接与壁画材料进行化学反应，改变材料的化学性质。酸与壁画材料反应产生的可溶盐能够对壁画造成进一步的破坏。生物新陈代谢产生的络合物可以与壁画颜料中的金属离子络合，夺取金属离子，从而改变颜料的化学性质。

文物是不可再生的，壁画更是相当脆弱的文物，其对于温湿度、光照、灰尘、振动等影响极其敏感。环境对于壁画保存来说是至关重要的，它包括壁画所处的空间环境及影响其保存的各种因素。不同的环境条件和因素对壁画的保存会产生不同的作用，环境的极端状况和骤变也会给壁画的保存带来与日俱增的伤害。因此，要保证古代壁画的长期稳定，必须从其赋存环境入手，控制壁画所处环境的温湿度、光照、灰尘污染物、有害微生物、有害昆虫以及人为不当干预等。

8.2.1.7　人类活动

人类活动对壁画的影响和损害是最多的，也是最严重的。盗揭壁画或窃取壁画的表面贴金是严重损害壁画的行为。不同宗教之间的斗争和战争对壁画的损害是毁灭性的。环境变迁或政治、经济等方面原因导致的对城市或宗教活动场所的遗弃也是壁画损毁的原因之一。壁画的见新，壁画本身制作材料及工艺的缺陷，不当的保护处理，壁画所在建筑物用途的变更、改建、翻新，日常使用等会对壁画造成不同程度的损害。不当或失效的避雷装置，老化或铺设不当的电线、水管及供气管道等，过度的旅游开发，在附近采石、采矿、修建公路和铁路等，均有可能对壁画造成损害。

8.2.1.8　自然灾害

自然灾害如地震、龙卷风、台风、洪水、火灾、雷电、滑坡等对壁画的破坏往往是毁灭性的。

8.2.2　壁画的病害类型

壁画因其制作材料、工艺、结构及所处环境的不同，其病害的表象及成因各不相同。这些病害有时是单一成因的，但绝大多数情况下是多种因素共同作用的结果。

目前较为常见的壁画病害类型包括地仗脱落、空鼓、酥碱、起甲、盐霜、颜料层脱落、裂隙、霉变、泥渍、刻画、烟熏、动物损害、植物损害、微生物损害等。

8.2.2.1　龟裂

龟裂是指由壁画颜料层、底色层或地仗表面泥层内所含胶质材料过多，或地仗层内的收缩变化等引起的微小网状开裂现象，因貌似龟背而得名（图 8-15）。其进一步发展即为龟裂起甲。

(a) 龟裂(一)(陈港泉,2016)

(b) 龟裂(二)(陈港泉,2016)

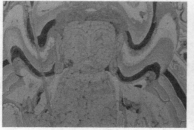
(c) 龟裂(三)(陈港泉,2016)

(d) 龟裂(文物保护工程专业人员
学习资料编委会,2020)

图 8-15　龟裂

8.2.2.2 起甲

起甲是指壁画画层与其下部结构（准备层或地仗层）部分脱离，壁画的底色层或颜料层发生龟裂，进而呈鳞片状卷翘，甚至脱落，只剩下壁画泥层，严重者壁画损失殆尽。其通常表现为画层呈鱼鳞状起翘或呈大而平的甲片（图 8-16），严重时微风就可导致画层脱落，地面常可见脱落的甲片。根据不同形状又可将其细分为龟裂起甲、颜料层起甲、粉层起甲、泥层起甲等几种。起甲是画层与其下部结构之间的黏结力丧失造成的。

(a) 起甲(陈港泉,2016)　　　　(b) 起甲(文物保护工程专业人员学习
　　　　　　　　　　　　　　　资料编委会,2020)

(c) 起甲(郭青林,2009)

图 8-16　起甲

起甲常见的原因有以下几种。

（1）壁画制作时胶结材料用量过高

胶结材料过多，在干燥或老化过程中收缩，造成画层从下部结构表面被拔起。胶结材料用量过高造成的起甲经常表现为鱼鳞状小片起甲。

（2）壁画表面封护材料使用不当

由封护材料老化变质导致的壁画起甲，主要分布在表面涂层易老化的部分，如阳光直射的部分。

（3）画层加固材料使用不当

加固材料使用过量或使用了一些低透气性的材料，大大降低了画层的透气性，使得壁画内部的水分无法均匀穿透画层挥发而聚集在画层背面。这些水分中含有盐分，经过一段时间，随着材料老化、收缩或其它原因，在画面上会产生一些微小裂隙，聚集在画层背面的水分就会集中从裂隙处挥发，盐分也随之在裂隙两侧积累、结晶，使裂隙扩大。裂隙的扩大反过来又促进了水分在裂隙处的挥发和盐分的积累，造成恶性循环。随着裂隙的发展和盐分的积累，画层被盐的结晶顶起，造成起甲。这种起甲常伴随有地仗或准备层的破坏，有时甲片边缘也受到损害而粉化、脱落。

（4）壁画制作材料的老化

这种起甲主要是准备层胶结材料老化所致。准备层胶结材料老化，使准备层失去内聚力，无法将画层抓住，造成画层的脱离。这种起甲的特点是甲片大而平。

（5）环境因素的影响

我国壁画地仗多为黏土地仗，黏土的特点是随着湿度的上升而体积膨胀、随着湿度的下降而收缩。画层随着胶结材料的老化逐渐失去弹性，无法随地仗的体积变化而变化，因而在画层与地仗的界面处形成张力。在湿度变化剧烈的情况下画层与地仗之间的结合力受到张力的破坏，造成画层与地仗的脱离，形成大而平的起甲。

（6）植物根系的剥离作用

植物根系在壁画画层与其下部结构的界面间生长，对画层起到了剥离作用。

8.2.2.3　起泡

起泡是指壁画画层与其下部结构脱离，但脱离部分画层边缘并没有破损的现象，即壁画颜料层、底色层呈气泡状鼓起（像起了水泡一样）、破裂和卷曲起翘（图 8-17）。机理与起甲相同，表现程度较轻，即泡状起甲。

(a) 泡状起甲(陈港泉, 2016)　　(b) 泡状起甲(文物保护工程专业人员学习
资料编委会, 2020)

图 8-17　泡状起甲

8.2.2.4　酥碱、泛碱

酥碱是指可溶性盐作用导致壁画结构内部失去内聚力而造成的材料机械强度丧失的现象，表现为体积膨胀、表面结构松散、材料流失（图 8-18）。可溶性盐分在壁画表面富集形成的结晶，又称泛碱、盐霜、返碱、白霜等（图 8-19）。酥碱发生的原因有：

（1）水的冻融作用

壁画结构中的水在冰点以下体积会膨胀，膨胀的过程中所产生的巨大压力破坏壁画微孔结构，导致宏观上机械强度的丧失、材料的脱落。温度升高，冰晶融化后又会进入到壁画结构更小的孔隙中；温度降低时水再次结晶膨胀，再次破坏结构。水的冻融循环对壁画结构破坏的宏观表现就是酥碱。

（2）盐分的溶解、结晶作用

当水分蒸发时建筑中的盐溶液浓度逐渐增高，达到饱和时结晶，晶体的生长和冰晶的生

(a) 酥碱(陈港泉，2016)　　　　　　(b) 酥碱(文物保护工程专业人员
　　　　　　　　　　　　　　　　　　　学习资料编委会，2020)

(c) 酥碱(郭青林，2009)

图 8-18　酥碱

(a) 泛碱(陈港泉，2016)　　　　　　(b) 泛碱(文物保护工程专业人员
　　　　　　　　　　　　　　　　　　　学习资料编委会，2020)

图 8-19　泛碱

长一样会对结构造成破坏。当水分增加时，晶体又被溶解，形成溶液。盐分的溶解、结晶循环发生就造成了壁画的酥碱。

（3）水的冲刷作用

黏土地仗中黏土成分起到黏结剂和填料的作用，在水的冲刷作用下，地仗中黏土成分随水流失，使得结构中黏结成分不足，导致机械强度降低，形成酥碱。

（4）化学反应

石灰质地仗中碳酸钙为强碱弱酸盐，极易与酸性物质反应，失去黏结作用，造成酥碱；碳酸钙与含有硫酸的酸雨反应或与大气中的硫化物反应形成硫酸钙，体积膨胀，破坏壁画结构，形成酥碱，严重时甚至形成片状脱落。

（5）地仗的冻害

地仗在制作时含有大量水分，干燥过程中如果环境温度过低，产生结冰现象，地仗失去强度，则形成酥碱。

可溶盐在地仗层和颜料层间富集，并推顶颜料层呈疱状凸起，形成疱疹病害（图 8-20）。

 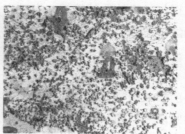

(a) 疱疹(文物保护工程专业人员　　　　　(b) 疱疹(郭青林，2009)
学习资料编委会，2020)

图 8-20　疱疹

8.2.2.5　颜料层粉化

颜料层粉化是壁画颜料层内聚力丧失，呈颗粒状脱落的一种现象。颜料层粉化表现为颜料颗粒松散、脱落，严重时微风都能将颜料吹掉。当颜料脱落到一定程度时，整个画面看上去显得苍白、模糊、细节丧失（图 8-21）。颜料层粉化的原因有：

(a) 颜料层粉化　　　　　　　　(b) 颜料层粉化(文物保护工程专业
(中国文化遗产研究院，2009)　　　　　人员学习资料编委会，2020)

图 8-21　颜料层粉化

（1）酥碱

酥碱现象发生在颜料层，则颜料层的胶结材料无法继续将颜料颗粒黏结在一起，就会形成粉化。

（2）胶结材料的老化降解

胶结材料的老化降解使其无法将颜料颗粒黏结在一起，因而形成粉化。有机胶结材料老化的原因主要有氧化反应、光化学反应、生物侵害、颜料的作用、盐分的作用和空气污染。

8.2.2.6　空鼓

空鼓是指壁画支撑体和灰泥层之间由于黏结性能丧失或减弱，因此壁画地仗层局部脱离支撑体，但脱离部分的周边仍与支撑体连接的现象，或地仗与地仗之间分层的现象（图 8-22）。其表现为用手轻扣壁画会听到空洞的声音，严重时表现为地仗向外凸出。空鼓再严重一些，会导致大面积脱落。

空鼓病害的产生与地仗制作材料的性质、地仗制作工艺、环境因素和建筑结构有关：

（1）地仗制作材料的性质

地仗与支撑体材料性质越接近，空鼓产生的情况越少。

（2）地仗制作工艺

凹凸不平的支撑体表面有助于地仗的结合，相反，平滑的支撑体不适合地仗的结合。壁画地仗与基层黏结不牢，在地仗自身重力的作用下，地仗局部分离空鼓。地仗制作完成后干燥过程中产生的收缩的快慢以及收缩量的多少均会影响到空鼓的产生。地仗制作时含水率过高，干燥时的收缩量就大，容易产生空鼓。

（3）环境因素

环境因素的影响主要指温湿度的变化。不同材料对温湿度变化的反应是不同的，温湿度变化越小，产生空鼓的可能性越小，反之则越大。

（4）建筑结构

墙体下沉是导致空鼓的常见原因。

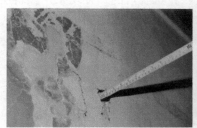

(a) 空鼓(郭青林,2009；陈港泉,2016)　　(b) 空鼓(文物保护工程专业人员
学习资料编委会,2020)

(c) 空鼓(郭青林,2009)

图 8-22　空鼓

8.2.2.7　变色

变色是指壁画颜色改变的现象，即颜料色相的改变（图 8-23）。变色主要有两种情况：

（1）色调改变

色调改变如变黄、变灰等。色调改变与壁画表面涂层或画层胶结材料的老化有关。大部分有机表面涂层和画层的胶结材料老化后都会变黄，造成整个画面看上去发黄、发旧，赋予壁画一种历经岁月沧桑的古旧感。但有些表面涂层的变色遮盖了壁画的面貌，使人看不清壁画内容，降低了壁画的美学价值。这种现象主要是表面涂层变灰、变黑、不再透明所致。

（2）颜料理化结构的改变

颜料颜色改变是颜料化学成分改变所致。最容易产生变色的颜料是有机染料；矿物颜料的化学性质相对稳定，但在一定条件下也会产生化学反应而变色。特别是含铅颜料，最容易产生化学变化。据科学分析，壁画颜料中红色的铅丹（Pb_3O_4）经长期氧化就转变为褐色的二氧化铅（PbO_2）。铅颜料变色历代都有，以北朝和唐代最为严重。在壁画绘制过程中，多种颜料互相调和，千百年后，也引起各种不同的变色现象。引起变色的原因很多，但光照和相对湿度的升高是主要因素。有些矿物颜料变化并非由化学反应所致，而是由晶体结构改变造成。如朱砂由亮丽的大红色变为暗红色是晶格结构改变所致。除自然老化外，自然灾害、人为因素也是造成变色的主要原因。如火灾、信徒在壁画前燃烧香烛等，使壁画表面温度过高，造成壁画颜料变色。

(a) 变色(陈港泉,2016)　　　　(b) 变色(文物保护工程专业人员
学习资料编委会,2020)

图 8-23　变色

8.2.2.8　褪色

褪色是指壁画颜料的色度降低，由鲜明变暗淡，由深变浅。褪色现象发生时颜料的颜色并没有改变，即颜料反射的光谱没有改变，只是反射的强度降低了（图 8-24）。造成褪色的原因主要有两种，即颜料层粉化脱落和化学反应。

图 8-24　褪色（陈港泉，2016）

（1）颜料层粉化脱落

颜料层粉化导致颜料颗粒脱落，使壁画颜色浓度降低。

（2）化学反应

有机染料色彩鲜艳，但其化学性质不稳定，对光十分敏感，老化后吸收特征光谱的分子团被破坏，颜料不再反射其特有的光谱。随着老化程度的加剧，原有的染料分子含量逐渐降低，所反射的特定光谱的强度逐渐降低，宏观上表现为颜色越来越淡。

8.2.2.9　裂缝

裂缝是地震、卸荷、不均匀沉降等因素的影响使支撑体失稳，致使壁画地仗开裂或错位、相互叠压，或因壁画地仗层自身的变化而产生缝隙、错位、相互叠压的现象，是壁画结构中垂直于画面的开裂现象（图 8-25）。裂缝可以发生在画层、地仗层，有时甚至能够贯穿支撑体。

（1）发生在画层的裂缝

这种裂缝主要与画层胶结材料或表面涂层的老化有关，是起甲的初级阶段。画层开裂经常表现为网状开裂或龟裂。

（2）发生在地仗层的裂缝

发生在地仗层的裂缝与结构有关。一般寺观壁画墙体背面为木结构时，对应部位壁画经常发现裂缝。黏土地仗在制作时水分过多、养护不够、有机纤维含量太低、黏土含量过高而含沙量过低、干燥过于迅速等都会造成地仗开裂。石灰质地仗中含沙量过低、干燥过于迅速也会造成地仗开裂。

（3）支撑体开裂

墙体不均匀下沉是支撑体开裂最常见的原因。卸荷裂隙则是石窟寺壁画最常遇到的问题。支撑体开裂会导致壁画贯穿性开裂，即裂缝从画面一直贯穿到支撑体。

(a) 裂缝(陈港泉, 2016)　　　(b) 裂缝(文物保护工程专业人员
学习资料编委会, 2020)

图 8-25　裂缝

8.2.2.10　脱落

脱落是指壁画的一部分离开整体的现象。脱落可发生在壁画结构中的任何部位，因不同情况可细分为几种：壁画支撑体崖壁脱落、画层脱落、地仗层脱落（图 8-26）、白粉层脱落以及颜料层脱落（图 8-27）。底色层脱离地仗层或颜料层脱离底色层时呈点状（直径不大于2mm）脱落的现象称点状脱落（图 8-28）。疱疹病害发生后，将颜料层或底色层顶起形成的疱状凸起，产生脱落的现象称疱疹状脱落（图 8-29）。

(a) 地仗层脱落(陈港泉,2016)　　　(b) 地仗层脱落(文物保护工程专业人员
　　　　　　　　　　　　　　　　　　学习资料编委会,2020)

(c) 地仗层脱落(郭青林,2009)

图 8-26　地仗层脱落

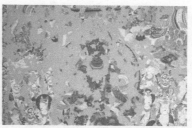

(a) 颜料层脱落(陈港泉,2016)　　　(b) 颜料层脱落(文物保护工程专业人员
　　　　　　　　　　　　　　　　　　学习资料编委会,2020)

图 8-27　颜料层脱落

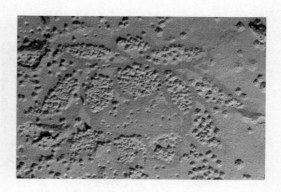

图 8-28　点状脱落（文物保护工程专业　　　　图 8-29　疱疹状脱落（文物保护工程专业
　人员学习资料编委会，2020）　　　　　　　人员学习资料编委会，2020）

8.2.2.11 表面污染

表面污染是指壁画表面被异物覆盖。表面污染使壁画失去应有的光彩，降低壁画的观赏价值。常见的表面污染有：积尘、蜘蛛网、水渍和泥渍（图 8-30）、烟熏污染（图 8-31）、微生物损害（如微生物的滋生对壁画表面产生的伤害，包括菌害和霉变等）（图 8-32）、动物损害（如虫、鸟、鼠等动物活动对壁画造成的各种破坏）（图 8-33）、植物损害（如植物的根系、枝条进入壁画结构体内而对壁画造成的破坏）（图 8-34）、人为因素（图 8-35、图 8-36）、不当的保护处理等。

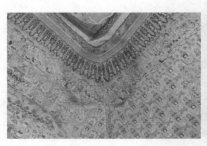

(a) 水渍 　　　　　　　　　　(b) 泥渍

图 8-30 水渍和泥渍（文物保护工程专业人员学习资料编委会，2020）

(a) 烟熏(陈港泉,2016) 　　　(b) 烟熏(文物保护工程专业人员
学习资料编委会,2020)

图 8-31 烟熏

(a) 微生物损害 　　　　　　(b) 微生物损害(文物保护工程专业人员
(郭青林,2009;陈港泉,2016) 学习资料编委会,2020)

图 8-32 微生物损害

(a) 动物粪便(GB/T 30237—2013)

(b) 动物粪便(文物保护工程专业人员
学习资料编委会,2020)

图 8-33　动物损害

(a) 一般植物损害

(b) 苔藓等低等植物损害

图 8-34　植物损害（文物保护工程专业人员学习资料编委会，2020）

(a) 人为划痕(GB/T 30237—2013)

(b) 人为划痕(文物保护工程专业人员
学习资料编委会,2020)

图 8-35　人为划痕

(a) 人为涂写(陈港泉,2016)

(b) 人为涂写(文物保护工程专业人员
学习资料编委会,2020)

图 8-36　人为涂写

8.3　壁画的保护修复技术

8.3.1　常用环境治理手段

壁画病害的成因与其所处的环境是分不开的，因此壁画的保护应从环境治理入手。环境治理的目的是从根本上消除壁画病害产生的环境因素，达到长久保护壁画的目的。

8.3.1.1　水的治理

水对壁画的危害是最大的，对水的治理是环境治理的重点。常用的方法有：

(1) 防止渗漏

将定期检查制度化并确保制度能够得到严格实施，做到及时发现问题、解决问题。

(2) 阻止毛细水的上升

可在墙体底部增加一层隔水层，使毛细水无法上升到壁画。另外，可采用优先挥发法：毛细水的上升高度与挥发率成反比，挥发越迅速，上升高度越低；采用暴露一部分墙体或地基的做法使墙体外表面的挥发面积增大，从而降低毛细水上升的高度。注射法：还可采用在墙基处注射隔水材料以阻止毛细水的上升。

(3) 防止冷凝

提高墙温：当壁画温度低于空气温度时会发生冷凝，通过保温、远红外光照射加热等方法提高墙体的温度，可防止冷凝的发生。减少空气中的水分：通过降低游客密度、通风、去湿、关门等手段可减少空气中的水分。

(4) 防止盐分的潮解

防止潮解和防止冷凝的原理是相同的，都是控制空气中的相对湿度。防止冷凝是防止空气相对湿度在壁画中达到 100%，防止潮解是防止相对湿度达到盐分的潮解临界值。另外，防止潮解还可以从脱盐或将易于潮解的盐分转换为不易潮解的盐分入手，消除潮解的根源。

8.3.1.2　防止光照对壁画的破坏

防止光照对壁画的破坏主要是防止阳光的照射和防止照明光造成的破坏。可采用帘子遮挡、修建遮挡建筑等方法防止阳光直射壁画表面。通过在壁画照明用灯的表面贴紫外线过滤膜滤除紫外线，或采用不含紫外线的照明光源对壁画进行照明。采用冷光源照明以减少照射过程中产生的热量对壁画的影响。

8.3.1.3　防止生物对壁画的侵害

保持壁画小环境的干燥能够防止低等生物的生长。可通过定期除草、铲除植物根系等方法防止植物根系对壁画的破坏。通过设置障碍物、引进天敌等方法防止动植物的侵害。

8.3.1.4　防止空气污染对壁画的破坏

通过关闭和迁走壁画所在地附近的空气污染物排放源、改变燃料结构、使用清洁燃料、降低机动车的使用量等方法，改变大环境的空气质量，防止空气污染对壁画的破坏。通过安装空气过滤装置，改变壁画小环境，可有效防止空气污染对壁画的损害。

8.3.1.5　防止自然灾害对壁画的破坏

在地震多发区，应对建筑进行加固，增加其抗震能力，同时加固空鼓壁画，必要时对壁画进行支顶；在洪水多发区，应修建挡水坝，防止洪水的侵袭等。通过对自然灾害的预防，最大限度地减少灾害造成的损害。

8.3.1.6　防止人为破坏

防止人为破坏首先应从提高人们的文物保护意识入手，防止规划上的忽视、磕碰和触摸等无意识的破坏、保护过程中使用不当材料和技术所造成的保护性的破坏；其次应加强安全管理，防止有意识的破坏等。加强安全管理是防止人为有意识破坏的基础，通过安装护栏、设置流动岗和向游客宣传教育来防止游客刻画壁画；通过安装防盗报警装置和增加安保力量来防止壁画被盗窃和抢劫。

8.3.2　常用保护技术

8.3.2.1　壁画空鼓的灌浆和锚固技术

空鼓是指壁画支撑体和灰泥层之间由于黏结性能丧失或减弱，地仗层局部脱离支撑体的现象。若是空鼓壁画地仗本身力学性能较强，可采取灌浆治理、锚固治理或是灌浆和锚固相结合的治理方法；若是空鼓壁画地仗本身力学性能很弱，可采取更换支撑体的方法治理。

（1）空鼓壁画的灌浆处理

灌浆是通过介入灌浆材料将空鼓或分层的壁画固着的处理方法。灌浆主要针对的是空鼓病害。

灌浆材料一般由三部分组成：填料、黏结剂和添加剂。填料的作用是充实空鼓空间，为灌浆材料的主剂。黏结剂具有胶结固化的能力，把空鼓内表面与灌浆材料黏合在一起，并增强灌浆材料的机械强度。添加剂的作用是改善灌浆材料的工作性质和表现性质，包括固化剂、稳定剂等。

选择灌浆材料时应考虑以下因素：

① 化学性质要稳定。灌浆材料并非单一的材料，而是混合物，作为整体其化学性质应稳定，不与壁画材料起反应，不易受到病害的侵害。

② 抗生物侵害的能力强。灌浆材料灌注的部位常常是阴暗潮湿的部位，容易滋生微生物，因此灌浆材料应具备较强的抗生物侵害的能力。

③ 物理性质和原材料相同或相似。灌浆材料与原材料物理性质相似是二者良好结合的保证。物理性质的相似性体现为对温湿度变化反应的一致性，透气性、孔隙率及机械强度的相似性。

④ 密度要小。灌浆材料如果太重，有可能使壁画坠落，因此应尽量降低灌浆材料的密度。

⑤ 固结时间适宜。由于灌浆处理过程中地仗强度往往会有很大程度的降低，若灌浆材料固结时间过长，强度发展太慢，壁画地仗出现危险的可能性也就变大。若固结时间过短，灌浆材料还没有到达理想的位置就固结，不仅达不到预期的目的，反而还会堵塞灌浆通道，

不利于后续操作的进行。固结时间可以通过添加剂来调整。

⑥ 灌浆材料应为牺牲材料。灌浆材料在壁画体系中属于介入材料，在壁画病害的侵袭中应该扮演牺牲材料的角色。介入材料应该首先承受病害的侵袭，从而避免壁画原材料继续受到病害的损害。

常用的灌浆黏合剂材料有有机硅材料、改性环氧树脂、丙烯酸乳液、聚乙烯醇缩丁醛、聚醋酸乙烯酯等；常用填料为惰性材料，包括玻璃微珠、火山灰、粉土、浮石、粉煤灰等。

空鼓壁画的灌浆步骤如下（图 8-37）：

(a) 除尘(张天宇,2018)

(b) 对裂缝进行封护(陈港泉,2016)

(c) 开设灌浆孔(陈港泉,2016)

(d) 埋入注浆管(张天宇,2018)

(e) 灌浆(张天宇,2018)

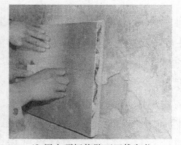
(f) 用支顶板将壁画回推归位
(张天宇,2018)

(g) 去除盐分的处理(陈港泉,2016)

(h) 封闭灌浆孔(陈港泉,2016)

图 8-37　空鼓壁画的灌浆修复处理

① 除尘。将壁画空鼓背部破碎残块和沙土清理干净。

② 预加固。采用低浓度加固剂，对表面有松散材料的内壁进行预加固，通过注入加固剂将松散的物质固定，为灌浆材料的结合创造条件。

③ 封护裂缝。为防止灌浆材料渗漏到壁画表面造成污染，在灌浆前需要对裂缝、孔洞和破损部分进行修补。修补采用的材料应与壁画原材料相同或兼容，如可采用 1‰甲基纤维素水溶性胶和棉纸对裂缝进行封护以防止漏浆污染壁画。修补后应进行反复检查，确保没有渗漏隐患。

④ 支护、贴保护层。由于灌浆时介入材料对壁画会产生一定的压力，因此，需要在灌浆前对壁画进行支顶保护。支顶的作用还在于如果灌浆后需要将壁画推回原位，支顶架可以方便此操作。保护层的材料主要是生宣和纱布。贴保护层的主要目的是封堵细小的裂缝和保护灌浆孔周围的壁画。此外，如果灌浆部位面积很大且壁画地仗强度较低，可采用在灌浆部位贴纸、贴纱布的措施增加壁画的强度和整体性，再辅以顶板和支顶架，确保壁画的安全。

⑤ 钻孔并埋入注浆管。钻开直径 0.5～1.5cm 的小孔，把柔软透明的塑料注浆管插入泥层的空隙中。

⑥ 打湿。为了使灌浆材料能够很好地与空鼓空间的内壁两侧结合，有时需要将空鼓空间打湿。

⑦ 灌注浆液和归位。灌浆分为加压灌浆和常压灌浆，注射顺序为由下至上。在注浆过程中，可加大支顶板压力，将壁画尽量回推归位。

⑧ 修补钻孔并补色。干燥后拆除支顶板，抽去注浆管，用和原地仗同样的材料修复注浆口和观察孔，并随色做旧，增强画面整体效果。

(2) 空鼓壁画的机械处理

机械固定是采用锚杆锚固、支顶架支顶等方式防止壁画脱落的处理方法，主要是针对大面积空鼓病害，常用的方法有锚固、支顶等。锚固就是通过锚杆固定壁画以防止脱落的处理方法。空鼓壁画的锚固修复包括以下几个步骤：

① 预处理。由于钻孔时将使壁画产生一定的振动，因此，有必要对壁画进行预处理，如加固、贴纸、贴纱布、临时支顶等以避免操作过程中对壁画的损害。

② 钻锚固孔。选取已开的注浆孔、观察孔，或在空鼓的适当位置另开一个直径为 1～2cm，深 15～20cm 的圆孔。

③ 灌注浆液。清理钻孔内松散沙土，用蒸馏水或兼容性溶剂湿润锚孔内壁，将配制好的浆液灌注入锚孔内。灌注前在周围画面上蒙上塑料隔离膜。浆液不可太过稀薄，也不可太浓稠，以防止插入锚杆时浆液大量涌出，或出现浆液空腔。

④ 固定锚杆。砂浆灌入后置入锚杆，使用加固剂对锚孔周边进行加固，直至砂浆固结。

⑤ 固定壁画。在砂浆完全固结后将金属片或有机玻璃片固定在锚杆上，并通过旋紧螺钉将壁画在一定程度上推回原位。

⑥ 平整修补。选用相同的矿物颜料，对修补的注浆孔和裂缝进行补色，在做到"修旧如旧"时亦应有所区别。

(3) 空鼓壁画更换支撑体修复

当壁画地仗层破碎较为严重、空鼓面积大于壁画总面积的三分之一，或是壁画结合了其它种类的病害而导致修复需要更换支撑体时，应更换支撑体，以防止支撑体病害导致的壁画空鼓坠落毁坏。

空鼓壁画更换支撑体修复工艺如下：

① 预加固。如壁画画面保存效果不佳，在更换支撑体前应先对画面预加固，可采取画层表面贴纸、贴纱布的方法，或是采用低浓度加固剂注射或喷洒的方式进行。

② 画块分割。在必要的情况下，对壁画进行局部分割揭取，以便更换背部支撑体。

③ 更换支撑体。对原支撑体进行测绘定位，根据原材料、原工艺更换新的支撑体。

④ 复原画面。将分块的画面重新组装复原。

⑤ 填补修整。对于画面分割缝应选用相同的地仗材料和矿物颜料，对裂缝进行填补和补色，做到远观一致，近观有别，以增强画面整体效果。

8.3.2.2 壁画起甲的回贴技术

回贴是通过介入黏合材料来重新建立壁画结构中层与层之间黏合力，增加颜料层的黏结力的处理方法。对于壁画颜料层起甲和起泡病害，采用注射黏结剂回贴的办法。

理想的回贴处理应做到以下几点：

① 不改变物化性质地将起甲和起泡壁画回贴归位。虽然回贴过程介入和黏合材料将形成一层膜，但膜的形成不应改变壁画的物化性质，特别是不应降低壁画的透气性。

② 回贴不妨碍以后的处理。回贴处理介入的材料应该具有可逆性、可再处理性，不应妨碍以后的保护处理。

③ 不改变艺术价值。应尽量避免回贴处理介入的材料渗透到表面，如渗透到表面，也不应该改变壁画的原貌，即不改变壁画的艺术价值。

回贴修复顺序为从顶部、上部开始，顺序向下。对黏结剂的基本要求是不改变壁画物化性质，具有良好的渗透性和流动性，具有较强的黏结力，不改变颜料色彩。常用黏结剂包括AC-33乳液、聚醋酸乙烯乳液、Paraloid B72丙酮溶液、有机硅改性丙烯酸乳液、桃胶、明胶等，低浓度1%～3%注射。黏合剂的介入可采用注射、滴、刷、渗或加热等方式进行。

壁画起甲病害的修复主要包括除尘、注射黏结剂、回贴、棉球拍打、滚压等步骤（图8-38）：

① 除尘。用洗耳球、毛笔、软毛刷等将颜料层起甲翘起及裂隙间的尘土吹洗干净。

② 预加固。如果壁画的地仗层已出现酥碱，应在除尘后使用1%～1.5%的加固剂注射或喷洒酥碱地仗层，对地仗层进行预加固，增加泥层的强度，待干燥后再进行下一步修复。对于松散脆弱的甲片，在表面粘贴宣纸条起临时固定作用，便于对甲片背面注射回贴，并在操作面下方放置一张白纸，收集回贴过程中不慎脱落的甲片。

③ 软化颜料。在颜料层起甲裂口处注入去离子水，软化起甲颜料。

④ 注射黏结剂。在颜料层起甲裂口处注射黏结剂［如5%的Primal AG-33乳液（水溶性丙烯酸乳液）］。

⑤ 回贴起甲颜料层。待黏结剂水分被地仗层吸收后，用专用的竹、木或不锈钢修复刀，将起甲颜料层轻轻回贴到原位。

⑥ 棉球拍打。用包有脱脂棉的白色绸缎绑扎成的棉球（直径5cm左右），从未开裂口处向裂口处轻轻滚动，对起甲部位进行排压，使颜料层和地仗层进一步结合牢固。

⑦ 表面喷涂。采用小型空气压缩机或喷雾器，距离画面30～40cm垂直喷涂动物胶、骨胶或聚醋酸乙烯酯等低浓度加固剂。

⑧ 平整修补（滚压）。待表面喷涂加固剂七成干后，使用胶辊，垫隔白色绸缎滚压画

面，既可使地仗层与颜料层结合紧密，又可使画面平整。滚压力度要适中，防止画面出现褶皱或滚痕。

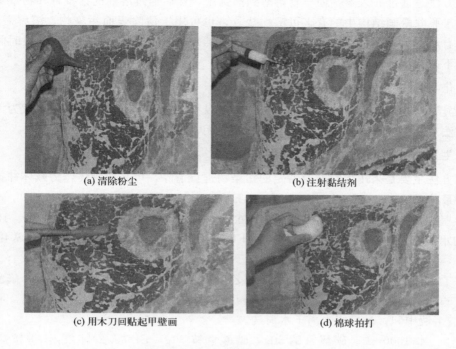

(a) 清除粉尘　　　　　　　　　　　　　　(b) 注射黏结剂

(c) 用木刀回贴起甲壁画　　　　　　　　　　(d) 棉球拍打

图 8-38　壁画起甲病害的修复工艺（张天宇，2018）

8.3.2.3　壁画粉化的加固技术

粉化部位加固是通过介入黏合材料来恢复壁画结构中颗粒物之间的聚合力的处理方法，目的是增强壁画表面颜料层的黏合能力。

常用的加固剂有聚醋酸乙烯酯、硅酸乙酯、丙烯酸树脂系列、有机硅改性丙烯酸乳液、动物胶、骨胶等，根据不同情况，配制成不同的比例，大多在低浓度 $1\% \sim 3\%$，采用喷淋（小型空气压缩机或喷雾器）或涂刷的方式加固。在喷淋或涂刷加固前，应使用小型吸尘器配合兔毛笔、羊毛笔等软毛笔，将壁画表面的灰尘清理干净。

8.3.2.4　壁画的清洗和脱盐技术

表面污染物清除目的在于消除病变造成的后果，延长壁画保存和使用时间，尽可能还原壁画的历史价值、美学价值。清除时既要去除污染物，又不能对壁画造成伤害。

清除时应遵循物理方法、溶解方法、化学方法和生物方法的顺序。

（1）物理方法

物理方法是最基本、最常用的清除方法，主要是通过机械力破坏异物与壁画材质的结合，达到清除的目的。物理方法清除的对象如浮尘、坚硬的灰壳、坚硬的污染物、表面的覆盖物等。由于物理方法不会介入新材料，也不会将异物带到壁画结构内部，符合最小干预原则。

（2）溶解方法

溶解方法是通过介入溶剂使异物溶解到溶剂中，然后通过溶剂的挥发将异物带走。这种方法可用于脱除壁画结构中的有害可溶性盐分，也可用于清除表面污染物。溶解需要时间，一般用浸有溶剂的多孔材料（如脱脂棉或木材纤维）敷贴在壁画表面，经过一段时间后将敷贴物替换下来。可多次进行，直到清除彻底。

（3）化学方法

有些异物用物理和溶解的方法都无法清除，只有通过化学的方法将其转化成为无害的产物。该方法主要用于将壁画中的有害盐分转换成无害或低害的盐分。

（4）生物方法

生物方法主要是采用生物酶对特定的污染物进行清除，可采用胶体作为载体并提供生物酶活化的最佳条件。

对于壁画钙质土垢的清除，常用的清除材料如去离子水、离子交换树脂、15%的六偏磷酸钠水溶液、乙二胺四乙酸二钠盐（EDTA-2Na）。其中，EDTA-2Na 的常用配方有两种：

配方 1：水 1000mL，氢氧化钠 80g，三乙醇胺 30mL，EDTA-2Na 100g，苯磺酸钠表面活性剂（5℃）10g。可以将有难溶盐的陶瓷片放入以上溶液中加热至 70～80℃，取出后用 2%的乙酸溶液中和，最后用去离子水清洗。

配方 2：水 1000mL，碳酸氢钠 50g，碳酸氢铵 30g，EDTA-2Na 25g，季铵盐 10mL，羟甲基纤维素 50g 调成糊状，采用塑料薄膜或铝箔覆盖敷法。其溶液的 pH 为 7.5。这里存在的两种碳酸氢盐，起清除作用，能溶解石膏盐。最后用去离子水清洗。

对于画面菌斑清除，常用的清洗剂有质量分数为 5%的胰蛋白酶＋清洗剂稀释液（微量）、质量分数为 5%的中性蛋白酶＋清洗剂稀释液（微量）、氨水、质量分数为 70%的乙醇溶液以及蒸馏水等。

脱盐处理可依据文物保护行业标准 WW/T 0031—2010《古代壁画脱盐技术规范》进行。其中，空鼓壁画灌浆加固后的脱盐工艺如下：

① 敷设脱盐板（图 8-39）。

a. 将脱盐板（图 8-40）放入真空盒（图 8-41）中，用固定在脚手架上的支顶杆把放置有脱盐板的真空盒支顶到壁画上；

b. 脱盐板支顶力度应根据壁画情况选择适当的大小，支顶力度太大会伤害壁画，太小则脱盐板易滑落且影响脱盐效果；

c. 每次脱盐区域不应过大，脱盐板的边缘比灌浆区域大出 20～30cm，以减少灌浆材料中的水分向加固区域外围扩散；

d. 抽气嘴接真空泵，调整抽气量，使真空泵负压力处于 -5～-7kPa 范围。

② 更换脱盐材料。

a. 当壁画表面空气相对湿度不小于 60%时，应更换脱盐材料；当壁画表面相对湿度小于 60%时，不用更换脱盐材料，但应继续支顶壁画，直至壁画表面相对湿度与周围环境相对湿度一致。取下脱盐板。

b. 当周围环境空气相对湿度大于 60%时，若壁画表面空气相对湿度与周边空气相对湿度达到一致，每 2 天更换脱盐材料，更换 4 次后可取下脱盐板。

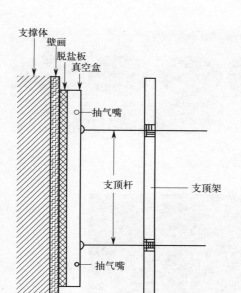

图 8-39　真空脱盐板使用示意图（WW/T 0031—2010）

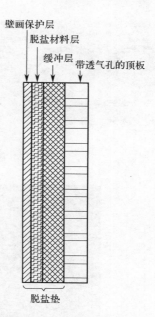

图 8-40　脱盐板结构示意图（WW/T 0031—2010）

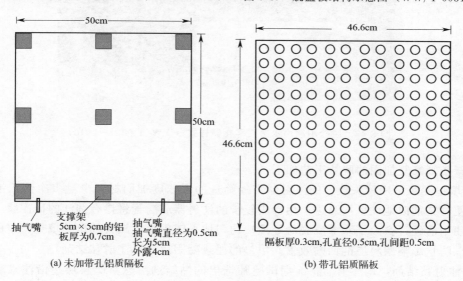

(a) 未加带孔铝质隔板　　　　　　(b) 带孔铝质隔板

图 8-41　真空盒示意图（WW/T 0031—2010）

　　③ 监测脱盐板内空气相对湿度。将湿度指示卡放置于真空脱盐板后面，每次更换时记录湿度值。图 8-42 给出了一种测试脱盐板内部空气相对湿度的指示卡样式。指示卡可指示点数：30％，40％，50％，60％，70％，80％，90％。尺寸：38mm×114mm。

　　④ 二次脱盐。壁画经过脱盐板脱盐后，在凹凸不平部位的凹部还有可溶盐残留，这时应对壁画进行二次脱盐。采用超声水蒸气雾化器（图 8-43）进行二次脱盐。超声水蒸气雾化器相关技术指标如下：a. 用超声水蒸气雾化器产生的蒸汽将 5cm×5cm 吸水棉纸润湿敷贴在壁画表面，用软海绵轻压使纸块与壁画充分贴合，待纸块干燥后取下；b. 蒸汽温度 20℃，蒸汽流量根据处理的壁面面积适当调整；c. 经过 7～8 次的排列式吸附，可达到清除壁画表面结晶盐的目的。

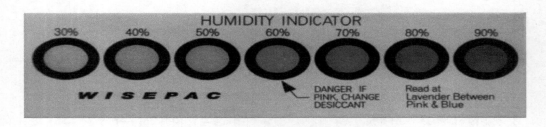

图 8-42　湿度指示卡样式（WW/T 0031—2010）

图 8-43　脱盐用超声水蒸气雾化器样式（WW/T 0031—2010）

酥碱壁画修复加固的脱盐工艺如下：

① 填垫泥浆。用针头较长的注射器将经筛选的低浓度加固材料少量多次注入地仗缺失部位，使黏结剂向地仗里层渗透；用针头较长的注射器或滴管将掺有细沙的稀泥浆（细沙和泥土在使用前经过去离子水漂洗脱盐处理）均匀地平铺于地仗缺失部位。填垫泥浆的量要严格把控，防止影响颜料层的回贴效果。填垫的泥浆凝固后，可注射黏结剂。

② 注射黏结剂。用注射器将前期试验筛选出的黏结剂沿悬浮颜料层边沿注入颜料层的背部，以 2～3 遍为宜。

③ 回贴颜料层。黏结剂被填垫的泥浆和地仗层吸收后，用修复刀将悬浮的颜料层轻轻回贴原处。

④ 颜料层补胶。悬浮的颜料层回贴后，对颜料层表面注射经筛选的黏结剂，以 1～2 遍为宜。

⑤ 滚压。黏结剂完全渗入壁画后，用棉球对衬有棉纸的颜料层从未裂口处向开裂处轻轻滚压。实施过程中，要保持壁画表面平整，不应压出皱褶，不应产生气泡。

⑥ 敷贴脱盐垫。用真空脱盐板支顶到灌浆部位，脱盐板边缘比灌浆区大 10cm 放置，水分向外围扩散。若有盐分产生，更换脱盐材料时按"二次脱盐"的方法再进行一次脱盐。

⑦ 二次脱盐。壁画干燥后，用保护笔对壁画表面聚积的盐分进行处理。用保护笔产生的蒸汽将 5cm×5cm 的吸水棉纸打潮并敷贴在壁画表面，用海绵使纸块与壁画表面充分结合。干燥后取下。

8.3.2.5　壁画酥碱的加固技术

加固是通过介入黏合材料来恢复壁画结构中颗粒物之间的聚合力的处理方法。加固主要针对酥碱和粉化现象。

理想的加固效果是：加固后的壁画物理性质与原壁画相同；化学性质稳定、抗劣化；加固处理不改变光学性质，即加固后的壁画看上去与原来没有差别；加固处理的结果不妨碍以后的保护。壁画颜料层加固效果较好的材料有聚乙酸乙烯酯乳液、聚乙烯醇缩丁醛、硅酸乙酯、聚乙烯醇、丙烯酸乳液（AC-33、PEOVAL）、Paraloid B72、PU 乳液 8 种合成高分子加固材料，以及桃胶、明胶、胶矾水、熟桐油四种天然高分子材料。

酥碱壁画修复加固前应先清除壁画表面的污染物。加固时将加固剂配制成溶液或乳液，采用喷、刷、滴或浸等方式进行加固处理。酥碱壁画加固工艺如下（图 8-44）：

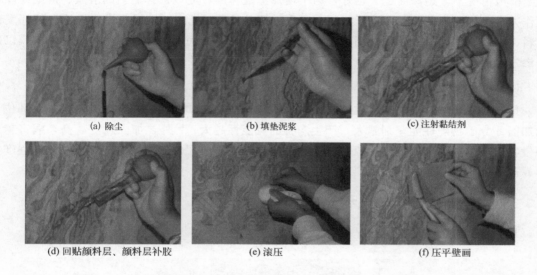

| (a) 除尘 | (b) 填垫泥浆 | (c) 注射黏结剂 |
| (d) 回贴颜料层、颜料层补胶 | (e) 滚压 | (f) 压平壁画 |

图 8-44　酥碱壁画加固工艺（陈港泉，2016）

① 除尘。用洗耳球和小羊毛刷清除壁画表面尘土。当酥碱壁画颜料层非常脆弱、地仗层粉化脱落较多时，除尘应掌握好力度，既要清除粉尘，又要注意保留粉化的地仗层。

② 填垫泥浆。用针头较长的注射器将经筛选的低浓度加固材料少量多次注入地仗缺失部位，使黏结剂向地仗里层渗透；用针头较长的注射器或滴管将掺有细沙的稀泥浆（细沙和泥土使用前经过去离子水漂洗脱盐处理）均匀地平铺于地仗缺失部位。填垫泥浆的量要严格掌握，防止影响颜料层的回贴效果。填垫的泥浆凝固后，可注射黏结剂。

③ 注射黏结剂。用注射器将前期试验筛选出的黏结剂沿悬浮颜料层边沿注入颜料层的背部，以 2～3 遍为宜。

④ 回贴颜料层。黏结剂被填垫的泥浆和地仗层吸收后，用修复刀将悬浮的颜料层轻轻回贴原处。

⑤ 颜料层补胶。悬浮的颜料层回贴后，对颜料层表面注射经筛选的黏结剂，以 1～2 遍为宜。

⑥ 滚压。黏结剂完全渗入壁画后，用棉球对垫有棉纸的颜料层从未裂口处向开裂处轻

轻滚压，使颜料层与地仗层进一步结合。实施过程中，要保持壁画表面平整，不应压出褶皱，不应产生气泡。

⑦ 压平壁画。用修复刀将垫有棉纸的壁画压平压实。实施时要掌握力度，不应在壁画表面留下刀痕。

酥碱壁画加固应注意的相关事项如下：

（1）加固条件的问题

加固溶液的渗透深度取决于壁画的毛细作用。如果壁画材料的微孔中存在水，则溶液渗透效率降低甚至无法渗透，因此，加固应尽量选择在干燥季节实施，如果环境或壁画比较潮湿，应采取措施如低温烘烤使其干燥。

（2）渗透深度的问题

一般情况下渗透深度越大越好，为了增加渗透深度，应该选择适当的溶质、溶剂并注意操作方法。加固剂应选用小分子材料，尽量采用溶液形式，溶剂最好选择非极性、低挥发性材料，便于将加固材料带到壁画结构深处。操作时可在加固部位临时覆盖一层塑料薄膜以延长渗透时间。

（3）加固强度的问题

传统的观念认为加固强度越高越好，但实践证明并非如此。加固强度越高，加固部位与未加固部分的物理性能差别越大，产生病害的可能性越大；另外，加固强度越高，病害越容易侵害未加固的部分，使壁画原材料成为牺牲材料，违背了加固的初衷。因此，加固强度并非越高越好，而是越接近原材料的强度越好。

8.3.2.6　地仗层剥离的回贴技术

地仗层剥离的回贴加固工艺如下（图 8-45）：

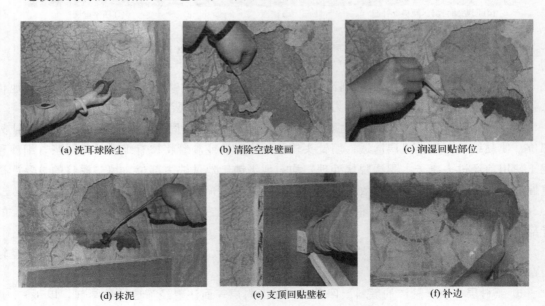

(a) 洗耳球除尘　　　　　(b) 清除空鼓壁画　　　　　(c) 润湿回贴部位

(d) 抹泥　　　　　(e) 支顶回贴壁板　　　　　(f) 补边

图 8-45　地仗层剥离的回贴加固工艺（张天宇，2018）

① 除尘。清除地仗层剥离处的积尘、壁画残块等。

② 润湿地仗层。用去离子水将剥离地仗层润湿，便于剥离地仗层回贴。

③ 补泥。选用当地的黏土和细砂以 6.5：1（质量比）的比例混合，加入 3％的细麻刀，用黏结剂［如：3％的 Prima AC-33 乳液（水溶性丙烯酸溶液）］调制成泥，用专用壁画修复工具将泥涂抹在地仗层剥离开口处。

④ 支顶壁板。用壁板将补泥地仗层压住，使剥离地仗层尽量回贴到地仗层。

⑤ 补边。移去支撑壁板后，用事先调好的细泥将地仗层剥离边缘修补整齐。

8.3.2.7　地仗层开裂的修补技术

地仗层开裂的修补工艺如下（图 8-46）：

① 除尘。用吸耳球将裂隙内的积尘或残块清理干净。

② 裂隙边缘润湿。用注射器在裂缝边缘注水润湿，以便在补缝时粘贴牢固。

③ 填补裂隙。用黏土和粉砂以 6.5：1（质量比），用黏结剂［如：3％的 Prima AC-33 乳液（水溶性丙烯酸溶液）］调制成泥，填补裂隙。

(a) 洗耳球除尘　　　　　　(b) 裂隙边缘润湿　　　　　　(c) 填补裂隙

图 8-46　地仗层开裂的修补工艺（张天宇，2018）

8.3.2.8　壁画的揭取、复原技术及归安和展示

（1）揭取

揭取是切断壁画与建筑和其原来所处环境之间关系的处理方法。常见的揭取方法有三种：

① 揭取画层。将画面加固后用黏结力很强的胶将帆布或纱布粘在壁画表面，然后将帆布或纱布撕下，撕下的同时也将壁画的画层带下。当壁画的地仗层机械强度很差，或壁画只有画面层而没有地仗层时，采取此法揭取。

② 揭取画层和地仗层。即只将壁画的地仗层（或地仗层的一部分）与画面层一起揭取下来搬走的方法。当壁画的画面层和地仗层之间黏合很牢固时可采取此法揭取。此方法由于对壁画损害较小，操作上难度不大，也是最常用的方法。

③ 揭取画层和地仗层以及一部分支撑体。就是把整个壁画连墙壁一起切割下来，全部搬走。在壁画的画面层、地仗层和墙体都结合得比较牢固，壁画的机械强度也比较好的情况下，可采取此方法。这种方法对壁画的损害最小，保留的信息最多。但由于支撑体的重量和体积给施工带来很大困难，实践中很少采用此方法。

揭取画层和地仗层是最常用的方法，具体工艺如下：

① 现场记录。壁画在揭取之前，必须进行摄影、录像、测量和临摹工作，详细准确地做好记录，以便在壁画分幅揭取、加固后，以原始记录为依据进行修整复原。

② 预处理。预处理是指对壁画画层和地仗层存在的问题进行处理，使其强度能够承受住揭取过程中的冲击而不遭到破坏的处理过程。预处理的主要手段包括表面污染物的清除、起甲画层的回贴、粉化画层的加固、地仗加固等。

③ 分块、开缝。壁画面积较大或操作不便时，需对壁画进行分割揭取。分块时应照顾画面主要内容的完整性。如果画面是由许多组绘画单元组成，可以考虑按照绘画单元分块。如果必须破坏一些形象，则分块线应避开画面重要部位（如人物面部、手部，画面的精华部分）。开缝时，尽量利用其自然裂缝，不开新缝；避免出现拱鼓断裂错位，以防画面过碎而难以复原。

④ 表面封护。表面封护是为了保持壁画的完整性而对壁画表面进行的保护性处理。表面封护包括壁画表面的化学封护和贴保护层两种方法。化学封护：使用溶剂型材料在壁画表面形成一层保护薄膜，其目的是避免在去除保护层的黏合剂时影响到画面。贴保护层：保护层的目的是保持画面的完整性，确保在壁画揭取过程中不会因为地仗的断裂而使壁画破碎，同时起到固定顶板的作用。保护层常用材料为纸和纱布，黏合剂为水溶性的。需将纸和纱布裱糊平整，在每一层完全干燥后再裱糊下一层。如采用烘烤的方法加快黏合剂的干燥速度，应注意避免因温度过高影响壁画材料、加固材料和保护层黏合剂的化学性质；还应注意烘烤时往往表面看似干燥，实际上下面还是潮湿的。特别注意要确保边角部分的粘贴质量，因为这些部分是最容易受损的。新纱布有缩水问题，须事先处理后再用。纱布应比壁画稍大，四边留出用于固定顶板的余量。

⑤ 正面支顶。正面支顶的目的是在揭取的过程中保持壁画依附在顶板上，确保壁画安全。同时顶板还起到搬运壁画的作用。

⑥ 揭取。通常采用铲取、震取或拆墙等方法使壁画脱离支撑体。

（2）复原

复原是通过制作人工地仗和支撑体使壁画重新获得支撑的处理过程。其目的是便于归安原位或博物馆展示。复原壁画一般有三种方法：

① 使用独立的支架，就是悬挂壁画的支架不与建筑物的墙体相连，这是使支架完全脱离墙体的方案，在博物馆陈列整幅画面时大多采用此种方案。复原安装在建筑物内的壁画，因为安装的位置需在原位，独立的支架占据了原来墙体的位置。

② 使用半独立的支架。这是复原安装中使用较多的式样，支架与墙体互相依附，一半砌墙，一半安支架。

③ 使用附在墙体的支架。此种支架砌在墙体上，二者成为牢固的整体，是最经济的方案。

壁画复原的一般步骤如下：

① 去薄。去薄的目的是通过机械的方法如刮、削、磨等减薄地仗，使壁画重量减轻，便于以后的操作和展示。

② 加固。加固的目的是为壁画重新制作地仗做准备。操作分为两步：第一步是用素泥或与残留地仗类似的材料填补缝隙和缺损部分，避免加固材料渗流到壁画表面；第二步是用加固材料增加残留地仗的强度，为制作人工地仗做准备。在地仗去薄的过程中灰尘已经将缝隙填平，即使用气流吹也不一定能够将细缝显露出来，因此，修补可能会遗漏一些缝隙，导

致加固材料流到壁画表面，造成污染。为了避免这种现象的出现，可采用与地仗材料相同的材料遍涂 2～3mm 厚，将细小的裂缝填塞。在加固前，可以在壁画材料与加固材料之间增加一层可逆性过渡层，其作用是在加固材料或人工地仗出现问题时能够不损害壁画地去除它们。

③ 人工地仗的制作。常用的人工地仗有石灰、黏土地仗，胶泥漆片地仗以及玻璃钢地仗，其中，玻璃钢地仗重量轻、强度大、无虫害、无霉变、与各种材料的黏结力均较强，因此成为人工地仗的主流。

④ 人工支撑体的制作。传统的支撑体为木框，一般在人工地仗制作完成后便将木框直接黏结在玻璃钢背面，然后在木材表面遍刷一层环氧树脂，一方面起到防止虫害和霉变的作用，另一方面降低木材与环境之间水分的交换，同时还加固了木框。目前常用的人工支撑体除了木框外，还有采用铝合金、三角铁、铝蜂窝、玻璃钢蜂窝、碳纤维蜂窝等材料的。

(3) 归安和展示

归安是将处理过的壁画归位的处理方法。其目的是使壁画回到原位，重新建立壁画和原支撑体之间的关系。归安通常有悬挂、砌筑和粘贴等方法。展示是将被揭取的壁画重新展示在观众面前的处理方法。展示处理包括以下步骤：

① 拆除顶板。松开固定的纱布，将顶板拆除。

② 揭取保护层。用溶剂将黏结纱布和纸的黏合剂充分溶解，然后将纱布和纸逐层去除。

③ 表面清洗。采用溶剂将残存的黏合剂清除干净，清除时注意不要过度，以免对画面造成损伤。

④ 填缝。一般采用与壁画材料相同的砂浆填缝，将缺损部分修补好，恢复壁画的整体感。填缝应循序渐进，分多次进行，避免开裂。

⑤ 全色。对缺损部分和填补的缝隙进行色调上的调整，即用色块覆盖修补的部分，使壁画色调整体上和谐，但修补部分与原壁画应有所区别。

⑥ 表面封护。一般情况下不做表面封护，因所形成的膜有可能降低壁画的透气率，其老化的产物对壁画的长久保存不利。但在某些特殊情况下有必要进行表面封护，如：有些宗教壁画无法避免信徒的触摸，表面封护对壁画起到一定的保护作用；空气污染特别严重的地方，壁画表面污染物的沉降极大地威胁着壁画的安全，表面封护能够在一定程度上起到隔绝空气污染的作用。

8.3.2.9　壁画修补和边缘加固技术

修补是通过介入修补材料到壁画缺损部分以防止缺损部分继续扩大，同时恢复缺损体积的处理方法。壁画边缘加固是通过介入修补材料到缺损壁画的边缘以防止缺损部分继续扩大的处理方法。

修补和边缘加固是防护性手段，其目的是防止壁画脱落范围的扩大。理想的加固效果是加固后的壁画物理性质与原壁画相同；化学性质稳定、抗劣化；加固处理不改变光学性质，即加固后的壁画看上去与原来没有差别；加固处理的结果不妨碍以后的保护。修补和边缘加固材料的选择应在充分了解壁画制作材料及所处环境的基础上进行，选择与原材料物化性质、颜色、纹理相同或相近的材料。修补和边缘加固材料应作为牺牲材料介入到壁画结构中。

壁画颜料层加固常用的材料有聚乙酸乙烯酯乳液、聚乙烯醇缩丁醛、硅酸乙酯、聚乙烯醇、丙烯酸乳液、Paraloid B72、PU 乳液等高分子加固材料，以及桃胶、明胶、胶矾水、熟桐油等天然高分子材料。地仗层加固材料可用质量分数为 1% 的 AC-33 乳液调和适量比例的石灰砂浆［沙子：石灰＝1：1（质量比）］制备。壁画内部空鼓可注入质量分数为 5%～10% 的 AC-33 乳液，从低浓度到高浓度分别注入，注入量根据空鼓程度及渗透深度控制。地仗层酥碱部位选用质量分数为 5% 的 AC-33 乳液作为加固剂。地仗层破碎，用注射器滴渗质量分数为 20% 的 AC-33 乳液，对地仗层加固。画面裂缝修补可选用与壁画地仗层相同的材料，用质量分数为 2% 的 AC-33 乳液调制成泥，填补裂隙。裂隙填补处应低于壁画颜料层，并依据画面内容适当补色。

壁画颜料层加固工艺有滴注、涂刷、喷雾 3 种。修补和边缘加固的操作过程主要有清除操作面的杂物、预加固、打湿、介入材料进行修补和边缘加固。

① 清除杂物。壁画破损或脱落部分的边缘经常残留一些松散的地仗材料，此外还经常有积尘、蜘蛛网、鸟粪等各种污染物。首先应该清除这些杂物。

② 预加固。有时操作面材料疏松，无力抓住修补和边缘加固材料，此时应对操作面进行加固，使其恢复一定的机械强度。加固时应注意避免加固剂在表面形成一层膜，否则不利于修补和边缘加固材料的结合。

③ 打湿。为了使修补和边缘加固材料与壁画结合紧密，在进行修补和边缘加固时应将操作面打湿，降低壁画对修补和边缘加固材料中水分的吸收速率，确保结合质量。

④ 介入修补和边缘加固材料。修补和边缘加固材料不仅起到封护壁画残损面的作用，更重要的是对壁画有承托和锚固作用。因此，上述操作面不仅指壁画的残损面，而且还包括与之相邻的支撑体。实际操作时应该用力将修补和边缘加固材料压在壁画残损面和支撑体上，使其牢固结合。有时壁画存在一定程度的空鼓，此时应尽量向空鼓空间内塞入修补和边缘加固材料，然后将壁画尽量推回原位，再进行残破表面的修补或边缘加固。在材料干燥过程中应注意观察，防止开裂。如果开裂，可采用刷水后反复抹压的办法处理。注意表面纹理的处理，不要过于光滑，应与壁画表面的纹理相同或相似。颜色的调节可采用在材料中加入颜料或修补后再全色的办法，但原则是远观与壁画和谐，近看与壁画有别。

8.3.2.10　生物病害的处理

生物病害的处理方法分间接方法和直接方法。间接方法包括：通过改变温度、湿度、光照和营养条件抑制生物的生长；通过防护网等设施防止动物的栖息和对壁画的接触。直接方法包括：机械方法（如手工清除有害生物）、物理方法（如用紫外光、γ 射线、微小辐射等进行照射）、生物方法（如用一种或几种生物物种克制有害特种）和化学方法（如用化学试剂杀死有害生物）等。

8.3.2.11　回填

回填是保护考古遗址的一种常用方法，在不需要展示的情况下可采用回填方法保护壁画。回填是一种隔绝壁画与空气、光接触的非常有效的手段，同时，还能够起到降低湿度变化的作用，对壁画保护十分有利。

《[第 9 章]》

建筑物基础沉降及倾斜矫正技术

　　基础是建（构）筑物底部与地基接触的承重构件，是建（构）筑物的一部分，属结构的构成物。地基是基础下面最直接承受建（构）筑物荷载的地层，地基不是建（构）筑物的组成部分，属地球部分。古建筑基础往往由砌体（包括础石）和夯土复合构成，在特殊的地质条件下，也有采用木材的实例。地基则根据场地条件，有天然地基、人工地基或两者结合的地基。

　　地基与基础的不均匀沉降、基础变形等病害往往带来建筑物的倾斜，给安全带来很大的隐患。位于苏州虎丘山顶的虎丘塔[图 9-1(a)]，又名云岩寺塔，是一座七层八角形、以砖结构为主的仿木构楼阁式砖塔，建于五代末年后周显德六年（公元 959 年），是江南最古老的一座大型砖塔、江苏省仅存的五代砖结构古塔，塔身偏移 2.32m，斜度 2°40′，是世界建筑史上最古的斜塔；位于上海市松江区佘山镇天马山景区的护珠塔[图 9-1(b)]，又称护珠宝光塔，建于北宋元丰二年（公元 1079 年），砖石砌体结构，七层八角，高 18.82m，千年以来，由于地基变动，塔身逐渐朝东南方向倾斜，截至 2015 年，护珠塔向东偏离 2.28m，倾斜度 7°6′，由于其斜度已超过了著名的意大利比萨斜塔，故有"上海比萨斜塔"之称，成为上海一大奇观；位于辽宁绥中县的前卫镇斜塔[图 9-1(c)]，建于辽代，倾斜度超过 12°，可称得上世界上最斜的斜塔；位于意大利托斯卡纳省比萨城北面的奇迹广场上的比萨斜塔[图 9-1(d)]建造于 1173 年 8 月，是意大利比萨城大教堂的独立式钟楼，比萨斜塔从地基到塔顶高 58.36m，从地面到塔顶高 55m，钟楼墙体在地面上的宽度是 4.09m，在塔顶宽 2.48m，总重约 14453t，重心在地基上方 22.6m 处。圆形地基面积为 285m²，对地面的平均压强为 497kPa。倾斜角度为 5°40′，偏离地基外沿 2.5m，顶层凸出 4.5m，1178 年首次发现倾斜。

　　建筑物发生倾斜的事故时有发生，因此，必须对建筑物进行纠偏，并稳定其不均匀沉降。纠偏扶正的工作难度很大，并有一定的风险性，为此，对建筑物进行纠偏扶正应周密设计，认真组织，精心施工。

(a) 苏州虎丘塔 　　　　　　　　　(b) 护珠塔

(c) 前卫镇斜塔

(d) 比萨斜塔

图 9-1　世界上有名的斜塔

9.1　建筑物地基基础病害类型与成因

地基与基础的病害类型可分为不均匀沉降、基础变形等。造成不均匀沉降及基础变形的主要因素有三个：①外部环境影响。包括古建筑周边有其它大型开挖等施工工程，造成水土流失、地基滑移或沉陷；或周边有交通要道，地基常年受到车辆震动产生变形或下沉；或气候因素导致土壤冻融，亦会影响地基稳定。②土层地质原因。当地基土层的分布不均匀、土质差别较大时，常年积累使得土层薄厚不一，建筑易出现较明显的不均匀沉降。③古建筑本身结构原因。建筑荷载计算不当，或后期维修加固不当改变了建筑荷载等，古建筑荷载通过建筑基础传递给地基，也会引起沉降、变形等现象。

9.2　建筑物倾斜的原因

古建筑地上结构的变形，往往与基础变形、地基破坏密不可分。由实践案例看，基础出现的础石沉降、砌体构件与部件移动等现象中，鲜见地基未损伤而基础产生破坏的实例。最常见的变形破坏大多由地基变化引发。地基有受力破坏的可能，但古建筑地基的变化主要产生于：天然地基质量欠佳、天然和人工结合的地基强度不均匀、水体造成的地基软化、地下孔洞的影响、地基土层的滑移等等。地基的变化，引发基础的变形，引发地上结构的变形破坏，是古建筑损伤的重要原因之一。

古建筑倾斜是地基不均匀沉降或丧失稳定性的反映。古建筑倾斜的原因主要有以下几个方面：地基基础方面的原因、勘察设计方面的原因、上部结构荷载的原因、施工质量方面的原因、自然环境的原因等。

9.2.1　地基基础方面的原因

(1) 土层厚薄不匀，软硬不均

在山坡、河漫滩、回填土等地基上建筑的建筑物，其地基土一般有厚薄不匀、软硬不均的现象。地基的主要受力层存在于厚度不均匀的填土层或软弱下卧层，在上部结构作用下地基沉降不均匀，很容易造成建筑物的倾斜。如：苏州的虎丘塔，塔基下土层分为五层，自上而下分别为杂填土、块石填土、亚黏土夹块石、风化岩石、火成岩基，每层的厚度不同，导致塔身向东北方向倾斜（图 9-2）。再如图 9-3 所示的砖烟囱，该砖烟囱的基础一小部分坐落在岩层上，大部分坐落在土层上，地基土软硬严重不均，建成后因倾斜过大而不得不拆除。

(2) 地基稳定性差，受环境影响大

湿陷性黄土、膨胀土等受环境的影响大，膨胀土吸水会膨胀，失水收缩；湿陷性黄土浸水后产生大量的附加沉降，且超过正常压缩变形的几倍甚至十几倍，1～2 天就可能产生20～30cm 的变形量。地基为湿陷性黄土等特殊土，即便土层厚度分布均匀，其基底反力也会分布不均，也会造成地基变形较大，基底不均匀沉降，导致建筑物倾斜。

(3) 地基土软弱，基础埋深小

软土地基的沉降量较大，一般五六层混合结构的沉降量为 40～70cm。在软土地基上建造烟囱、筒仓、立窑等高耸构造物，如果采用天然地基，地基夯实不足，没有达到加固深度

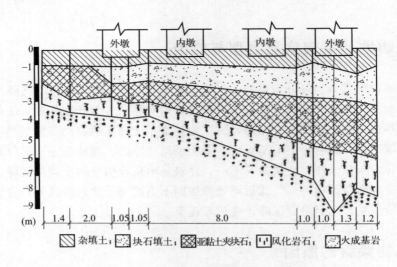

图 9-2　虎丘塔通过塔心南北向地质剖面图（郭志恭，2016）

的要求，埋深又较小，当建筑物使用过程中浸水时，产生不均匀沉降的可能性就较大。如墨西哥的国家剧院建在火山灰地基上，建成后沉降 3m，门庭变半地下室。

9.2.2　勘察设计方面的原因

（1）地质勘察报告未能充分反映施工场地工程地质条件

相当一部分建筑物倾斜的工程事故是由设计师对建筑工地的工程地质条件不完全了解造成的。例如，建设场地的工程地质勘察报告未能提供存在的暗洪、古河道、古井、古基等情况，以及未能提供地基中软弱土层的正确分布情况。设计人员对场地工程地质情况了解不全面，大多数是由客观因素造成的。如：一般规定的勘探孔分布密度未能满足地基土层性质变异情况的要求。

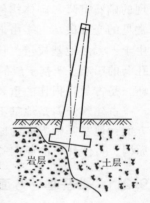

图 9-3　地基软硬不均造成的倾斜（郭志恭，2016）

（2）设计经验和设计能力方面的原因

除对建设场地的地基土层情况不明造成设计不当外，也有由设计人员对非均质地基上建筑物地基设计经验不足造成的工程事故。对地基土层分布不均匀，特别是存在暗塘、古河道等情况，以及对建筑物上部荷载分布不均匀等情况，设计师未能引起重视，未能及时采取处理措施也是造成建筑物倾斜的原因之一。

荷载对软土地基、可塑性黏土、高压缩性淤泥质土等土质条件的沉降影响较大。勘察时过高估计土的承载力、设计时漏算荷载或基础过小，都会导致基底应力过高，从而引起地基失稳，导致建筑物倾斜。如加拿大特朗斯康谷仓的基础下有厚达 16m 的可塑性黏土，储存谷物后基底平均压力超过地基的极限承载力，地基失稳倾斜，使谷仓西侧陷入土中 8.8m，东侧上升 1.5m，仓身倾斜 27°（图 9-4）。

9.2.3　上部结构荷载的原因

在高层建筑物中，建筑物总荷载偏离地基基础形心过大，造成荷载偏心距过大，使地基

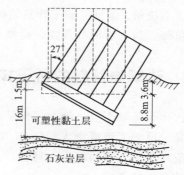

图 9-4　加拿大特朗斯康谷仓严重倾斜（郭志恭，2016）

应力分布不均匀，导致建筑物倾斜或损坏；建筑物使用过程中，风荷载形成的弯矩、大型重物的大面积堆载可导致建筑物倾斜过大；建筑物建成后，业主私自改造，造成建筑物结构破坏，导致建筑物倾斜。建筑物重心与基底形心经常会出现很大偏离的情况。从设计上，一般住宅的厨房、楼梯间、卫生间多布置在北侧，造成北侧隔墙多、设备多、恒载的比例大；从使用上，大面积的堆载、大风引起的弯矩及荷载差异都会引起建筑物的倾斜。

9.2.4　施工质量方面的原因

有些建筑发生倾斜主要是因为施工质量不满足设计要求。近年来，施工质量引发的工程事故比例有所增加。施工时，一些施工单位在处理软弱地基时存在相当大的问题：灌注桩或静压桩桩长不足，没有进入到设计指定的持力层；桩径大小不符合设计要求；灌注桩成孔及灌注过程没有得到很好的控制，导致出现断桩、缩颈桩等现象；地基基础加固时水泥掺入量不足、钻机提升速度过快等；地基基础进行施工时，施工单位随意减少配筋，采用劣质材料等；基础施工时，深基坑开挖、支护、降水等操作不当，造成支护结构坍塌，基坑大量渗水，导致失稳，造成基坑周围地面坍塌、下沉，使建筑物倾斜；地下工程施工，没有采取加固措施，造成地基土沉降，导致建筑物发生倾斜破坏。

9.2.5　自然环境的原因

山体滑坡、地震等自然灾害导致建筑物倾斜；新建的建筑物与既有建筑物相邻太近，造成建筑物的地基应力叠加，导致建筑物倾斜；私自抽取地下水，导致地下水位下降，地基土体有效应力增加，致使土体性质发生改变，重新固结后产生不均匀沉降，导致建筑物倾斜。

综上所述，建筑物倾斜的根本原因是地基的不均匀沉降，当建筑物倾斜率超过规范限定值时，必须采用有效的方法对建筑物进行纠偏加固处理。

发现地基基础的变形、损伤现象，一般应经工程地质勘察、水文地质勘察提出病害成因及稳定性的结论。保护设计则根据勘察成果和工程建议提出设计对策。变形已稳定，通过改善场地条件能够排除损坏成因的（如排水），一般不宜对地基进行干预。对损伤严重，特别是继续发展的地基变化，一般对策为地基补强、固结、限滑等措施。具体的工程技术措施、材料做法由岩土专业人员提出，保护设计专业人员必须了解该方面的基础知识，在其基础上判断干预的合理性，了解并判断对古建筑可否产生不良影响，必要时须经专业协调、相关专业论证后决策。基础等属于建筑结构的部分，在地基稳定有保证的条件下，根据地上结构保护、整修、纠正变形的需要，调整相应的修缮措施。

9.3　建筑物倾斜的矫正技术

古建筑基础下沉，绝大多数是由地基损伤所致，对地基基础的加固是关键。纠偏扶正建筑物是一项施工难度很大的工作，需要综合运用各种技术和知识。因此，在制定纠偏方案前，应对纠偏工程的沉降、倾斜、开裂、结构、地基基础、周围环境等情况进行周密的调查；结合原始资料，配合补勘、补查、补测，弄清地基基础和上部结构的实际情况及状态，分析倾斜原因；拟纠偏建筑物的整体刚度要好。如果刚度不满足纠偏要求，应对其进行临时加固。加固的重点应放在底层，加固措施有增设拉杆、砌筑横墙、砌实门窗洞口，以及增设圈梁、构造柱等；加强观测是搞好纠偏的重要环节，应在建筑物上多设测点。在纠偏过程中，要做到勤观测、多分析，及时调整纠偏方案，并用垂球、经纬仪、水准仪、倾角仪等进行观察；如果地基土尚未完全稳定，在施行纠偏施工的另一侧应采用锚杆静压桩以制止建筑物的进一步沉降（图 9-5）。桩与基础之间可采用铰接连接或固结连接，连接的次序分纠偏前和纠偏后两种，应视具体情况而定；在纠偏设计时，应充分考虑地基上的剩余变形，以及因纠偏致使不同形式的基础对沉降的影响。

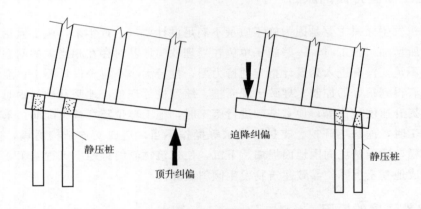

图 9-5　用锚杆静压桩制止非纠偏端的沉降（郭志恭，2016）

总的来讲，建筑物的倾斜矫正常用的方法分顶升纠偏、迫降纠偏、综合纠偏三类（图9-6）。

9.3.1　顶升纠偏法

顶升纠偏法是采用千斤顶将倾斜建筑物顶起或用锚杆静压桩将建筑物提拉起来的纠偏方法，简称顶升法。若建筑物被提拉起后，全部或部分被支承在增设的桩基或其它新的基础上，则称为顶升托换法；若建筑物被顶起后，仅将其缝隙堵塞，则称为顶升补偿法。一般情况下，重量较轻的倾斜建筑物纠偏可采用顶升法。整体沉降较大或因场地、地基等条件不允许采用迫降法时，可用顶升法纠偏。工程中常见的顶升纠偏方法有坑式静压桩顶升法、锚杆静压桩顶升法和上部结构托梁顶升法。

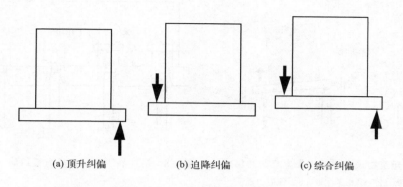

(a) 顶升纠偏　　　　　(b) 迫降纠偏　　　　　(c) 综合纠偏

图 9-6　常用的三类纠偏方法示意图（郭志恭，2016）

9.3.1.1　顶升托换法

当倾斜建筑物的原地基承载力不足，或变形不够稳定时，应采用顶升托换法。顶升托换法又细分为基底下部顶升法和基础上部提拉法两种。

（1）基底下部顶升法

基底下部顶升法一般是先在原基础下沉较大的一侧下制作托换基础（应注意与基础底面间留出千斤顶的位置），然后将千斤顶放在托换基础上，并顶起建筑物，待建筑物顶升扶正后，施加临时支撑，卸去千斤顶，接着迅速地灌入微膨胀快硬混凝土，回填地基并夯实即可。托换基础可用混凝土墩，也可用灌注桩或基底静压桩。当在原基础下成桩有困难时，也可以在原基础外成桩，后浇钢筋混凝土梁。图 9-7 为某建筑物顶升纠偏实例，其工艺为：先在建筑物外面挖 130cm 的大直径挖孔灌注桩，接着在基础下挖水平洞，并做预应力混凝土梁（梁长 22.5m），再在灌注桩与大梁之间放置千斤顶，顶起扶正；随后在基础下分段制作新基础，并逐个撤去千斤顶，浇捣混凝土，将大梁与灌注桩浇筑在一起。加拿大特朗斯康谷仓仓身倾斜 27°，修复时采用的就是基底下部顶升法，用 388 个 500kN 的千斤顶将谷仓顶起约 8m，又新做 70 多个混凝土墩支承于岩石上托换了原地基。

（2）基础上部提拉法

基础上部提拉法是指通过锚杆静压桩，在基础上部提拉基础。基础上部提拉法通常是先开挖沉降较大的基础，根据所设计的桩位开凿桩位孔和锚杆孔，然后用压桩机进行压桩。压桩到位后拆去压桩机具，改换成钢反力梁体系，接着用压桩机顶压下一根桩。待所有的桩都被压到位后，再启动支承在桩上的全部千斤顶，通过横梁及锚杆提起基础（图 9-8），待建筑物提升到位后，在不卸荷的情况下用快硬混凝土将桩与基础浇筑在一起。

9.3.1.2　顶升补偿法

顶升补偿法是指建筑物基础被千斤顶顶升或用锚杆提拉到位后，仅将缝隙填塞。只要建筑物原地基的承载力能满足要求，地基压结已完成，沉降已稳定，且建筑物整体刚度较好，都可使用顶升补偿法进行纠偏。顶升补偿法的顶升位置可以在基础的下面，也可以在基础的上面。目前应用较多的是在基础的上面。将千斤顶放置在基础板的上表面，可免除千斤顶施力时易陷入地下的问题。图 9-9 所示为顶升补偿法的原理及装置。

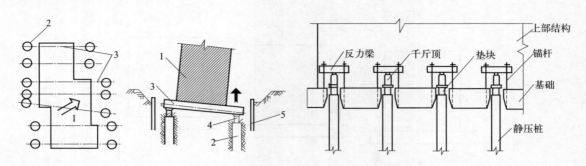

图 9-7　某建筑物顶升纠偏（郭志恭，2016）
1—建筑物；2—挖孔灌注桩；3—预应力混凝土梁；4—千斤顶；5—临时挡土板桩

图 9-8　锚杆静压桩结合反力梁纠偏（郭志恭，2016）

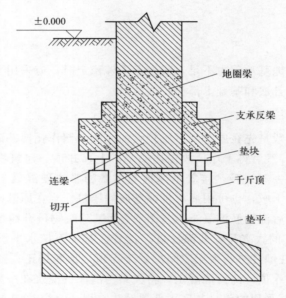

图 9-9　顶升补偿法的原理及装置（郭志恭，2016）

总的来讲，顶升纠偏法具有可以不降低原建筑物标高和使用功能、对地基扰动少及纠偏速度快等优点，但要求原建筑物整体性高。

9.3.2　迫降纠偏法

迫降纠偏法是指对建筑物沉降较少一侧地基施加强制性沉降的措施，使其在短时间内产生局部下沉，以扶正建筑物的一种纠偏方法，简称迫降法。常用的迫降纠偏方法有：掏土（抽砂）纠偏法、加压纠偏法、抽水纠偏法、浸水纠偏法以及桩基卸载纠偏法等。

9.3.2.1　掏土（抽砂）纠偏法

掏土（抽砂）纠偏法是从基础沉降较少的一侧，采用人工挖地沟掏土或取沙，形成部分基础脱空，减小基础与土的接触面积，土的接触压力随之增大，由于软黏土、淤泥质土、杂填土等土质及砂的稳定性差，变形大，在高压及快速加荷的情况下，不仅会被强烈地压密，而且可能进入不排水的剪切状态，产生较大的塑性流动，使基底土侧向挤出，从而加速基础的下沉，借此调整整个基础的差异沉降，达到纠偏扶正建筑物的目的。

掏土法一般常用于软黏土、淤泥质土、湿陷性黄土等土质不好的地基；抽砂法适用于砂质地基及具有砂垫层的地基。掏土（抽砂）纠偏法的优点是所用设备少、纠偏速度快、费用低；缺点是风险较大，纠偏程度较难控制，所以必须精心施工，加强观测。根据施工时掏土孔的方向，掏土纠偏法分为水平、倾斜、竖直掏土纠偏法。

（1）浅层掏土（抽砂）纠偏法

① 人工掏土纠偏法。在掏土前先在沉降较少的基础两侧挖地沟，沟底标高宜在基底标高以下 10～20cm。掏土由两人同时在基础的两边对称地进行，掏土高度应严格地控制在事先计算的掏土厚度之内。掏出的土应及时排出，不得超挖和留残土。一般在掏土量大于沉降所需掏土量的 2/3 时才开始下沉，当建筑物开始回倾时，应加强观测，并控制掏土量，防止掏土过量而产生反向倾斜现象。建筑物一旦被扶正，应立即停止掏土，迅速向孔隙内打入碎石，在基础周围填砂石并夯紧，谨防滞后回倾而导致过纠。

② 钻孔取土纠偏法。钻孔取土所用的工具为手摇麻花钻或螺旋钻。钻孔直径的大小根据取土厚度确定。当基础宽度较大，钻头长度不够，无法从一侧钻穿基础下部的土体时，可采用两边对钻。孔中心距一般取 10cm。钻孔后，由于孔壁产生应力集中，当钻孔量达到一定程度后，孔壁无法支承上部荷重，造成部分土体的侧身挤出，整个地基土产生应力重分布，使部分基础下沉。有时，为了加快纠偏速度，在钻孔的同时，可施加高压冲水措施，高压喷射切割土体，加速下沉。

③ 浅层抽砂纠偏法。当地基下有砂垫层时，可采用浅层抽砂纠偏法纠偏。浅层抽砂纠偏法是在沉降较少的基础近旁斜向钻孔至基础下部，插入钢管抽取一定量的砂粒，使建筑物纠偏的方法。抽砂孔可沿基础两边交叉布置，孔与孔间距离宜在 1m 左右[图 9-10（a）]，孔深不宜超过基础底面过多，以免穿过砂层进入土层。抽砂应分阶段进行，每阶段的抽砂量应加以控制，以建筑物产生 20mm 沉降量为宜。待沉降稳定后，再进行下阶段的抽砂，抽砂量要严格按照计算控制，以免下沉速度不一而引起建筑物开裂。若抽砂后，砂孔四围的砂体没能在上部荷重作用下挤入孔洞，可在砂孔中冲水，促使周围砂体下陷。浅层抽砂纠偏法还可用在预备纠偏的建筑中，即根据地基情况判定建筑物在建成后很可能会发生不均匀沉降，则在建造时就在基底下预先做一层厚 70～100cm 的砂垫层。垫层材料可用中、粗砂，最大

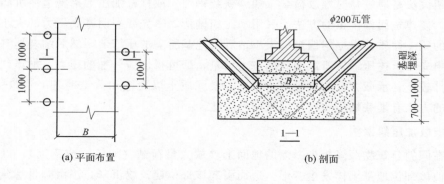

(a) 平面布置　　　　　　　　　　　(b) 剖面

图 9-10　抽砂纠偏法抽砂孔布置图（郭志恭，2016）

粒径宜小于 3mm。在可能发生沉降较少的基础旁预留取砂孔，取砂孔可由预埋斜放的 ϕ200mm 的瓦管形成[图 9-10(b)]。

(2) 深层冲孔排土纠偏法

在沉降较少的基础旁边制作带孔洞的沉井，并在沉井中挖土使沉井深入地下，然后通过沉井壁上的孔洞用高压水枪冲水切割土体成孔，促使地基下沉而使建筑物纠偏的方法称深层冲孔排土纠偏法。采用这种方法时，冲孔速度不宜太快，应以建筑物沉降量不超过 5mm/d 为限（图 9-11）。

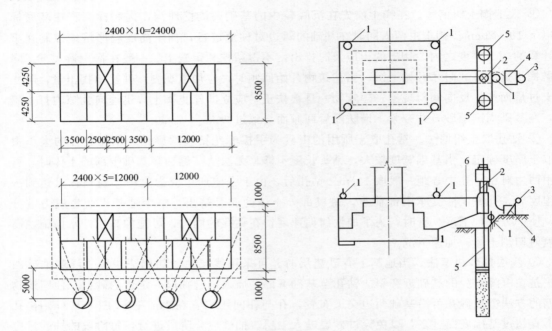

图 9-11 深层冲孔排土平面示意图（郭志恭，2016） 图 9-12 杠杆加压纠偏法工艺示意图（郭志恭，2016）

1—百分表；2—千斤顶；3—压力表；
4—油泵；5—锚固系统；6—施力构件

9.3.2.2 加压纠偏法

加压纠偏法是通过临时堆放荷载（如铸铁或钢锭）或杠杆加压等措施迫使沉降少的一侧加速沉降，使建筑纠偏扶正的方法。采用加压纠偏法，事先要查明基底压力的大小及压缩层范围内土的压缩性质，根据纠偏量的大小估算出地基所需的压缩值，然后结合地基土的压缩性，计算出完成上述压缩量所需的附加应力增量，即可得出应施加的压力。加压纠偏法适用于土质条件较差、承载力低的软黏土、填土、淤泥质土以及饱和黄土地基上建筑物的纠偏。加压常用的方法有堆载加压和杠杆加压两种方法。

(1) 堆载加压纠偏法

通过在倾斜建筑物沉降较少一侧的地面上堆放大量荷载（如铸铁或钢锭），以增大基底压力，迫使该部位地基土体发生变形，进而引起该部位建筑物沉降，当沉降量达到一定的数值时，建筑物两侧沉降差减小，建筑物倾斜率降低，这种纠偏方法称为堆载加压纠偏法。堆载前，应验算建筑物的基础强度，当强度不足时，在基础加固后方可堆载。它比较适合用以处理一些倾斜量小、刚度好、建筑物体积不大，以填土、淤泥质土或深厚淤泥作为地基土的浅基础建筑纠偏；并且要求在堆载加压施工过程中对周边的其它建筑物或地下管线不会产生不利影响。由于软土渗透性差、固结慢，故荷载应分成 20～30 级施加，初期每天加 1～2 级，以后第 1～2 天施加 1 级，后期可 3～5 天加 1 级，加荷速率可根据纠偏速率进行调整。

（2）杠杆加压纠偏法

杠杆加压纠偏法是利用杠杆对倾斜的基础施加一个力偶，以加大沉降较少一侧的基底压力，减小沉降较多一侧的基底压力，使基底压力重分布，迫使基础产生不均匀下沉，达到缩小沉降差和纠偏扶正的目的。图 9-12 为杠杆加压纠偏法的工艺图，杠杆的一端用预埋于基础上的锚固栓锚固，或用嵌入基础底面带弯钩的刚性臂锚固，在杠杆的另一端设锚桩、横梁等锚固系统。当启动油泵，使安放在横梁和杠杆间的千斤顶工作时，基础的一侧承受压力，引起下沉变形；另一侧因受向上的力的作用，基底压力减少，可能出现回弹。杠杆加压纠偏法一般用于倾斜独立基础的纠偏。在施工时，可根据地基情况采用一次或多次加荷。

9.3.2.3　抽水纠偏法

抽水纠偏法又称降水纠偏法。抽水纠偏法是依靠抽取土体中的水分，人为强制降低倾斜建筑物下沉较少一侧的地下水位，缩小土体中的孔隙，使该部位地基土发生固结沉降，从而降低建筑物两侧的沉降差，达到调整不均匀沉降的纠偏方法。它适用于建造在软黏土、淤泥质土、特软黏土等土层上，且地下水位较高，土的渗透系数大于 10^{-4} cm/s 的浅基础建筑物纠偏。但泥炭土、有机质土和高压塑性土不适宜用抽水法纠偏。降低地下水位可通过钢管井点抽水或沉井实现。

（1）钢管井点抽水法

钢管井点抽水法就是指在地基沉降较少一侧的建筑基础旁钻孔，插入抽水管，填充粗砂并将上部密封，然后用真空泵抽水以降低地下水位。井点抽水后产生的地面沉降曲线和地下水位的降低线相同，呈漏斗状，距井点越近，沉降量越大。因此，在原地基沉降较小的地段应加密井点，在沉降较大的区域减少井点或增大井点与基础间的距离。由于地下水位降低的半径随土质不同而变化，当降水半径较大时，可能会导致沉降已较多一侧的地基或周围相邻建筑物下沉，因此应考虑设置回灌点等保护措施。

（2）沉井降低水位法

沉井降低水位法（简称沉井法）是指在沉降较少一侧的基础外砌筑四周壁上带孔洞的砖沉井并沉入地下，使地下水及泥浆顺孔洞及井底渗入井内，随抽出水及泥浆的增多，房屋便缓慢地被纠偏扶正。沉井法纠偏适用于地下水位较高，渗透性又很差的特软黏土（这种土用钢管井点抽水法纠偏较难奏效）的情况。

沉井法工艺及要求如下：①制作刃脚。先在沉井的位置挖 1m 深的坑，接着在坑内浇筑钢筋混凝土刃脚，刃脚的截面尺寸及配筋如图 9-13 所示。②砌筑井筒。在刃脚上用 1∶2 水泥砂浆砌筑配筋砖砌体，形成井筒。在井壁上对着待沉降的建筑物预留 60mm×60mm 的进水孔，一般每隔 5 皮砖设一层孔洞，每层孔洞不少于 5 个。③沉井并抽水。在井内挖土，使井体下沉，下沉达预定位置后，及时将流入井内的水、泥排出。如果流入井内的水较少，沉降速度较慢，可采用类似深层冲孔的办法以高压水切割土体，沉降速度应控制在 5mm/d 之内。④封井。待建筑物被纠偏扶正后，填埋井体。

使用抽水纠偏法时，首先应计算降水深度和降水效果。应及时监测日水位下降量和日抽水量。还要特别注意降水对邻近已有建筑的影响，应在被保护区附近设水位观测井和回灌井或隔水墙，以保证相邻建筑安全。该方法费用不高，施工较简单，但能够调节的倾斜量不大。该方法成功与否的关键因素是土的渗透系数。

9.3.2.4　浸水纠偏法

湿陷性黄土在一定压力下遇水会产生显著附加沉降，因此对于一些以湿陷性黄土作为地基土的建筑物，在地下管道长时间渗漏或地面明水进入到基础底部后，容易引发建筑物基础不均匀沉降，从而导致建筑物倾斜或开裂。浸水纠偏法就是基于湿陷性黄土这一特性，在倾斜建筑物沉降较小一侧的基础边缘成孔、挖坑或开槽，在地基内注入一定量的水，迫使沉降少的一侧下沉，达到纠偏扶正的目的。当建筑物沉降速率太低而不能满足纠偏要求时，可以

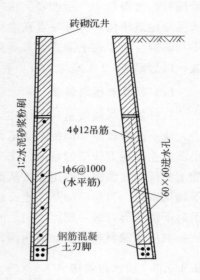

图 9-13　沉井构造图（郭志恭，2016）

通过其它方法（如：掏土法）联合进行施工。纠偏快结束时要注意控制沉降速率，经沉降数据分析后再决定何时停止浸水，以防止过度纠偏。使用这种方法的缺点是不容易估计注水的影响范围，因此不好控制，主要通过沉降观测结果来估算。在设计时，必须进行现场注水试验，以确定相关的设计参数（如：湿陷性土层的渗透半径、注水流量和流速等）。

浸水纠偏法适用于处理含水量较低（<23%）、土层较厚、湿陷性较强（湿陷系数 δ_s > 0.03）的黄土地基建筑物的纠偏。浸水纠偏法的工艺及要求如下：①钻注水孔。浸水一般用注水孔进行，可用洛阳铲等工具在沉降较少的基础旁边斜向挖孔，孔径为 10~30cm，深度视地基尺寸的大小而异，一般应达基底下 1~3m，然后用碎石或粗砂填至基底标高处或其下 50cm 处。②埋设注水管。将直径为 3~100mm 的注水管插入注水孔，并用黏土将管周围填实。注水管可用塑料管或钢管，管内设一控制水位的浮标。③注水。根据土的湿陷系数及饱和度预估总的注水量，然后分批注入。掌握日浸水量是控制建筑物沉降速度的关键。一般纠偏速率宜控制在 5~10mm/d。由于地基土的非均质性，以及基础应力的不均匀性，浸水矫正时的沉降较难达到理想的线性。因此，要加强观测，及时调整浸水的范围及各孔的注水量。

为了防止水流向原来沉降较大的基础而使倾斜加大、事故恶化，常在沉降较大的地基中压入石灰或锚杆静压桩，以防止这些基础沉降的发生。

9.3.2.5　桩基卸载纠偏法

可通过对桩基础进行卸载来完成倾斜桩基础建筑物的纠偏工作。常用的桩基卸载纠偏法有桩顶卸载纠偏法、桩身卸载法、桩尖卸载法。

（1）桩顶卸载纠偏法

对于采用端承桩或端承摩擦桩作为桩基的倾斜建筑物，可先在承台和地基土之间用千斤顶预支撑起来，然后切断承台下的基桩桩顶，使承台按一定速率下沉，从而使建筑物倾斜得以修复。对于原桩顶施工质量不合格的桩基，使用该方法可以同时对原桩顶进行修复。桩顶

卸载纠偏法具有费用少、施工时容易控制、适用范围广等特点。

（2）桩身卸载法

对于摩擦桩桩基通常采用桩身卸载法，即开挖建筑物沉降较小一侧的土方，使得该部位桩体上部得以完全暴露，增加桩端及桩体下部荷载，产生沉降以达到纠偏的效果。由于该方法最终完成所需要周期较长且工作量大，通常需要与其它方法结合使用。

（3）桩尖卸载法

可采用桩尖卸载法对桩长较短的桩基础建筑进行纠偏。即利用锚杆钻机在沉降较少一侧桩基础下部钻成斜孔，钻杆深入到桩尖以下部位，掏出适量软弱地基土，促使桩基发生沉降以进行纠偏。

顶升法和迫降法应用比较广泛，顶升法纠偏后建筑物的绝对标高不降低（图 9-14），而迫降法纠偏后建筑物的绝对标高降低（图 9-15）。

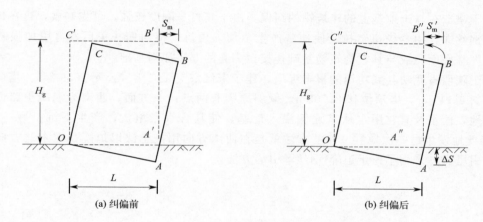

图 9-14 顶升法纠偏前后示意图（郭晓军，2019）

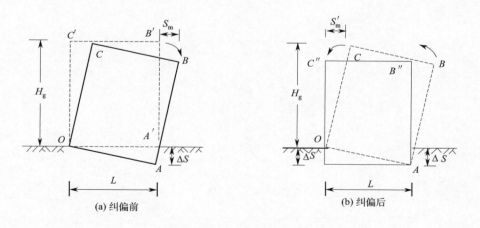

图 9-15 迫降法纠偏前后示意图（郭晓军，2019）

9.3.3 综合纠偏法

(1) 顶升-迫降纠偏法

先在沉降较大的一侧用锚杆静压桩进行提拉，以减少沉降差和基底压力，并防止该侧在以后和在迫降时下沉；然后在沉降较小的另一侧用掏土或抽砂、抽水、浸水、加压等方法进行迫降，直至建筑物被纠偏扶正为止。

(2) 混合迫降纠偏法

为了加快沉降较小一侧沉降速度，可将两种或两种以上的迫降方法混合使用，以达到建筑物纠偏扶正的目的。当地基土含水量在 17%～23%、平均湿陷系数为 0.03～0.05 时，可采用浸水-加压纠偏法。

(3) 卸载-牵拉纠偏法

对于建造在软土地基上的建筑物的纠偏，由于其自身刚度较强，可先卸载，再在建筑物上部绑钢丝绳，用卷扬机牵拉，使地基产生不均匀压沉。待纠偏扶正后，再用加强基底刚度、扩大基底面积或与其它构筑物基础连接在一起的办法加固基础。

位于陕西省武功县武功镇的报本寺塔，建于宋仁宗宝元二年（公元 1039 年）。塔向东北方向倾斜 $4°11'24''$，塔顶位移 2.708m。倾斜原因有两点：一方面，西南为混凝土路面，东北为菜地，雨水及其它用水从东北侧浸入地基，使其含水量增大，产生下沉；另一方面，1956 年此地发生过一次地震。修复方法就是在西南方向用挖土法以迫降，在东北方向用钢丝绳牵引塔身，采用了挖土迫降-钢丝牵引的方法。

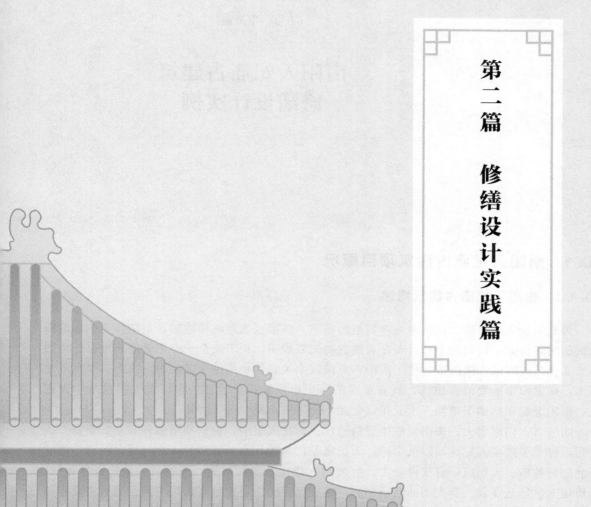

第二篇　修缮设计实践篇

《 第 10 章 》

南阳天妃庙古建筑
修缮设计实例

10.1 南阳天妃庙古建筑项目概况

10.1.1 南阳天妃庙古建筑概述

　　天妃庙也称妈祖庙,是供奉海神妈祖的庙宇。妈祖也就是海神娘娘,是流传于中国沿海地区的民间信仰,民间海上航行者在启航前要先祭妈祖,祈求安全。南阳天妃庙坐落于中国历史文化名城河南省南阳市,位于南阳市宛城区南关新街小铁路家属院内,南距三皇庙不足百米,是南阳市重要的古建筑,具有重要的历史价值和科学价值。根据现有史料及碑刻记载,南阳天妃庙始建于康熙三十五年(公元1696年),距今300多年。

　　明清时,白河水大,来南阳做生意的两广、福建人很多,他们期望航行安全,于是在码头附近修建了这座天妃庙,以供奉祀。天妃庙是白河昔日水运繁华的一个见证,被誉为内陆最北的海神庙。天妃庙原有规模较大,有戟门、戏楼、左右两庑、天后宫、奶奶殿等建筑,是历史上航运从业者、商人等的活动中心。现在保存的主要建筑有山门三间、天后宫及卷棚各三间、奶奶殿三间。

10.1.2 区位分析

　　南阳,古称宛,河南省辖地级市,位于河南省西南部、豫鄂陕三省交界地带,地理坐标为东经110°58′~113°49′,北纬32°17′~33°48′之间。因地处伏牛山以南,汉水以北而得名。南阳北靠伏牛山,东扶桐柏山,西依秦岭,南临汉江,是一个三面环山、南部开口的盆地,整个地势呈阶梯状逐渐向中、南部倾斜,构成向南开口的马蹄形盆地,北有秦岭、伏牛山,西有大巴山、武当山,东部为平原。宛城区位于东经112°52′,北纬32°89′,西与卧龙区毗邻,北与方城交界,东与社旗、唐河接壤,区位优势明显,交通便利,环境宜人,宛城区地势由北而南稍有坡降。南关新街是一条"T"字形的街道,南与滨河中路相交,东与解放路相交,天妃庙即位于新街上,南距白河约200m。

10.1.3　气候环境

南阳地区位于"秦岭-淮河"线上，处于南北方交汇地区，处于北亚热带向暖温带的过渡地带。其气候属于典型的季风型大陆半湿润性气候，冬季严寒，夏季酷热，春季温暖，秋季凉爽，四季分明，阳光充足，雨量充沛。春秋时间各 55～70 天，夏季时间 110～120 天，冬季时间 110～135 天。年平均气温 14.4～15.7℃，七月平均气温 26.9～28.0℃，一月平均气温 0.5～2.4℃。年降雨量 703.6～1173.4mm，自东南向西北递减。年日照时数 1897.9～2120.9h，年无霜期 220～245 天。

10.1.4　建筑周边环境

南阳天妃庙坐落于南阳市宛城区南关新街小铁路家属院内，院内有一驾校和一饭店。天妃庙建筑群坐北朝南，山门之外有一刻有"南阳妈祖庙"字样的香炉，庙内中轴线上有山门、天后宫、奶奶殿各三间，中轴线右侧有客堂，左侧有老君殿、张爷殿、转运殿，庙外有土地殿。周边环境如图 10-1～图 10-3 所示。

图 10-1　天妃庙周边环境（新街）　　　　图 10-2　天妃庙外部　　　　　　图 10-3　天妃庙山门

10.1.5　天妃庙历史沿革

天妃庙始建于康熙三十五年（1696 年），嘉庆四年（1799 年）、光绪十年（1884 年）曾两次修葺。2009 年，南阳重修天妃庙，每年都要举行祈福盛会，引十里八乡香客顶礼膜拜。庙内天后宫外有几块碑文，记载了天妃庙的创建时间和修葺时间。

《南阳天妃庙碑》（图 10-4）由陈斌所立（康熙三十五年），南阳知府朱璘撰写碑文。碑文云："余友西翁陈公与余同官于宛，公为民祈福，首建天妃庙于郡城。镇宪郭公、副戎林公共襄盛事。宛人无远近胥趋跄鼓舞，庆祝于斯，固知神之陟降于斯也。我圣天子之庙谟成算而神效灵，水营将士仰视云端，麾幢隐现空中，闻剑槊声如万马突阵。于是迅扫台湾，开立郡县，溥海内外，悉隶版图。"碑文中的陈公即为陈斌，福建人，是当时南阳地区的一位官员，以其自身亲历事迹和信仰倡建天妃庙，并以其地位赢得上司和地方政府支持，因此天妃庙的建立也算政府行为。

之后天妃庙在嘉庆四年重修，庙内现存嘉庆二年《施银功德碑记》［图 10-5（a）］记录："云南关善士郭登泽因病祷祝天后而大愈，遂捐银 37 两以酬神佑。郭登泽病殁后，妻薛氏、刘氏及同族亲、化主、山主等又施银 500 两赎回庙地两顷。"受此激励，两年后南关绅士、商民又募化重修天妃庙。嘉庆四年《重修天后宫山门戏楼碑》详载此事［图 10-5（b）］。此次

 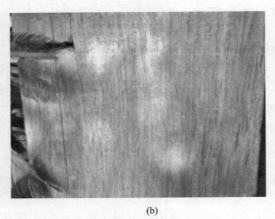

(a)　　　　　　　　　　　　　(b)

图 10-4　康熙时期庙碑

重修纯属民间自发行为。先由"南关绅士商民"募化，次由小西关善士募化。碑文撰写、刻石亦由普通的南阳府儒学生员完成。在立重修碑的同时还有《天后宝录》碑及虽未标明立碑时间但极有可能亦为同时所立的《历朝显圣褒封》碑。

(a)《施银功德碑记》　　　　　　　(b)《重修天后宫山门戏楼碑》

图 10-5　嘉庆时期碑文

　　光绪十年，天妃庙又进行了一次重修，这次重修是由福州人陈履忠组织的，当时福建闽县（今福州）人陈履忠任南阳县知县。此时距嘉庆四年重修又历 80 余年，天后宫复"栋宇倾颓，邑人因请修缮。经十余月重修告竣"。陈履忠撰《重修宛郡天后宫碑记》及功德碑详述修缮、募捐情况（图 10-6）。由于知县参与，人们捐款的积极性和数目远逾前次重修。

　　2009 年，天妃庙再次重修（图 10-7）。

10.1.6　天妃庙单体建筑概述

(1)　山门

　　天妃庙山门坐北朝南，面阔三开间 10.56m，进深四椽 5.43m，通高 7.89m，五脊四兽双坡板瓦硬山建筑[图 10-8(a)]；台基采用条石砌筑；前后檐墙及两山墙用青砖砌筑，前后

(a)《重修宛郡天后宫碑记》　　　　　　　(b) 功德碑

图 10-6　光绪时期碑文

图 10-7　天后宫梁架记载第三次修缮

檐及两山处有墀头；内侧墙体白灰抹面；梁架为抬梁式五架梁[图 10-8(b)]；板瓦屋面，有檐椽、飞椽，檐椽、飞椽尾部均有彩绘花纹；正脊、垂脊有花纹图案；红漆门窗[图 10-8(a)、(c)]；条砖地面。

(a) 正面　　　　　　　　　(b) 梁架　　　　　　　　　(c) 窗户

图 10-8　山门

（2）天后宫

天后宫坐北朝南，由前殿和后殿组合而成［图10-9（a）］，前后殿之间有专门设计的排水系统。天后宫面阔三开间11.87m，前殿进深五椽5.58m，通高6.85m，三兽双坡板瓦卷棚建筑；梁架为抬梁式六架梁［图10-9（b）］；板瓦屋面。后殿进深四椽8.92m，通高10.12m，七脊五兽双坡板瓦硬山建筑；梁架为抬梁式七架梁［图10-9（c）］；板瓦屋面，两山墙上布置排山勾滴；台基采用条石砌筑；前后檐墙及两山墙用青砖砌筑，前后檐及两山处有墀头；内侧墙体白灰抹面；有檐椽、飞椽，檐椽、飞椽尾部均有彩绘花纹；正脊、垂脊有花纹图案；红漆门窗；条砖地面。

（a）建筑样式　　　　　　　　　　（b）前厅梁架　　　　　　　　　　（c）后殿梁架

图10-9　天后宫

（3）奶奶殿

奶奶殿坐北朝南，面阔三开间10.52m，进深六椽7.64m，通高8.78m，五脊四兽双坡板瓦硬山建筑［图10-10（a）］；台基采用石筑；前后檐墙及两山墙用青砖砌筑，前后檐及两山处有墀头；内侧墙体白灰抹面；梁架为抬梁式五架梁［图10-10（b）、（c）］，内有天花板；板瓦屋面，有檐椽、飞椽，檐椽、飞椽尾部均有彩绘花纹；正脊、垂脊有花纹图案；红色格栅门直棂窗；条砖地面。

（a）正立面　　　　　　　　　　　（b）梁架（一）　　　　　　　　　（c）梁架（二）

图10-10　奶奶殿

10.1.7　天妃庙价值评估

南阳天妃庙于2002年3月21日被公布为南阳市文物保护单位，2006年被河南省人民政府列为第四批河南省文物保护单位，现由道教协会管理。南阳天妃庙是白河昔日水运繁华的一个见证，对研究丝绸之路、河运文化、古代建筑都有着非同一般的价值。

（1）历史价值

现在白河边的荷花广场在清代时是航运码头，见证了昔日白河水运的繁华，见证了南阳悠久的历史、灿烂的文化。据古书记载，白河四季皆可行船。民国初年，航行在新野、南阳一带的船舶有 4000 多只，南可通汉水入长江，顺航至湖北、江苏、江西等省。明清时期，白河河宽水大，当时南关白河码头客商云集，茶叶、丝绸等货物经汉水、白河船运汇集南阳，转陆路后再运往各地。随着福建等地客商增多，他们为了祈求天妃娘娘保佑，在南阳兴建天妃庙以求河清海晏、舟船平稳，随着商业活动的扩大，白河边形成了新街。南阳市是历史上重要的交通中心，航运业比较发达，天妃庙则是南阳航运业发达的最直接、最重要的历史证据。

清代，南阳古城空间处于"梅花城"的空间形态演变阶段，围绕内城，东西南北四个方向修筑四个圩寨，南门淯阳门为"淯阳寨"，天妃庙即位于淯阳寨中（图 10-11）。

图 10-11　明清时期天妃庙位置（李炎，2010）

（2）艺术价值

天妃庙天后宫的建筑样式和社旗县的山陕会馆相似，都由两殿组成，前面是拜殿，后面是神屋，前后殿之间有专门设计的排水系统。南阳处于南北地区交接地带，其建筑风格受到北京地区官式建筑的影响，其梁架节点、吻兽样式、柱础形式等虽与官式建筑相似，但形式更加灵活，有着自己的特点（图 10-12）。

(a) 走兽　　　　　　　　(b) 橼子花纹　　　　　　　　(c) 斗栱

图 10-12　艺术价值

（3）文化价值

南阳市地处内陆，与主要流传于中国南方及沿海地区的妈祖文化本无关联，但由于种种机缘，南阳天妃庙在此建造，妈祖文化也因此流布于南阳。天妃庙也称妈祖庙，是由闽籍游宦士人陈斌倡议建造，缘由是百川归海，天妃佑海疆，也必佑白河漕运，为她立祀是造福南阳百姓的事情。庙宇供奉乡土神既是团结同乡的精神纽带，又是弘扬本土文化的强力手段。这种模式使妈祖文化在南阳地区落地生根发展。妈祖信仰是中国沿海地区重要的民间信仰之一，20世纪80年代，联合国有关机构授予妈祖"和平女神"的称号。2009年，妈祖信仰被联合国教科文组织正式列入人类非物质文化遗产，成为全国首个信仰类世界遗产和全人类共同精神财富。此外，天妃庙是道教建筑，也丰富了南阳地区的宗教文化。

10.1.8 研究目的与研究意义

天妃庙见证了南阳白河昔日水运的繁华、航运业发展和茶道兴盛，促进了妈祖文化在内陆地区的传播，丰富了南阳地区的宗教文化。但在经历了漫长岁月的洗礼后，各构件已遭受或正在遭受着不同程度的腐朽等材质劣化问题，需要大家的精心"呵护"。

基于此，本次研究针对位于南阳市的天妃庙古建筑所出现的材质问题和修缮设计展开研究。通过对古建筑进行现状勘察，了解其时代特征、结构特征及构造特征、残损类型，并分析其残损原因。在此基础上，依据文献资料的查阅、法式勘察和现状勘察结果制定一套科学合理的修缮方案，为后续更好地保护南阳古建筑提供依据。

10.2 南阳天妃庙形制特点

10.2.1 山门形制特点

（1）结构特征

天妃庙山门整体坐北朝南，面阔三间，进深一间，五脊四兽双坡硬山建筑。通面阔10.56m，通进深5.43m，通高7.89m，其中明间面阔3.76m，两次间面阔为3.4m[图10-13(a)]。明间为进深四椽的五檩木梁架，两次间并没有传统的木梁架，但山墙有墙内柱，所以其承重类型仍为木结构承重体系[图10-13(b)、(c)]，而非墙体、木结构一起承重的混合承重形制。

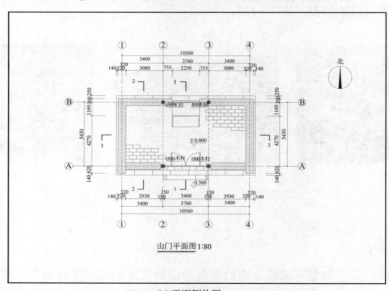

山门平面图1:80

(a) 平面测绘图

图 10-13

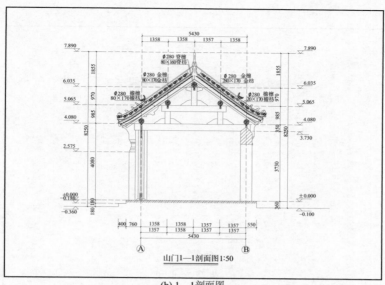

(b) 1—1剖面图

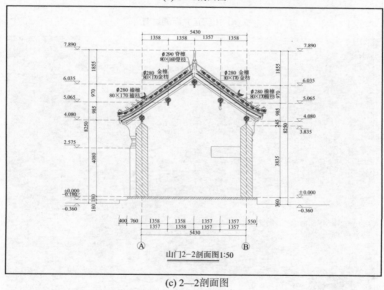

(c) 2—2剖面图

图 10-13 山门结构测绘图

(2) 平面布局、柱网、柱形

山门平面呈横长方形[图 10-13(a)]，柱子排列整齐，以行列排列，未采用减柱造。山门中的柱子均为木立柱。山门柱子为圆形木柱，整体柱子的柱根与柱头直径没有明显变化，几乎相等，柱头平齐，无卷杀。山门中柱子高度一致，大致在一条直线上，而且柱子是笔直向上的，未出现"柱侧脚"（图 10-14）。此殿的柱础形式为覆盆式（图 10-15）。山门符合明清建筑做法。

(3) 梁架

天妃庙山门的梁架结构为传统的抬梁式结构，即在前后檐柱间放置大梁，其上叠置小

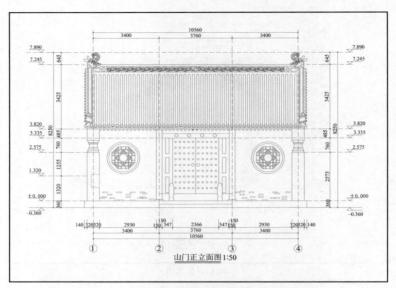

(a) 山门正立面测绘图

(b) 山门正立面实景

图 10-14　山门正立面

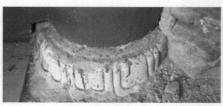

(a) 覆盆式柱础(一)

(b) 覆盆式柱础(二)

图 10-15　山门前檐明间柱础

梁，各层梁端搁置檩条，形成三角形的基本框架结构，增加结构的稳定性。其中，前檐柱、后檐柱各两根，前檐柱与后檐柱由五架梁连接，梁端搁置檐檩，梁上设瓜柱两根，上托三架梁，瓜柱两侧设置角背，瓜柱断面为八角形；三架梁上托脊瓜柱，脊瓜柱之上搁置脊檩，并在脊瓜柱两侧设置角背，脊瓜柱两侧无叉手支撑。山门梁架加工较细，均做油饰彩画；檩枋之间为"檩、枋"做法，未用垫板，枋的形状为长方形（图 10-16）。

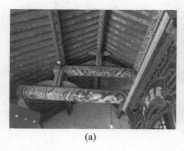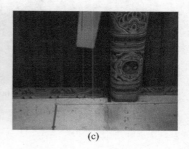

(a)　　　　　　　　　(b)　　　　　　　　　(c)

图 10-16　山门抬梁式梁架结构

（4）屋面

天妃庙山门为双坡板瓦硬山建筑，正脊两端为吻兽。其垂脊与正脊的形式与传统的官式建筑形式相似，分为兽前和兽后两部分，但是所用吻兽构件的样式和官式样式不太一样，其主体虽也为龙样，但形式却较为灵活，样式较多，为地方做法（图 10-17）。

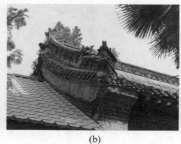

(a)　　　　　　　　　(b)　　　　　　　　　(c)

图 10-17　山门屋面

（5）墙体

天妃庙山门两侧山墙和后檐墙用"多顺一丁"做法垒砌，山墙厚度均为 600mm［图 10-13(a)］，两侧山墙有白灰塑山花，前后檐及两山处有墀头，墀头部分有雕刻，起装饰作用（图 10-17）。

（6）木装修

清代建筑群入口处大门多使用板门，门簪多为四枚，形状较丰富，有圆形、方形、菱形等。天妃庙山门居中开设双开实木门，次间开设圆形窗；前檐木装修门簪个数为四个，且都为圆形，与明清时期较常使用的门簪形制规律较为相同（图 10-18）。

(a)　　　　　　　　　　　　　　　　(b)

图 10-18　山门门窗的形式

10.2.2　天后宫形制特点

（1）结构特征

天后宫整体坐北朝南，由前厅和后殿组合而成，前后殿之间有专门设计的排水系统。前厅面阔三间，进深一间，为三兽双坡六檩卷棚硬山式建筑，梁架为抬梁式六架梁，明间檐柱上承六架梁，次间为六檩无架梁；后殿面阔三间，进深三间，为七脊五兽双坡七檩硬山式建筑，梁架为抬梁式七架梁，明间前后金柱上承五架梁，五架梁通过两瓜柱上承三架梁，前檐柱与前金柱之间通过抱头梁、穿插枋连接，两次间没有木梁架，檩枋直接插入两侧山墙，前厅后殿两建筑东西山墙内都有内柱，因此其承重结构仍为木承重结构（图 10-19）。

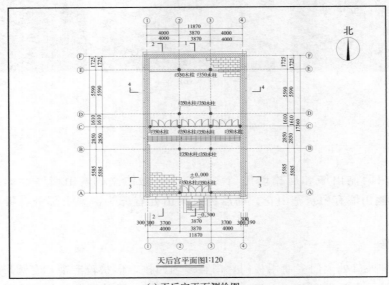

(a) 天后宫平面测绘图

图 10-19

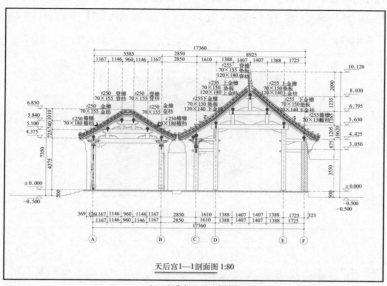

(b) 天后宫1—1剖面图

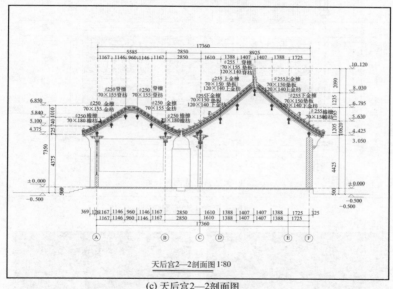

(c) 天后宫2—2剖面图

图 10-19 天后宫结构测绘图

其中前厅、后殿明间面阔 3.87m，两次间面阔为 4.00m；前厅前檐柱与后檐柱进深 5.58m；后殿前檐柱与后檐柱进深 8.92m，前檐柱与前金柱进深 1.61m，两金柱间进深 5.59m，前檐柱与前金柱进深 1.72m；前厅后殿相距 2.85m[图 10-19(a)]。

(2) 平面布局、柱网、柱形

天后宫的前厅和后殿平面均呈横长方形，室内柱子排列整齐，以行列排布，每行每列的柱子都排在一条轴线上[图 10-19(a)]。柱子均为木立柱，前厅前檐柱、后檐柱各两根。柱身均为圆形截面，柱子的柱根和柱径也没有明显变化，柱头平齐，无卷杀或斜杀。后殿前檐柱四根，前后金柱各两根，后檐墙无柱，柱头平齐无卷杀，柱身笔直，金柱相比于檐柱高出许多。檐柱柱高一致，无升起现象，另外柱子均是笔直向上，无侧脚现象（图 10-20）。

(a) 天后宫前厅前檐柱

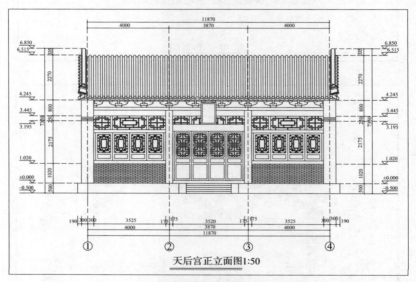

天后宫正立面图1:50

(b) 天后宫正立面测绘图

(c) 天后宫前厅后檐柱

(d) 天后宫后殿前檐柱和前厅后檐柱

图 10-20　天后宫立柱样式

　　天后宫中柱础式样较多，前殿前后檐柱柱础为三层的磉墩状石柱础，上层为鼓形，中层为圆柱形，下层为素覆盆式[图 10-21（a）]。后殿前檐柱柱础为方形柱础[图 10-21（b）]，前后金柱柱础为素覆盆式柱础[图 10-21（c）]。天后宫符合明清建筑特征。

| (a) 天后宫前厅明间檐柱 | (b) 天后宫后殿檐柱 | (c) 天后宫后殿金柱 |

图 10-21　天后宫柱础

(3) 梁架

天后宫前厅梁架结构为传统的抬梁式木结构，前檐柱四根，后檐柱两根，无金柱，前后檐柱上承六架梁，其上置两瓜柱，连接其上的四架梁，瓜柱两侧设角背；四架梁上托金檩，其上置两瓜柱，连接上面的月梁，瓜柱两侧设角背。梁架加工较细，均做油饰彩画，瓜柱断面为八角形 [图 10-22(a)]；檩枋之间为"檩、枋"做法，未用垫板，枋的形状为长方形 [图 10-22(b)、(c)]。

| (a) 前厅梁架(一) | (b) 前厅梁架(二) | (c) 前厅梁架(三) |

| (d) 后殿梁架(一) | (e) 后殿梁架(二) | (f) 后殿梁架(三) |

图 10-22　天后宫抬梁式梁架结构

天后宫后殿梁架形制为抬梁式，前檐柱四根，前后金柱各两根，前檐柱与前金柱之间通过抱头梁连接，其下设穿插枋。前后金柱上承五架梁，其上置两瓜柱，连接其上的三架梁，瓜柱两侧设角背；三架梁上托上金檩，其上置脊瓜柱，脊瓜柱上托脊檩，脊瓜柱两侧设角背，脊瓜柱两侧无叉手支撑；和前厅不同的是檩和枋间有一层垫板，为"檩、垫板、枋"做法，其余均和前厅一致[图 10-22(d)～(f)]。

(4) 屋面

天后宫前厅为双坡卷棚硬山建筑，四个垂脊无正脊，垂脊分兽前和兽后两部分，兽前分布有两个小兽，垂脊的形式与传统的官式建筑形式相似[图 10-23(a)]。

(a) 前厅垂脊　　　　　　　　　　　(b) 后殿垂脊

图 10-23　天后宫屋面

天后宫后殿为双坡硬山建筑，正脊为实脊，实脊满布花卉砖雕，脊上分布有小兽，两端为吻兽；垂脊分为兽前和兽后两部分，兽前分布有四个小兽。其正脊和垂脊所用吻兽构件的样式和官式建筑样式不太一样，形式更灵活(图 10-23)。

(5) 墙体

天后宫前厅和后殿的东、西两侧和后檐墙均采用"多顺一丁"做法垒砌，前厅及后殿的山墙之间有墙体连接，山墙厚度均为 600mm[图 10-19(a)]，两殿左右山墙均有白灰塑山花(图 10-24)，前后檐及两山处有墀头，墀头起装饰作用 (图 10-23)。

(a) 后殿右侧立面　　　　　　　　　(b) 后殿左侧立面

图 10-24　天后宫墙体

(6) 木装修

天后宫前厅正立面门为"四开四抹隔扇"的样式，两次间窗户的样式为"四开四抹隔扇窗"[图 10-25(a)]，明清建筑的隔扇为 4～6 抹不等；天后宫后殿明间开敞，两次间门均为

(a) 前厅　　　　　　　　　　　　　(b) 后殿

图 10-25　天后宫门窗的形式

"四抹隔扇"的样式[图 10-25(b)]。

10.2.3　奶奶殿形制特点

（1）结构特征

奶奶殿整体坐北朝南，面阔三间，进深三间，五脊四兽双坡七檩硬山建筑。通面阔 10.52m，通进深 7.64m，通高 8.78m，其中明间面阔 3.87m，两次间面阔为 3.32m。前檐柱与前金柱进深 1.50m，两金柱间进深 7.71m，后檐柱与后金柱进深 1.58m[图 10-26(a)]。

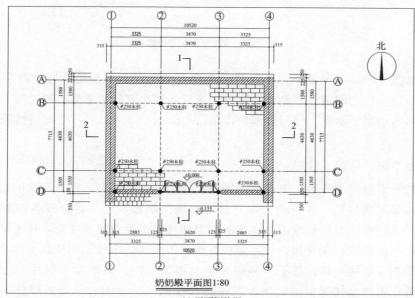

(a) 平面测绘图

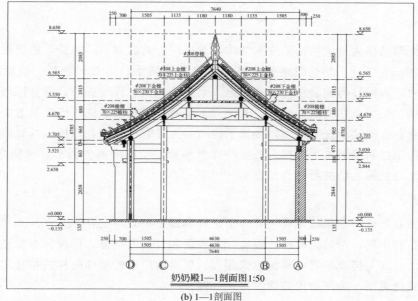

(b) 1—1剖面图

图 10-26

(c) 明间梁架　　　　　　　　　　　　(d) 次间梁架

图 10-26　奶奶殿结构测绘图

奶奶殿梁架为抬梁式七架梁，明间前后金柱上承五架梁，五架梁通过两瓜柱上承三架梁，前檐柱与前金柱之间通过抱头梁、穿插枋连接，两次间有木梁架，檩枋插入山墙的木梁架上，因此两侧山墙不承重，仅起到围护作用[图 10-26（b）～（d）]，因此奶奶殿为木结构承重体系。

（2）平面布局、柱网、柱形

奶奶殿的平面呈横长方形，室内柱子排列整齐，以行列排布，每行每列的柱子都排在一条轴线上，未采用减柱造。柱子均为木立柱，前檐柱四根，前、后金柱各四根，无后檐柱[图 10-26（a）]。柱身均为圆形截面，柱子的柱根和柱径也没有明显变化，柱头平齐，无卷杀或斜杀。檐柱柱高一致，无升起现象，金柱与檐柱不同高，金柱比檐柱高出许多，两根柱子之间靠抱头梁和穿插枋连接；柱子无侧脚现象（图 10-27）。奶奶殿中的柱础不露明，柱础均见修缮痕迹，前檐金柱能模糊看到为素覆盆式柱础（图 10-28）。奶奶殿柱子样式符合明清建筑做法。

（3）梁架

奶奶殿梁架结构为传统的抬梁式木结构，和山门、天后宫不同的是，奶奶殿两次间也有梁架[图 10-29（a）、（b）]。奶奶殿梁架形制为抬梁式七架梁，内有天花板，前檐柱四根，前后金柱各四根，前檐柱与前金柱之间通过抱头梁连接，其下设穿插枋，后金柱与后檐墙之间亦是同样连接。前后金柱上承五架梁，五架梁下设随梁上置两瓜柱，连接其上的三架梁，瓜柱两侧设角背；三架梁上托上金檩，金檩下设随梁上置脊瓜柱，脊瓜柱上托脊檩，脊瓜柱两侧设角背，脊瓜柱两侧无叉手支撑。瓜柱两侧置角背，瓜柱断面为圆形，檩枋之间为"檩、枋"做法，未用垫板，枋的形状为长方形（图 10-29）。

（4）屋面

奶奶殿为双坡硬山建筑，屋脊包含一个正脊和四个垂脊，正脊为实脊，实脊满布花卉砖雕，脊上分布有小兽，两端为吻兽，垂脊分为兽前和兽后两部分，兽前分布有三个小兽，其正脊与垂脊的形式与传统的官式建筑形式相似，但是所用吻兽构件的样式和官式建筑样式不太一样，形式更灵活，为河南地方建筑做法（图 10-30）。

（5）墙体

奶奶殿东、西两侧山墙和后檐墙均采用"多顺一丁"做法垒砌，后檐墙是"封后檐"做

(a) 正立面

(b) 金柱

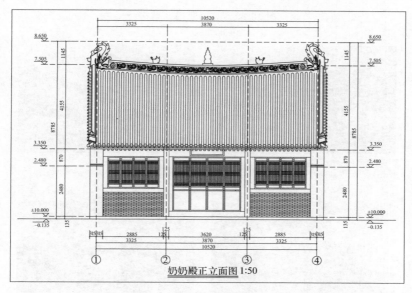

奶奶殿正立面图 1:50

(c) 正立面测绘图

图 10-27　奶奶殿立柱样式

(a) 正立面明间檐柱

(b) 檐金柱

(c) 前檐山墙柱

图 10-28　奶奶殿柱础式样

法[图 10-30(a)]，山墙厚度均为 630mm[图 10-26(a)]，东、西山墙无山花[图 10-30(c)]，前后檐及两山处有墀头，墀头起装饰作用。

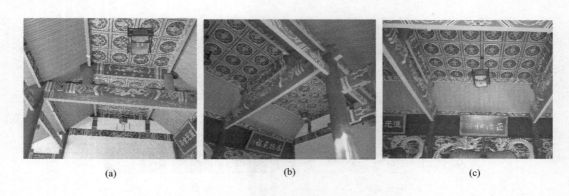

(a)　　　　　　　　　(b)　　　　　　　　　(c)

图 10-29　奶奶殿梁架结构

(a)　　　　　　　　　　　　　　(b)

(c)　　　　　　　　　　　　　　(d)

图 10-30　奶奶殿屋面

（6）木装修

　　奶奶殿明间正立面门为"四开四抹隔扇门"，"一码三箭式直棂窗"形制；两次间窗户的样式为"四开四抹隔扇窗"，"一码三箭"形制；明次间安装格子横披窗（图 10-31）。

(a)　　　　　　　　　　　　　　(b)

图 10-31　奶奶殿门窗的形式

10.2.4　小结

通过对南阳天妃庙古建筑的形制特点分析研究，得出：山门和天后宫前厅建筑没有金柱，前后檐柱上设大梁，向上叠置小梁，梁上置瓜柱承托檩，瓜柱断面为八角形；奶奶殿和天后宫后殿有檐柱和金柱，两柱之间通过抱头梁和穿插枋连接，金柱上承五架梁，五架梁上置两瓜柱承托三架梁，三架梁上置脊瓜柱。天妃庙建筑屋面都采用青瓦屋面，其滴水勾头纹样、吻兽样式、椽子花纹有着一些不同于官式建筑的特征。

10.3　南阳天妃庙残损现状勘察

10.3.1　山门残损情况勘察

（1）木构架整体性、木梁枋、木柱

山门木构架整体性良好，没有倾斜现象，构架之间的连接没有出现松动，梁、柱之间连接良好，前檐檩和枋上乱搭电线[图 10-32（a）]；西次间金枋下有少数蜘蛛网[图 10-32（b）]。

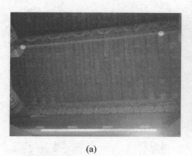

(a)　　　　　　　　　　(b)

图 10-32　山门木构架残损现状

（2）屋面

屋面基本完好，正立面明间滴水瓦件缺少 1 个，西次间滴水瓦件缺失 1 个[图 10-33（a）、（b）]；背立面明间勾头瓦件缺失 1 个[图 10-33（c）]；背立面屋面明、次间少量长草[图 10-33（c）]。内部垫层原望砖已毁，现为原工艺新砖[图 10-33（d）]；正立面明间两根檐椽椽头花纹破损[图 10-33（a）]；明间望砖下有蜘蛛网[图 10-32（b）]。

(a)　　　　　　　　　　(b)

图 10-33

图 10-33 山门屋面残损现状

(3) 墙体

前檐墙下部存在着部分酥碱脱落，高度约 0.5m[图 10-34(a)]；后檐墙下部存在着较多酥碱脱落，高度约 0.9m[图 10-34(b)]；东侧山墙因烟熏出现 3.03m² 发黑现象[图 10-34(c)]。前檐墙贴有标语，面积 1.26m²；后檐墙贴有标语，面积 7.73m²[图 10-34(b)、(d)]。

图 10-34 山门墙体残损现状

(4) 木装修

门窗油饰为新刷，情况较好[图 10-35(a)]；门槛为铝合金构件，为后人不当修缮[图 10-35(b)]。梁架上彩画较新，整体保存尚好，但三架梁、五架梁彩画上表面积尘[图 10-32(b)]；明间五架梁下彩画裂缝，长约 1.5m[图 10-35(c)]。

(5) 地面

建筑室内地面为 300mm×600mm 条砖，应是重修时更换[图 10-36(a)]；前檐明间地面阶条石严重磨损[图 10-36(c)]；后檐明间有约长 2.25m、宽 0.7m 水泥勾缝[图 10-36(b)]；前檐明间台阶风化、缺失较严重，砖石碎裂[图 10-36(d)]。

　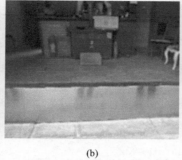　

(a)　　　　　　　　　(b)　　　　　　　　　(c)

图 10-35　山门木装修残损现状

(a)　　　　　　　　　　　　　　(b)

(c)　　　　　　　　　　　　　　(d)

图 10-36　山门地面残损现状

山门残损情况见表 10-1。

表 10-1　山门残损现状

名称		残损位置、性质、程度	残损原因	残损现状评估
木构架	檩 垫板 枋	1. 前檐檩和枋上乱搭电线[图 10-32(a)]； 2. 西次间金枋下有少数蜘蛛网[图 10-32(b)]	1. 人为使用 2. 年久失修	不影响结构安全
屋面	屋顶	3. 正立面明间滴水瓦件缺少 1 个，西次间滴水瓦件缺失 1 个[图 10-33(a)、(b)]； 4. 背立面明间勾头瓦件缺失 1 个[图 10-33(c)]； 5. 背立面屋面明、次间少量长草[图 10-33(d)]	3. 年久失修 4. 年久失修 5. 年久失修	长期发展影响 结构安全
	椽子 望板	6. 内部垫层原望砖已毁，现为原工艺新砖[图 10-33(d)]； 7. 正立面明间两根檐椽椽头花纹破损[图 10-33(a)]； 8. 明间望砖下有蜘蛛网[图 10-32(b)]	6. 人为原因 7. 风雨侵蚀 8. 年久失修	影响建筑整体风貌

续表

名称		残损位置、性质、程度	残损原因	残损现状评估
墙体		9. 前檐墙下部存在着部分酥碱脱落,高度约 0.5m[图 10-34(a)]; 10. 后檐墙下部存在着较多酥碱脱落,高度约 0.9m[图 10-34(b)]; 11. 东侧山墙因烟熏出现 3.03m² 发黑现象[图 10-34(c)]; 12. 前檐墙贴有标语,面积 1.26m²;后檐墙贴有标语,面积 7.73m²[图 10-34(b)、(d)]	9. 风雨侵蚀 10. 风雨侵蚀 11. 人为使用 12. 人为原因	长期发展影响墙体承载力
木装修	门窗	13. 门槛为铝合金构件,为后人不当修缮[图 10-35(b)]	13. 人为原因	影响建筑整体风貌
	其它	14. 梁架上彩画较新,整体保存尚好,但三架梁、五架梁彩画上表面积尘[图 10-32(b)]; 15. 明间五架梁下彩画裂缝,长约 1.5m[图 10-35(c)]	14. 年久失修 15. 自然现象	影响建筑整体风貌
地面	铺地	16. 建筑室内地面为 300mm×600mm 条砖,应是重修时更换[图 10-36(a)]; 17. 前檐明间地面阶条石严重磨损[图 10-36(c)]; 18. 后檐明间有约长 2.25m、宽 0.7m 水泥勾缝[图 10-36(b)]	16. 人为原因 17. 人为原因 18. 人为原因	酥碱或断裂
	台阶踏步	19. 前檐明间台阶风化、缺失较严重,砖石碎裂[图 10-36(d)]	19. 风雨侵蚀	长期发展影响结构安全

10.3.2 天后宫残损情况勘察

(1) 木构架整体性、木梁枋、木柱

天后宫前厅后殿木构架整体性均良好,前后两屋梁架上表面都有较多灰尘[图 10-37(a)、(b)];前厅六梁架下有蜘蛛网,约占梁架长度的 1/6[图 10-37(c)]。前厅明间前檐柱柱础存在 0.2m 长竖向裂缝[图 10-37(d)];后殿次间前檐柱柱子有明显劈裂,深 3mm,长 0.76m [图 10-37(e)];前厅后檐柱上人为附加管道[图 10-37(g)];前厅明间东侧檐柱附加有电线管道[图 10-37(c)];前厅明间后檐柱表面油饰起皮脱落,面积 0.05m²[图 10-37(g)];前厅明间后檐柱贴有文字,面积 0.12m²[图 10-37(h)]。前厅后檐柱和额枋交接处有少量蜘蛛网[图 10-37(f)];后殿明间东穿插枋下有蜘蛛网[图 10-37(i)]。

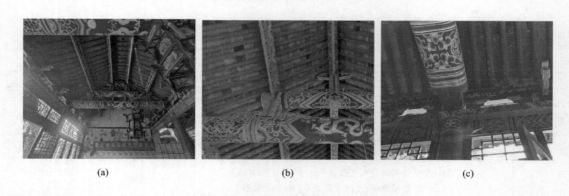

(a)   (b)   (c)

图 10-37

图 10-37 天后宫木构架残损现状

（2）屋面

前后屋面瓦片基本完好，前厅正立面明间屋面少量长草[图 10-38(a)]；后殿背立面明间滴水瓦件缺失 1 个[图 10-38(b)]；后殿背立面屋面大面积长草[图 10-38(c)]；后殿背立面西侧垂脊仙人走兽缺失[图 10-38(c)]。

图 10-38 天后宫屋面残损现状

前后两屋面内部垫层原望砖已毁，现为原工艺新砖[图 10-38(d)]；前厅东次间望砖有大面积蜘蛛网，面积约占次间屋面面积的 1/3[图 10-38(d)]；前厅屋面椽子表面油饰均有轻微起皮脱落[图 10-38(e)]；后殿前檐明间檐椽有轻微糟朽、劈裂[图 10-38(f)]。

（3）墙体

前厅西侧山墙出现较严重的酥碱脱落，高度为通高的 1/4[图 10-39(a)]；前厅后殿两屋东侧山墙、后殿后檐墙、前殿台基阶条石以下墙面为水泥抹面，破坏原有形制[图 10-39(b)～(d)]；后殿背立面贴有宣传标语，面积 3.58m^2，影响美观[图 10-39(d)]；东侧墙面搏风板缺失一块[图 10-39(e)]；前厅东山墙出现酥碱脱落现象，高度约占墙体的 1/3[图 10-39(b)]；前厅山墙正立面贴有宣传标语，面积 0.22m^2[图 10-39(a)]。

前后屋内墙面均为白灰抹面，未见异常；建筑内部前厅东、西山墙有后期人为贴加的宣传妈祖文化的宣传字画和其它标语，面积 20.3m^2[图 10-39(f)]。

(a)　　　　　　　　　　(b)　　　　　　　　　　(c)

(d)　　　　　　　　　　(e)　　　　　　　　　　(f)

图 10-39　天后宫墙面残损现状

（4）木装修

前厅正立面明间门槛为铝合金构件，为后人不当修缮[图 10-40(a)]；前厅正立面明间门扇上贴有宣传标语，面积 0.58m^2[图 10-40(b)]；前厅次间窗有后人拉扯电线、铁丝[图 10-40(c)]；前厅次间窗少量缺损[图 10-40(d)]；后殿栏杆较多起皮脱落[图 10-40(e)]；正立面西次间 2 个平身科斗拱背立面有蜘蛛网[图 10-40(f)]。

（5）地面

前后两屋建筑室内地面为 600mm×300mm 条砖铺地，应是重修时更换[图 10-40(a)]；

| (a) | (b) | (c) |
| (d) | (e) | (f) |

图 10-40　天后宫木装修残损现状

前檐明间有阶条石裂缝[图 10-41(b)]；前厅后殿之间排水沟有人为添加铁网罩[图 10-41(a)]；前厅正立面明间台阶风化、缺失严重，部分缺失使用水泥修补，破坏原有形制，第一层台阶长草[图 10-41(b)]。

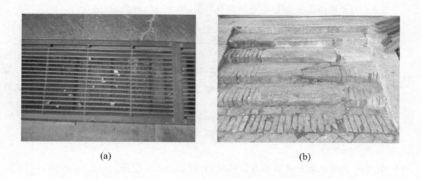

| (a) | (b) |

图 10-41　天后宫地面残损现状

天后宫残损情况见表 10-2。

表 10-2　天后宫残损现状

名称		残损位置、性质、程度	残损原因	残损现状评估
木构架	梁架	1. 前后两屋梁架上表面都有较多灰尘[图 10-37(a)、(b)]； 2. 前厅六梁架下有蜘蛛网，约占梁架长度的 1/6[图 10-37(c)]	1. 年久失修 2. 年久失修	不影响结构安全

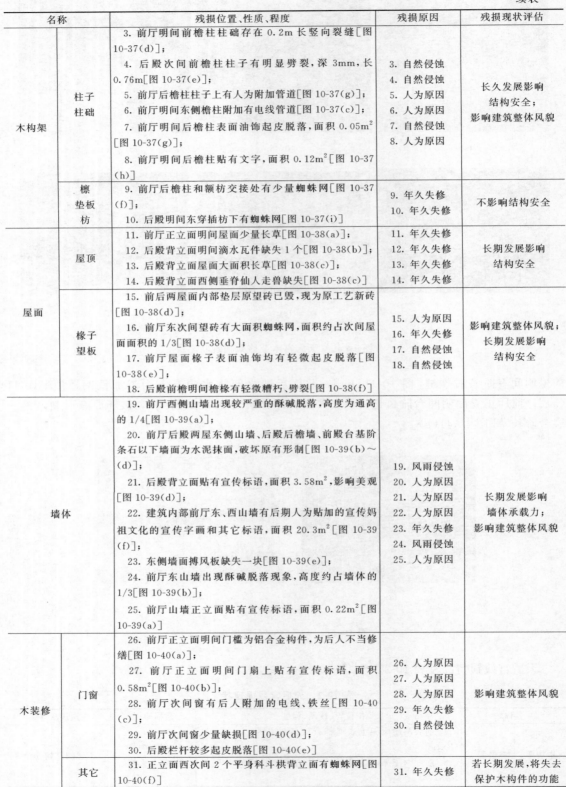

名称		残损位置、性质、程度	残损原因	残损现状评估
木构架	柱子柱础	3. 前厅明间前檐柱柱础存在 0.2m 长竖向裂缝[图10-37(d)]; 4. 后殿次间前檐柱柱子有明显劈裂,深 3mm,长0.76m[图10-37(e)]; 5. 前厅后檐柱柱子上有人为附加管道[图10-37(g)]; 6. 前厅明间东侧檐柱附加有电线管道[图10-37(c)]; 7. 前厅明间后檐柱表面油饰起皮脱落,面积 0.05m²[图10-37(g)]; 8. 前厅明间后檐柱贴有文字,面积 0.12m²[图10-37(h)]	3. 自然侵蚀 4. 自然侵蚀 5. 人为原因 6. 人为原因 7. 自然侵蚀 8. 人为原因	长久发展影响结构安全; 影响建筑整体风貌
	檩垫板枋	9. 前厅后檐柱和额枋交接处有少量蜘蛛网[图10-37(f)]; 10. 后殿明间东穿插枋下有蜘蛛网[图10-37(i)]	9. 年久失修 10. 年久失修	不影响结构安全
屋面	屋顶	11. 前厅正立面明间屋面少量长草[图10-38(a)]; 12. 后殿背立面明间滴水瓦件缺失 1 个[图10-38(b)]; 13. 后殿背立面屋面大面积长草[图10-38(c)]; 14. 后殿背立面西侧垂脊仙人走兽缺失[图10-38(c)]	11. 年久失修 12. 年久失修 13. 年久失修 14. 年久失修	长期发展影响结构安全
	椽子望板	15. 前后两屋面内部垫层原望砖已毁,现为原工艺新砖[图10-38(d)]; 16. 前厅东次间望砖有大面积蜘蛛网,面积约占次间屋面积的 1/3[图10-38(d)]; 17. 前厅屋面椽子表面油饰均有轻微起皮脱落[图10-38(e)]; 18. 后殿前檐明间檐椽有轻微糟朽、劈裂[图10-38(f)]	15. 人为原因 16. 年久失修 17. 自然侵蚀 18. 自然侵蚀	影响建筑整体风貌; 长期发展影响结构安全
墙体		19. 前厅西侧山墙出现较严重的酥碱脱落,高度为通高的 1/4[图10-39(a)]; 20. 前厅后殿两屋东侧山墙、后殿后檐墙、前殿台基阶条石以下墙面为水泥抹面,破坏原有形制[图10-39(b)~(d)]; 21. 后殿背立面贴有宣传标语,面积 3.58m²,影响美观[图10-39(d)]; 22. 建筑内部前厅东、西山墙有后期人为贴加的宣传妈祖文化的宣传字画和其它标语,面积 20.3m²[图10-39(f)]; 23. 东侧墙面搏风板缺失一块[图10-39(e)]; 24. 前厅东山墙出现酥碱脱落现象,高度约占墙体的 1/3[图10-39(b)]; 25. 前厅山墙正立面贴有宣传标语,面积 0.22m²[图10-39(a)]	19. 风雨侵蚀 20. 人为原因 21. 人为原因 22. 人为原因 23. 年久失修 24. 风雨侵蚀 25. 人为原因	长期发展影响墙体承载力; 影响建筑整体风貌
木装修	门窗	26. 前厅正立面明间门槛为铝合金构件,为后人不当修缮[图10-40(a)]; 27. 前厅正立面明间门扇上贴有宣传标语,面积 0.58m²[图10-40(b)]; 28. 前厅次间窗有后人附加的电线、铁丝[图10-40(c)]; 29. 前厅次间窗少量缺损[图10-40(d)]; 30. 后殿栏杆较多起皮脱落[图10-40(e)]	26. 人为原因 27. 人为原因 28. 人为原因 29. 年久失修 30. 自然侵蚀	影响建筑整体风貌
	其它	31. 正立面西次间 2 个平身科斗栱背立面有蜘蛛网[图10-40(f)]	31. 年久失修	若长期发展,将失去保护木构件的功能

续表

名称		残损位置、性质、程度	残损原因	残损现状评估
地面	铺地	32. 前后两屋建筑室内地面为 600mm×300mm 条砖铺地，应是重修时更换[图 10-40(a)]； 33. 前檐明间有阶条石裂缝[图 10-41(b)]； 34. 前厅后殿之间排水沟有人为添加铁网罩[图 10-41(a)]	32. 人为原因 33. 自然侵蚀 34. 人为原因	影响建筑整体风貌
	台阶踏步	35. 前厅正立面明间台阶风化、缺失严重，部分缺失使用水泥修补，破坏原有形制，第一层台阶长草[图 10-41(b)]	35. 自然侵蚀、年久失修、人为原因	酥碱或断裂

10.3.3　奶奶殿残损情况勘察

(1) 木构架整体性、木梁枋、木柱

奶奶殿木构架整体性良好，没有倾斜现象，明间西五架随梁和前金柱交接处有少量蜘蛛网[图 10-42(a)]。次间前檐金柱柱础有修缮痕迹，隐约可看到素覆盆柱础[图 10-42(b)]；明间前檐金柱柱根周围有水泥修缮痕迹[图 10-42(c)]；明间前檐柱有后人附加电线管路[图 10-42(d)]；前檐檩彩画几乎全部脱落[图 10-42(e)]。

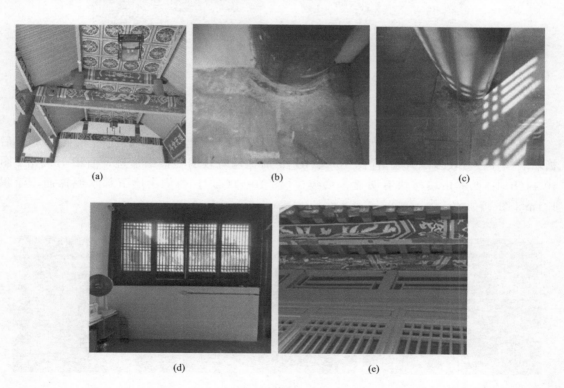

(a)　　　　　　　　　　(b)　　　　　　　　　　(c)

(d)　　　　　　　　　　(e)

图 10-42　奶奶殿木构架残损现状

(2) 屋面

正立面明间勾头瓦件缺失 1 个[图 10-43(a)]；正立面西次间屋面少量长草[图 10-43

(b)]；背立面屋面西侧垂脊走兽缺失1个[图10-43(c)]；背立面西次间屋面长草，筒瓦滑落2块[图10-43(c)]；正立面明间檐椽、飞椽有少量蜘蛛网[图10-43(d)]。

(a)　　　　　　　　　　　(b)

(c)　　　　　　　　　　　(d)

图10-43　奶奶殿屋面残损现状

（3）墙体

正立面次间墙体上安装有消火栓，面积0.52m²，影响建筑整体风貌[图10-44(a)]；后檐墙墙体存在着较多酥碱脱落[图10-44(b)]；后檐墙有较明显修缮痕迹，面积13.9m²[图10-44(b)]；西侧山墙砖块有明显修缮痕迹[图10-44(c)]；西侧山墙下部水泥抹面，面积1.1m²[图10-44(c)]。

(a)　　　　　　　　　　　(b)　　　　　　　　　　　(c)

图10-44　奶奶殿墙体残损现状

（4）木装修

门槛存在少量缺损[图10-45(a)]；正立面明间门扇上贴有宣传标语，面积0.19m²[图

10-45(b)]。正立面明间飞椽、檐椽有不同程度的彩画脱落[图 10-45(b)]；东次间上、下金枋底面彩画脱落，面积 $0.02m^2$[图 10-45(c)]；明间前抱头梁底面彩画，几乎全部脱落[图 10-45(d)]；明间东三架梁、随梁枋底面彩画脱落，面积 $0.13m^2$[图 10-42(a)]。

图 10-45 奶奶殿木装修残损现状

（5）地面

建筑室外地面为 300mm×300mm 方砖铺地，室内地面为 600mm×300mm 条砖铺地，应是重修时更换[图 10-46(a)、(b)]；前檐西次间地面砖石碎裂，面积 $0.16\ m^2$[图 10-46(c)]。

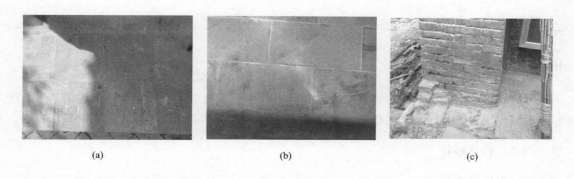

图 10-46 奶奶殿地面残损现状

总体来说，奶奶殿主要残损有：屋面长草；屋面瓦件少数碎裂、脱落；飞椽有轻微开裂糟朽；前后檐墙墙体下部存在着较多脱落。残损情况见表 10-3。

表 10-3　奶奶殿残损现状

名称		残损位置、性质、程度	残损原因	残损现状评估
木构架	梁架	1. 明间西五架随梁和前金柱交接处有少量蜘蛛网[图10-42(a)]	1. 年久失修	不影响结构安全
	柱子柱础	2. 次间前檐金柱柱础有修缮痕迹,隐约可看到素覆盆柱础[图10-42(b)]; 3. 明间前檐金柱柱根周围有水泥修缮痕迹[图10-42(c)]; 4. 明间前檐柱有后人附加电线管路[图10-42(d)]	2. 人为原因 3. 人为原因 4. 人为原因	不影响结构安全
	檩垫板枋	5. 前檐檩彩画几乎全部脱落[图10-42(e)]	5. 自然侵蚀	不影响结构安全
屋面	屋顶	6. 正立面明间勾头瓦件缺失1个[图10-43(a)]; 7. 正立面西次间屋面少量长草[图10-43(b)]; 8. 背立面屋面西侧垂脊走兽缺失1个[图10-43(c)]; 9. 背立面西次间屋面长草,筒瓦滑落2块[图10-43(c)]	6. 年久失修 7. 年久失修 8. 年久失修 9. 年久失修	长期发展影响结构安全
	椽子望板	10. 正立面明间檐椽、飞椽有少量蜘蛛网[图10-43(d)]	10. 年久失修	长期发展影响结构安全
墙体		11. 正立面次间墙体上安装有消火栓,面积0.52m²,影响建筑整体风貌[图10-44(a)]; 12. 后檐墙下部存在着较多酥碱脱落[图10-44(b)];有较明显修缮痕迹,面积13.9m²[图10-44(b)]; 13. 西侧山墙砖块有明显修缮痕迹[图10-44(c)]; 14. 西侧山墙下部水泥抹面,面积1.1m²[图10-44(c)]	11. 人为原因 12. 雨水侵蚀 13. 人为原因 14. 人为原因	长期发展影响墙体承载力
木装修	门窗	15. 门槛存在少量缺损[图10-45(a)]; 16. 正立面明间门扇上贴有宣传标语,面积0.19m²[图10-45(b)]	15. 人为原因 16. 人为原因	不影响结构安全
	其它	17. 正立面明间飞椽、檐椽有不同程度的彩画脱落[图10-45(b)]; 18. 东次间上、下金枋底面彩画脱落,面积0.02m²[图10-45(c)]; 19. 明间前抱头梁底面彩画,几乎全部脱落[图10-45(d)];明间东三架梁、随梁枋底面彩画脱落,面积0.13m²[图10-42(a)]	17. 自然侵蚀 18. 自然侵蚀 19. 自然侵蚀	若长期发展,将失去保护木构件的功能
地面		20. 建筑室外地面为300mm×300mm方砖铺地,室内地面为600mm×300mm条砖铺地,应是重修时更换[图10-46(a)、(b)]; 21. 前檐西次间地面砖石碎裂,面积0.16m²[图10-46(c)]	20. 人为原因 21. 自然侵蚀	长期发展影响墙体承载力

10.3.4　残损原因

通过对天妃庙山门、天后宫、奶奶殿现状进行全面的勘查和分析,可将天妃庙建筑群产生残损的原因主要分为:自然破坏、年久失修、人为原因(不当修缮及人为使用破坏)等。

10.3.4.1　自然破坏

(1) 紫外线破坏

在天妃庙建筑中,许多有油漆涂饰的柱子、木装修,以及屋檐枋彩画均有不同程度的起皮、脱落现象,这些主要是受到紫外线长期劣化的结果,给古建筑的外观带来了非常大的威胁,影响古建筑整体风貌。另外,这些油饰的脱落使得木质构件长期暴露在外面,油饰失去保护木构件的功能,从而使太阳光中的紫外线与木材发生光反应引起降解,长时间的作用会导致木构件力学强度降低，严重的会威胁到古建筑整体的安全性。

（2）雨水或环境中水分的影响

天后宫后殿次间檐柱出现很明显的竖向干缩裂缝。干缩裂缝是木材本身固有的属性，随着环境中温度、湿度的变化，木材会吸湿而膨胀或解吸而干缩。小的干缩裂缝不会对建筑的安全造成威胁，但过大的裂缝就会给安全带来隐患，同时大的裂缝也会为腐朽菌和昆虫的生长提供宽广的生存空间，从而给木构件带来进一步的安全威胁。

天妃庙山门、天后宫、奶奶殿的墙体均存在不同程度的酥碱脱落，主要也是因为风雨侵蚀，长期发展会影响墙体承载力。

10.3.4.2　年久失修

天妃庙中的文物建筑均为明清时期建筑，时至今日已经进行过多次修缮，但新的问题也会不断地产生。在这几个殿中，山门和天后宫屋面都有长草的现象；奶奶殿垂脊小兽缺失；天后宫后殿、奶奶殿的滴水瓦件均有不同程度的脱落和缺失，也使得雨水至屋面后渗透到木质构件，从而引起部分木构件局部腐朽。

10.3.4.3　不当修缮

（1）现代材料——水泥的不正确使用

在天妃庙的这三个大殿中，山门和天后宫明间台阶风化、缺失严重，部分缺失使用水泥修补，破坏原有形制。水泥材料为现代材料，直接将其作为地面铺装材料，破坏了文物建筑整体的建筑风貌。所以，应铲除现有的水泥地面铺装和修补，恢复建筑原状。

（2）不正确地添加形制不同的构件

天妃庙古建筑中柱础样式较多，天妃庙山门采用覆盆莲花柱础，天后宫前厅采用磉墩石柱础，后殿使用方形柱础和素覆盆式柱础；而奶奶殿柱础却不露明，因该殿在新中国成立后曾重修，所以该殿的柱础出现多种形式，应为修复时被更换，这样的后期修缮对此建筑的结构稳定性无疑是起到帮助作用的，但是却已经和原来的结构形式不相符合。

10.3.4.4　人为使用破坏

人为涂写或张贴宣传字画在古建筑上经常发生，天妃庙山门正立面、背立面贴有宣传字画，天后宫前厅建筑内部东西山墙均贴有宣传妈祖文化的字画，后殿背立面外墙贴有宣传字画，这些现象影响了建筑的立面效果。天后宫室内后期添加了许多排水管道，管道依附在柱上，对木柱造成影响，同时也影响建筑内部整体风貌。针对这些不当的人为使用破坏，应恢复原状，以统一建筑的整体效果。

10.3.5　结构可靠性鉴定

通过对天妃庙单体建筑木构架、屋面、墙体、木装修以及地面等残损的勘察，得出结论：

① 山门的梁架结构基本完好；滴水瓦件基本完好；前坡屋面长草；前后檐墙墙体下部存在着较多酥碱脱落；明间前檐台阶风化、缺失较严重，砖石碎裂。山门按结构可靠性为Ⅱ类建筑，为经常性的保养工程。

② 天后宫梁架结构基本完好，后殿次间前檐柱有明显劈裂；前厅明间屋面长草，后殿背立面屋面大面积长草，滴水瓦件部分缺失；前屋前檐下槛墙、后殿后檐墙和两屋山墙均出现酥碱脱落现象；两屋东侧山墙存在水泥抹面；前厅正立面明间台阶风化、缺失严重，部分缺失使用水泥修补。天后宫按结构可靠性为Ⅱ类建筑，为经常性的保养工程。

③ 奶奶殿梁架结构基本完好，但梁架、飞椽、檐椽上彩画较多起皮脱落；正立面屋面长草；背立面屋面西侧垂脊小兽缺失；屋面少数勾头瓦件缺失、滑落；前后檐墙墙体下部存在着较多脱落；后檐墙有较明显修缮痕迹。奶奶殿按结构可靠性为Ⅱ类建筑，为经常性的保养工程。

10.4　南阳天妃庙修缮方案设计说明

10.4.1　设计依据

10.4.1.1　法律法规

《中华人民共和国文物保护法》（2017 年修订）；

《中华人民共和国文物保护法实施条例》（2017 年修订）；

《中国文物古迹保护准则》（2015 年修订）；

《文物保护工程管理办法》（2003 年）；

《文物保护工程设计文件编制深度要求（试行）》（2013 年）；

《纪念建筑、古建筑、石窟寺等修缮工程管理办法》（2004 年）；

《中华人民共和国文物保护法实施细则》（1992 年）。

10.4.1.2　技术规范

《工程测量规范》（GB 50026—2007）；

《中国古建筑修缮技术》（1983）；

《河南省文物保护管理办法》以及相关文件；

《古建筑木结构维护与加固技术规范》（GB 50165—92）；

《古建筑木结构维护与加固技术标准》（GB/T 50165—2020）；

《古建筑修建工程施工与质量验收规范》（JGJ 159—2008）。

10.4.1.3　设计原则和指导思想

天妃庙古建筑的修缮设计应遵循以下原则：

① 不改变文物原状原则；

② 真实性原则与完整性原则；

③ 最小干预原则；

④ 可识别性原则；

⑤ 可读性原则；

⑥ 可逆性原则；

⑦ 安全为主的原则；

⑧ 不破坏文物价值的原则等。

10.4.1.4　修缮的范围

修缮的范围包括：山门、天后宫、奶奶殿共三座单体建筑。

10.4.1.5　修缮的性质

修缮的性质为经常性的保养工程。

10.4.2　各殿修缮设计方案

10.4.2.1　山门修缮设计方案

① 木构架整体性、木梁枋、木柱：应人工拆除电线，小心清除檩枋上的蜘蛛网，并做好定期清理工作。

② 屋面：针对屋面应做好现状保护，按原形制、原做法补配滴水瓦件；小心清除屋面杂草，不允许对屋面构件产生破坏；参照其它椽头花纹样式，按照原画样重新绘制花纹；小心清除蜘蛛网，并定期做好清理工作。

③ 墙体：轻度酥碱的墙砖，可继续使用；对于酥碱深度和面积较大的，可采取剔补修缮的方式，采取与原材料相同的材料进行修补；用清水或试剂清理东侧山墙，配合毛刷擦拭，直至污染物全部消除；拆除墙面后期添加的宣传字画。

④ 木装修：拆除铝合金门槛，根据庙内其它建筑恢复山门门槛；对于彩画脱落，根据现有彩画和清代彩画样式，恢复原样，不得改变彩画等级。

⑤ 地面：恢复原有地砖；用环氧树脂粘接地面缺失部分；清除原有水泥勾缝，采用环氧树脂粘接；轻度酥碱的踏步，继续使用；对风化较严重的踏步，需要用铲子或凿子将砖体酥碱部分剔除干净，再用砍磨加工好的砖块按原位、原形制填嵌。

山门修缮设计方案如表 10-4 所示。

表 10-4　山门修缮设计方案

名称		残损位置,性质,程度	维修措施
木构架	檩垫板枋	1. 前檐檩和枋上乱搭电线； 2. 西次间金枋下有少数蜘蛛网	1. 人工拆除电线； 2. 小心清除蜘蛛网
屋面	屋顶	3. 正立面明间滴水瓦件缺少 1 个,西次间滴水瓦件缺失 1 个； 4. 背立面明间勾头瓦件缺失 1 个； 5. 背立面屋面明、次间少量长草	3. 按照原形制、原做法补配滴水瓦件； 4. 按照原形制、原做法补配滴水瓦件； 5. 小心清除屋面杂草,不允许对屋面构件产生破坏
	椽子望板	6. 内部垫层原望砖已毁,现为原工艺新砖； 7. 正立面明间两根檐椽椽头花纹破损； 8. 明间望砖下有蜘蛛网	6. 针对望砖应做好现状保护； 7. 参照其它椽头花纹样式,按照原画样重新绘制花纹； 8. 小心清除蜘蛛网,并定期做好清理工作
墙体		9. 前檐墙下部存在着部分酥碱脱落,高度约 0.5m； 10. 后檐墙下部存在着较多酥碱脱落,高度约 0.9m； 11. 东侧山墙因烟熏出现 3.03 m^2 发黑现象； 12. 前檐墙贴有标语,面积 1.26 m^2；后檐墙贴有标语,面积 7.73m^2	9. 轻度酥碱的墙砖,可继续使用；对于酥碱深度和面积较大的,可采取剔补修缮的方式,采取与原材料相同的材料进行修补； 10. 轻度酥碱的墙砖,可继续使用；对于酥碱深度和面积较大的,可采取剔补修缮的方式,采取与原材料相同的材料进行修补； 11. 用清水或试剂清理东侧山墙,配合毛刷擦拭,直至污染物全部消除； 12. 拆除墙面后期添加的宣传字画

续表

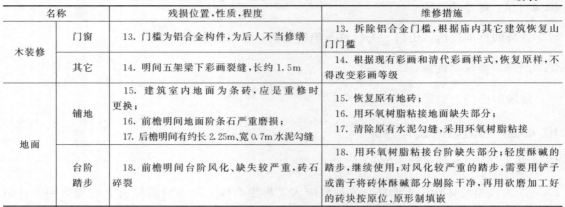

名称		残损位置,性质,程度	维修措施
木装修	门窗	13. 门槛为铝合金构件,为后人不当修缮	13. 拆除铝合金门槛,根据庙内其它建筑恢复山门门槛
	其它	14. 明间五架梁下彩画裂缝,长约1.5m	14. 根据现有彩画和清代彩画样式,恢复原样,不得改变彩画等级
地面	铺地	15. 建筑室内地面为条砖,应是重修时更换; 16. 前檐明间地面阶条石严重磨损; 17. 后檐明间有约长2.25m、宽0.7m水泥勾缝	15. 恢复原有地砖; 16. 用环氧树脂粘接地面缺失部分; 17. 清除原有水泥勾缝,采用环氧树脂粘接
	台阶踏步	18. 前檐明间台阶风化、缺失较严重,砖石碎裂	18. 用环氧树脂粘接台阶缺失部分;轻度酥碱的踏步,继续使用;对风化较严重的踏步,需要用铲子或凿子将砖体酥碱部分剔除干净,再用砍磨加工好的砖块按原位、原形制填嵌

10.4.2.2　天后宫修缮设计方案

① 木构架整体性、木梁枋、木柱:人工小心清除梁架上灰尘、蜘蛛网。用环氧树脂填充前厅明间檐柱柱础裂缝;用木条嵌补后殿明间前檐柱劈裂部位,并用铁箍加固,铁箍宽50～100mm;人工拆除前厅东侧檐柱附加管道和明间后檐柱电线管道;清除明间檐柱表面文字,并用清水擦拭干净。人工小心清除梁架、枋上蜘蛛网,并做好定期清理工作。

② 屋面:针对屋面瓦片应做好现状保护,小心清除正立面屋面杂草,不允许对屋面构件产生破坏;按照原形制、原做法补配滴水瓦件。人工清除梁架上蜘蛛网;对椽子起皮脱落部分恢复表面油饰;檐椽劈裂、糟朽部位使用相同木材进行挖补和修补,然后恢复油饰。

③ 墙体:对于轻度酥碱的墙砖,可继续使用,对于酥碱深度和面积较大的,可采取剔补修缮的方式,采取与原材料相同的材料进行修补;铲除墙面水泥抹面,恢复砖墙;拆除室内外墙面后期添加的宣传字画;按照其它搏风板形制、式样补配缺失搏风板。

④ 木装修:拆除前厅明间铝合金门槛,根据庙内其它建筑恢复山门门槛;人工拆除门扇上宣传标语,并用清水擦拭干净;拆除前厅次间窗扇上电线、铁丝,恢复建筑立面;门窗、栏杆油饰缺损部分,用木条修补,恢复表面脱落油饰。

⑤ 地面:应恢复原有地砖;用环氧树脂粘接阶条石裂缝部分;拆除铁网罩,恢复原来下水道。对风化较严重的踏步,需要用铲子或凿子将砖体酥碱部分铲除干净,再按原位、原形制填嵌;清除水泥不当修补部分,可用环氧树脂进行填充。

天后宫修缮设计方案如表10-5所示。

10.4.2.3　奶奶殿修缮设计方案

① 木构架整体性、木梁枋、木柱:对奶奶殿木构架应做好现状保护,人工小心清除梁架上蜘蛛网;根据天后宫柱础式样,修缮殿内柱础;对于彩画脱落,根据现有彩画和清代彩画样式,恢复原样。

② 屋面:按照原形制、原做法补配明间缺失勾头、走兽瓦件;小心清除正立面、背立面屋面杂草,不允许对屋面构件产生破坏。

③ 墙体:拆除墙体上消火栓,恢复建筑立面;轻度酥碱的墙砖,可继续使用;对于酥碱深度和面积较大的,可采取剔补修缮的方式,采用与原材料相同的材料进行修补;清除水泥抹面等修缮痕迹,恢复原有砖墙。

表 10-5　天后宫修缮设计方案

名称		残损位置,性质,程度	维修措施
木构架	梁架	1. 前后两屋梁架上表面都有较多灰尘; 2. 前厅六梁架下有蜘蛛网,约占梁架长度的 1/6	1. 人工小心清除梁架上灰尘; 2. 人工清除梁架上蜘蛛网
	柱子柱础	3. 前厅明间前檐柱柱础存在 0.2m 长竖向裂缝; 4. 后殿次间前檐柱有明显劈裂,深 3mm,长 0.76m; 5. 前厅后檐柱上有人为附加管道; 6. 前厅明间东侧檐柱附加有电线、管道; 7. 前厅明间后檐柱表面油饰起皮脱落,面积 0.05m²; 8. 前厅明间后檐柱贴有文字,面积 0.12m²	3. 用环氧树脂填充前厅明间檐柱柱础裂缝; 4. 木条嵌补后殿明间前檐柱劈裂部位,并用铁箍加固,铁箍宽 50～100mm; 5. 人工拆除前厅东侧檐柱附加管道; 6. 人工拆除明间后檐柱电线、管道; 7. 按原样对起皮脱落部分恢复表面油饰; 8. 清除明间檐柱表面文字,并用清水擦拭干净
	檩垫板枋	9. 前厅后檐柱和额枋交接处有少量蜘蛛网; 10. 后殿明间东穿插枋下有蜘蛛网	9. 人工小心清除梁架、枋上蜘蛛网; 10. 人工小心清除梁架、枋上蜘蛛网
屋面	屋顶	11. 前厅正立面明间屋面少量长草; 12. 后殿背立面明间滴水瓦件缺失 1 个; 13. 后殿背立面屋面大面积长草; 14. 后殿背立面西侧垂脊仙人走兽缺失	11. 小心清除正立面屋面杂草,不允许对屋面构件产生破坏; 12. 按照原形制、原做法补配滴水瓦件; 13. 小心清除背立面屋面杂草,不允许对屋面构件产生破坏; 14. 按照原形制、原做法补配仙人走兽
	椽子望板	15. 前后两屋面内部垫层原望砖已毁,现为原工艺新砖; 16. 前厅东次间望砖有大面积蜘蛛网,面积约占次间屋面面积的 1/3; 17. 前厅屋面椽子表面油饰均有轻微起皮脱落; 18. 后殿前檐明间檐椽有轻微糟朽、劈裂	15. 现状保护; 16. 人工清除梁架上蜘蛛网; 17. 对椽子起皮脱落部分恢复表面油饰; 18. 对劈裂、糟朽部位使用相同木材进行挖补和修补,然后恢复油饰
墙体		19. 前厅西侧山墙出现较严重的酥碱脱落,高度为通高的 1/4; 20. 前厅后殿两屋东侧山墙、后殿后檐墙、前殿台基阶条石以下墙面表面为水泥抹面,破坏原有形制; 21. 后殿背立面贴有宣传标语,面积 3.58 m²,影响美观; 22. 建筑内部前厅东、西山墙有后期人为贴加的宣传妈祖文化的宣传字画和其它标语,面积 20.3m²; 23. 东侧墙面搏风板缺失一块; 24. 前厅东山墙出现酥碱脱落现象,高度约占墙体的 1/3; 25. 前厅山墙正立面贴有宣传标语,面积 0.22m²	19. 轻度酥碱的墙砖,可继续使用;对于酥碱深度和面积较大的,可采取剔补修缮的方式,采用与原材料相同的材料进行修补; 20. 铲除墙面水泥抹面,恢复砖墙; 21. 拆除室内外墙面后期添加的宣传字画; 22. 拆除室内外墙面后期添加的宣传字画和标语; 23. 按照其它搏风板形制、式样补配所缺失搏风板; 24. 轻度酥碱的墙砖,可继续使用;对于酥碱深度和面积较大的,可采取剔补修缮的方式,采用与原材料相同的材料进行修补; 25. 拆除室内外墙面后期添加的宣传字画

名称		残损位置,性质,程度	维修措施
木装修	门窗	26. 前厅正立面明间门槛为铝合金构件,为后人不当修缮; 27. 前厅正立面明间门扇上贴有宣传标语,面积 0.58m²; 28. 前厅次间窗有后人拉扯电线、铁丝; 29. 前厅次间窗少量缺损; 30. 后殿栏杆较多起皮脱落	26. 拆除铝合金门槛,根据庙内其它建筑恢复山门门槛; 27. 人工拆除门扇上宣传标语,并用清水擦拭干净; 28. 拆除前厅次间窗扇上电线、铁丝,恢复建筑立面; 29. 按原样进行修补; 30. 门窗、栏杆油饰缺损部分,用木条修补,恢复表面脱落油饰
	其它	31. 正立面西次间 2 个平身科斗栱背立面有蜘蛛网	31. 人工小心清除蜘蛛网
地面	铺地	32. 前后两屋建筑室内地面为 600mm×300mm 条砖铺地,应是重修时更换; 33. 前檐明间阶条石裂缝; 34. 前厅后殿之间排水沟有人为添加铁网罩	32. 恢复原有地砖; 33. 用环氧树脂粘接阶条石裂缝部分; 34. 拆除铁网罩,恢复原来下水道
	台阶踏步	35. 前厅正立面明间台阶风化、缺失严重,部分缺失使用水泥修补,破坏原有形制,第一层台阶长草	35. 对风化较严重的踏步,需要用铲子或凿子将砖体酥碱部分铲除干净,再按原位、原形制填嵌;清除水泥不当修补部分,可用环氧树脂进行填充

④ 木装修:对于门槛缺损,使用木条修补门槛缺损部分,并刷油饰;人工拆除门上宣传标语;根据现有彩画和清代彩画样式,恢复原样,不得改变彩画等级。

⑤ 地面:对于砖石碎裂,可采用灌浆加固措施,加固材料以无机材料为宜。

奶奶殿修缮设计方案如表10-6所示。

表 10-6　奶奶殿修缮设计方案

名称		残损位置,性质,程度	维修措施
木构架	梁架	1. 明间西五架随梁和前金柱交接处有少量蜘蛛网	1. 人工小心清除梁架上蜘蛛网
	柱子柱础	2. 次间前檐金柱柱础有修缮痕迹,隐约可看到素覆盆柱础; 3. 明间前檐金柱柱根周围有水泥修缮痕迹; 4. 明间前檐柱有后人附加电线、管路	2. 根据天后宫柱础式样,修缮殿内金柱柱础; 3. 清除水泥修缮,参照其它殿修缮柱础式样; 4. 拆除明间前檐柱后人附加电线、管路
	檩垫板枋	5. 前檐檩彩画几乎全部脱落	5. 根据现有彩画和清代彩画样式,恢复原样
屋面	屋顶	6. 正立面明间勾头瓦件缺失 1 个; 7. 正立面西次间屋面少量长草; 8. 背立面屋面西侧垂脊走兽缺失 1 个; 9. 背立面西次间屋面长草,筒瓦滑落 2 块	6. 按照原形制、原做法补配明间缺失勾头瓦件; 7. 小心清除屋面杂草,不允许对屋面构件产生破坏; 8. 按原形制补配缺失瓦件、走兽; 9. 小心清除背立面屋面草木,不允许对屋面瓦件造成破坏,按照原形制补配滑落筒瓦
	椽子望板	10. 正立面明间檐椽、飞椽有少量蜘蛛网	10. 人工小心清除梁架上蜘蛛网
	墙体	11. 正立面次间墙体上安装有消火栓,面积 0.52m²,影响建筑整体风貌; 12. 后檐墙墙体下部存在着较多脱落; 13. 后檐墙有较明显修缮痕迹,面积 13.9m²; 14. 西侧山墙下部水泥抹面,面积 1.1m²	11. 拆除墙体上消火栓,恢复建筑立面; 12. 轻度酥碱的墙砖,可继续使用;对于酥碱深度和面积较大的,可采取剔补修缮的方式,采用与原材料相同的材料进行修补; 13. 清除水泥抹面等修缮痕迹,恢复原有砖墙; 14. 清除水泥抹面

名称		残损位置,性质,程度	维修措施
木装修	门窗	15. 门槛存在少量缺损; 16. 正立面明间门扇上贴有宣传标语,面积 0.19m²	15. 使用木条修补门槛缺损部分,并刷油饰; 16. 人工拆除门上宣传标语
	其它	17. 飞椽、檐椽和梁架上彩画较多起皮脱落; 18. 正立面明间飞椽、檐椽有不同程度的彩画脱落; 19. 东次间上、下金枋底面彩画脱落,面积 0.02m²; 20. 明间前抱头梁底面彩画,几乎全部脱落; 21. 明间东三架梁、随梁枋底面彩画脱落,面积 0.13m²	17. 根据现有彩画和清代彩画样式,恢复原样,不得改变彩画等级; 18. 同 17; 19. 同 17; 20. 同 17; 21. 同 17
地面		22. 建筑室外地面为 300mm×300mm 方砖铺地,室内地面为 600mm×300mm 条砖铺地,应是重修时更换; 23. 前檐西次间地面砖石碎裂,面积 0.16m²	22. 恢复原有地砖; 23. 对于砖石碎裂,可采用灌浆加固措施,加固材料以无机材料为宜

10.4.3　小结

本修缮的性质为经常性保养工程。对于木构件轻微劈裂,应用木条嵌补劈裂并用铁箍加固;对于木构件轻微糟朽,应使用相同木材进行挖补和修补,然后恢复油饰;对于灰尘、蜘蛛网以及表面文字等,应予以清除并做好定期清理工作;对于安装的电线、管道等,应予以拆除;对于彩画脱落,应根据现有彩画和清代彩画样式,恢复原样;对于构件缺失的,应按原样进行补配;对于轻度酥碱的墙砖,可继续使用;对于酥碱深度和面积较大的,可采取剔补修缮的方式,采用与原材料相同的材料进行修补;对于不当修缮如墙面水泥抹面,应恢复砖墙;对于使用现代地砖的,应恢复原有地砖。

10.5　结果与讨论

① 通过对南阳天妃庙古建筑的形制特征分析研究,得出:山门和天后宫前厅建筑没有金柱,前后檐柱上设大梁,向上叠置小梁,梁上置瓜柱承托檩,瓜柱断面为八角形;奶奶殿和天后宫后殿有檐柱和金柱,两柱之间通过抱头梁和穿插枋连接,金柱上承五架梁,五架梁上置两瓜柱承托三架梁,三架梁上置脊瓜柱。天妃庙建筑屋面都采用青瓦屋面,其滴水勾头纹样、吻兽样式、椽子花纹有着一些不同于官式建筑的特征。

② 通过对天妃庙古建筑的残损现状勘察研究,得出:山门的梁架结构基本完好;滴水瓦件基本完好;前坡屋面长草;前后檐墙墙体下部存在着较多酥碱脱落;明间前檐台阶风化、缺失较严重,砖石碎裂。山门按结构可靠性为Ⅱ类建筑,为经常性的保养工程。天后宫梁架结构基本完好,后殿次间前檐柱有明显劈裂;前厅明间屋面长草,后殿背立面屋面大面积长草,滴水瓦件部分缺失;前屋前檐下槛墙、后殿后檐墙和两屋山墙均出现酥碱脱落现象;两屋东侧山墙存在水泥抹面;前厅正立面明间台阶风化、缺失严重,部分缺失使用水泥

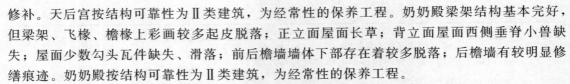

修补。天后宫按结构可靠性为Ⅱ类建筑，为经常性的保养工程。奶奶殿梁架结构基本完好，但梁架、飞椽、檐椽上彩画较多起皮脱落；正立面屋面长草；背立面屋面西侧垂脊小兽缺失；屋面少数勾头瓦件缺失、滑落；前后檐墙墙体下部存在着较多脱落；后檐墙有较明显修缮痕迹。奶奶殿按结构可靠性为Ⅱ类建筑，为经常性的保养工程。

③ 通过对天妃庙古建筑的修缮措施的研究，得出：对于木构件轻微劈裂，应用木条嵌补劈裂并用铁箍加固；对于木构件轻微糟朽，应使用相同木材进行挖补和修补，然后恢复油饰；对于灰尘、蜘蛛网以及表面文字等，应予以清除并做好定期清理工作；对于安装的电线、管道等，应予以拆除；对于彩画脱落，应根据现有彩画和清代彩画样式，恢复原样；对于构件缺失的，应按原样进行补配；对于轻度酥碱的墙砖，可继续使用；对于酥碱深度和面积较大的，可采取剔补修缮的方式，采用与原材料相同的材料进行修补；对于不当修缮如墙面水泥抹面，应恢复砖墙；对于使用现代地砖的，应恢复原有地砖。

附　录

附录 1　残损现状标注图

残损现状

附录 2　修缮措施标注图

修缮措施

参考文献

（[35]～[37]为内部学习资料，非正式出版）

[1]　包晓晖 . 20 世纪遗产建筑外立面石材劣化机理定量研究与修复[D]. 北京：北京工业大学，2016.

[2]　曹金珍 . 木材保护与改性[M]. 北京：中国林业出版社，2018.

[3]　陈港泉 . 敦煌莫高窟壁画盐害分析及治理研究[D]. 兰州：兰州大学，2016.

[4]　陈允适 . 古建筑木结构与木质文物保护[M]. 北京：中国建筑工业出版社，2007.

[5]　成帅 . 近代历史性建筑维护与维修的技术支撑[D]. 天津：天津大学，2011.

[6]　冯楠 . 潮湿环境下砖石类文物风化机理与保护方法研究[D]. 长春：吉林大学，2011.

[7]　傅婷 . 海门口遗址水淹木保存的研究[D]. 昆明：西南林业大学，2014.

[8]　高鑫 . 土坯建筑建造技术及质量控制模式研究[D]. 西安：西安建筑科技大学，2012.

[9]　郭梦麟，蓝浩繁，邱坚 . 木材腐朽与维护[M]. 北京：中国计量出版社，2010.

[10]　郭青林 . 敦煌莫高窟壁画病害水盐来源研究[D]. 兰州：兰州大学，2009.

[11]　郭晓军 . 顶升法在房屋纠偏加固中的实际应用[D]. 南京：东南大学，2019.

[12]　郭志恭 . 中国文物建筑保护及修复工程学[M]. 北京：北京大学出版社，2016.

[13]　国家市场监督管理总局，中国国家标准化管理委员会 . 古建筑砖石结构维修与加固技术规范：GB/T 39056—2020
[S].

[14]　郝宁 . 高昌故城病害调查及防治措施研究[D]. 西安：西安建筑科技大学，2007.

[15]　何洋 . 应县木塔构件残损状态分析及斗栱传力机制研究[D]. 西安：西安建筑科技大学，2019.

[16]　黄克忠 . 岩土文物建筑的保护[M]. 北京：中国建筑工业出版社，1998.

[17]　赖惟永 . 福建土楼木质构件修缮研究[D]. 长沙：中南林业科技大学，2014.

[18]　李爱群，周坤朋，王崇臣，等 . 中国古建筑木结构修复加固技术分析与展望[J]. 东南大学学报（自然科学版），
2019，49（01）：195-206.

[19]　李广林 . 中国传统生土营建工艺演变与发展研究[D]. 北京：北京建筑大学，2020.

[20]　刘敦桢 . 中国古代建筑史[M]. 北京：中国建筑工业出版社，2020.

[21]　刘明飞 . 北京 20 世纪遗产建筑砖材保护修复策略整合研究[D]. 北京：北京工业大学，2017.

[22]　刘一星，赵广杰 . 木材学[M]. 北京：中国林业出版社，2012.

[23]　罗蓓，杨燕，徐开蒙 . 木材解剖专论[M]. 北京：中国林业出版社，2021.

[24]　乔冠峰 . 古木楼阁飞云楼损伤机理与修缮保护研究[D]. 太原：太原理工大学，2017.

[25]　申彬利 . 北京 20 世纪遗产建筑石材保护修复策略整合研究[D]. 北京：北京工业大学，2017.

[26]　史博元 . 尼泊尔砖木结构古建筑震害调查与有限元模拟初探[D]. 哈尔滨：中国地震局工程力学研究所，2017.

[27]　四川省建筑科学研究院，国家技术监督局，中华人民共和国建设部 . 古建筑木结构维护与加固技术规范：GB
50165—92[S].

[28]　孙书同 . 优秀近现代砖砌体建筑清洗技术研究与适宜性评价[D]. 北京：北京工业大学，2015.

[29]　孙祝强 . 文物建筑前期勘察的技术方法研究[D]. 上海：上海交通大学，2014.

[30]　唐洪敏 . 基于病害性态的高昌故城抗震稳定性分析[D]. 兰州：中国地震局兰州地震研究所，2019.

[31]　唐磊 . 嵩岳寺塔地震响应及最不利受力状态分析[D]. 郑州：郑州大学，2018.

[32]　田林 . 建筑遗产保护研究[M]. 北京：中国建筑工业出版社，2020.

[33]　王铮 . 寒地石构文物建筑的冻害研究[D]. 哈尔滨：哈尔滨工业大学，2017.

[34]　文化部文物保护科研所 . 中国古建筑修缮技术[M]. 北京：中国建筑工业出版社，1983.

[35]　文物保护工程专业人员学习资料编委会 . 文物保护工程专业人员学习资料　古建筑[Z]. 2020.

[36]　文物保护工程专业人员学习资料编委会 . 文物保护工程专业人员学习资料　石窟寺与石刻[Z]. 2020.

[37]　文物保护工程专业人员学习资料编委会 . 文物保护工程专业人员学习资料　壁画[Z]. 2020.

［38］ 许江涛．土遗址博物馆室内空气品质研究［D］．西安：西安建筑科技大学，2015．

［39］ 杨蒙．针对古建筑木构件内部缺陷无损检测适宜性方法研究［D］．北京：北京工业大学，2016．

［40］ 杨燕，李斌，王巍．古建筑木结构材质状况的评估及修缮设计［M］．北京：化学工业出版社，2021．

［41］ 张伏麟．陕北砂岩质石窟地质病害区域特征研究［D］．西安：西北大学，2019．

［42］ 张天宇．云冈石窟五华洞壁画修复保护技术［D］．北京：中央美术学院，2018．

［43］ 张亚．徽州传统建筑木结构加固修缮设计方法的研究与应用［D］．合肥：安徽建筑大学，2015．

［44］ 中国文化遗产研究院．中国文物保护与修复技术［M］．北京：科学出版社，2009．

［45］ 中华人民共和国国家文物局，全国文物保护标准化技术委员会．古代壁画脱盐技术规范：WW/T 0031—2010［S］．

［46］ 中华人民共和国国家文物局．石质文物病害分类与图示：WW/T 0002—2007［S］．北京：文物出版社，2008．

［47］ 中华人民共和国国家文物局．古建筑彩画保护修复技术要求：WW/T 0037—2012［S］．北京：文物出版社，2012．

［48］ 中华人民共和国国家质量监督检验检疫总局，中国国家标准化管理委员会．木材耐久性能 第2部分：天然耐久性野外试验方法：GB/T 13942.2—2009［S］．

［49］ 中华人民共和国国家质量监督检验检疫总局，中国国家标准化管理委员会．砌墙砖试验方法：GB/T 2542—2012［S］．

［50］ 中华人民共和国国家质量监督检验检疫总局，中国国家标准化管理委员会．古代壁画病害与图示：GB/T 30237—2013［S］．

［51］ 中华人民共和国住房和城乡建设部．古建筑木结构维护与加固技术标准：GB/T 50165—2020［S］．北京：中国建筑工业出版社，2020．

［52］ 周远强．西部某古城墙病害影响因素研究初探［D］．西安：西安理工大学，2018．

［53］ 宗静婷．广元千佛崖摩崖石质文物保护的环境地质问题研究［D］．西安：西北大学，2011．